物理化学

（第2版）

郑桂富　主编
黄书铭　主审

北京师范大学出版集团
BEIJING NORMAL UNIVERSITY PUBLISHING GROUP
安徽大学出版社

内 容 简 介

本书根据高等工科院校培养应用型人才的需求而编写。全书共八章,包括气体、热力学第一定律、热力学第二定律、化学平衡、相平衡、电化学、表面现象与胶体化学以及化学动力学。全书既注重阐述基本概念和基本理论,又注重介绍有关原理在工业生产中的应用。本书可供化学工程与工艺、应用化学、食品科学与工程、生物工程、环境工程等专业作教材使用。为适应不同专业的需要,本书还编写了带有"*"标记的节次,供不同专业自行取舍,每章末均编有一定数量的思考题、习题和自测题,供学生练习。

图书在版编目(CIP)数据

物理化学/郑桂富主编. —2版. —合肥:安徽大学出版社,2015.7(2023.8重印)
ISBN 978-7-5664-0954-6

Ⅰ. ①物… Ⅱ. ①郑… Ⅲ. ①物理化学—高等学校—教材 Ⅳ. ①O64

中国版本图书馆 CIP 数据核字(2015)第 127385 号

物理化学(第2版)   郑桂富 主编

出版发行:	北京师范大学出版集团 安徽大学出版社 (安徽省合肥市肥西路3号 邮编230039) www.bnupg.com www.ahupress.com.cn
印　　刷:	安徽省人民印刷有限公司
经　　销:	全国新华书店
开　　本:	710 mm×1010 mm　1/16
印　　张:	22
字　　数:	418千字
版　　次:	2015年7月第2版
印　　次:	2023年8月第4次印刷
定　　价:	39.00元

ISBN 978-7-5664-0954-6

策划编辑:	李 梅 武溪溪	装帧设计:	李 军
责任编辑:	武溪溪	美术编辑:	李 军
责任校对:	程中业	责任印制:	赵明炎

版权所有　侵权必究

反盗版、侵权举报电话:0551—65106311
外埠邮购电话:0551—65107716
本书如有印装质量问题,请与印制管理部联系调换。
印制管理部电话:0551—65106311

前　言

本书是为满足化学工程与工艺、应用化学、食品科学与工程、生物工程、环境工程等专业教学需要而编写的。全书力求体现高等工科院校培养应用型人才的特点，使基本知识和基本技能以应用为目的，以掌握概念、强化应用为原则来组织教材的内容和结构。

物理化学是化工、轻工、制药、环境保护等专业的一门重要的基础课。它不仅为后续课程奠定了必要的理论基础，而且它的原理在许多领域里都得到了应用。然而，物理化学中的一些概念比较抽象，公式推导繁琐，学生学起来比较费力。为此，我们在编写中既充分考虑物理化学课程本身的特点，使各个概念及定义既准确又精炼，又注意使内容尽量联系生产实际，注重学生对实际问题所包含物理化学原理的理解，使学生将知识转化为技能，增强学生解决实际问题的能力。在编写中，我们还十分注意物理化学本身的科学性、系统性和严密性，尽量做到由实例引出概念，由具体到抽象，努力使文字通俗易懂，内容深入浅出，同时注意避开复杂的公式推导和较深的数学公式。为了帮助学生对基本概念的理解，本书尽量做到图文并茂，并精选了针对性较强又结合生产实际的例题。为适应不同专业的需要，本书还编写了带有"＊"标记的节次，供不同专业自行取舍，每章末均编有一定数量的思考题、习题和自测题，供学生练习。

全书共分八章,分别是气体、热力学第一定律、热力学第二定律、化学平衡、相平衡、电化学、表面现象与胶体化学以及化学动力学。

本书由蚌埠学院郑桂富教授主编。参加编写的人员(以姓氏笔画为序)有李秋、郑桂富和曾小剑。全书由合肥学院黄书铭教授主审。

在本书编写过程中,蚌埠学院和安徽大学出版社给予了大力支持,黄书铭教授在审稿中提出了许多宝贵意见,陈龙、李晨曦、章玉洁和任国亮为本书的出版做了大量工作,在此向他们表示衷心的感谢。

本书在编写过程中,参考了许多优秀教材的内容,因参考教材较多,就不一一列举(详见参考文献),在此,向参考文献的作者表示感谢。

由于编者水平有限,书中错误和不当之处在所难免,希望使用本书的教师和学生提出宝贵意见,以便今后改正和进一步提高。

编 者

2015 年 5 月

目 录

绪 论 ·· 1

1 气 体 ·· 3

    1.1 理想气体状态方程 ··· 3
    1.2 理想气体混合物 ·· 5
    1.3 真实气体及其状态方程 ··· 8
    1.4 气体的液化及临界参数 ·· 12
    1.5 对应状态原理及普遍化压缩因子图 ······························· 14
    思考题 ··· 17
    习 题 ··· 18
    自测题 ··· 19

2 热力学第一定律 ·· 21

    2.1 基本概念 ··· 21
    2.2 热力学第一定律 ··· 27
    2.3 恒容热、恒压热及焓 ··· 30
    2.4 热 容 ··· 33
    2.5 可逆过程与可逆体积功 ·· 36
    *2.6 稳流过程与节流膨胀 ··· 44
    2.7 热力学第一定律在相变过程中的应用 ··························· 49
    2.8 化学反应热的计算 ·· 55

2.9 标准摩尔反应焓的计算 …………………………………………… 60
*2.10 标准摩尔反应焓与温度的关系及有关计算 …………………… 65
思考题 ……………………………………………………………… 68
习 题 ……………………………………………………………… 69
自测题 ……………………………………………………………… 72

3 热力学第二定律 …………………………………………………… 74

3.1 自发过程的共同特征 …………………………………………… 74
3.2 热力学第二定律的表述 ………………………………………… 75
3.3 卡诺循环和卡诺定理 …………………………………………… 76
3.4 熵函数 …………………………………………………………… 79
3.5 熵变的计算与熵判据的应用 …………………………………… 84
3.6 热力学第三定律与化学反应熵变的计算 ……………………… 93
3.7 亥姆霍兹函数与吉布斯函数 …………………………………… 95
3.8 热力学关系式 …………………………………………………… 103
思考题 ……………………………………………………………… 106
习 题 ……………………………………………………………… 106
自测题 ……………………………………………………………… 109

4 化学平衡 …………………………………………………………… 110

4.1 偏摩尔量和化学势 ……………………………………………… 110
4.2 化学反应的方向和平衡条件 …………………………………… 115
4.3 等温方程及标准平衡常数 ……………………………………… 116
4.4 平衡常数 ………………………………………………………… 119
4.5 平衡组成的测定和平衡常数的计算 …………………………… 122
4.6 标准摩尔反应吉布斯函数 ……………………………………… 125
4.7 温度对标准平衡常数的影响 …………………………………… 128
4.8 其他因素对化学平衡的影响 …………………………………… 131
*4.9 真实气体反应的化学平衡 ……………………………………… 135
思考题 ……………………………………………………………… 140
习 题 ……………………………………………………………… 141
自测题 ……………………………………………………………… 144

5 相平衡 ... 146

- 5.1 相律 ... 146
- 5.2 单组分系统相平衡 ... 149
- 5.3 二组分系统相平衡 ... 154
- 5.4 二组分系统相图 ... 169
- 5.5 三组分系统相图 ... 185
- 思考题 ... 188
- 习题 ... 189
- 自测题 ... 192

6 电化学 ... 193

- 6.1 电解质溶液的导电机理及法拉第定律 ... 193
- 6.2 电解质溶液的电导、电导率和摩尔电导率 ... 197
- 6.3 电导测定的应用 ... 204
- 6.4 电解质的平均活度和平均活度系数 ... 207
- 6.5 可逆电池与可逆电极 ... 211
- 6.6 可逆电池电动势的测定 ... 215
- 6.7 可逆电池的热力学 ... 217
- 6.8 电极电势 ... 220
- 6.9 可逆电池电动势的计算及电动势测定的应用 ... 224
- 6.10 极化作用 ... 230
- 6.11 电解时电极上的反应 ... 234
- 思考题 ... 235
- 习题 ... 236
- 自测题 ... 238

7 表面现象与胶体化学 ... 240

- 7.1 表面张力和表面吉布斯函数 ... 242
- 7.2 润湿与铺展 ... 245
- 7.3 弯曲液面的附加压力 ... 246
- 7.4 微小液滴的饱和蒸气压 ... 249
- 7.5 固体表面的吸附作用 ... 250

7.6　液体表面的吸附现象和表面活性剂 …………………………… 258
　　7.7　胶体的分类和基本特征 …………………………………………… 262
　　7.8　溶胶的性质 ………………………………………………………… 264
　　7.9　溶胶的稳定与聚沉 ………………………………………………… 270
　　7.10　乳状液 ……………………………………………………………… 274
　　思考题 …………………………………………………………………… 276
　　习　题 …………………………………………………………………… 276
　　自测题 …………………………………………………………………… 278

8　化学动力学 …………………………………………………………… 280

　　8.1　化学反应速率 ……………………………………………………… 281
　　8.2　化学反应的速率方程 ……………………………………………… 283
　　8.3　速率方程的积分形式 ……………………………………………… 286
　　8.4　速率方程的确定 …………………………………………………… 295
　　8.5　温度对化学反应速率的影响 ……………………………………… 298
　　8.6　典型的复合反应 …………………………………………………… 302
　　8.7　复合反应速率的近似处理方法 …………………………………… 314
　　8.8　催化作用 …………………………………………………………… 318
　　思考题 …………………………………………………………………… 324
　　习　题 …………………………………………………………………… 324
　　自测题 …………………………………………………………………… 327

附　录 ……………………………………………………………………… 329

　　附录1　国际单位制 …………………………………………………… 329
　　附录2　元素的相对原子质量表 ……………………………………… 330
　　附录3　基本常数 ……………………………………………………… 331
　　附录4　换算系数 ……………………………………………………… 331
　　附录5　某些物质的临界参数 ………………………………………… 332
　　附录6　某些气体的恒压热容与温度的关系 ………………………… 333
　　附录7　某些有机化合物的标准燃烧焓(25℃) ……………………… 334
　　附录8　一些物质在298.15 K及101325 Pa下的热力学性质 …… 335

参考文献 …………………………………………………………………… 341

绪 论

物理化学又称理论化学。它是从观察物理现象和化学现象的联系入手,运用物理学的基本原理和方法,研究物体所发生的各种化学变化,并从中找出有关化学变化的基本规律的一门科学。

物理化学所研究的内容主要有以下三个方面。

(1) 化学反应的方向和限度。一个化学反应在指定条件下,能否朝着我们需要的方向进行?如果能进行,它将进行到什么限度?外界条件如温度、压力等的改变对反应有什么影响?反应过程中能量的转换关系如何?对于这类问题的研究属于化学热力学的范畴,它主要解决化学反应的方向性、限度(平衡)及能量关系等问题。

(2) 化学反应的速率与机理。一个化学反应的速率如何,反应是怎样进行的(即反应机理),外界条件(如温度、浓度、催化剂等)对反应速率的影响,反应速率的控制等,这些是化工生产中人们十分关心的问题。掌握了这些规律,就可以控制化学反应,使之按照人们要求的方向进行,并提高生产率。这部分内容属于化学动力学的范畴。

(3) 物质的性质与微观结构的关系。无论是过程的平衡规律还是速率规律,都与物质的性质有关,而物质的宏观性质归根到底是由物质的微观结构决定的。用量子力学的原理和现代实验手段,研究分子的结构、晶体与液体的结构及分子间的力与物质宏观性质之间的关系,便形成了物理化学的另一分支——物质结构。根据我们的教学要求,本书不介绍物质结构部分。

物理化学是化工、轻工、制药、环境保护、冶金等专业的一门重要的基础课程,它不仅为后续课程奠定了必要的理论基础,而且它的原理在许多领域里都得到了应用。然而,物理化学中的一些概念比较抽象,公式繁多,需要学生花较多的精力才能学好。为此,我们提出以下几点学习建议,供读者参考。

(1) 对本课程所涉及的物理、化学和数学的基础知识及运算技能要有一定的准备。虽然这些基础知识在前置课程中已经学习过,但是如果不联系本课程进行必要的复习,往往在学习上会产生困难,以致不能很好地理解一些重要的概念。

（2）要准确理解每一个基本概念、名词术语的含义。对每一个概念、名词术语都要反复地体会其定义及建立该定义的条件，只有这样，才能准确、灵活地运用这些概念、定义去解决问题。

（3）本课程公式较多，但大多数都比较简单，而且互相之间都有一定的联系。因此，只要记住一些基本的公式，其他公式就可一一推导出来。

对公式的掌握，一定要在理解的基础上去记忆。所谓"理解"，即不但要知道公式中每一个符号代表什么物理量，而且要知道该公式的适用条件。如果不分场合乱用，就会得出错误的结果或结论。

（4）物理化学的内容系统性很强，前后联系紧密，在学习中要善于不断地归纳总结。通过总结，抓住每一节、每一章的重点，抓住概念与概念、公式与公式之间的联系，抓住处理各种问题的基本思路、方法和要点。学习中还要注意不断地复习，这样才能熟练掌握所学过的知识，并达到融会贯通、运用自如的境界。

（5）要认真做好实验，学会仔细观察实验现象，理解所学的知识与观察到的实验现象间的关系和变化规律，掌握实验方法和基本技能，培养理论联系实际的能力。

（6）在学习过程中要重视习题的练习。做习题是培养学生独立思考和训练学生运用所学理论解决实际问题能力的重要环节，只听课、记笔记和看书而不做习题，是绝对不可能学好物理化学的，因此，必须对做习题给予充分的重视。

1 气体

物质是由大量的原子、分子等微观粒子组成的聚集体。在通常情况下,物质的聚集状态可分为气体、液体和固体三种。其中气体分子间的距离大,相互作用力小,所以,分子的热运动能克服分子之间微弱的作用力而充满任意形状容器。由于气体分子之间有较大的空间,因而表现出极大的可压缩性、扩散性和良好的混合性。三种状态中,气体最为简单,最容易用分子模型进行研究,故对它的研究最多,也最为透彻。液体的结构最复杂,人们对其认识还很不充分。固体虽然结构较复杂,但粒子排布的规律性较强,对它的研究已有了较大的进展。

本章主要介绍气体的压力 p、温度 T 与体积 V 之间相互联系的宏观规律——气体状态方程。根据讨论的 p、T 范围及使用精度的要求,通常把气体分为理想气体和真实气体,下面分别进行讨论。

1.1 理想气体状态方程

1.1.1 理想气体状态方程

从 17 世纪中叶,人们就开始研究低压下($p<1$ MPa)气体的物质的量 n 与其 p、V、T 的关系,总结出了三个经验定律。

1. 波义耳(Boyle)定律

在恒温下,一定量任何气体的体积 V 均与其压力 p 成反比,即

$$pV = 常数(T, n 恒定)$$

2. 盖-吕萨克(Gay-Lussac)定律

在恒压下,一定量任何气体的体积 V 均与其热力学温度 T 成正比,即

$$\frac{V}{T} = 常数(p, n 恒定)$$

3. 阿伏加德罗(Avogadro)定律

在恒温、恒压下,等体积的任何气体均含有相同的分子个数,即

$$\frac{V}{n} = 常数(T, p 恒定)$$

将上述三个经验定律相结合,整理后可得到如下的状态方程

$$pV = nRT \tag{1.1}$$

上式称为理想气体状态方程。式中,p 的单位为 Pa,V 的单位为 m^3,n 的单位为 mol,T 的单位为 K,R 称为摩尔气体常数,其单位为 $J \cdot mol^{-1} \cdot K^{-1}$。理想气体状态方程所示的关系非常简单,计算十分方便。理想气体实际上是一个科学的抽象概念,客观上并不存在,但在通常的温度和压力下,将许多实际气体作为理想气体来处理,所得结果虽有一定的误差,但还能满足一般生产的需要。因此,式(1.1)在实际生产中经常使用。

1.1.2 理想气体模型

(1) 分子间力　无论以何种状态存在的物质,其内部的分子之间都存在着相互作用。相互作用包括分子之间的相互吸引与相互排斥。按照兰纳德-琼斯(Lennard-Jones)的理论,两个分子间的排斥作用与距离 r 的 12 次方成反比,而吸引作用与距离 r 的 6 次方成反比。以 E 代表两分子间总的相互作用势能,则可表示如下:

$$E = E_{吸引} + E_{排斥} = -\frac{A}{r^6} + \frac{B}{r^{12}} \tag{1.2}$$

式中,A,B 分别为吸引常数和排斥常数,其值与物质的分子结构有关。将式(1.2)以图的形式表示,即为著名的兰纳德-琼斯势能曲线,如图 1.1 所示。由图可知,当两个分子相距较远时,它们之间几乎没有相互作用。随着 r 的减小,开始时分子间表现为相互吸引作用,当 $r = r_0$ 时,吸引作用达到最大。分子进一步靠近时,则排斥作用很快上升为主导作用。

气体分子之间的距离较大,故分子间的相互作用较小;液体和固体的存在,正是分子间

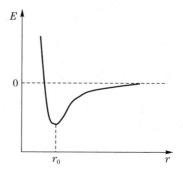

图 1.1　兰纳德-琼斯势能曲线

有相互吸引作用的证明;而液体、固体难以压缩,又证明了分子间在近距离时存在排斥作用。

(2) 理想气体模型　当压力趋近于零时,因为气体分子间的平均距离变得很大,分子间的作用力就可以忽略不计(如图 1.1 所示),分子本身的体积相对于

整个气体所占有的体积也可忽略不计,此时所有气体均能严格遵守理想气体状态方程。于是,人们就提出这样一种设想:在压力趋近于零的极限条件下,各种真实气体都处于理想气体状态。所以,理想气体是从实际中抽象出来的假想气体。当实际气体在压力较低时,从微观角度可以认为:(a)分子间无相互作用力;(b)分子本身的体积为零。通常将这两点作为理想气体的基本假设条件。

1.1.3 摩尔气体常数

摩尔气体常数的数值可以通过实验求得。理论上,若将实验测定的 p、V_m、T 数值代入 $pV_m = RT$,即可算出 R 值。但真实气体只有在压力趋于零时才严格服从理想气体状态方程,而在压力趋于零时,数据不易测准,所以 R 值的确定,实际上是采用外推法来进行的。首先测量某些真实气体在一定温度 T 下,不同压力 p 时的摩尔体积 V_m,然后将 pV_m 对 p 作图,外推到 $p \to 0$ 处,求出所对应的 pV_m 值,进而计算 R 值,如图 1.2 所示。实验表明,各种不同的气体不论温度如何,当压力趋近于零时,(pV_m/T) 均趋于一个共同的极限值 R,$R = 8.314 \text{ J} \cdot \text{mol}^{-1} \cdot \text{K}^{-1}$,$R$ 称为摩尔气体常数。

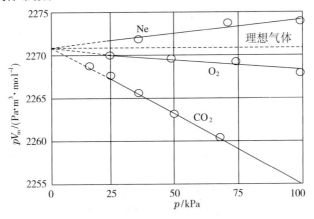

图 1.2　273.15 K 下 Ne、O_2、CO_2 的 $pV_m - p$ 等温线

1.2　理想气体混合物

各种气体能按任意比例混合形成均匀的气体混合物。人们在生产和生活实践中遇到的大多数气体都是气体混合物,如空气就是由 N_2、O_2、CO_2、H_2O 及惰性气体等组成的。本节讨论气体混合物的 p、V 和 T 的关系。

1.2.1 理想气体混合物组成的表示方法

混合物比纯物质多了组成变量。组成有多种表示法,这里仅介绍其中的三种。

(1) 摩尔分数 x 或 y 物质 B 的摩尔分数定义为

$$x_B (\text{或 } y_B) = n_B / \sum_A n_A \tag{1.3}$$

即物质 B 的摩尔分数等于 B 的物质的量与混合物总的物质的量之比,其量纲为 1。显然,$\sum_B x_B = 1$ 或 $\sum_B y_B = 1$。本书对气体混合物的摩尔分数用 y 表示,对液体混合物的摩尔分数用 x 表示,以便区分。

(2) 质量分数 ω_B 物质 B 的质量分数定义为

$$\omega_B = m_B / \sum_A m_A \tag{1.4}$$

即物质 B 的质量分数等于 B 的质量与混合物的总质量之比,其量纲为 1。显然

$$\sum_B \omega_B = 1$$

(3) 体积分数 φ_B 物质 B 的体积分数定义为

$$\varphi_B = x_B V_{m,B}^* / \left(\sum_A x_A V_{m,A}^* \right) \tag{1.5}$$

式中,$V_{m,A}^*$ 表示在混合气体的温度、压力下,纯物质 A 的摩尔体积。因此,物质 B 的体积分数等于混合前纯 B 的体积与混合前各纯组分体积总和之比,其量纲为 1,$\sum_B \varphi_B = 1$。

1.2.2 理想气体状态方程对于理想气体混合物的应用

如前所述,由于理想气体的分子之间没有相互作用,分子本身又没有体积,故理想气体的 p、V、T 性质与气体的种类无关。因此,在混合气体中,理想气体的 p、V、T 性质并不改变。所以,理想气体混合物的状态方程为

$$pV = nRT = \left(\sum_B n_B \right) RT$$

或

$$pV = \frac{m}{M_{mix}} RT$$

式中,n_B 为混合物中某种气体的物质的量,m 为混合物的总质量,M_{mix} 为混合物的摩尔质量。混合物的摩尔质量定义为

$$M_{mix} = \sum_B y_B M_B \tag{1.6}$$

M_B 为混合物中某种气体的摩尔质量,即混合物的摩尔质量等于各物质的摩尔质

量与其摩尔分数的乘积之和。

混合物中任一物质 B 的质量 $m_B = n_B M_B$，又 $n_B = y_B n$，所以，混合物的总质量 m 与 M_{mix} 的关系为

$$m = \sum_B m_B = \sum_B n_B M_B = n \sum_B y_B M_B = n M_{mix}$$

所以

$$M_{mix} = m/n = \sum m_B / \sum n_B \qquad (1.7)$$

即混合物的摩尔质量又等于混合物的总质量除以混合物总的物质的量。

1.2.3 道尔顿分压定律

为了热力学计算的方便，人们提出了一个既适用于理想气体混合物，又适用于真实气体混合物的分压力定义：在总压力为 p 的气体混合物中，任一组分 B 的分压力 p_B 等于在混合气体中的物质的量分数 y_B 与总压力 p 的乘积。即

$$p_B = y_B p \qquad (1.8a)$$

$$y_B = \frac{n_B}{\sum_A n_A} \qquad (1.8b)$$

显然

$$\sum_A y_A = 1$$

所以

$$p = \sum_B p_B \qquad (1.9)$$

即任意的混合气体中，各组分分压力之和等于系统的总压力。所以，可以把分压力 p_B 看作组分气体 B 对总压力的贡献。

对于理想气体混合物，有

$$p_B = n_B RT/V \qquad (1.10)$$

即理想气体混合物中某一组分 B 的分压力等于该组分单独存在于混合气体的温度 T 及总体积 V 的条件下所具有的压力。混合气体的总压力等于各组分单独存在于混合气体的温度、体积条件下产生压力的总和，这就是道尔顿分压定律。应当指出：道尔顿分压定律严格来说只适用于理想气体混合物，但对于低压下的真实气体混合物也可以近似适用。在压力相对较高时，分压定律不再适用。

例 1.1 某气柜内贮有气体烃类混合物，其压力 p 为 104364 Pa，气体中含有水蒸气，水蒸气的分压力为 3399.72 Pa。现将湿混合气体用干燥剂脱水后使用，脱水后的干气中水含量可忽略。问：每 1000 摩尔湿气体需脱去多少千克

的水?

解:用 W 表示湿烃类混合物中的水蒸气。利用分压力定义,首先求出湿混合气体中水的物质的量分数

$$y_W = p_W/p = 3399.72 \text{ Pa}/104364 \text{ Pa} = 0.0326$$

再根据

$$y_W = \frac{n_W}{\sum_B n_B}$$

$$n_W = y_W \sum_B n_B = 0.0326 \times 1000 \text{ mol} = 32.6 \text{ mol}$$

则所需脱去水的质量为

$$m_W = n_W M_W = 32.6 \text{mol} \times 18 \times 10^{-3} \text{ kg} \cdot \text{mol}^{-1} = 0.587 \text{ kg}$$

1.2.4 阿马加分体积定律

对理想气体混合物,根据理想气体状态方程 $pV=nRT$,有

$$V = \frac{nRT}{p} = (n_A + n_B + n_C + \cdots)\frac{RT}{p} \tag{1.11}$$

定义 $n_B RT/p$ 为组分 B 的分体积,用符号 V_B 表示,即 V_B 是组分 B 在混合气体的温度 T、总压 p 下单独存在时所占有的体积。所以,对理想气体混合物中任意组分气体 B,分体积可表示为

$$V_B = n_B RT/p$$

显然,混合气体的总体积等于各组分的分体积的总和,即

$$V = \frac{n_A}{p}RT + \frac{n_B}{p}RT + \frac{n_C}{p}RT + \cdots = V_A + V_B + V_C + \cdots \tag{1.12}$$

上式就是阿马加分体积定律的数学式,它表示理想气体混合物的总体积 V 等于各组分气体分体积之和。同道尔顿分压定律一样,它严格适用于理想气体混合物,亦可用于低压混合气体的近似计算。

1.3 真实气体及其状态方程

随着生产与科研的不断发展,高压、低温技术已日益广泛应用。用理想气体状态方程来描述气体的 p、V、T 的关系,已经远不能适应发展的需要。为了描述真实气体 p、V、T 的性质,历史上曾提出过上百种状态方程。这里主要介绍范德华方程,简述维里方程。

1.3.1 真实气体与理想气体的偏差

一定温度下理想气体的 pV_m 值是不随压力变化的,而真实气体的 pV_m 却随

压力的变化而变化(如图 1.3 所示)。对同一种气体,不同温度条件下的 pV_m-p 曲线一般有三种类型:pV_m 随 p 的增加而增加;pV_m 随 p 的增加,开始不变,然后增加;pV_m 随 p 的增加先下降,然后再上升。任何气体都有一个特殊的温度 T_B,称为波义耳温度。在波义耳温度下,当压力趋于零时,pV_m-p 等温线的斜率为零。波义耳温度的定义为

$$\lim_{p \to 0}\left[\frac{\partial(pV_m)}{\partial p}\right]_{T_B}=0 \qquad (1.13)$$

实验发现,大多数气体的 T_B 在室温以上,而 H_2 和 He 的 T_B 较低,分别为 103 K 和 15 K。在波义耳温度时,每一种真实气体都能较好地在几百千帕的压力范围内符合理想气体状态方程。上述等温线的不同形式,可以从实际气体具有分子间力及分子本身具有体积来加以理解。温度低于 T_B 时,在低压范围内,分子本身体积可以忽略,分子间引力使气体在相同 T,p 下比理想气体有较小的体积,所以,$pV_m<RT$;当压力足够高,分子足够靠近时,因分子本身有体积,使器壁附近的气体分子在往返撞击器壁时有更高的频率,因此,在相同 T,V_m 下,比理想气体有较大的压力,则可能出现 $pV_m>RT$ 的情况。

同一温度下,不同气体的 pV_m-p 曲线也会出现三种情况。图 1.4 所示为 H_2、He、CH_4 气体在 298.15 K 时三种 pV_m-p 曲线的示意图。

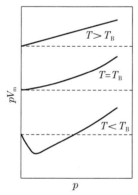

图 1.3　同种气体不同温度下的
pV_m-p 关系曲线

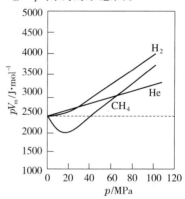

图 1.4　在 298.15 K 时 H_2、He、CH_4 的
pV_m-p 关系曲线

从 pV_m-p 图中等温曲线可知,对实际气体若忽略分子的引力与体积是不行的,而且不同气体必须考虑其各自具有的特性。为了较准确地表示气体的性质,根据实验结果,人们提出了多种不同的气体状态方程式,以使该方程更为精确。

1.3.2　范德华方程

1873 年,荷兰科学家范德华(Van der Waals)从理想气体与真实气体的差别

出发,用硬球模型来处理真实气体,在理想气体状态方程中加了两个校正项,得出了适用于中低压力下的真实气体状态方程式。具体形式如下

$$(p+a/V_m^2)(V_m-b)=RT \tag{1.14a}$$

气体物质的量为 n 时,将 $V_m=V/n$ 代入上式,则有

$$(p+n^2a/V^2)(V-nb)=nRT \tag{1.14b}$$

式中,a/V_m^2 为压力校正项,又称为内压力,b 为体积校正项。式中,a、b 称为范德华常数,是气体的特性参量,它们分别与气体分子之间引力的大小及气体分子本身的体积大小有关。范德华认为 a 和 b 的值不随温度而变。

压力修正项 (a/V_m^2) 说明分子间相互吸引力对压力的影响反比于 V_m^2。一般来说,分子间引力越大,a 值越大。a 的单位是 $Pa \cdot m^6 \cdot mol^{-2}$。

由于理想气体模型是将分子视为不具有体积的质点,故理想气体状态方程式中的体积项应是气体分子可以自由活动的空间。但当计算真实气体时,根据硬球模型,真实气体分子占有一定的体积,这时,气体分子在容器内可以自由活动的空间不再是体积为 V 的全部空间。设 1 mol 真实气体的体积为 V_m,则必须从 V_m 中减去一个与气体分子本身体积有关的修正项 b,即真实气体分子只能在 (V_m-b) 的空间内活动,故在式(1.14)中用校正后的体积 (V_m-b) 取代理想气体状态方程中的体积。不同气体的 a、b 值各不相同,某些气体的 a、b 值列于表 1.1 中。

表 1.1 某些气体的 a、b 值

气 体	$a/(10^{-1}\ Pa \cdot m^6 \cdot mol^{-2})$	$b/(10^{-4}\ m^3 \cdot mol^{-1})$
H_2	0.2467	0.2661
N_2	1.408	0.3913
O_2	1.378	0.3183
CO_2	3.640	0.4627
H_2O	5.536	0.3049
CH_4	2.283	0.4287
C_2H_6	5.562	0.6380
C_2H_4	4.530	0.5714

人们常把任何温度、压力条件下均服从范德华方程的气体称作范德华气体。各种真实气体的范德华常数 a 与 b 可由实验测定的 p,V_m,T 数据拟合得出,也可以通过气体的临界参数求取(在本章下节介绍)。

例 1.2 试用范德华方程计算甲烷(CH_4)在 203 K 及 3.040 MPa 条件下的摩尔体积。实验测定值为 0.4402 $dm^3 \cdot mol^{-1}$。已知 CH_4 的范德华常数 $a=228.3\times10^{-3}\ Pa \cdot m^6 \cdot mol^{-2}$,$b=42.78\times10^{-6}\ m^3 \cdot mol^{-1}$。

解:应用范德华方程由 p,T 求 V_m 时要解一元三次方程。当 $T>T_c$ 时,可解得一个实根和两个虚根,实根即为所求的解。本题即属于这种情况。

将范德华方程改写成如下形式

$$V_m = \frac{RT}{p + a/V_m^2} + b$$

可先用理想气体状态方程计算出第一次近似解 $V_{m,1}$，再应用上式得第二次近似解 $V_{m,2}$。这样继续下去，在温度不太低、压力不太大的情况下，即可求得满意的结果。

将已知 CH_4 的范德华常数 a、b 及所处的 $p = 3.040 \times 10^6$ Pa，$T = 203$ K 代入上式，得

$$V_m = \frac{8.314 \text{ J} \cdot \text{mol}^{-1} \times 203 \text{ K}}{3.040 \times 10^6 \text{ Pa} + 0.2283 \text{ Pa} \cdot \text{m}^6 \cdot \text{mol}^{-1}/V_m^2} + 42.78 \times 10^{-6} \text{ m}^3 \cdot \text{mol}^{-1}$$

先用理想气体状态方程求出第一次近似解

$$V_{m,1} = \frac{RT}{p} = \frac{8.314 \text{ J} \cdot \text{mol}^{-1} \times 203 \text{ K}}{3.040 \times 10^6 \text{ Pa}} = 0.5552 \text{ dm}^3 \cdot \text{mol}^{-1}$$

再应用上式迭代计算求出各近似解

$$V_{m,2} = 0.4892 \text{ dm}^3 \cdot \text{mol}^{-1}, V_{m,3} = 0.4653 \text{ dm}^3 \cdot \text{mol}^{-1}$$

最后得

$$V_{m,12} = 0.4456 \text{ dm}^3 \cdot \text{mol}^{-1}$$

第 12 次近似值已准确至四位有效数字。

$V_{m,12}$ 值与实测值 $0.4402 \text{ dm}^3 \cdot \text{mol}^{-1}$ 的相对误差仅为 1.2%。

*1.3.3 维里（Virial）方程

维里方程是 20 世纪初由卡末林—昂尼斯（Kamerlingh-Onnes）提出的一种纯经验方程，后来从统计力学的角度得到了证明，一般有两种形式

$$pV_m = RT(1 + Bp + Cp^2 + Dp^3 + \cdots) \tag{1.15a}$$

$$pV_m = RT(1 + B'/V_m + C'/V_m^2 + D'/V_m^3 + \cdots) \tag{1.15b}$$

式中 B、C、D、$\cdots$ 和 B'、C'、D'、$\cdots$ 称为第二、第三、第四、$\cdots$ 维里系数，它们与气体的本性有关，并且都是温度的函数。两式中维里系数有不同的数值和单位，通常可由实验测定的 p、V、T 数据拟合得出。维里方程表示成无穷级数的形式，一般而言，压力越大，V_m 越小，因而高次项所起的作用也越大，选用的项数也应越多。但实际上通常只用最前面的几项进行计算。在计算精度要求不高时，有时只用到第二项即可，所以第二维里系数较其他维里系数更为重要。第二维里系数反映了两个气体分子间的相互作用对气体 p、V、T 关系的影响，第三维里系数则反映了三分子相互作用引起的偏差。通常，可通过宏观 p、V、T 性质测定拟合得出的维里系数，来建立起宏观的 p、V、T 性质与微观领域的势能函数之间的联系。

1.4 气体的液化及临界参数

真实气体在高压下的行为是偏离理想气体方程的,不但如此,在温度足够低、压力足够高时,它还会发生聚集状态的变化,由气体变为液体。真实气体都存在由气态转变到液态的可能性,只是各种气体完成这一转变的条件不相同。下面以 H_2O 为例进行讨论。

1.4.1 液体的饱和蒸气压

理想气体分子间没有相互作用力,所以在任何温度、压力下都不可能使其液化。而真实气体则不同,降低温度和增加压力都可使气体的摩尔体积减小,即分子间距离减小,这使得分子间引力增加,最终导致气体变成液体,即存在液化现象。在一定的温度下,将液体放在一个密闭的真空容器中,这时液体不断蒸发为蒸气。宏观上,当气体的凝结速率与液体的蒸发速率相同时,称为气—液平衡。处于气—液平衡时的气体称为饱和蒸气,液体称为饱和液体。在一定温度下,与液体成平衡的饱和蒸气所具有的压力称为饱和蒸气压。不同物质在同一温度下具有不同的饱和蒸气压,所以饱和蒸气压首先是由物质的本性所决定的。而对于同一种物质来说,不同温度下具有不同的饱和蒸气压,所以饱和蒸气压是温度的函数。饱和蒸气压是随温度的升高而急速增大的。当液体的饱和蒸气压与外界压力相等时,液体沸腾,此时相应的温度称为液体的沸点。习惯上将 101.325 kPa 外压下的沸点称为正常沸点。如水的正常沸点为 100℃,乙醇的正常沸点为 78.4℃,苯的正常沸点为 80.1℃。

在一定温度下,对某一气液共存的系统,如果蒸气的压力小于其饱和蒸气压,液体将蒸发变为气体,直至蒸气压力增至该温度下的饱和蒸气压,达到气—液平衡为止。反之,如果蒸气的压力大于饱和蒸气压,则蒸气将部分凝结为液体,直至蒸气的压力降至该温度下的饱和蒸气压,达到气—液平衡为止。

1.4.2 临界状态

液体的饱和蒸气压随温度的升高而增大。因而温度越高,使气体液化所需的压力就越大。实验证明,每种气体都存在一个特殊的温度,在该温度以上,无论加多大压力,都不可能使气体液化。我们把这个温度称为临界温度,以 T_c 表示。所以临界温度是使气体能够液化所允许的最高温度。

很显然,在临界温度以上,由于不再有液体存在,如以饱和蒸气压对温度作图,曲线将终止于临界温度。我们将临界温度 T_c 时的饱和蒸气压称为临界压力,以 p_c 表示。所以临界压力是在临界温度下使气体液化所需要的最低压力。

在临界温度和临界压力下,物质的摩尔体积称为临界摩尔体积,以 $V_{m,c}$ 表示。临界温度、临界压力下的状态称为临界状态。

1.4.3 真实气体的 $p-V_m$ 图及气体的液化

图 1.5 是实验测得的某真实气体在不同温度下,压力与摩尔体积的关系曲线,曲线即压力对摩尔体积的等温线。不同的物质因性质不同,$p-V_m$ 图会有所差异,但图 1.5 所示的基本规律对各种气体都是相同的。$p-V_m$ 等温线一定可以划分为 $T>T_c$、$T<T_c$ 及 $T=T_c$ 三种类型。

(1) $T>T_c$ 时,以 T_4 曲线为例,此时气体无论施加多大压力也不能变为液体,等温线为一条光滑曲线,这说明其形状与理想气体的等温线相似。但当温度逐渐降低时,则真实气体的等温线与理想气体等温线的偏离就变得越来越显著,如图中高于 T_c 但又靠近 T_c 的等温线。

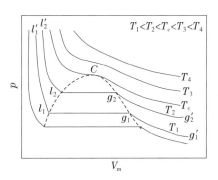

图 1.5 真实气体 $p-V_m$ 等温线示意图

(2) $T=T_c$ 时,随温度升高水平线段越来越短,这是由于温度升高,饱和蒸气压增大,饱和气体的摩尔体积减小而饱和液体的摩尔体积增大,造成气、液两相的摩尔体积之差减小。温度升高至 $T=T_c$ 时,水平线段缩为一点,成为一个拐点 C。C 点即临界点,它所对应的温度、压力、摩尔体积就是 T_c、p_c、$V_{m,c}$。在临界点 C,物质处于临界状态,此时气、液两相的密度相同,其他性质也完全相同。因而气—液界面消失,蒸气和液体两者合二为一,已经不能区分,是一种特殊的流体。$T=T_c$ 等温线在临界点处,数学上有

$$\left(\frac{\partial p}{\partial V_m}\right)_{T_c} = 0, \quad \left(\frac{\partial^2 p}{\partial V_m^2}\right)_{T_c} = 0$$

将范德华方程(1.14a)写成 T_c 下 $p-V_m$ 的函数关系

$$p = \frac{RT_c}{V_m - b} - \frac{a}{V_m^2}$$

对其进行一阶、二阶求导,并令其导数为零,则有

$$\left(\frac{\partial p}{\partial V_m}\right)_{T_c} = \frac{-RT_c}{(V_m - b)^2} + \frac{2a}{V_m^3} = 0$$

$$\left(\frac{\partial^2 p}{\partial V_m^2}\right)_{T_c} = \frac{2RT_c}{(V_m - b)^3} - \frac{6a}{V_m^4} = 0$$

联立求解,解得的 V_m 值即临界摩尔体积 $V_{m,c}$,再将其代入上式及范德华方

程式(1.14a),可得

$$V_{m,c} = 3b, \quad T_c = 8a/(27Rb), \quad p_c = a/27b^2 \tag{1.16}$$

式(1.16)表明范德华常数 a,b 与气体的临界参数的关系,由于 $V_{m,c}$ 较难测准,故一般可由 p_c、T_c 求算 a,b,即

$$\begin{aligned} a &= 27R^2T_c^2/64p_c \\ b &= RT_c/8p_c \end{aligned} \tag{1.17}$$

(3) $T < T_c$ 时,以 T_1 等温线为例,从低压开始压缩该气体时,体积随压力增大而减小,$g_1'g_1$ 段表示气体的摩尔体积随压力的增加而减小的情形。但当压力增大到图中 g_1 点的压力后,开始有液相出现,曲线变成一水平线。此时气体为饱和蒸气,压力为饱和蒸气压,体积为饱和蒸气的摩尔体积 $V_{m,g}$。l_1g_1 表示气—液两相平衡的情况,这时的摩尔体积是气—液两相共存时的摩尔体积,这表明其体积迅速减小,而压力不变,亦即此时气体不断液化。随着气体不断变为液体,摩尔体积不断减小,当达到状态点 l_1 时,气体全部液化,均变为饱和液体,摩尔体积为饱和液体的摩尔体积 $V_{m,l}$。再继续加压,则为液体的恒温压缩,液体的压缩曲线 $l_1 l_1'$ 很陡,曲线几乎呈直线上升,也就是说,液体的体积是非常难以压缩的。在 $T < T_c$ 时,等温线出现水平线段是由于气体达到饱和而液化的结果。

把图中各条等温线上开始出现液相的点与气相消失的点依次相连得到一条曲线(图中 l_1Cg_1 虚线)。在虚线左边是液态,右边为气态,虚线内包含的区域是气—液两相共存区。

1.5 对应状态原理及普遍化压缩因子图

描述真实气体的 p、V、T 性质,工业上最常用、最简单、使用最广泛的就是用压缩因子 Z 进行校正,其基本方法是将真实气体与理想气体之间的所有偏差都归结到这个因子上。因此,真实气体的状态方程可表示如下

$$pV_m = ZRT \tag{1.18a}$$

或

$$pV = ZnRT \tag{1.18b}$$

Z 是一个无量纲的物理量,任何理想气体的 $Z=1$,真实气体的 Z 值离 1 越远,说明它与理想气体的偏差越大。很显然

$$Z = \frac{V_m(真实)}{V_m(理想)}$$

当 $Z > 1$ 时,说明真实气体较理想气体难于压缩;当 $Z < 1$ 时,说明真实气体较理想气体易于压缩。

1.5.1 对应状态原理

各真实气体的性质虽然各不相同,但是在临界点时,它们却有一个共同的性质,即气液不分。将真实气体的压力、温度和摩尔体积分别除以它们的临界压力、临界温度和临界摩尔体积,则得到对比压力 p_r、对比温度 T_r 和对比摩尔体积 V_r,即

$$p_r = p/p_c, \quad V_r = V_m/V_{m,c}, \quad T_r = T/T_c \tag{1.19}$$

它们统称为临界参数,量纲都为 1。大量数据表明:只要有两个对比参数相同,则第三个对比参数也必定(大致)相同,这就是对应状态原理。我们把具有相同对比参数的气体称为处于相同的对应状态。

范德华将式(1.19)所示的对比参数代入范德华方程(1.14a),得到

$$p_r p_c = \frac{RT_r T_c}{V_r V_{m,c} - b} - \frac{a}{V_r^2 V_{m,c}^2}$$

然后将式(1.17)所示范德华常数 a、b 与临界参数的关系代入上式,整理后得

$$p_r = \frac{8T_r}{3V_r - 1} - \frac{3}{V_r^2} \tag{1.20}$$

该式中已不再出现与物性有关的常数 a、b,因而具有普遍性,称为普遍化范德华方程。

1.5.2 普遍化压缩因子图

将对比参数的表达式引入式(1.18a)中,得

$$Z = \frac{pV_m}{RT} = \frac{p_c V_{m,c}}{RT_c} \cdot \frac{p_r V_r}{T_r} = Z_c \frac{p_r V_r}{T_r} \tag{1.21}$$

实验数据表明,大多数真实气体的 Z_c 较为接近,为 $0.27 \sim 0.29$,可近似看作常数。根据对应状态原理,在对比参数中只有两个是独立变量。因为工业上压力和温度较易测得,通常选取 p_r、T_r 为独立变量。由(1.21)式可知

$$Z = f(p_r, T_r) \tag{1.22}$$

根据这一推论,科学家对许多无机及有机气体做了大量实验,由实验数据计算出在不同 p_r、T_r 下的 Z 值,绘成图,称为双参数压缩因子图(图 1.6)。图中每一条曲线代表在同一对比温度下,Z 随对比压力的变化关系。由图可知,当 $p_r \to 0$(即 $p \to 0$)时,各对比温度下 Z 值都趋向于 1,即服从理想气体状态方程。图中 $T_r < 1$ 的对比温度线均随 p_r 的增大而中断,因为 $T_r < 1$ 的真实气体升压到饱和蒸气压时会液化,不能再进行实验测定和描述了。

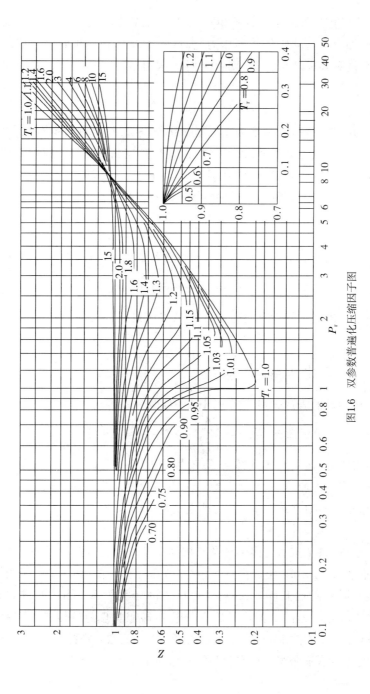

图1.6 双参数普遍化压缩因子图

例 1.3 分别用理想气体状态方程和双参数压缩因子图,计算 CO_2 在 320 K 和 10130 kPa 的摩尔体积,并与实测值 9.8×10^{-5} m³·mol⁻¹ 进行比较。

解:(1) 用理想气体状态方程计算得

$$V_m = \frac{RT}{p} = \frac{8.314 \times 320}{10130 \times 10^3} = 2.63 \times 10^{-4} (\text{m}^3 \cdot \text{mol}^{-1})$$

(2) 用双参数压缩因子图计算

查表得 CO_2 的 $T_c = 304.2$ K,$p_c = 7370 \times 10^3$ Pa

$$p_r = \frac{p}{p_c} = \frac{10130 \times 10^3}{7370 \times 10^3} = 1.37$$

$$T_r = \frac{T}{T_c} = \frac{320}{304.2} = 1.05$$

由双参数压缩因子图 1.6 上查得的等对比温度线与横坐标的交点所对应的纵坐标为 $Z = 0.39$,即 CO_2 在该对比状态下的压缩因子。将 Z、T、p 的数值代入式(1.18a)得

$$V_m = \frac{ZRT}{p} = \frac{0.39 \times 8.314 \times 320}{10130 \times 10^3} = 1.02 \times 10^{-4} (\text{m}^3 \cdot \text{mol}^{-1})$$

用理想气体状态方程计算的相对误差为

$$\frac{2.63 \times 10^{-4} - 9.8 \times 10^{-5}}{9.8 \times 10^{-5}} \times 100\% = 168.4\%$$

用双参数压缩因子图计算的相对误差为

$$\frac{1.02 \times 10^{-4} - 9.8 \times 10^{-5}}{9.8 \times 10^{-5}} \times 100\% = 4.08\%$$

显然,高压下气体不能用理想气体状态方程计算。

思 考 题

1. 为什么在同样条件下,用理想气体状态方程式对易于液化的气体作近似计算,所得结果与实验值的偏差要比难于液化的气体大?

2. 25℃时,水的饱和蒸气压为 3.168 kPa。如果在 25℃时将水完全充满一密封容器,使液体上方没有任何气体存在,此时容器中的水还有没有饱和蒸气压?如果有,是多少?

3. 水在 100℃时的饱和蒸气压为 101.325 kPa。将盛有水的敞口烧杯放在大气压为 101.325 kPa 房间里的电炉上加热。当水温上升到 100℃时,水开始沸腾。此时烧杯上方水蒸气和空气的总压是否应为 2×101.325 kPa?(房间窗户是敞开的)

4. 如右图所示,一个带隔板的容器,两侧 $H_2(g)$ 及 $N_2(g)$ 的 T、p 均相同,且均当作理想气体处理。

$H_2(g)$	$N_2(g)$
T、p	T、p
$V = 3$ m³	$V = 1$ m³

(1) 如将隔板抽掉,在保持温度不变时,p 是否会变化?
(2) 抽去隔板前两侧气体的 V_m 与抽去隔板后混合气体

的 V_m 是否相同?

(3) 隔板抽掉后,混合气体中 H_2 与 N_2 的分压之比及分体积各为多少?

5. 当温度为 T 时,体积恒定为 V 的容器中,有 A、B 两组分混合理想气体,其分压力及分体积分别为 p_A、p_B、V_A、V_B,若又往容器中注入物质的量为 n_C 的理性气体 C。问:组分 A、B 的分压力和分体积是否保持不变?

习 题

1. 将一份质量为 0.495 g 的氯仿蒸气试样,收集在体积为 127 cm³ 的真空瓶中,98℃时瓶中压力为 $1.005×10^5$ Pa。试求氯仿的摩尔质量。

2. 有一个氮的氧化物,质量为 $6.12×10^{-4}$ kg,在 293K 和 101325 Pa 时,占有体积为 0.495 dm³,求该气体的分子式。

3. 某空气压缩机每分钟吸入压力为 101.325 kPa、温度为 30℃的空气 41.2 m³,经压缩后所排出的空气压力为 192.51 kPa,温度为 90℃,求每分钟排出空气的体积。

4. 有一 10 dm³ 的钢瓶,内储压力为 10130 kPa 的氧气。该钢瓶专用于体积为 0.4 dm³ 的某一反应装置充氧,每次充氧直到该反应装置的压力为 2026 kPa 为止,问该钢瓶内的氧可对该反应装置充氧多少次?

5. 两容积均为 V 的玻璃球泡之间用细管连接,泡内密封着标准状况下的空气。若将其中一个球加热到 100℃,另一个球则维持 0℃。忽略连接细管内的气体体积,试求该容器内空气的压力。

6. 今有 20℃的乙烷—丁烷混合气体,充入一抽成真空的 200 cm³ 容器中,直至压力为 101.325 kPa。测得容器中混合气体的质量为 0.3897 g。试求该混合气体中两组分的摩尔分数及分压力。

7. 氯乙烯(C_2H_3Cl)、氯化氢(HCl)及乙烯(C_2H_4)构成的混合气体中,各组分的摩尔分数分别为 0.89、0.09 及 0.02,于恒定压力 101.325 kPa 下,用水吸收其中的氯化氢,所得混合气中增加了分压力为 2.670 kPa 的水蒸气。试求洗涤后的混合气体中氯乙烯及乙烯的分压力。

8. 某烟道气的组成(体积分数)为 CO_2:13.10%,O_2:7.70%,N_2:79.20%。求此烟道气在标准状态下的密度。

9. CO_2 气体在 40℃时摩尔体积为 0.38 dm³·mol⁻¹,设 CO_2(g) 为范德华气体,试求其压力并与实验值 5066.3 kPa 比较,求相对误差。

10. 一密闭刚性容器中充满了空气,并有少量的水,当容器于 300 K 条件下达平衡时,容器内压力为 101.325 kPa。若把该容器移至 373.15 K 的沸水中,试求容器中达到新平衡时应有的压力。设容器中始终有水存在,且可忽略水的任何体积变化。300 K 时水的饱和蒸气压为 3.567 kPa。

11. 把 25℃的氧气充入 40 dm³ 的氧气钢瓶中,压力达 $202.7×10^2$ kPa。试用普遍化压缩因子图求钢瓶中氧气的质量。

12. 300 K 时,40 dm³ 钢瓶中储存乙烯的压力为 $146.9×10^2$ kPa,欲从中提用 300 K、101.325 kPa 的乙烯气体 12 m³,试用普遍化压缩因子图求钢瓶中剩余乙烯气体的压力。

自 测 题

一、选择题（将正确答案的标号填入括号内）

1. 在恒定温度下，向一个容积为 $2\ dm^3$ 的抽空容器中，依次充入初始状态为 $100\ kPa$、$2\ dm^3$ 的气体 A 和 $200\ kPa$、$2\ dm^3$ 的气体 B。A、B 均可当作理想气体，且 A、B 之间不发生化学反应。容器中混合气体总压力为（　　）。

(a) $300\ kPa$ 　　(b) $200\ kPa$ 　　(c) $150\ kPa$ 　　(d) $100\ kPa$

2. 有一种由元素 C、Cl 及 F 组成的化合物，在常温下为气体。此化合物在 $101.325\ kPa$、$27\ ℃$ 时，密度为 $4.93\ kg\cdot m^{-3}$，此化合物的分子式为（　　）。（已知 C、Cl、F 元素的相对原子质量分别为 12、35.5 和 19）

(a) $CFCl_3$ 　　(b) CF_3Cl 　　(c) CF_2Cl_2 　　(d) C_2FCl_3

3. 在 A、B 两个容积相同的密闭容器中充入同一种气体。当它们的温度相同时，容器中的压力应为（　　）。

(a) $p_A = p_B$ 　　(b) $p_A > p_B$ 　　(c) $p_A < p_B$ 　　(d) 不能确定

4. $25\ ℃$ 时，在 A、B 两个抽空的密闭容器中分别装入 $10\ g$ 和 $20\ g$ 的水。当气—液平衡时，两个容器中饱和水蒸气的压力 p_S^A 与 p_S^B 的关系为（　　）。

(a) $p_S^A > p_S^B$ 　　(b) $p_S^A < p_S^B$ 　　(c) $p_S^A = p_S^B$ 　　(d) 不能确定

5. 恒温时测定了一系列较低压力下气体 A 的 p、V_m 值，则可在（　　）图上用外推法求取摩尔气体常数 R 的准确值。

(a) $p-V_m$ 　　(b) pV_m-T 　　(c) pV_m-V_m 　　(d) $(pV_m/T)-p$

二、填空题

1. 在恒压下，为了将烧瓶中 $20\ ℃$ 的空气赶出 $1/5$，需要将烧瓶加热到 _____ $℃$。

2. 空气的组成为 21%（体积百分数，下同）的 O_2，78% 的 N_2 和 1% 的 Ar。空气的平均摩尔质量为 _____。（Ar 的相对原子质量为 40）

3. CH_3OH 的临界参数为 $T_c=513.2\ K$，$p_c=7.97\ MPa$。现有 $1.00\ mol$ 的对比参数为 $T_r=1.21$，$p_r=0.76$ 的 $CH_3OH(g)$，从普遍化压缩因子图上查得此对应状态下的 $Z=0.85$，则该气体的体积为 _____。

4. 若某实际气体在一定条件下其分子间引力可以忽略不计，但分子本身占有体积。则其状态方程式可写为 _____。

三、计算题

1. 一容器内装有 $O_2(g)\ 100\ g$，压力为 $1.00\ MPa$，温度为 $320\ K$。因容器漏

气,经若干小时后,压力降到原来的 5/8,温度降到 300 K,问:容器的容积为多大?漏了多少克气体?

2. 将一定量的 $CH_3OCH_3(g)$ 在 25℃ 时充入一个密闭的抽空容器中,容器的容积为 $10.0\ dm^3$,并发生下列分解反应:
$$CH_3OCH_3(g) = CH_4(g) + H_2(g) + CO(g)$$
当 CH_3OCH_3 完全分解后,分析测得混合气体中 H_2 的含量为 1.20 mol。试求,开始时容器内的压力为多大?反应终了时容器内的压力又是多少?

3. 在 100 kPa、298 K 时,将干燥空气 $15.0\ dm^3$ 鼓泡通入水中,经充分接触后气泡逸出水面,气泡里面的气体可认为被水所饱和。当全部气体通过后,经称重,发现水减少了 0.01985 mol。试计算 298 K 时水的饱和蒸气压及逸出水面的湿空气的体积。

说明:以上计算题中的气体均可以当作理想气体处理。

2 热力学第一定律

化工生产中有各种物理变化和化学变化,例如物质的加热、冷却、膨胀、压缩、汽化、凝结以及化学反应等。物质经历这些变化时一般要与外界交换能量,也就是热的交换与各种功的交换。从本质上讲,这种能量交换就是能的形式的转化。热力学就是研究各种形式的能相互转化规律的科学。这种研究一般反映在两个方面:其一是物质的性质按指定要求发生变化时,必须与外界交换的各种形式的能有多少;其二是物质在指定条件下能否自动发生所需要的变化及变化的限度。

热力学研究的主要依据是热力学第一定律和第二定律。这两个定律来源于宏观世界大量实践的归纳,它们不涉及物质性质的任何微观假设,也不能直接用数学来证明。

热力学是通过物质变化前后某些宏观性质的增量来分析计算所需的结论。宏观性质具有统计性,所以从热力学的主要依据及研究方法两个方面来看,它不能用来研究物质内部个别质点的行为,也不能解决变化的历程、速率等问题。此外,热力学的理论虽然是严谨的,但在计算中要用到大量宏观性质的实测值,故热力学计算的可靠程度会受到实测数据准确性的影响。

本章讨论热力学第一定律及其部分推论与应用,主要解决前面提到的第一方面的问题。第二定律主要解决上述第二方面的问题,其内容将在第三章中介绍。

2.1 基本概念

2.1.1 系统与环境

在热力学中,把研究的对象(一部分物质或空间)称为热力学系统,简称系统。系统以外的物质与空间(一般只考虑对系统有影响的部分)则称为环境。系统与环境之间可能有实际的界面,也可能没有实际存在的界面。例如,一个充有空气的钢瓶,如果把空气作为系统,则钢瓶及其他部分即为环境,系统与环境之间有实际存在的分界面。若把空气中的氧气作为系统,则空气中的氮气和其他气体、钢瓶以及钢瓶以外的世界均为环境。在这种情况下,系统与环境之间则没有实际的分界面。

系统和环境之间的联系,包括物质的交换和能量的交换两个方面。为了研究方便,依据系统与环境之间物质和能量的交换关系,可以把系统分为三类:

(1) 敞开系统　系统与环境之间既有物质的交换,又有能量的交换。
(2) 封闭系统　系统与环境之间只有能量的传递,而无物质的交换。
(3) 隔离系统　系统与环境之间既无物质的交换,又无能量的交换。

一个盛有一些水的敞口暖水瓶,如果将里面的热水作为系统,那么这就是一个敞开系统,因为水和环境之间既有物质的交换(水的蒸发),又有能量的交换。如果将暖水瓶塞盖上,将暖水瓶内的水和水上方空间内的气体(水蒸气和空气)一起作为系统,则它们和暖水瓶及外面的世界之间没有物质的交换,只有能量的传递(热传导),此系统则是一个封闭系统。在自然界中,真正的、绝对的隔离系统是不存在的,但有时环境对系统的影响可以减少到可忽略的程度,这种情况下,系统可以被近似看成隔离系统。例如,在上述例子中,如果暖水瓶的绝热性能极其良好,可以几乎完全阻止热传导的进行,则暖水瓶及里面的水、气体可以被近似看作一个隔离系统。

在热力学研究中,系统和环境的划分完全是根据解决问题的需要与方便而人为地确定的。因此在处理实际问题时,如何合理地划分系统与环境,使问题能够最方便地得到解决,往往是研究者首先要考虑的问题。

2.1.2　状态及状态函数

系统一切宏观性质的综合,决定了系统的状态。这就是说,热力学是用系统的宏观性质来确定它的状态的。当系统各种宏观性质都确定后,系统就有确定的状态。反过来讲,系统的状态确定后,各种宏观性质也都有确定的数值。因此,系统的各种宏观性质应当是它所处状态的单值函数,所以热力学把各种宏观性质称为状态函数。根据上述概念,系统的质量、组成、温度、压力、体积、能量等都是状态函数,以后还将导出一些很有用的状态函数。

系统的宏观性质可以分成两类,一类称为强度性质,如温度、压力、组成等,这些性质不必指定系统的物质的量就可以确定,并且没有加和性。例如,取 1 dm³、300 K、100 kPa 大气压的空气,其组成为 $y_{O_2}= 0.21$、$y_{N_2}= 0.79$,在容器中用一隔板把空气隔成两半,每一部分的温度、压力、组成都不会改变。反过来说,上述条件的空气处于两个半升的体积中隔着一个隔板,抽去隔板后空气的温度、压力不会加和成 600 K、200 kPa,组成也不会改变。系统的另一种性质称为容量性质,如系统的质量、体积等。在一定条件下,系统的容量性质具有加和性,如上述两个半升的空气中间隔板抽去后,空气的质量及体积均为原来两部分之和。

系统的宏观性质相互间是有联系的,所以描述系统的状态并不需要罗列其全部性质。一般来说,当系统的物质的量、组成、聚集状态及另外两个强度性质确定后,其他的性质就都可以确定了。例如,理想气体的物质的量、温度、压力确定后,体积、密度等性质就可由理想气体状态方程来求得。

由于系统的宏观性质是状态的单值函数,这就可以得出一个必然的结论,即系统状态发生变化时,状态函数的差值只与起始状态和最终状态有关,与状态变化的具体途径无关。例如,1 mol 空气由 300 K、100 kPa 变化到 350 K、200 kPa,不论中间是否经过冷却再升温、升压或者先升温再升压,上述状态变化时温度的变化必定是 50 K,压力的变化必定是 100 kPa。状态函数的这种性质看起来非常简单,但这是热力学问题研究的一个很重要的方法,常称为热力学的状态函数法。

在数学上,具有上述性质的函数的微分是全微分。例如,对于指定物质的量的理想气体组成的封闭系统,其体积是温度、压力的函数,即

$$V = f(T, p) \tag{2.1}$$

体积的微分可写成

$$dV = \left(\frac{\partial V}{\partial T}\right)_p dT + \left(\frac{\partial V}{\partial p}\right)_T dp \tag{2.2}$$

式中,dV 是全微分。

2.1.3 过程与途径

系统的状态发生一次变化,称为经历了一个过程。变化的具体步骤称为途径。例如,将 298.15 K、101.325 kPa 的水加热到 323.15 K、101.325 kPa,可以采取几种不同的方式:① 将水直接放在电炉上加热;② 将水在 298.15 K 下全部汽化,将水蒸气加热到 323.15 K,再加压使之凝聚;③ 将水冷却使之结冰,再将冰融化,升温到 323.15 K。上述变化的不同方式则称为变化的不同途径。如前所述,在上述变化中,系统的状态函数的增量仅取决于系统的始、末态,而与途径无关。

为了便于叙述,将某些特定条件下的变化过程定义如下。

（1）恒温过程 恒温过程是指在环境温度保持不变的条件下,系统始、末态温度相同且等于环境温度的过程,即

$$T_1 = T_2 = T_{环} = 常数 \tag{2.3}$$

（2）恒压过程 恒压过程是指在环境压力（外压）保持不变的条件下,系统始、末态压力相同且等于环境压力的过程,即

$$p_1 = p_2 = p_{环} = 常数 \tag{2.4}$$

（3）恒容过程 恒容过程是指系统的体积保持不变的过程。

(4) 绝热过程　绝热过程是指系统与环境之间没有热交换的过程。绝对的绝热过程在实际中是不存在的,但当系统被一良好的绝热壁所包围,或当系统内经历一些速率极快的过程(如爆炸、压缩机气缸中气体被压缩等),以致在过程中热量几乎来不及传递时,可以近似当作绝热过程处理。

(5) 循环过程　循环过程是指系统由某一状态出发,经历一系列的变化,又回到原状态的过程。由于在循环过程中系统的始、末态是同一状态,因此,状态函数的增量为零。

2.1.4　热力学平衡态

在经典热力学(即平衡热力学)里研究的系统都是处于平衡状态下的系统。如果一个处在一定环境条件下的系统,它的所有性质(如温度、压力、体积、组成等)均不随时间而变化,而且当此系统与环境隔离后,也不会引起系统任何性质的改变,则该系统处于热力学平衡状态。

例如,将一个盛有一定量的水、初始温度为 298 K 的密闭刚性容器浸没在 373.15 K 的恒温槽内,容器内的温度将逐渐升高,同时由于水的蒸发,水逐渐减少,水上方的水蒸气的密度逐渐增大,容器内的压力(即水的蒸气压力)也不断增高。当容器内的温度最终达到 373.15 K,压力达到 101.325 kPa 时,容器内的水和水蒸气的温度、压力、物质的量及其他性质均不再随时间而变化。如果在上述情况下将恒温槽移开,容器用完全绝热的、刚性的壁与环境隔离开来,则该系统的宏观性质也不会改变,此时称水和水蒸气处于热力学平衡状态。

一个处于热力学平衡状态的系统,应该同时满足下述四个平衡条件。

(1) 热平衡　如果系统内部以及系统与环境之间没有绝热壁存在,则系统内部各部分温度相等,而且系统与环境之间也没有温度的差别。

(2) 力学平衡　如果系统内部以及系统与环境之间没有刚性壁存在,则系统内部各部分之间、系统与环境之间均没有不平衡的力存在。如果重力场的影响可以被忽略,则系统内部应处处压力相等。

(3) 相平衡　系统中物理性质与化学性质完全相同的任何均匀部分称为一个相。例如,将糖溶于水中,在未饱和的情况下可以形成均匀的溶液。在溶液中任何一部分与另一部分性质都是完全相同的,因此它是一相。如果继续往糖水中加糖,直到加入的糖不再溶解,那么未溶解的糖与溶液中任何部分性质都不相同,因而形成了两相:液相(糖水溶液)和固相(未溶解的糖)。在水蒸气和水共存的系统中也是两相:气相(水蒸气)和液相(水),因为水和水蒸气的性质是不同的。只有一个相存在的系统一般称为均相系统,有两个以上的相存在的系统一般称为多相系统或非均相系统。

当一个多相系统中各相的性质和数量均不随时间而变化时,此系统处于相平衡状态,如一定温度下的饱和液体与饱和蒸气共存的系统。当系统处于相平衡时,从宏观上看,没有物质从一相向另一相迁移。当然,从微观上看,不同相间的分子转移从不会停止,只是两个相反方向的转移速率相等而已。

(4) 化学平衡　系统的组成不随时间而变化,即宏观上系统内的化学反应已停止进行。

在有些情况下,系统并没有处于相平衡或化学平衡状态,但由于阻力因素的存在,相变化或化学反应的速率极其缓慢,以至于无法察觉。例如,在室温及没有催化剂存在情况下,H_2与N_2合成NH_3的反应;在常温常压下,金刚石转变成石墨的变化等。这些系统有时也可近似作为平衡系统处理。

非隔离系统的热力学平衡状态总是和它的环境条件休戚相关。一般来说,已经达到热力学平衡的非隔离系统,一旦环境条件改变,则旧的平衡就会被破坏,需重新建立起在新的环境条件下的新平衡。

2.1.5　热和功

1. 热

一杯开水放在桌子上,水将逐渐冷却,直到其温度与室温相同。在这个过程中,热从温度高的水传向温度低的空气。因此,热是系统和环境之间由于温度差别而交换或传递的能量,用符号Q表示。

必须强调的是,热是能量的一种传递形式,而不是能量的形式。它是和系统状态的变化过程紧密相关的,没有状态的变化,就没有热,变化的途径不同,热的数值就可能不同。因此,不能说处于某一平衡态的系统含有多少热。简而言之,热不是系统本身的性质,不是状态函数。例如,1 mol、273 K、100 kPa的氢气可以用两种方式膨胀到273 K、50 kPa的状态。一种方式是在膨胀过程中外压始终维持在50 kPa;另一种方式是使外压突然消失为零(称为自由膨胀,或向真空膨胀)。实验证明,尽管两种膨胀方式的始、末态相同,但由于途径不同,热也不同。前者系统要从环境吸收1135 J的热,而后者几乎为零。

为了便于叙述和计算,规定系统由环境吸收热,热的数值为正,系统向环境放出热,热的数值为负。例如,上述气体的第一种膨胀过程,可以写作$Q=1135$ J。微量的热用符号δQ表示,以示和状态函数的全微分区别。

2. 功

功的最初概念来源于经典力学中的机械功,它被定义为力与在力的方向上发生的位移的乘积。以后功的概念又扩大到其他的形式,如电荷在电场力作用下运动所做的电功,磁性物体在磁场力作用下运动所做的磁功,系统克服表面张力所做的表面功,等等。在热力学中,除了热之外,在系统与环境之间以一切其他方式传递的能量,均称为功,用符号W表示。并规定,环境对系统做功,功为正值;反之,系统对环境做功,功为负值。

由于功也是能量传递的一种形式,而不是能量的形式,它也是和系统变化的过程紧密联系的,因此它也不是状态函数。微量的功用 δW 表示。

热力学中最常遇到的是当系统的体积变化时反抗外力而做的功,称为体积功,在本书中,用符号 W 表示。图 2.1 所示为一个充有一定量气体的气缸。

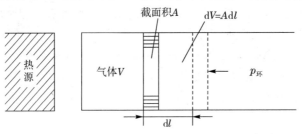

图 2.1 体积功示意图

气缸的截面积为 A。活塞为无质量无摩擦力的理想活塞。假定气体受热后,由于气缸内气体压力大于外压而使活塞移动 $\mathrm{d}l$,则气体体积的变化为 $\mathrm{d}V = A\mathrm{d}l$。根据机械功的定义,在此过程中系统克服外力所做的功为

$$\delta W = -F_{外} \cdot \mathrm{d}l$$

又因为

$$F_{外} = p_{环} \cdot A$$

则有

$$\delta W = -p_{环} A \cdot \mathrm{d}l$$

即

$$\delta W = -p_{环} \mathrm{d}V \tag{2.5}$$

式(2.5)即为体积功的计算公式,式中 $p_{环}$ 为环境压力。当系统膨胀时,系统对环境做功,这种情况下根据式(2.5),$\mathrm{d}V > 0$,所以 $\delta W < 0$;反之,当环境压力大于系统压力,使之体积减小(压缩)时,环境对系统做功,此时根据式(2.5),$\mathrm{d}V < 0$,$\delta W > 0$。两种情况均与前面所规定的功的符号一致。

例 2.1 1 mol 273 K、100 kPa 的理想气体经由下述两个途径:(a)$p_{环}$ 恒为 50 kPa;(b)自由膨胀到末态为 273 K、50 kPa,分别求两个途径的 W。

解: 始、末态气体的体积分别为

$$V_1 = \frac{nRT}{p_1} = \frac{1\ \mathrm{mol} \times 8.314\ \mathrm{J \cdot K^{-1} \cdot mol^{-1}} \times 273\ \mathrm{K}}{1.00 \times 10^5\ \mathrm{Pa}} = 2.27 \times 10^{-2}\ \mathrm{m^3}$$

$$V_2 = \frac{p_1 V_1}{p_2} = \frac{1.00 \times 10^5\ \mathrm{Pa} \times 2.27 \times 10^{-2}\ \mathrm{m^3}}{5.00 \times 10^4\ \mathrm{Pa}} = 4.54 \times 10^{-2}\ \mathrm{m^3}$$

(a)
$$W_a = \sum \delta W = -\sum_{V_1}^{V_2} p_{环} dV$$
$$= -p_{环} \sum_{V_1}^{V_2} dV = -p_{环} \int_{V_1}^{V_2} dV$$

即
$$W_a = -p_{环}(V_2 - V_1) \tag{2.6}$$
$$= -5.00 \times 10^4 \text{Pa} \times (4.54 - 2.27) \times 10^{-2} \text{m}^3$$
$$= -1.14 \times 10^3 \text{J}$$

式(2.6)即为系统在恒定外压下膨胀或压缩时,体积功的计算公式。

(b) 因为气体自由膨胀时 $p_{环}=0$,所以
$$W_b = \sum \delta W = -\sum_{V_1}^{V_2} p_{环} dV = 0$$

计算结果表明,两种膨胀方式尽管系统的始、末态相同,但因途径不同,功也不同。这再一次说明功不是状态函数,它的数值不仅与系统的状态变化有关,而且与变化的途径有关。

除了体积功之外的其他功(如电功、磁功、表面功等)称为非体积功,在本书中用符号 W' 表示。

2.2 热力学第一定律

2.2.1 热力学第一定律

热力学第一定律的实质就是能量守恒原理,它说明能量的形式可以相互转换,但既不能凭空创造,也不会自行消失。第一定律早在1693年就被提出,一直到19世纪中叶,在大量科学发现和实践归纳的基础上,才形成公认的一条定律。

由于系统状态变化时与环境交换能量已归纳为热与功两种形式,所以,能量守恒的规律可用下面的等式表示

$$\sum 系统能量的增量 = \sum Q + \sum W$$

上式含义为系统能量的总增加量等于从环境中吸取的总热量加上环境对系统所做的总功。式中,Q、W 的正负号规定为:系统吸热时 Q 为正值,环境对系统做功时 W 为正值。

2.2.2 内 能

内能是系统内部质点能量的总和,以符号 U 表示。内能具有能量单位。由于系统内部每个质点的能量是与其组分、结构、运动状态和相互作用情况有关的

一种微观性质，故系统内部这种微观性质的总和就体现了系统的一种宏观性质。因此，内能 U 也就是系统的一个函数。系统内部的质点数与系统的物质的量成正比，所以内能应该是系统的一种容量性质。

对一个组成及质量一定的均匀系统来说，只要确定两个性质，状态就随之确定。因此这类系统的内能也应具有定值。若以 T、V 作为独立变量，则

$$U = f(T, V) \tag{2.7}$$

以气体为例比较容易理解这种函数关系的物理意义。由于气体分子在做不停的热运动，分子间彼此还有相互作用力，且分子内部各粒子也有各种运动形式及相互作用，故其内能可理解为由下面三部分所组成。

(1) 分子的动能 分子的动能可以称为内动能。因为分子热运动的平均强度是温度的函数，所以内动能就是温度的函数。

(2) 分子间相互作用的位能 分子间相互作用的位能称内位能。内位能的大小取决于分子间的作用力和分子间的距离，而分子间力的大小也可表示为分子间距的函数。因此，系统的内位能就应与系统内分子的平均间距有关。平均间距是系统体积的函数，所以内位能可认为是气体体积的函数。

(3) 分子内部的能量 分子内部的能量包括分子内各种粒子(例如原子、原子核、电子等)运动的能量与粒子间相互作用的能量。通常，系统内物质的组成及质量确定后，这部分能量可认为有确定的数值。

上述三种能量的总和即气体的内能 U，故系统的组成及质量确定后，内能应当符合式(2.7)所示的函数关系。

由于内能是系统的状态函数，故系统状态变化时内能的增量 ΔU 仅与始末状态有关，而与过程的具体途径无关。当系统状态发生微小变化时，内能的变化可用全微分 dU 来表示。因此，由式(2.7)可得

$$dU = \left(\frac{\partial U}{\partial T}\right)_V dT + \left(\frac{\partial U}{\partial V}\right)_T dV \tag{2.8}$$

系统内部质点的运动方式及相互作用情况极其复杂，所以内能 U 的绝对值是无法确定的，这个特性并不妨碍内能概念的实际应用，因系统状态变化时，只需知道内能的增量 ΔU，而不需要用每个状态下内能的绝对值。

内能并不包括系统整体在运动时的动能及整体处于外力场中的位能。例如，水的质量为 m，在离地面 Z 处的水平管道中以速度 u 向前流动，则 m 质量的水具有整体动能 $\frac{1}{2}mu^2$ 及地心引力产生的位能 mgZ，其中 g 为重力加速度。这些水的总能量应当是 $\frac{1}{2}mu^2$、mgZ 及内能 U 三部分的总和。本书讨论的热力学封闭系统是指宏观静止的系统，不考虑系统体积变化时可能引起整体位能的

微小变化,这类系统状态变化时所引起的能量变化仅仅是内能的变化 ΔU。

2.2.3 封闭系统热力学第一定律的数学表达式

考虑到封闭系统经历任何过程时,系统能量的变化只是内能的增量 ΔU,并且为了简便,直接以 Q 及 W 分别表示系统与环境交换的总热及总功,则能量守恒的等式可具体为

$$\Delta U = Q + W \tag{2.9a}$$

若系统状态仅发生微小的变化,根据内能是系统的状态函数及热、功与具体途径有关的特性,式(2.9a)可表示为

$$dU = \delta Q + \delta W \tag{2.9b}$$

式(2.9a)及(2.9b)均为封闭系统热力学第一定律的数学表达式。这两个公式均表明:尽管系统在某状态下内能的绝对值不能确定,但封闭系统状态变化时的内能变化,可由过程中的热和功按上述公式来衡量。两式也说明了尽管热、功均为途径函数,但其总和是状态函数 U 的增量,故与具体途径无关。

2.2.4 焦耳(Joule)实验

焦耳实验是第一定律应用于理想气体的一个很好的实例。1843 年,焦耳用图 2.2 所示的装置,在左边容器中充以空气(压力最高到 10^5 Pa 左右),右边容器抽成真空,中间连以旋塞,整个容器浸于水浴中。打开旋塞,则空气将从左边容器充入右边容器,直到两边平衡为止。实验条件下的空气可视为理想气体,过程中体积膨胀,因空气向真空膨胀,故膨胀时反抗的环境压力 $p_{环}=0$,则 $W=0$。实验测得空气膨胀后温度不变,水浴中的水温也没有发生变化,故空气与水之间没有热的交换,即 $Q=0$。

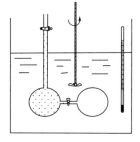

图 2.2 焦耳实验示意图

按式(2.9a)可知,该过程中空气的内能变化 $\Delta U = Q + W = 0 + 0 = 0$,说明理想气体自由膨胀时内能保持不变。

将上述实验中内能不变、温度不变及体积要发生变化的结论代入式(2.8),即下式中的 $dU=0, dT=0$ 及 $dV \neq 0$。

$$dU = \left(\frac{\partial U}{\partial T}\right)_V dT + \left(\frac{\partial U}{\partial V}\right)_T dV$$

则仅当下述关系成立时,式(2.8)中两端才能相等

$$\left(\frac{\partial U}{\partial V}\right)_T = 0$$

即理想气体的内能在温度恒定时不随体积而变化。

上述实验结论与内能的概念分析是一致的。由于理想气体分子间无相互作用力,所以分子间的位能为零。只要系统的量及组成确定后,理想气体的内能就只是温度的函数,即 $U=f(T)$,这种函数关系就表明 $\left(\dfrac{\partial U}{\partial V}\right)_T = 0$。

2.2.5 热力学第一定律的其他表达方式

热力学第一定律确立于19世纪中叶,是人类长期实践经验的总结。自从蒸汽机问世以来,曾有不少充满幻想的人企图制造出一种机器,它不靠外界输入能量,却能不断地运转做功。直到今天,仍有人挖空心思在搞这一类的"创造发明",但他们的企图统以失败而告终!人们把违反热力学第一定律的这一类机器,叫作"第一类永动机"。"第一类永动机是不可能造成的"就是热力学第一定律的一种说法。

"内能是系统的状态函数",这是热力学第一定律的另一种说法。对应于系统的一个状态,内能有唯一确定的数值。假如系统在一个状态时的内能可以有不同的数值,那么系统在经历一个循环过程回到原始状态时,内能就可以比原来的增加或减少,岂不是能量就凭空地被创造出来或者无影无踪地消失了!这是违反能量守恒定律的。所以,热力学第一定律断言:$\oint dU = 0$,内能是状态函数。

我们还可以用隔离系统的思想来概括能量守恒原理。若把系统和它的环境合并考虑,就构成隔离系统。因为系统加环境的总能量是守恒的,热力学第一定律亦可以表述为:隔离系统的内能是一个恒值。

2.3 恒容热、恒压热及焓

实际过程都是在一定条件下进行的,其中,封闭系统只做体积功的恒容和恒压过程最为普遍和重要。因此,了解和掌握热力学第一定律在特定条件下实际过程的应用,能为处理实验和实际生产中的问题带来方便。

2.3.1 恒容热

恒容热是指均相封闭系统中进行恒容且非体积功为零的过程时,与环境交换的热,用 Q_V 表示。因恒容过程 $dV=0$,所以,过程的体积功必为零,并且过程中没有非体积功交换($W'=0$),则过程的总功 W 应为零,按式(2.9a)可得

$$Q_V = \Delta U \tag{2.10}$$

式中,Q 的下标"V"表示过程恒容且非体积功 $W'=0$。该式表明,在 $dV=0$ 及

$W'=0$ 条件下,系统与环境交换的热等于系统内能的变化。由于内能是状态函数,其变化量 ΔU 只与系统始、末态有关,所以 Q_V 只取决于系统的始、末态,与过程的具体途径无关。就是说,若要求得在此条件下过程的热,只要求出系统在此过程中的内能的变化值即可。所以,式(2.10)为人们计算恒容热带来了极大的方便。

对于无限小的恒容且非体积功为零的过程,则

$$\delta Q_V = \mathrm{d}U \tag{2.11}$$

2.3.2 恒压热及焓

在敞口容器中进行的过程就是一种恒压过程。恒压热是指均相封闭系统进行恒压且非体积功为零的过程时,与环境交换的热,用符号 Q_p 表示。

所谓"恒压",是指系统的压力 p 等于环境的压力 $p_环$,并且保持不变,即 $p=p_环=$ 常数。由式(2.6)可得恒压过程的体积功为

$$W = -p_环(V_2 - V_1) = (p_1 V_1 - p_2 V_2)$$

若恒压过程系统只做体积功而非体积功为零,则过程的总功就等于体积功,所以恒压热 Q_p 可由热力学第一定律的数学表达式(2.9a)得

$$\begin{aligned} Q_p &= \Delta U - W \\ &= (U_2 - U_1) - (p_1 V_1 - p_2 V_2) \\ &= (U_2 + p_2 V_2) - (U_1 + p_1 V_1) \end{aligned}$$

由于 U、p、V 均为系统的状态函数,因此它们的组合 $U+pV$ 的数值也是状态的单值函数。为了方便起见,将它定义为一个新的状态函数称为焓,并用符号 H 表示,即

$$H = U + pV \tag{2.12}$$

将焓定义式(2.12)代入 Q_p 表达式,得

$$Q_p = H_2 - H_1 = \Delta H \tag{2.13}$$

对于无限小恒压且非体积功为零的过程,上式可表示为

$$\delta Q_p = \mathrm{d}H \tag{2.14}$$

式中,Q 的下标"p"表示恒压且非体积为零的过程。式(2.13)就是热力学第一定律在恒压和只做体积功条件下的特殊形式。它表明在此条件下,系统与环境交换的热等于系统焓的变化值,这个结论对于热力学中相变热及反应热的计算具有重要意义。也就是说,只要确定了过程的恒压和只做体积功的特征,计算途径函数 Q_p 就可以转化成计算焓这个状态函数的变化值了。这就是人们为什么要定义焓这样一个状态函数的目的所在。然而,还必须注意到,焓是状态函数,只要系统的状态发生变化,则系统的焓就可能发生变化,但在其他条件下系统的焓变与过程的热并无直接的联系。

因为焓是状态函数的组合,因此它是一个辅助的状态函数,又因为内能与体积功都是系统的容量性质,所以焓也是容量性质,并具有能量的量纲,其单位是 J。由于内能的绝对值是无法测定的,因此焓的绝对值也是无法确定的,通常只能计算系统状态发生变化时焓的变化值 ΔH。

例 2.2 n mol 理想气体由 $p_1 V_1 T_1$ 恒温膨胀到 $p_2 V_2 T_2$,求过程的焓变 ΔH。

解:系统的始末状态表示如下:

由式(2.12)的定义可知

$$\begin{aligned}\Delta H &= H_2 - H_1 \\ &= (U_2 + p_2 V_2) - (U_1 + p_1 V_1) \\ &= (U_2 - U_1) + (p_2 V_2 - p_1 V_1)\end{aligned}$$

理想气体恒温过程的内能变化为零。又因理想气体服从 $pV = nRT$,故

$$\Delta H = 0 + (nRT_2 - nRT_1) = 0$$

上例计算表明,一定量理想气体进行恒温过程时 ΔH 为零,即在单纯的 pVT 变化中,理想气体的焓只是温度的函数,它不随体积或压力变化而变化。

2.3.3 $Q_V = \Delta U$ 及 $Q_p = \Delta H$ 两关系式的意义

学习热力学第一定律是为了计算系统状态按指定的要求发生变化时,必须与环境交换多少各种形式的能,即需要多少功和热。在许多情况下,体积功 W 可通过式(2.5)结合具体途径进行计算,热 Q 则主要靠实验数据得到。由于 Q 不是状态函数的增量,而各实际过程的始、末态及具体途径又千变万化,尤其是具体途径往往很难正确描述,这就增加了 Q 值测定的难度。但是,$Q_V = \Delta U$ 及 $Q_p = \Delta H$ 两关系式告诉我们,上述两种特定条件下的热只与系统的始末状态有关而与途径无关,这就可以在指定的始末状态间不考虑过程的真实途径而进行一些假设,把各种复杂的过程简化成几个简单途径的组合,并用热力学的状态函数法进行实际过程热的计算。例如某反应器中进行下列过程:

$$CO(g) + H_2O(g) \longrightarrow CO_2(g) + H_2(g)$$

$T_1 = 423$ K $\qquad\qquad T_2 = 723$ K

$p_1 = 1$ atm $\qquad\qquad p_2 = 1$ atm

该过程中系统既有温度变化,又有化学反应,但是压力恒定且无非体积功,则 $Q_p = \Delta H$。于是,在上述指定的始末状态间,可假设如下图虚线所示的三个具体途径。

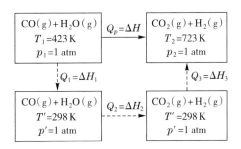

过程1、3只是物质的温度变化,过程2是温度恒定条件下的化学反应。我们看到,用有限几种类型的实测数据很容易计算物质的显热及恒温条件下的化学反应热,从而可求出 ΔH_1、ΔH_2 及 ΔH_3。所需过程的热 Q_p 就可以根据状态函数增量只取决于系统始、末状态的特性,针对过程1、2、3的总和与原状态变化始、末态相同,故其焓的增量亦有相同的规律,得出

$$Q_p = \Delta H = \Delta H_1 + \Delta H_2 + \Delta H_3$$

这就为计算一个复杂过程的热提供了一个简便而有效的办法。因 $Q_V = \Delta U$,故也具有上述性质。

2.4 热 容

热容是计算显热的基础热数据。由于常遇到的过程有恒容及恒压两种,故热容也相应分成恒容热容 C_V 及恒压热容 C_p 两类。

2.4.1 恒容摩尔热容

恒容摩尔热容是 1 mol 物质在恒容、非体积功为零的条件下,温度升高 1 K 时所需的显热,用 $C_{V,m}$ 表示,其数学表达式为

$$C_{V,m} = \frac{\delta Q_{V,m}}{dT} \tag{2.15}$$

由于恒容、非体积功为零的过程中,$\delta Q_{V,m} = dU_m$,所以式(2.15)可改写为

$$C_{V,m} = \left(\frac{\partial U_m}{\partial T}\right)_V \tag{2.16}$$

$C_{V,m}$ 的单位为 $J \cdot mol^{-1} \cdot K^{-1}$,作为温度间隔而言,1℃与 1 K 等同,故 $C_{V,m}$ 的单位也可表示为 $J \cdot mol^{-1} \cdot ℃^{-1}$。

根据 $C_{V,m}$ 的定义式,若含有物质的量为 n 的某系统进行恒容的单纯 p、V、T 变化,恒容热 Q_V 及该过程的内能变化 ΔU 应当是

$$Q_V = \Delta U = \int_{T_1}^{T_2} nC_{V,m} dT \tag{2.17}$$

若 $C_{V,m}$ 可近似看作常数,则上式可简化为
$$Q_V = \Delta U = nC_{V,m}(T_2 - T_1) \tag{2.18}$$

2.4.2 恒压摩尔热容

恒压摩尔热容是 1 mol 物质在恒压、非体积功为零的情况下,温度升高 1 K 时所需的显热,用符号 $C_{p,m}$ 表示,单位与 $C_{V,m}$ 相同,其数学表达式为
$$C_{p,m} = \frac{\delta Q_{p,m}}{dT} \tag{2.19}$$

由于恒压、非体积功为零的过程中 $\delta Q_{p,m} = dH_m$,所以式(2.19)可改写为
$$C_{p,m} = \left(\frac{\partial H_m}{\partial T}\right)_p \tag{2.20}$$

含有物质的量为 n 的系统进行恒压的单纯 p、V、T 变化时,恒压热 Q_p 及该过程的焓变 ΔH 为
$$Q_p = \Delta H = \int_{T_1}^{T_2} nC_{p,m} dT \tag{2.21}$$

如 $C_{p,m}$ 可近似看作常数时,则
$$Q_p = \Delta H = nC_{p,m}(T_2 - T_1) \tag{2.22}$$

2.4.3 $C_{p,m}$ 与 $C_{V,m}$ 的关系

理论和实验都证明,任何稳定系统的 $C_{p,m}$ 与 $C_{V,m}$ 均为正值,而且在同样温度下,同一物质的 $C_{p,m}$ 与 $C_{V,m}$ 数值不相同,通常情况下,物质的 $C_{p,m}$ 总是大于 $C_{V,m}$,气体更是如此。按照两种热容的定义,可导出它们之间的关系如下:

$$\begin{aligned}
C_{p,m} - C_{V,m} &= \left(\frac{\partial H_m}{\partial T}\right)_p - \left(\frac{\partial U_m}{\partial T}\right)_V \\
&= \left[\frac{\partial (U_m + pV_m)}{\partial T}\right]_p - \left(\frac{\partial U_m}{\partial T}\right)_V \\
&= \left(\frac{\partial U_m}{\partial T}\right)_p + p\left(\frac{\partial V_m}{\partial T}\right)_p - \left(\frac{\partial U_m}{\partial T}\right)_V
\end{aligned}$$

对于物质的量确定的均相封闭系统,由式(2.7)得
$$dU_m = \left(\frac{\partial U_m}{\partial T}\right)_V dT + \left(\frac{\partial U_m}{\partial V_m}\right)_T dV_m$$

则
$$\left(\frac{\partial U_m}{\partial T}\right)_p = \left(\frac{\partial U_m}{\partial T}\right)_V + \left(\frac{\partial U_m}{\partial V_m}\right)_T \left(\frac{\partial V_m}{\partial T}\right)_p$$

将此结果代入($C_{p,m} - C_{V,m}$)的推导式中得
$$C_{p,m} - C_{V,m} = \left[\left(\frac{\partial U_m}{\partial V_m}\right)_T + p\right]\left(\frac{\partial V_m}{\partial T}\right)_p \tag{2.23}$$

上式适用于 1 mol 任何物质均相系统。式(2.23)的物理意义比较明显。1 mol 物质 $C_{p,m}$ 与 $C_{V,m}$ 数值不同的原因是由于恒压下 1 mol 物质温度升高 1 K 时,将伴随着体积膨胀,式中 $\left(\dfrac{\partial V_m}{\partial T}\right)_p$ 就代表这种膨胀。系统因体积膨胀时,带来两种后果,一方面分子间距离要增大,使分子的势能增大,相应地使系统内能增加,第一项 $\left(\dfrac{\partial U_m}{\partial V_m}\right)_T \left(\dfrac{\partial V_m}{\partial T}\right)_p$ 就是度量由于温度升高引起体积膨胀,因而使内能增加所需要消耗的那一部分热量,其中 $\left(\dfrac{\partial U_m}{\partial V_m}\right)_T$ 的数值与分子间引力的大小有关;另一方面,随着体积改变,还要对环境做体积功,也要消耗热量,这就是第二项 $p\left(\dfrac{\partial V_m}{\partial T}\right)_p$。由于多了这两项热消耗,所以,$C_{p,m}$ 总比 $C_{V,m}$ 大。若对于凝聚系统(固态或液态),其摩尔体积随温度的变化可以忽略不计,即 $\left(\dfrac{\partial V_m}{\partial T}\right)_p \approx 0$,则两种摩尔热容相等,即

$$C_{p,m} = C_{V,m} \tag{2.24}$$

理想气体的 $\left(\dfrac{\partial U_m}{\partial V_m}\right)_T = 0$。由理想气体状态方程得 1 mol 理想气体的 $\left(\dfrac{\partial V_m}{\partial T}\right)_p = \dfrac{R}{p}$。代入式(2.23),可得理想气体的 $C_{p,m}$ 与 $C_{V,m}$ 的关系为

$$C_{p,m} - C_{V,m} = R \tag{2.25}$$

式中,气体常数 R 为 1 mol 理想气体恒压升温 1 K 时,因体积膨胀而做的功。

当理想气体没有给出其摩尔热容时,在常温下,对单原子理想气体,$C_{V,m} = \dfrac{3}{2}R$,$C_{p,m} = \dfrac{5}{2}R$;对双原子理想气体,$C_{V,m} = \dfrac{5}{2}R$,$C_{p,m} = \dfrac{7}{2}R$。

对于由 B,C,… 形成的理想气体混合物,其摩尔热容可按下式计算

$$C_{p,m(mix)} = \sum_B y(B) C_{p,m}(B)$$

$$C_{V,m(mix)} = \sum_B y(B) C_{V,m}(B)$$

即理想气体混合物的摩尔热容等于各气体摩尔热容与其摩尔分数的乘积之和。

2.4.4 摩尔热容随温度的变化关系

物质的摩尔热容与温度有关。若物质经过某一过程,将温度从 T_1 改变到 T_2 时,要求得所需要的总热量 Q 值,必须知道过程中的摩尔热容与 T 的关系。

摩尔热容随温度的变化关系是通过实验测定的。由于 $C_{p,m}$ 与 $C_{V,m}$ 之间存在着一定的关系,通常只要测得其中一种变化关系就可以推导出另一种变化关系。

目前最常用的是以下几个恒压摩尔热容的经验公式

$$C_{p,m} = a + bT + cT^2$$

$$C_{p,m} = a + bT + c'T^{-2}$$

$$C_{p,m} = a + bT + cT^2 + dT^3$$

当要求精度不高时,也可采用 $C_{p,m}=a+bT$ 更简化的形式。式中 a、b、c、c'、d 等均为物质的特性常数,随物质的种类、相态及使用的温度范围不同而不同。常用物质的 $C_{p,m}$ 数据都可以从热力学手册中查得,本书附录中摘抄了一些物质的这类常数,见附录 6。

由 $C_{p,m}$ 的表达式可以看出,用热容与温度的函数关系式积分求变温过程的热是比较麻烦的,因此,在实际工程中常用平均恒压摩尔热容来近似计算热,即

$$\bar{C}_{p,m} = \frac{\int_{T_1}^{T_2} C_{p,m} dT}{T_2 - T_1} \tag{2.26}$$

如果 T_1、T_2 的温度间隔不大,或要求精度不很高时,平均恒压摩尔热容还可以用下列更简单的关系式代替

$$\bar{C}_{p,m} = \frac{1}{2}[C_{p,m}(T_2) + C_{p,m}(T_1)] \tag{2.27a}$$

或者

$$\bar{C}_{p,m} = C_{p,m}\left(\frac{T_2 + T_1}{2}\right) \tag{2.27b}$$

2.5 可逆过程与可逆体积功

2.5.1 可逆过程与可逆体积功

前面已指出,功不是状态函数,它不仅取决于系统的始末态,而且与系统状态改变所经历的过程有关。因此,系统由始态 A 变化到末态 B 的过程中,可以经历各种不同的途径,每个途径所做功的大小也各不相同。下面通过一个具体的例子来研究功与过程的关系,并从中引出一个十分重要的概念——可逆过程。如图 2.3 所示,设有一定量的理想气体充入一个带有理想活塞的容器中,将此容器置于温度为 298 K 的恒温大热源中,容器内气体的压力为 4 kPa,体积为 6 m³,起初活塞上所施加的环境压力也为 4 kPa(用 4 个砝码表示),由于系统压力与环境压力相等,活塞静止不动,系统处于平衡状态。现在用几种不同的方式在恒温条件下,将系统的压力降到 1 kPa,并计算气体膨胀过程中所做的体积功。

(1) 自由膨胀 也称为真空膨胀,将活塞上的 4 个砝码同时全部拿走,使气

体在瞬间膨胀到末态。在此过程中 $p_环 = 0$，根据体积功的定义

$$W = -p_环(V_2 - V_1) = (p_1V_1 - p_2V_2) = 0$$

即理想气体自由膨胀时与环境无体积功交换。

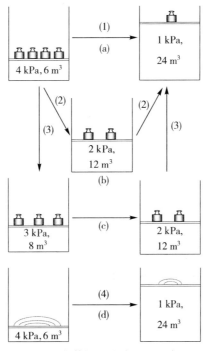

图 2.3 气体恒温膨胀过程示意图

（2）一次膨胀　将 $p_环$ 一次降到 1 kPa（即一次取走 3 个砝码，如图 2.3(a)所示），此时气体经历恒温恒外压（$p_环 = 1$ kPa）的途径从始态 V_1 膨胀到末态 V_2，所以

$$W_2 = -p_环(V_2 - V_1) = -[1 \times 10^3 \times (24 - 6)]\text{J} = -18 \text{ kJ}$$

W_2 的大小相当于图 2.4(a)中阴影部分的矩形面积。

（3）两次膨胀　首先将 $p_环$ 减小到 2 kPa（即一次取走 2 个砝码），气体在 2 kPa 的恒外压下膨胀到中间平衡状态，然后再将 $p_环$ 减小到 1 kPa（即再取走 1 个砝码），则气体在 1 kPa 的恒外压下膨胀到末态，其过程如图 2.3(b)所示，则整个过程的体积功为两次膨胀的体积功之和，即

$$W_3 = -[2 \times 10^3 \times (12 - 6)]\text{J} - [1 \times 10^3 \times (24 - 12)]\text{J} = -24 \text{ kJ}$$

相当于图 2.4(b)中阴影部分的面积。

（4）三次膨胀　每次将 $p_环$ 减小 1 kPa（即每次取走一个砝码），气体经过两个中间平衡状态最后到达末态，过程如图 2.3(c)所示。

$$W_4 = -[3 \times 10^3 \times (8 - 6)]\text{J} - [2 \times 10^3 \times (12 - 8)]\text{J} - [1 \times 10^3 \times (24 - 12)]\text{J}$$
$$= -26 \text{ kJ}$$

W_4 相当于图 2.4(c)中阴影部分的面积。

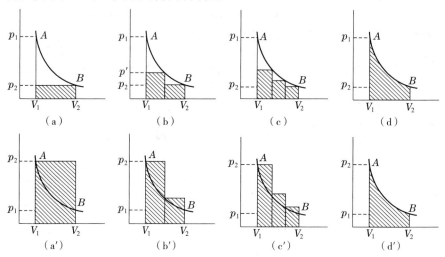

图 2.4　不同途径气体恒温膨胀与压缩(始末态相同)

由上述 3 种膨胀方式的功可以看出，$|W_4|>|W_3|>|W_2|$，也就是说，同样是恒温膨胀过程，采取的途径不同，功的大小也不同，而且膨胀的次数越多，系统对环境做的功就越大。

(5) 可逆膨胀　膨胀过程分无穷多步进行，将活塞上面的砝码换成相同重量的细沙，每次取走一粒沙子，使每一步都在外压比气体压力小无穷小量的情况下进行，即 $p_{环}=p-\mathrm{d}p$，直到活塞上面的压力降低到 1 kPa，系统达到平衡，如图 2.3(d)所示。在此过程中，每一步膨胀的体积功为

$$\delta W=-p_{环}\mathrm{d}V=-(p-\mathrm{d}p)\mathrm{d}V$$

整个过程的体积功为每一步微小膨胀过程的体积功之和，即

$$W=-\int_{V_1}^{V_2}p_{环}\mathrm{d}V=-\int_{V_1}^{V_2}(p-\mathrm{d}p)\mathrm{d}V$$

积分的第二项是二阶无穷小量，与第一项相比可略去，则

$$W=-\int_{V_1}^{V_2}p\mathrm{d}V \tag{2.28}$$

在热力学中，按照方式(5)所进行的膨胀过程被看作一种特殊的过程，在这个过程中，由于每一步膨胀时，环境压力只比系统压力小 $\mathrm{d}p$，或者说几乎是相等的，因此，活塞的移动非常缓慢。慢到以零为极限，这样就有足够的时间使气体的压力由微小的不均匀变为均匀，使系统由不平衡回到平衡。因此，在膨胀的每一瞬间，系统内部以及系统与环境之间都极接近于平衡状态，整个过程由一系列无限接近于平衡的状态构成，这样的过程称为可逆过程，式(2.28)是计算可逆过程体积功的公式。

若气体为理想气体且在恒温条件下进行,对式(2.28)积分得

$$W = -\int_{V_1}^{V_2} \frac{nRT}{V} dV = -nRT\ln\frac{V_2}{V_1} \tag{2.29a}$$

由于理想气体恒温时

$$p_1V_1 = p_2V_2$$

即

$$\frac{V_2}{V_1} = \frac{p_1}{p_2}$$

则

$$W = -nRT\ln\frac{p_1}{p_2} \tag{2.29b}$$

式(2.29a)与式(2.29b)是计算理想气体恒温可逆体积功的公式,式中,p_1、V_1 和 p_2、V_2 分别代表系统始末态的压力和体积。

将图 2.3(d)所示的数据代入式(2.29),得

$$W_5 = -nRT\ln\frac{V_2}{V_1} = -p_1V_1\ln\frac{V_2}{V_1} = -\left(4\times 6\times\ln\frac{24}{6}\right) \text{kJ} = -33.3 \text{ kJ}$$

W_5 相当于图 2.4(d)中阴影部分的面积。

由计算结果可以看出,W_5 的绝对值比 W_2、W_3、W_4 的绝对值要大。根据前面的分析,可得到如下结论:在同样的始末态之间进行的恒温膨胀过程中,可逆膨胀过程系统对环境做功最大。

现在,再采取与过程(1)、(2)、(3)、(4)相反的步骤,将膨胀后的气体压缩至始态。

(6)一次压缩 将 $p_环$ 一次增加到 4 kPa(把一次膨胀时取下的 3 个砝码同时加到活塞上面)。

(7)两次压缩 将 $p_环$ 先增加到 2 kPa 再增加到 4 kPa。

(8)三次压缩 每次增加 1 kPa,直到 $p_环$ 为 4 kPa。

(9)可逆压缩 每次增加一粒沙子直到 $p_环$ 为 4 kPa。

按照与前面同样的方法,可计算出上述 4 种不同方式的恒温压缩过程的功,结果如下:

$$W_6 = -[4\times 10^3\times(6-24)] \text{J} = 72 \text{ kJ}$$

$$W_7 = -[2\times 10^3\times(12-24)] \text{J} - [4\times 10^3\times(6-12)] \text{J} = 48 \text{ kJ}$$

$$W_8 = -[2\times 10^3\times(12-24)] \text{J} - [3\times 10^3\times(8-12)] \text{J} - [4\times 10^3\times(6-8)] \text{J} = 44 \text{ kJ}$$

$$W_9 = -\int_{V_2}^{V_1}(p+\mathrm{d}p)\mathrm{d}V = -\int_{V_2}^{V_1} p\mathrm{d}V = -nRT\ln\frac{V_1}{V_2} = -p_1V_1\ln\frac{V_1}{V_2}$$

$$= -1\times 10^3\times 24\times\ln\frac{6}{24} \text{ J} = 33.3 \text{ kJ}$$

过程(9)为可逆压缩过程,显然,$W_9 < W_8 < W_7 < W_6$,即在同样的始末态之间以不同的方式进行恒温压缩过程中,可逆压缩过程环境对系统做的功最小,且与可逆膨胀功的绝对值相等。4 种压缩过程功分别用图 2.4(a′)、(b′)、(c′)、(d′)的阴影面积表示。为了便于比较,将以上计算结果列于表 2.1 中。

表 2.1 膨胀与压缩过程中功的数据

	一次	两次	三次	可逆
膨胀过程 W/kJ	−18	−24	−26	−33.3
压缩过程 W/kJ	72	48	44	33.3

2.5.2 可逆过程的特点

可逆过程是热力学中一个极为重要的过程,其过程中的每一步都可向相反的方向进行,而且系统复原后,在环境中不引起其他变化。

例如,在上述的例子中,气体经一次膨胀,到达末态,然后再通过一次压缩使其逆向进行,结果系统恢复到原来状态,但在一次膨胀中系统对环境做了 18 kJ 的功,而在一次压缩过程中环境对系统做了 72 kJ 的功,在环境中引起了变化(环境损失了 54 kJ 的功),因此一次膨胀是不可逆过程。在可逆膨胀过程中系统对环境做功 33.3 kJ,而在可逆压缩过程中环境对系统做功 33.3 kJ,结果在系统恢复原来状态的同时,环境中没有引起其他变化。总结起来,可逆过程具有以下特点:

(1) 可逆过程是以无限小的变化速率进行的,整个过程是由一连串非常接近平衡的状态所构成的。

(2) 在反向的过程中,用同样的方法,循着原来过程的逆过程,可以使系统和环境都完全恢复到原来的状态。

(3) 在恒温可逆膨胀过程中,系统对环境做最大功,而在恒温可逆压缩过程中,系统同样对环境做最大功(或环境对系统做最小功)。

可逆过程是一种理想的过程,是一种科学的抽象,客观世界中并不真正存在可逆过程,实际过程只能无限趋近于它。例如,在无限接近于相平衡的条件下发生的相变化(如在标准压力下,373.15 K 的水变成水蒸气,273.15 K 的水结成冰,或相反的相变化);可逆电池在外加电动势 $E_{外} \approx E_{电池}$ 情况下的充电或放电;在无限接近于化学平衡的条件下发生的化学变化;在两物体温差无限小的情况下的传热过程等,都可以看作可逆过程。因此,它和平衡态密切相关。以后还可以看到一些重要的热力学函数的增量,只有通过可逆过程才能求得。另外,在科学研究中,它往往给人一种启示。在某一个过程中,人们总是希望系统对环境做最大功,环境对于系统做最小功。从消耗及获得能量的观点看(不从时间观点看),可逆过程是效率最高的过程。如果将实际过程与理想的可逆过程进行比较,就可以确定提高实际过程效率的可能性和限度。

2.5.3 绝热可逆过程及其体积功

如果当系统的状态发生变化时,系统和环境之间没有发生热的传递,则变化过程称为绝热过程。在绝热过程中,$Q=0$,根据热力学第一定律,则有

$$\Delta U = W \tag{2.30}$$

式(2.30)说明,如果在绝热过程中系统对环境做功(如气体的绝热膨胀过程),则对外做功所消耗的能量只能通过减少系统本身的内能来补充,如果系统内物质均为理想气体,且没有化学反应,则系统的温度必然降低。如果是环境对系统做功(如气体的绝热压缩过程),则情况正好相反。总之,当不发生化学反应及相变的理想气体系统经历一个绝热过程时,系统的温度、压力、体积三个基本宏观性质可能均要发生变化,这和前面讨论过的恒温、恒压、恒容过程是不同的。

式(2.30)还表明,绝热过程的功可以通过系统内能的变化来求得。对于无化学变化和相变的理想气体封闭系统来说,其内能仅仅是温度的函数,因此,只要知道在绝热过程中始末态之间 p、V、T 的关系,便可求得 ΔU 及 W。

如果一定量、一定组成的理想气体系统经历一绝热可逆过程,则在此过程中每一微小变化步骤均有 $\delta Q=0$,即

$$dU = \delta W \tag{2.31}$$

如果在此过程中系统不做非体积功,则有

$$\delta W = -p dV$$

即

$$dU = -p dV \tag{2.32}$$

式中,p 为系统的压力。对理想气体来说

$$dU = nC_{V,m} dT$$

$$p = \frac{nRT}{V}$$

代入式(2.32),得

$$nC_{V,m} dT = -\frac{nRT}{V} dV$$

整理后得

$$C_{V,m} \frac{dT}{T} = -\frac{R}{V} dV$$

假设理想气体的 $C_{V,m}$ 可以看作常数,且 $C_{p,m} - C_{V,m} = R$,代入上式得

$$C_{V,m} \frac{dT}{T} = -(C_{p,m} - C_{V,m}) \frac{dV}{V}$$

将上式由绝热可逆过程的初态 $T_1V_1p_1$ 积分到末态 $T_2V_2p_2$,得

$$\int_{T_1}^{T_2} \frac{dT}{T} = \int_{V_1}^{V_2} \left(\frac{C_{V,m} - C_{p,m}}{C_{V,m}}\right) \frac{dV}{V}$$

则

$$\ln \frac{T_2}{T_1} = \left(1 - \frac{C_{p,m}}{C_{V,m}}\right) \ln \frac{V_2}{V_1}$$

令 $C_{p,m}/C_{V,m} = \gamma$,γ 为物质的绝热指数,代入上式并脱去等式两边的自然对数,得

$$\frac{T_2}{T_1} = \left(\frac{V_2}{V_1}\right)^{1-\gamma} \tag{2.33a}$$

将理想气体状态方程式 $T = \frac{pV}{nR}$ 或 $V = \frac{nRT}{p}$ 分别代入式(2.33a),还可得到

$$p_1 V_1^{\gamma} = p_2 V_2^{\gamma} \tag{2.33b}$$

$$\frac{T_2}{T_1} = \left(\frac{p_2}{p_1}\right)^{\frac{\gamma-1}{\gamma}} \tag{2.33c}$$

式(2.33a)、(2.33b)及(2.33c)是等效的,它们都描述了理想气体在绝热可逆过程中任意两个状态之间的 pVT 关系。这一类方程式称为过程方程式。

在理想气体绝热可逆过程中,利用过程方程式计算出初末态的温度,则可逆体积功便可根据式(2.30)求出,即

$$W = \Delta U = nC_{V,m}(T_2 - T_1) \tag{2.34}$$

例 2.3 设在 273.2 K 和 1.000 MPa 压力下,取 10.00 dm³ 理想气体,用下列几种不同方式膨胀到最后压力为 1.000×10^5 Pa:等温可逆膨胀;绝热可逆膨胀;在外压恒定为 1.000×10^5 Pa 下绝热膨胀。试计算上述各过程的 Q、W、ΔU、ΔH。假定 $C_{V,m} = 12.47$ J·K⁻¹·mol⁻¹,且与温度无关。

解:气体的物质的量为

$$n = \frac{pV}{RT} = \frac{1.0000 \times 10^6 \text{ Pa} \times 10.00 \times 10^{-3} \text{ m}^3}{8.314 \text{ J·K}^{-1}\text{·mol}^{-1} \times 273.2 \text{ K}} = 4.403 \text{ mol}$$

(a) 等温可逆膨胀过程 根据理想气体性质,在无化学变化、无相变的等温过程中,$\Delta U_1 = 0$,$\Delta H_1 = 0$。

根据热力学第一定律,则有

$$Q_1 = -W_1$$

根据式(2.29b),得

$$W_1 = nRT \ln \frac{p_2}{p_1}$$

$$= 4.403 \text{ mol} \times 8.314 \text{ J·K}^{-1}\text{·mol}^{-1} \times 273.2 \text{ K} \times \ln \frac{1.0000 \times 10^5 \text{ Pa}}{1.0000 \times 10^6 \text{ Pa}}$$

$$= -23.03 \text{ kJ}$$

则
$$Q_1 = -W_1 = 23.03 \text{ kJ}$$

(b) 绝热可逆膨胀过程　首先利用过程方程式求出末态的温度 T_2，因为只要 T_2 确定了，则 ΔU、ΔH 及 W 便都可求出。根据题给数据 $C_{V,m} = 12.47$ J·K^{-1}·mol^{-1}，则

$$\begin{aligned} C_{p,m} &= C_{V,m} + R \\ &= 12.47 \text{ J·K}^{-1}\text{·mol}^{-1} + 8.314 \text{ J·K}^{-1}\text{·mol}^{-1} \\ &= 20.78 \text{ J·K}^{-1}\text{·mol}^{-1} \end{aligned}$$

$$\gamma = \frac{C_{p,m}}{C_{V,m}} = \frac{20.78 \text{ J·K}^{-1}\text{·mol}^{-1}}{12.47 \text{ J·K}^{-1}\text{·mol}^{-1}} = 1.667$$

由式(2.33c)得

$$\begin{aligned} T_2 &= \left(\frac{p_1}{p_2}\right)^{\frac{1-\gamma}{\gamma}} \cdot T_1 \\ &= \left(\frac{1.0000 \times 10^6 \text{ Pa}}{1.0000 \times 10^5 \text{ Pa}}\right)^{\frac{1-1.667}{1.667}} \times 273.2 \text{ K} = 108.7 \text{ K} \end{aligned}$$

$$\begin{aligned} \Delta U_2 &= nC_{V,m}(T_2 - T_1) \\ &= 4.403 \text{ mol} \times 12.47 \text{ J·K}^{-1}\text{·mol}^{-1} \times (108.7 \text{ K} - 273.2 \text{ K}) \\ &= -9.032 \text{ kJ} \end{aligned}$$

$$\begin{aligned} \Delta H_2 &= nC_{p,m}(T_2 - T_1) \\ &= 4.403 \text{ mol} \times 20.78 \text{ J·K}^{-1}\text{·mol}^{-1} \times (108.7 \text{ K} - 273.2 \text{ K}) \\ &= -15.05 \text{ kJ} \end{aligned}$$

根据式(2.30)，则

$$W_2 = \Delta U_2 = -9.032 \text{ kJ}$$
$$Q_2 = 0$$

(c) 绝热恒外压膨胀过程　这是一个绝热不可逆过程，因此不能用式(2.33a)~(2.33c)来确定系统的末态。但式(2.30)对绝热可逆过程及绝热不可逆过程均成立，且在理想气体绝热恒外压过程中

$$\Delta U = nC_{V,m}(T_2 - T_1)$$
$$W = -p_{环}(V_2 - V_1) = -p_{环}\left(\frac{nRT_2}{p_2} - \frac{nRT_1}{p_1}\right)$$

代入式(2.30)，得

$$nC_{V,m}(T_2 - T_1) = -nRp_{环}\left(\frac{T_2}{p_2} - \frac{T_1}{p_1}\right)$$
$$C_{V,m}(T_2 - T_1) = -Rp_{环}\left(\frac{T_2}{p_2} - \frac{T_1}{p_1}\right)$$

代入题目所给数据,解得 $T_2 = 174.8\,\text{K}$,则

$\Delta U_3 = 4.403\,\text{mol} \times 12.47\,\text{J}\cdot\text{K}^{-1}\cdot\text{mol}^{-1} \times (174.8\,\text{K} - 273.2\,\text{K})$
$= -5.403\,\text{kJ}$

$\Delta H_3 = 4.403\,\text{mol} \times 20.78\,\text{J}\cdot\text{K}^{-1}\cdot\text{mol}^{-1} \times (174.8\,\text{K} - 273.2\,\text{K})$
$= -9.003\,\text{kJ}$

$W_3 = \Delta U_3 = -5.403\,\text{kJ}$

$Q_3 = 0$

比较(b)与(c)的结果可以看出,当系统从同一初态出发,经过绝热过程膨胀到相同压力的末态时,可逆过程末态的温度低于不可逆过程末态的温度,可逆过程系统对环境做的功大于不可逆过程系统对环境做的功。

*2.6 稳流过程与节流膨胀

2.6.1 稳流过程

化工生产大多是连续进行的,如图2.5所示是生产流程中的某一部分,物料由管路的截面1流入,由另一截面2流出,物料在流动过程中完成状态的变化。若以截面1到截面2之间的设备及管道为边界,把其中的物质作为系统,则系统与周围的环境不仅有能量交换,而且有物质不断从截面1流入,从截面2流出,即还存在着物质交换。显然,上述系统为敞开系统。

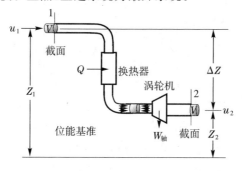

图 2.5 稳流过程

一般来说,在正常生产情况下,系统的性质虽然会沿着流向发生变化,但在与流向垂直的任一截面上物质的性质都有完全确定的数值,并且不随时间改变。系统进行这种流动过程就称为稳流过程。若取系统中1 kg物质作基准,在截面1处的性质可以用 T_1、p_1、V_1 等表示,截面2处的性质可以用 T_2、p_2、V_2 等表示,这些性质也就是1 kg物质分别在截面1及截面2所处的状态。

系统经过一个稳流过程仍然服从能量守恒原理,但封闭系统的第一定律数

学式 $\Delta U = Q + W$ 已不能正确表达稳流过程的能量守恒关系,因为稳流过程中系统和环境有物质交换,并且物质在不断地流动,相应地带来了位置的变化,所以系统的能量变化要比封闭情况下复杂些。

1. 稳流过程中系统的各种能量

物质由截面1输入系统,经图2.5所示的稳流过程由截面2输出,过程涉及的能量可区分为输入能量和输出能量两大类。若以1kg物质为基准,可作如下分析:

(1) 输入能量

① 内能 U_1:由于系统进行一个稳流过程,所以从截面1输入的物质有确定的组分、组成、温度 T_1 及压力 p_1 等性质。随着1kg物料输入系统,相应输入内能 U_1 焦耳。

② 势能 gZ_1:由于过程中物质处于重力场中,故1kg物质处于不同高度时重力产生的势能也不相同,确定截面1和截面2处1kg物质的势能需要一个水平的高度基准面,基准位置不同,当然使截面1和截面2处1kg物质的势能数值不同,但作为物质由截面1到截面2时的势能变化则与基准面的位置无关。图2.5所示中标明了势能基准面的位置,截面1相对基准面的高度为 Z_1 米,则该处1kg物质的势能应为 gZ_1 焦耳。g 为当地重力加速度,单位是米·秒$^{-2}$。截面1处有1kg物质输入系统,相应地输入势能 gZ_1 焦耳。

③ 动能 $\dfrac{u_1^2}{2}$:由于系统处于流动状态,所以物质具有动能。若截面1处物质的平均流动速度为 u_1,则1kg物质具有的动能为 $\dfrac{u_1^2}{2}$ 焦耳。流速 u_1 可由截面1处物料单位时间流过的体积米^3·秒$^{-1}$除以截面1处流道的截面积 A_1 米^2 而获得。

即

$$u_1 = \frac{\text{截面1处物质的体积流量 \quad 米}^3 \cdot \text{秒}^{-1}}{\text{流道的截面积 } A_1 \text{ 米}^2} = \text{米} \cdot \text{秒}^{-1}$$

体积流量为单位时间流过物料体积的简称。随着1kg物质由截面1输入系统,相应地输入动能 $\dfrac{u_1^2}{2}$ 焦耳。

④ 流动功 p_1V_1:截面1处系统压力为 p_1,每千克物质的体积为 V_1,V_1 体积相当于图2.5中所示截面1处的一个圆柱体,其截面积为 A_1,长度为 $V_1A_1^{-1}$。要把1kg物质从截面1输入系统,需要圆柱体左侧的其他物质克服作用于圆柱体右侧的力 p_1A_1,把圆柱体推进相当于它的长度 $V_1A_1^{-1}$。按照机械功的定义,这就要圆柱体左侧的物质做功,其值为

$$p_1 A_1 V_1 A_1^{-1} = p_1 V_1$$

圆柱体左侧的物质是环境,因此在截面1处输入1kg物质需从环境得到功p_1V_1,这项功称为输入的流动功,随着物质输入系统相应输入p_1V_1焦耳流动功。

⑤ 热 Q:若用 Q 表示系统中每千克物质由截面1到截面2的过程中与环境交换的热,物质吸收热量,则 Q 为正值;物质放出热量,则 Q 值为负值。所以热 Q 应作为1kg物质从截面1到截面2的稳流过程中所取得的能量。

综上所述,随着1kg物质输入系统并经过整个稳流过程,输入系统的总能量为

$$(U_1 + gZ_1 + \frac{u_1^2}{2} + p_1V_1 + Q) \text{焦}$$

(2) 输出能量 系统在如图2.5所示的截面2处也具有确定的组分、组成、T_2、P_2 等性质。随着1kg物质从系统中经截面2输出,相应输出了1kg物质的内能 U_2、势能 gZ_2、动能 $\frac{u_2^2}{2}$。为了自截面2输出1kg物质,系统对环境做流动功 p_2V_2,V_2 是1kg物质在截面2条件下的体积。此外,从截面1到截面2的稳流过程每千克物质还对环境做轴功 $W_轴$,这是指1、2两截面间通过泵、涡轮机、往复压缩机等做功,机械的轴伸出设备边界之外对环境所做的机械功。轴功 $W_轴$ 为正值,表明系统对环境做了功。$W_轴$ 为负值,即系统对环境做负功,也就是环境对系统做功。所以 $W_轴$ 为系统中每千克物质输出的能量。

由上述可知,随着1千克物质由截面1流到截面2,并由截面2输出,总输出能量为

$$(U_2 + gZ_2 + \frac{u_2^2}{2} + p_2V_2 + W_轴) \text{焦}$$

2. 稳流过程热力学第一定律数学式

根据能量守恒原理,1kg物质由截面1经稳流过程到截面2,输入系统的能量应与系统输出的能量相等,即

$$U_1 + gZ_1 + \frac{u_1^2}{2} + p_1V_1 + Q = U_2 + gZ_2 + \frac{u_2^2}{2} + p_2V_2 + W_轴$$

因

$$U_1 + p_1V_1 = H_1$$
$$U_2 + p_2V_2 = H_2$$

代入上式,并稍加整理可得

$$(H_2 - H_1) + g(Z_2 - Z_1) + \frac{1}{2}(u_2^2 - u_1^2) = Q - W_轴$$

即

$$\Delta H + g\Delta Z + \frac{1}{2}\Delta u^2 = Q - W_轴 \qquad (2.35)$$

式(2.35)即为以 1 kg 物质作基准时,系统经稳流过程的热力学第一定律数学式。

2.6.2 节流膨胀

1. 节流膨胀及其热力学特征

气体稳定流过图 2.6 所示管道中一针形阀门,压力由 p_1(高压)突然下降到 p_2(低压)。由于过程进行得非常快,可认为是在绝热条件下进行的。这种在绝热条件下,气体始末态压力分别保持恒定条件下的膨胀过程,称为节流膨胀。

如图 2.6 所示,若在针形阀孔前后分别取截面 1 及截面 2,节流膨胀前后的能量关系可以用式(2.35)进行分析,即

$$\Delta H + g\Delta Z + \frac{1}{2}\Delta u^2 = Q - W_{轴}$$

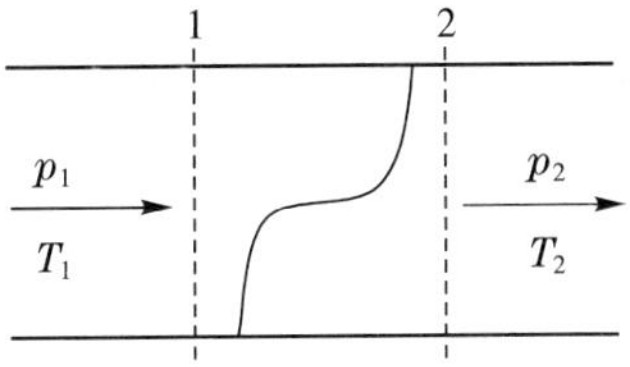

图 2.6 节流膨胀示意图

由于气体的状态变化是在流经针形阀孔时瞬间完成的,故可认为过程绝热,即 $Q=0$。所取两截面间没有任何做功机械,则 $W_{轴}=0$。此外,两截面的高度差及速度差一般都很小,可以忽略不计,即 $\Delta Z=0$,$\Delta u^2=0$,把这些条件代入式(2.35)可得

$$\Delta H = 0$$

即

$$H_2 = H_1 \tag{2.36}$$

式(2.36)说明节流膨胀前气体的焓值 H_1 与膨胀后焓值 H_2 相等,即节流膨胀为一恒焓过程。

2. 节流膨胀系数

气体经节流膨胀过程,温度随压力的变化率称节流膨胀系数。各种气体的节流膨胀系数,实际是与气体的性质和温度、压力条件有关的。图 2.6 所示压力降为 $\Delta p = p_2 - p_1$,温度变化为 $\Delta T = T_2 - T_1$,则 $\left(\dfrac{\Delta T}{\Delta p}\right)_H$ 只能表示该气体在上述恒焓过程中改变单位压力引起温度变化的平均值,为该条件下的平均节流系数 $\bar{\mu}$,即

$$\bar{\mu} = \left(\frac{\Delta T}{\Delta p}\right)_H \tag{2.37}$$

在某指定温度、压力条件下各种气体的节流膨胀系数 μ,则应以导数形式表达,即

$$\mu = \left(\frac{\partial T}{\partial p}\right)_H \tag{2.38}$$

节流膨胀过程压力总是降低的,即 $\mathrm{d}p<0$,所以 μ 值为正时,表示节流后温度下降;μ 值为零,则节流后温度保持不变;μ 值为负,意味着节流后温度要升高。

如果要用节流膨胀达到制冷的目的,则节流操作应当在 $\mu>0$ 的条件下进行。

一定量某种理想气体的焓只是温度的函数。所以恒焓过程不能引起理想气体的温度发生变化,即理想气体的节流系数恒定为零。

一定量某真实气体的焓值是温度和压力的函数,即

$$H = f(T, p)$$

对上式进行微分,可得

$$dH = \left(\frac{\partial H}{\partial T}\right)_p dT + \left(\frac{\partial H}{\partial p}\right)_T dp$$

气体进行节流膨胀时,$dH=0$。代入上式可得

$$\left(\frac{\partial H}{\partial T}\right)_p dT = -\left(\frac{\partial H}{\partial p}\right)_T dp$$

即

$$\left(\frac{\partial T}{\partial p}\right)_H = \frac{-\left(\frac{\partial H}{\partial p}\right)_T}{\left(\frac{\partial H}{\partial T}\right)_p} = \mu$$

若以 1 mol 气体为基准,由式(2.20)可得 $C_p = \left(\frac{\partial H}{\partial T}\right)_p$。代入上式得

$$\mu = \frac{-\left(\frac{\partial H}{\partial p}\right)_T}{C_p}$$

因

$$H = U + pV$$

则

$$\mu = -\frac{\left(\frac{\partial U}{\partial p}\right)_T + \left(\frac{\partial pV}{\partial p}\right)_T}{C_p} \tag{2.39}$$

式(2.39)中右端分数项前有一负号,分母 C_p 恒为正值,故分子项 $\left[\left(\frac{\partial U}{\partial p}\right)_T + \left(\frac{\partial pV}{\partial p}\right)_T\right]$ 为负值时节流系数 μ 大于零,表示节流后气体温度会降低;若分子项 $\left[\left(\frac{\partial U}{\partial p}\right)_T + \left(\frac{\partial pV}{\partial p}\right)_T\right]$ 等于零或大于零,则表明真实气体节流后温度不变或升高。在恒定温度时,内动能不变。由于真实气体分子间通常是互相吸引的,所以内位能会随着压力下降而增大,则 $\left(\frac{\partial U}{\partial p}\right)_T$ 为负值。恒定温度时真实气体的 pV 乘积随压力的变化率 $\left(\frac{\partial pV}{\partial p}\right)_T$ 的数值可以为负值、零或正值。所以 $\left(\frac{\partial pV}{\partial p}\right)_T$ 项可以增加 $\left(\frac{\partial U}{\partial p}\right)_T$ 对 μ 值的作用,也可能抵消其作用。

图 2.7 所示为 0℃时 CH_4 及 H_2 的 pV_m-p 曲线。以 CH_4 为例,随着压力由小增大, $\left(\dfrac{\partial pV_m}{\partial p}\right)_{0℃}$ 由负值逐渐变为正值。根据上述分析,0℃时 CH_4 的节流系数 μ 就随着压力由小逐渐增大而由正值逐渐减小到零再变为负值,说明 0℃时 CH_4 经节流的温度变化随起始压力而异,随着压力的增大出现节流后温降逐渐减小,以至于温度不变,再过渡到温度升高的现象。0℃时 H_2 的 pV_m-p 曲线的斜率在任何压力下均为正值,即 $\left(\dfrac{\partial pV_m}{\partial p}\right)_{0℃}$ 项总是抵消 $\left(\dfrac{\partial U}{\partial p}\right)_T$ 的作用。如果 $\left(\dfrac{\partial pV_m}{\partial p}\right)_{0℃}$ 的绝对值大于 $\left(\dfrac{\partial U}{\partial p}\right)_T$ 的绝对值,则节流膨胀系数 μ 为负值,H_2 在此条件下节流膨胀后将会使温度升高。

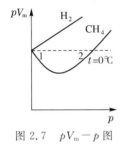

图 2.7　pV_m-p 图

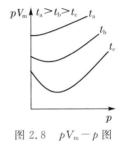

图 2.8　pV_m-p 图

任何气体 pV_m-p 恒温线的形状都随温度而变化。一般情况下,这种变化规律如图 2.8 所示。为了使 H_2 的节流系数为正值,通常需把 H_2 预冷到 $-78℃$ 以下,再经节流就能获得更低的温度。因此,任何气体在足够低的温度条件下,都会出现 μ 值随压力升高,由正值逐渐减小为零,再降到负值的现象。μ 值为零的点常称为转换点。对应的温度、压力分别称为转换温度和转换压力。为了达到节流降温的目的,气体于某温度条件下进行节流操作的起始压力必须低于该温度下的转换压力,这时,μ 值为正值,节流才能达到预期的目的。

2.7　热力学第一定律在相变过程中的应用

2.7.1　相变和摩尔相变焓

1. 相　变

在一定的条件下,物质从一种相态转变成另一种相态的过程,称为相变过程。例如,液体的汽化、气体的冷凝、固体熔化和液体凝固,此外,还有升华、凝华和固体的晶型转变等。由于分子间力的作用,物质在发生相变时,总是伴随着能量的转化,表现为吸热或放热现象。和热容一样,相变过程的热也是实际生产和科学研究中不可缺少的重要热力学基础数据。因此,实验测定和计算各种物质在不同条件下的相变热,成为热力学工作者需要完成的任务之一。

2. 摩尔相变焓

1 mol 纯物质于恒定温度及该温度 T 的平衡压力下,且 $W'=0$,发生相变时对应的焓变,为该纯物质在温度 T 时的摩尔相变焓,用符号 $\Delta_{相变}H_m(T)$ 表示,其单位为 $J \cdot mol^{-1}$ 或 $kJ \cdot mol^{-1}$。例如,在 373 K、101.325 kPa 条件下 1 mol 水的汽化过程和水蒸气的冷凝过程如下图所示。

$$\boxed{\begin{array}{c}1\ mol\ H_2O(l)\\373\ K\\101.325\ kPa\end{array}} \underset{\Delta_g^l H_m}{\overset{\Delta_l^g H_m}{\rightleftarrows}} \boxed{\begin{array}{c}1\ mol\ H_2O(g)\\373\ K\\101.325\ kPa\end{array}}$$

若以 $H_m(l)$ 和 $H_m(g)$ 分别代表液态水和气态水的摩尔焓,则水的摩尔蒸发焓为

$$\Delta_l^g H_m (\Delta_{vap} H_m) = H_m(g) - H_m(l)$$

而摩尔凝结焓为

$$\Delta_g^l H_m (-\Delta_{vap} H_m) = H_m(l) - H_m(g)$$

所以

$$\Delta_l^g H_m = -\Delta_g^l H_m$$

即水的摩尔蒸发焓

$$\Delta_{vap} H_m = |-\Delta_{vap} H_m|(摩尔凝结焓)$$

同理,摩尔熔化焓

$$\Delta_{fus} H_m = |-\Delta_{fus} H_m|(摩尔凝固焓)$$

摩尔升华焓

$$\Delta_{sub} H_m = |-\Delta_{sub} H_m|(摩尔凝华焓)$$

此外,在同一温度下

$$\Delta_{sub} H_m = \Delta_{fus} H_m + \Delta_{vap} H_m$$

作为一种重要的基础热力学数据,许多纯物质在某些条件下相变焓的实测值可以从化学、化工手册中查到,使用时应注意条件(温度、压力)和物质的数量单位(有些手册中是以 1 kg 物质作为相变焓的基准)。

2.7.2 摩尔相变焓与温度的关系

纯物质在某确定相态下的摩尔焓均为温度与压力的函数,所以摩尔相变焓 $\Delta_{相变}H_m$ 也要随相变温度与相变压力而变化。但理论和实验都证明,在压力范围不大时,压力对摩尔相变焓的影响可忽略,因此,任一物质 B 的摩尔相变焓 $\Delta_{相变}H_{m,B}$ 最终可归结为温度的单变量函数,即

$$\Delta_{相变}H_{m,B} = f(T)$$

各种物质的摩尔相变焓随温度变化的实验数据是不完全的,对许多纯物质来说,

只能从手册中查到正常相变点(即 101.325 kPa 下的相平衡温度)的摩尔相变焓。但可以利用热力学方法,利用状态函数的变化与途径无关的性质,利用其他基础热力学数据(如物质的 $C_{p,m}$ 等)推导出任意温度下的摩尔相变焓。

若物质 B 在 T_1 及平衡压力 p_1 条件下,由 α 相变成 β 相的摩尔相变焓为 $\Delta_\alpha^\beta H_m(T_1)$,在另一平衡条件 T_2、p_2 下的摩尔相变焓为 $\Delta_\alpha^\beta H_m(T_2)$,这两个相变条件的始末态间的关系可用下图表示。

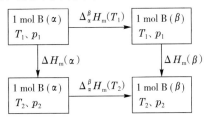

其中,$\Delta H_m(\alpha)$ 为物质 B 的 α 相从 T_1 变至 T_2 时过程的摩尔焓变,$\Delta H_m(\beta)$ 为物质 B 的 β 相从 T_1 变至 T_2 时过程的摩尔焓变。

由于焓是状态函数,其变化量与途径无关,所以

$$\Delta H_m(\alpha) + \Delta_\alpha^\beta H_m(T_2) = \Delta H_m(\beta) + \Delta_\alpha^\beta H_m(T_1)$$

若 α 相或 β 相为固态或液态,因压力的改变对于焓值的影响甚小而可以忽略,若为气态,可视为理想气体,而理想气体的焓又只是温度的函数,与压力无关,则

$$\Delta H_m(\alpha) = \int_{T_1}^{T_2} C_{p,m}(\alpha) dT$$

$$\Delta H_m(\beta) = \int_{T_1}^{T_2} C_{p,m}(\beta) dT$$

故

$$\Delta_\alpha^\beta H_m(T_2) = \Delta_\alpha^\beta H_m(T_1) + \Delta H_m(\beta) - \Delta H_m(\alpha)$$
$$= \Delta_\alpha^\beta H_m(T_1) + \int_{T_1}^{T_2} [C_{p,m}(\beta) - C_{p,m}(\alpha)] dT$$

上式中 $C_{p,m}(\beta) - C_{p,m}(\alpha)$ 是相变过程中 β 相与 α 相恒压摩尔热容之差,以 $\Delta C_{p,m}$ 表示,即

$$\Delta C_{p,m} = C_{p,m}(\beta) - C_{p,m}(\alpha) \tag{2.40}$$

摩尔相变焓随温度的变化可表示为

$$\Delta_\alpha^\beta H_m(T_2) = \Delta_\alpha^\beta H_m(T_1) + \int_{T_1}^{T_2} \Delta C_{p,m} dT \tag{2.41}$$

例 2.4 乙醇的正常沸点为 78.4℃。在此温度下 $\Delta_{vap} H_m = 39.47 \text{ kJ} \cdot \text{mol}^{-1}$,乙醇蒸气和液态乙醇的恒压摩尔热容分别为 $C_{p,m}(l) = 111.46 \text{ J} \cdot \text{K}^{-1} \cdot \text{mol}^{-1}$ 和 $C_{p,m}(g) = 78.15 \text{ J} \cdot \text{K}^{-1} \cdot \text{mol}^{-1}$,试求 25 ℃ 时乙醇的摩尔蒸发焓 $\Delta_{vap} H_m$。

解：由式(2.40)得

$$\Delta C_{p,m} = C_{p,m}(g) - C_{p,m}(l)$$
$$= 78.15 \text{ J} \cdot \text{K}^{-1} \cdot \text{mol}^{-1} - 111.46 \text{ J} \cdot \text{K}^{-1} \cdot \text{mol}^{-1}$$
$$= -33.31 \text{ J} \cdot \text{K}^{-1} \cdot \text{mol}^{-1}$$

根据式(2.41)得

$$\Delta_{vap} H_m(298.15 \text{ K}) = \Delta_{vap} H_m(351.15 \text{ K}) + \int_{351.15 \text{ K}}^{298.15 \text{ K}} \Delta C_{p,m} dT$$

$$= 39.47 \text{ kJ} \cdot \text{mol}^{-1} + \int_{351.15 \text{ K}}^{298.15 \text{ K}} (-33.31 \Delta C_{p,m} dT \text{ J} \cdot \text{K}^{-1} \cdot \text{mol}^{-1}) dT$$

$$= 39.47 \text{ kJ} \cdot \text{mol}^{-1} + 33.31 \times 10^{-3} \text{ kJ} \cdot \text{K}^{-1} \cdot \text{mol}^{-1} \times (351.15 \text{ K} - 298.15 \text{ K})$$

$$= 41.25 \text{ kJ} \cdot \text{mol}^{-1}$$

2.7.3 相变过程的功、热、内能变及焓变

1. 可逆相变

纯物质在正常相平衡条件下发生的相变称为可逆相变。由于可逆相变是指在恒温恒压(且 $W' = 0$)条件下进行的,过程中吸收或放出的热量应等于系统的焓变,即

$$Q_p = \Delta H = n \Delta_{相变} H_m(T)$$
$$W = -p_{环}(V_2 - V_1) = -p(V_2 - V_1)$$
$$\Delta U = Q_p + W = \Delta H - p(V_2 - V_1)$$

式中,V_1 为相变化前始态的体积,V_2 为相变后末态的体积。如果相变过程中的气体可视为理想气体,且固体、液体的体积变化可忽略不计,则对于凝聚相之间的相变过程有

$$W \approx 0 \quad \Delta U \approx \Delta H$$

对于蒸发或升华过程,

$$pV_g = nRT$$
$$W = -nRT \quad \Delta U = \Delta H - nRT$$

对于凝结或凝华过程

$$W = nRT \quad \Delta U = \Delta H + nRT$$

2. 不可逆相变

物质在偏离相平衡条件下发生的相变,在热力学中称为不可逆相变,如过冷液体的凝固、过热液体的汽化等。这些过程大多数在恒压或恒外压下进行,因此,功一般可用式(2.6)求取。热的求取通常需要先求出 ΔU 或 ΔH,然后由热力学第一定律或恒压热与焓变的关系式求得。

由于内能和焓都是状态函数,所以对不可逆相变的内能变及焓变可设计成

一可逆途径来求取,在所设计的途径中应含有已知的可逆相变和单纯 p、V、T 变化,而不再含有不可逆相变。

需要强调的是,这种设计途径的方法不能用来求功和热,因为功和热与过程有关。

例 2.5 2.0×10^{-2} kg 乙醇在沸点时蒸发为气体,已知乙醇的蒸发焓为 39.46 kJ·mol^{-1},其蒸气的比容为 0.607 m^3·kg^{-1},求乙醇蒸发过程的 Q、W、ΔU 及 ΔH。

解:乙醇在其沸点蒸发为可逆相变过程,所以

$$W = -p(V_g - V_l) = -pV_g$$
$$= -101325 \text{ Pa} \times 0.607 \text{ m}^3 \cdot \text{kg}^{-1} \times 2.0 \times 10^{-2} \text{ kg}$$
$$= -1230 \text{ J}$$

$$Q_p = \Delta H = n\Delta_{vap}H_m$$
$$= \frac{2.0 \times 10^{-2} \text{ kg}}{0.046 \text{ kg} \cdot \text{mol}^{-1}} \times 39.46 \text{ kJ} \cdot \text{mol}^{-1}$$
$$= 17.16 \text{ kJ}$$

$$\Delta U = Q_p + W = 17.16 \text{ kJ} - 1.23 \text{ kJ} = 15.93 \text{ kJ}$$

例 2.6 将 100 dm^3 的 373.15 K、50662.5 Pa 的水蒸气,恒温可逆压缩至 101325 Pa 后(此时仍为水蒸气),再继续在 101325 Pa 下压缩至体积为 10 dm^3 为止(此时有一部分水蒸气凝结成水),试求整个过程的 Q、W、ΔU 及 ΔH。假定水蒸气为理想气体,凝结成水的体积可略去,已知水的汽化热为 40.64 kJ·mol^{-1}。

解:此题是有相变的过程,因为如果没有水蒸气凝结,末态的体积按理想气体状态方程式计算为

$$p_1 V_1 = p_2 V_2$$
$$V_2 = \frac{p_1 V_1}{p_2} = \frac{50662.5 \text{ Pa} \times 100 \text{ dm}^3}{101325 \text{ Pa}} = 50 \text{ dm}^3$$

计算说明有 40 dm^3 的 373.15 K、101325 Pa 水蒸气凝结成水,所以,整个过程由两步构成,中间状态是水蒸气,刚好被恒温压缩至饱和,但还未凝结成水的状态,该过程可以用下图表示。

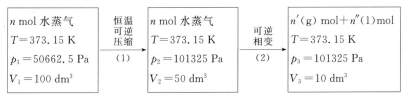

过程(1)为理想气体恒温可逆压缩,所以 $\Delta U_1 = 0$,$\Delta H_1 = 0$,且

$$n = \frac{p_1 V_1}{RT} = \frac{50662.5 \text{ Pa} \times 0.1 \text{ m}^3}{8.314 \text{ J} \cdot \text{k}^{-1} \cdot \text{mol}^{-1} \times 273 \text{ K}} = 1.633 \text{ mol}$$

$$W_1 = -Q_1 = -nRT\ln\frac{V_2}{V_1}$$

$$= -1.633 \text{ mol} \times 8.314 \text{ J} \cdot \text{K}^{-1} \cdot \text{mol}^{-1} \times 373.15 \text{ K} \times \ln\frac{50 \text{ dm}^3}{100 \text{ dm}^3} = 3.51 \text{ kJ}$$

过程(2)为恒温恒压可逆相变，余下的水蒸气量 n' 为

$$n' = \frac{p_2 V_3}{RT} = \frac{101325 \text{ Pa} \times 0.1 \text{ m}^3}{8.314 \text{ J} \cdot \text{K}^{-1} \cdot \text{mol}^{-1} \times 373.15 \text{ K}} = 0.327 \text{ mol}$$

凝结成水的量 n'' 为

$$n'' = n - n' = 1.633 \text{ mol} - 0.327 \text{ mol} = 1.306 \text{ mol}$$

$$Q_2 = \Delta H_2 = n'' \Delta_{\text{vap}} H_m$$
$$= 1.306 \text{ mol} \times (-40.64 \text{ kJ} \cdot \text{mol}^{-1}) = -53.08 \text{ kJ}$$

$$W_2 = -p(V_3 - V_2) = -p_2(V_3 - V_2)$$
$$= -101325 \text{ Pa} \times (0.01 \text{ m}^3 - 0.05 \text{ m}^3) = 4.05 \text{ kJ}$$

$$\Delta U_2 = Q_2 + W = -53.08 \text{ kJ} + 4.05 \text{ kJ} = -49.03 \text{ kJ}$$

整个过程 $Q = Q_1 + Q_2 = -3.51 \text{ kJ} - 53.08 \text{ kJ} = -56.59 \text{ kJ}$

$$W = W_1 + W_2 = 3.51 \text{ kJ} + 4.05 \text{ kJ} = 7.56 \text{ kJ}$$

$$\Delta U = \Delta U_1 + \Delta U_2 = -49.03 \text{ kJ}$$

$$\Delta H = \Delta H_1 + \Delta H_2 = -53.08 \text{ kJ}$$

例 2.7 在 101.325 kPa 恒压力下逐渐加热 2 mol、273.15 K 的冰，使之成为 373.15 K 的水蒸气。已知冰的摩尔熔化焓 $\Delta_{\text{fus}} H_m = 6.02 \text{ kJ} \cdot \text{mol}^{-1}$，水的摩尔蒸发焓 $\Delta_{\text{vap}} H_m = 40.64 \text{ kJ} \cdot \text{mol}^{-1}$，液态水的恒压摩尔热容 $C_{p,m} = 75.3 \text{ J} \cdot \text{K}^{-1} \cdot \text{mol}^{-1}$，求该过程的 Q、W、ΔU 及 ΔH。

解：确定所求相变过程的始末态，并设计便于利用已知数据计算的可逆途径如下图所示。

```
┌─────────────────────────┐     ΔH      ┌─────────────────────────┐
│ H₂O(s), n = 2 mol       │────────────>│ H₂O(g), n = 2 mol       │
│ 273.15 K, 101.325 kPa   │             │ 373.15 K, 101.325 kPa   │
└─────────────────────────┘             └─────────────────────────┘
      │ 可逆相变 ΔH₁                          ▲ 可逆相变 ΔH₃
      ▼                                       │
┌─────────────────────────┐  恒压 p、V、T变化  ┌─────────────────────────┐
│ H₂O(l), n = 2 mol       │────────────>│ H₂O(l), n = 2 mol       │
│ 273.15 K, 101.325 kPa   │     ΔH₂     │ 373.15 K, 101.325 kPa   │
└─────────────────────────┘             └─────────────────────────┘
```

根据状态函数的变化与途径无关，得

$$\Delta H = \Delta H_1 + \Delta H_2 + \Delta H_3$$

对于可逆相变

$$\Delta H_1 = n \Delta_{\text{fus}} H_m = 2 \text{ mol} \times 6.02 \text{ kJ} \cdot \text{mol}^{-1} = 12.04 \text{ kJ}$$

$$\Delta H_3 = n \Delta_{\text{vap}} H_m = 2 \text{ mol} \times 40.64 \text{ kJ} \cdot \text{mol}^{-1} = 81.28 \text{ kJ}$$

对于恒压单纯 p、V、T 变化过程，$C_{p,m}$ 为常数时得

$$\Delta H_2 = nC_{p,m}(T_2 - T_1)$$
$$= 2 \text{ mol} \times 75.3 \text{ J} \cdot \text{K}^{-1} \cdot \text{mol}^{-1} \times (373.15 \text{ K} - 273.15 \text{ K})$$
$$= 15.06 \text{ kJ}$$

由于整个过程是一个恒压过程，所以

$$\Delta H = 12.04 \text{ kJ} + 81.28 \text{ kJ} + 15.06 \text{ kJ} = 108.38 \text{ kJ}$$
$$Q_p = \Delta H = 108.38 \text{ kJ}$$
$$W = -p(V_g - V_s) = -pV_g = -nRT$$
$$= -2 \text{ mol} \times 8.314 \text{ J} \cdot \text{K}^{-1} \cdot \text{mol}^{-1} \times 373.15 \text{ K}$$
$$= -6.21 \text{ kJ}$$
$$\Delta U = Q_p + W = 108.38 \text{ kJ} - 6.21 \text{ kJ} = 102.17 \text{ kJ}$$

2.8 化学反应热的计算

化学反应中生成物的总能量和反应物的总能量不相等，化学反应常常伴随着吸热或放热的现象。了解化学反应的热效应，对于保证化工生产的稳定进行，经济合理地利用能源以及防止生产中意外事故的发生都有着重要的意义。化学反应热效应是指恒温且不做非体积功时反应系统吸收或放出的热量。

2.8.1 化学反应计量式及反应进度

1. 化学反应计量式

化学反应计量式是表示参加化学反应的物质种类及反应过程中各物质的量之间的变化关系。如某化学反应

$$aA + bB = lL + mM$$

该计量式表示有 a mol A 与 b mol B 的始态物质反应生成 l mol L 与 m mol M 的末态物质。按照热力学表达状态函数增量的习惯，上述计量式可表示为

$$0 = lL + mM - aA - bB$$

若用 B 代表系统中的任意物质，则可用下面通式表示

$$0 = \sum_B \nu_B B \tag{2.42}$$

式中 ν_B 是物质 B 的化学计量数，对于反应物其为负值，对于产物其为正值，即 $\nu_L = l$，$\nu_M = m$，$\nu_A = -a$，$\nu_B = -b$。化学计量数是无量纲的纯数。如苯的燃烧反应，按式(2.42)可写成 $0 = 6CO_2(g) + 3H_2O(l) - C_6H_6(l) - 7.5O_2(g)$。

2. 反应进度

为了描述化学反应进行的程度，引入了反应进度的概念，用符号 ξ 表示。

对于任意化学反应式(2.42),反应进度的定义为

$$n_B(\xi) = n_B(0) + \nu_B \xi \tag{2.43a}$$

或

$$\xi = \frac{n_B(\xi) - n_B(0)}{\nu_B} = \frac{\Delta n_B}{\nu_B} \tag{2.43b}$$

式中,$n_B(0)$ 为系统中任一物质 B 在反应开始时(即 $\xi=0$)的物质的量,$n_B(\xi)$ 是 B 物质在反应进行到 ξ 时的物质的量。因 ν_B 是无量纲的纯数,所以反应进度 ξ 与物质的量 n 有相同的量纲,其单位为 mol。

若反应在某一时刻 t_1 时,反应进度为 ξ_1,而在另一时刻 t_2 时,反应进度为 ξ_2,根据式(2.43b)得

$$\xi_2 - \xi_1 = \frac{n_B(t_2) - n_B(t_1)}{\nu_B}$$

或

$$\Delta \xi = \frac{\Delta n_B}{\nu_B} \tag{2.44a}$$

对于无限小反应进度,则

$$d\xi = \frac{dn_B}{\nu_B} \tag{2.44b}$$

式(2.43a)~(2.44b)都是反应进度的定义式。引入反应进度的最大优点是在反应进行到任意时刻时,可用任一反应物或任一生成物来表示反应进行的程度,所得的值总是相等的。但应注意,同一化学反应,如果计量式写法不同,数值就有差别。所以,当物质 B 有确定的 Δn_B 情况下,计量式写法不同,必然导致 ξ 数值不同。

例 2.8 当 10 mol N_2 和 20 mol H_2 混合通过合成氨塔,经过多次循环反应,最后有 5 mol NH_3 生成。试分别以下面两个反应方程式为基础,计算反应的进度。

(1) $N_2 + 3H_2 = 2NH_3$

(2) $1/2 N_2 + 3/2 H_2 = NH_3$

解:

	$n(N_2)$/mol	$n(H_2)$/mol	$n(NH_3)$/mol
当 $t=0, \xi=0$	10	20	0
当 $t=t, \xi=\xi$	7.5	12.5	5

根据方程式(1),用 NH_3 的物质的量变化来计算

$$\xi = \frac{(5-0) \text{ mol}}{2} = 2.5 \text{ mol}$$

用 H_2 的物质的量变化来计算有

$$\xi = \frac{(12.5-20) \text{ mol}}{-3} = 2.5 \text{ mol}$$

用 N_2 的物质的量变化来计算,有

$$\xi = \frac{(7.5-10)\ \text{mol}}{-1} = 2.5\ \text{mol}$$

根据方程式(2),分别用 NH_3、H_2 和 N_2 的物质的量变化来计算有

$$\xi = \frac{(5-0)\ \text{mol}}{1} = \frac{(12.5-20)\ \text{mol}}{-\frac{3}{2}} = \frac{(7.5-10)\ \text{mol}}{-\frac{1}{2}} = 5\ \text{mol}$$

2.8.2 恒压反应热和恒容反应热

1. 恒压反应热

恒压反应热也称为反应焓变,是指在恒温恒压且非体积功 $W'=0$ 条件下,化学反应吸收或放出的热,用 Q_p 或 $\Delta_r H$ 表示,即 $Q_p = \Delta_r H$。

根据状态函数性质,对于任意化学反应 $0 = \sum_B \nu_B B$,恒压反应热为

$$Q_p = \Delta_r H = \sum_B \Delta n_B H_{m,B}$$

或

$$Q_p = \Delta_r H = \Delta\xi \sum_B \nu_B H_{m,B} \tag{2.45}$$

2. 恒容反应热

恒容反应热也称为反应内能变,是指在恒温、恒容且非体积功 $W'=0$ 条件下,化学反应吸收或放出的热,用 Q_V 或 $\Delta_r U$ 表示,即 $Q_V = \Delta_r U$。同理,由状态函数性质,对于任意化学反应 $0 = \sum_B \nu_B B$,恒容反应热为

$$Q_V = \Delta_r U = \Delta\xi \sum_B \nu_B U_{m,B} \tag{2.46}$$

3. 摩尔反应焓与摩尔反应内能变

当反应系统发生了 1 mol 反应而引起系统焓及内能的变化,为摩尔反应焓和摩尔反应内能变,分别用 $\Delta_r H_m$ 和 $\Delta_r U_m$ 表示,即

$$\Delta_r H_m = \frac{\Delta_r H}{\Delta\xi} \tag{2.47}$$

$$\Delta_r U_m = \frac{\Delta_r U}{\Delta\xi} \tag{2.48}$$

$\Delta_r H_m$ 与 $\Delta_r U_m$ 的单位是 $J \cdot mol^{-1}$ 或 $kJ \cdot mol^{-1}$。

2.8.3 恒压反应热与恒容反应热的关系

在大多数情况下,恒压反应热与恒容反应热不相等。实际工作中用得最多的是恒压反应热数据,而一般用量热计所测的热效应是恒容反应热,为此,需找

出这两者之间的关系。

对恒温化学反应而言，Q_p 与 Q_V 之间具有确定的关系，因为

$$Q_p - Q_V = \Delta_r H - \Delta_r U$$

设某等温反应可经由恒温、恒压和恒温、恒容两个途径进行，如下图所示。

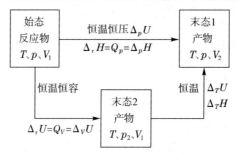

上述两个过程的末态温度相同，物质的种类、相态、各物质的量也完全相同，只是压力和体积不同。假定恒容过程内能变为 $\Delta_r U$，末态 1 与末态 2 之间的内能变为 $\Delta_T U$，根据状态函数的性质有

$$\Delta_p U = \Delta_V U + \Delta_T U$$

如果反应产物为理想气体，U 或 H 仅是温度的函数 $\Delta_T U = 0 (\Delta_T H = 0)$，而产物为固体、液体时，$\Delta_T U$（或 $\Delta_T H$）虽不一定等于零，但其数值与反应的 $\Delta_r U$（或 $\Delta_r H$）相比较可忽略，即

$$\Delta_T U = 0$$

所以

$$\Delta_p U = \Delta_V U$$

则

$$Q_p - Q_V = \Delta_p H - \Delta_V U = (\Delta_p U + p\Delta_p V) - \Delta_V U = p\Delta_p V$$

该式表示 Q_p、Q_V 之差相当于恒压过程中系统与环境交换的体积功。由于液相、固相物质反应中引起的体积变化非常微小，所以 $\Delta_p V$ 可以只考虑反应前后气态物质的量的变化即可，并将气体视为理想气体，即

$$Q_p - Q_V = \Delta_r H - \Delta_r U = \Delta n(\text{g})RT = \Delta\xi \sum_B \nu_B(\text{g}) RT \quad (2.49)$$

若反应进度 $\xi = 1$ mol 时，则

$$Q_{p,m} - Q_{V,m} = \Delta_r H_m - \Delta_r U_m = \sum_B \nu_B(\text{g}) RT \quad (2.50)$$

式中，$Q_{p,m}$ 与 $Q_{V,m}$ 均指摩尔反应热，$\sum_B \nu_B(\text{g})$ 为气体物质化学计量数的代数和，$\Delta n(\text{g})$ 为该反应前后气体物质的量的变化。

例 2.9 已知反应 $C_6H_6(l) + 7.5O_2(g) = 6CO_2(g) + 3H_2O(l)$，$\Delta_r U_m(298.15K) = -3268 \text{ kJ} \cdot \text{mol}^{-1}$，求上述反应在 298.15 K，恒压下进行时，1 mol 反应进度的反应热。

解：由式(2.50)

$$\Delta_r H_m - \Delta_r U_m = \sum_B \nu_B(g) RT$$

式中

$$\sum_B \nu_B = \nu(CO_2) + \nu(O_2) = -1.5$$

而

$$\Delta_r U_m(298.15 \text{ K}) = -3268 \text{ kJ} \cdot \text{mol}^{-1}$$

所以

$$\Delta_r H_m = \Delta_r U_m + \sum_B \nu_B(g) RT$$
$$= (-3268 - 1.5 \times 8.314 \times 298.15 \times 10^{-3}) \text{ kJ} \cdot \text{mol}^{-1}$$
$$= -3272 \text{ kJ} \cdot \text{mol}^{-1}$$

2.8.4 热化学方程式

表示化学反应与反应热关系的方程称为热化学方程式。因为反应热与反应条件、反应物及产物的状态有关，所以在书写和使用热化学方程式时，应注意以下几点。

(1) 写出化学计量方程式。

(2) 注明参加反应的各物质的聚集状态、温度和压力，对于固体还应注明其结晶状态。

(3) $\Delta_r H_m$ 或 $\Delta_r U_m$ 与化学计量方程式用逗号或分号分开。

(4) 在摩尔反应焓 $\Delta_r H_m$ 后面的括号中注明反应温度。如果温度为 T，则应写成 $\Delta_r H_m(T)$，如果温度为 298.15 K，可以不注明。

(5) $\Delta_r H_m$ 中下标"m"表示参加反应的各物质按给定方程式进行的完全反应，反应进度 $\xi = 1$ mol。

(6) 反应热与物质的量有关。同一反应，计量方程写法不同，反应热也不同。如

$$H_2(g) + 1/2 O_2(g) = H_2O(l) \quad \Delta_r H_m(298.15 \text{ K}) = -258.83 \text{ kJ} \cdot \text{mol}^{-1}$$
$$2H_2(g) + O_2(g) = 2H_2O(l) \quad \Delta_r H_m(298.15 \text{ K}) = -571.7 \text{ kJ} \cdot \text{mol}^{-1}$$

即参加反应的物质的量增加 1 倍，反应热也增加 1 倍。

2.9 标准摩尔反应焓的计算

2.9.1 标准摩尔反应焓

化学反应系统一般是混合物,其中任一物质 B 的摩尔焓不仅与混合物中 B 的状态 T、p、y_B 有关,而且也与存在的其他物质的种类、组成有关。由于不同种类、组成的分子间相互作用有所差别,因而焓的数值也不同。为了使同一物质在不同的化学反应中能够有一个共同的参考标准,以此作为建立基础数据的严格基准,热力学规定了物质的标准状态。

(1) 气体物质的标准状态定义为,在标准压力 $p^{\ominus}$ 及温度为 T 时具有理想气体性质的纯态气体。

(2) 液体和固体物质的标准态定义为,在标准压力 $p^{\ominus}$ 及温度为 T 时的纯液体或纯固体状态。

根据国家和国际标准规定,标准压力为 $p^{\ominus} = 101.325$ kPa,而按新的标准则规定 $p^{\ominus} = 100$ kPa,本书采用前者。标准态对温度不作规定。物理量上标"$\ominus$"表示标准态。1 mol 物质 B 处于温度 T 的标准态时的焓,可用 $H_{m,B}^{\ominus}(T)$ 或 $H_m^{\ominus}(B,T)$ 表示,其他容量性质的摩尔值表示方法亦相同。例如,$H_m^{\ominus}(CO_2, g, 298.15 K)$ 和 $U_m^{\ominus}(H_2O, l, 298.15 K)$ 分别表示 $CO_2(g)$ 和 $H_2O(l)$ 在 298.15 K 时的标准摩尔焓和标准摩尔内能。

一个化学反应,若参与反应的所有物质都处于温度 T 的标准态下,其摩尔反应焓就为标准摩尔反应焓,用 $\Delta_r H_m^{\ominus}(T)$ 表示。例如,反应

$$H_2(g) + 1/2 O_2(g) = H_2O(l)$$

$H_2(g)$ 纯态 $p(H_2) = 101.325$ kPa $T = 298.15$ K 理想气体	$1/2 O_2(g)$ 纯态 $p(O_2) = 101.325$ kPa $T = 298.15$ K 理想气体	$H_2O(l)$ 纯态 $p(H_2O) = 101.325$ kPa $T = 298.15$ K 液态

$\Delta_r H_m^{\ominus}(298.15 K)$ 是指下列反应的摩尔焓变。

$$\Delta_r H_m^{\ominus}(298.15 K) = H_m^{\ominus}(H_2O, l, 298.15 K) - H_m^{\ominus}(H_2, g, 298.15 K)$$
$$- \frac{1}{2} H_m^{\ominus}(O_2, g, 298.15 K)$$

对于温度 T 标准态下的任意化学反应

$$0 = \sum_B \nu_B B$$

则有

$$\Delta_r H_m^{\ominus}(T) = \sum_B \nu_B H_m^{\ominus}(T) \qquad (2.51)$$

2.9.2 用代数法计算标准摩尔反应焓

化学反应的标准摩尔反应焓是进行化工设计极为重要的数据,有些化学反应的摩尔反应焓可由实验直接测定,有些则不能。如

$$C(石墨)+1/2O_2(g)=CO(g)$$

其标准摩尔反应焓就不能由实验直接测定,因为在反应过程中总会有 $CO_2(g)$ 生成。可见,求取那些不容易直接测定的标准摩尔反应焓是很有必要的一项工作。1840 年,盖斯(Hess)在总结大量实验结果的基础上归纳出如下规律:一个化学反应不论是一步完成还是几步完成的,该反应的反应热相同,这就是盖斯定律。实验证明,盖斯定律只对恒压反应或恒容反应才严格成立。因为恒压反应与恒容反应的热分别等于反应过程的 $\Delta_r H$ 或 $\Delta_r U$,其值仅取决于反应的始末态,而与途径无关。

根据盖斯定律,可以对热化学方程式像普通代数方程式一样进行运算。利用易于测定的标准摩尔反应焓去计算难于测定的标准摩尔反应焓。

例 2.10 已知下面两个反应的 $\Delta_r H_m^\ominus$ 已被精确测定:

(1) $C(石墨)+O_2(g)=CO_2(g)$ $\quad \Delta_r H_{m,1}^\ominus = -393.51 \text{ kJ} \cdot \text{mol}^{-1}$
(2) $2CO(g)+O_2(g)=2CO_2(g)$ $\quad \Delta_r H_{m,2}^\ominus = -565.7 \text{ kJ} \cdot \text{mol}^{-1}$

试求 298.15 K、101.325 kPa 条件下下列反应的 $\Delta_r H_{m,3}^\ominus$。

(3) $C(石墨)+1/2O_2(g)=CO(g)$

解:可以设想反应(3)是经过上述两步完成的。显然,反应(3)=反应(1)-1/2 反应(2),所以

$$\begin{aligned}\Delta_r H_{m,3}^\ominus &= \Delta_r H_{m,1}^\ominus - \frac{1}{2}\Delta_r H_{m,2}^\ominus \\ &= -393.51 \text{ kJ} \cdot \text{mol}^{-1} - 1/2 \times (-565.7 \text{ kJ} \cdot \text{mol}^{-1}) \\ &= -110.7 \text{ kJ} \cdot \text{mol}^{-1}\end{aligned}$$

注意:若利用上述方法计算反应的 $\Delta_r H_m^\ominus$ 或 $\Delta_r U_m^\ominus$,只有当各方程式中的相同物质的状态(温度、压力、聚集态等)相同时,才能进行相互运算。

2.9.3 由标准摩尔生成焓计算标准摩尔反应焓

如果能够知道参加化学反应的各个物质的 $H_m^\ominus$ 绝对值,对于任一化学反应,只要直接查表,便可求出 $\Delta_r H_m^\ominus$,这种方法最为简单。但是,实际上焓的绝对值是无法测定的。为此,科学家们采用了一个相对的标准,同样可以很方便地用来计算化学反应的标准摩尔反应焓。

在温度为 T 的标准状态下,由最稳定单质生成 1 mol 指定相态的化合物 B 的反应焓,称为化合物 B 在此温度 T 时的标准摩尔生成焓,用符号 $\Delta_f H_m^\ominus(T)$ 表示,其单

位是 J·mol^{-1}或 kJ·mol^{-1},下标"f"表示生成反应。例如 $\Delta_f H_m^{\ominus}$(H$_2$O,l,298.15K) = -285.83 kJ·mol^{-1},实际上是反应 H$_2$(g)+1/2O$_2$(g)=H$_2$O(l)在 298.15 K 下的标准摩尔反应焓。同理,$\Delta_f H_m^{\ominus}$(CO$_2$,g,298.15K) = -393.15 kJ·mol^{-1},实际上是反应 C(石墨)+O$_2$(g)=CO$_2$(g)在 298.15 K 下的标准摩尔反应焓,对于反应 C(金刚石)+O$_2$(g)=CO$_2$(g),在 298.15 K 下的标准摩尔反应焓不是 $\Delta_f H_m^{\ominus}$(CO$_2$,g,298.15K)。这是因为该温度下 C 有三种相态(即金刚石、石墨、无定型相态),其中石墨是稳定态。根据 $\Delta_f H_m^{\ominus}$ 定义可知,最稳定相态单质的标准摩尔生成焓为零。如 $\Delta_f H_m^{\ominus}$(C,石墨,298.15K)=0,而不稳定相态的单质如 298.15 K 时的金刚石,$\Delta_f H_m^{\ominus}$(C,金刚石,298.15K)$\neq$0。还要注意,生成产物的物质的量必定为1mol,若不是 1 mol,则该反应的标准摩尔反应焓就不是该生成物质的标准摩尔生成焓。例如 298.15 K 时,2H$_2$(g)+O$_2$(g)=2H$_2$O(g),$\Delta_r H_m^{\ominus}$(298.15K) 就不是 H$_2$O 的标准摩尔生成焓,即 $\Delta_r H_m^{\ominus} \neq \Delta_f H_m^{\ominus}$(H$_2$O,g,298.15K),而是 $\Delta_r H_m^{\ominus} = 2\Delta_f H_m^{\ominus}$(H$_2$O,g,298.15K)。同一化合物的相态不同时,其标准摩尔生成焓也不同。如 $\Delta_f H_m^{\ominus}$(H$_2$O,l,298.15K) = -285.83 kJ·mol^{-1},而 $\Delta_f H_m^{\ominus}$(H$_2$O,g,298.15 K) = -241.82 kJ·mol^{-1}。有关 298.15 K 下各种化合物的 $\Delta_f H_m^{\ominus}$(298.15K) 数据,可以从手册中查得,部分摘抄于本书附录 8,以供读者参考。化学反应的标准摩尔反应焓很容易由产物和反应物的标准摩尔生成焓来计算。

例如,乙烯与氧作用生成环氧乙烷,求其在 298.15 K 下的标准摩尔反应焓 $\Delta_r H_m^{\ominus}$(298.15 K)。

可将反应按如下图设计的途径进行。

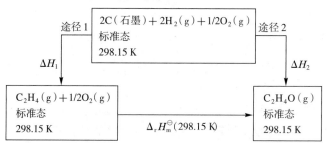

将稳定单质定为始态,环氧乙烷为末态。

(1) 由稳定相单质 C(石墨)、H$_2$(g)、O$_2$(g)反应先生成 C$_2$H$_4$(g),然后再将 C$_2$H$_4$(g)氧化生成 C$_2$H$_4$O(g),如图中途径 1。

(2) 也可直接一步完成途径 2。

根据状态函数变化值与途径无关的性质,得

$$\Delta H_2 = \Delta H_1 + \Delta_r H_m^{\ominus}(298.15 \text{ K})$$

所以

$$\Delta_r H_m^{\ominus}(298.15 \text{ K}) = \Delta H_2 - \Delta H_1$$

其中
$$\Delta H_1 = \Delta_f H_m^\ominus(C_2H_4, g, 298.15\ K)$$
$$\Delta H_2 = \Delta_f H_m^\ominus(C_2H_4O, g, 298.15\ K)$$
所以
$$\Delta_r H_m^\ominus(298.15\ K) = \Delta_f H_m^\ominus(C_2H_4O, g, 298.15\ K) - \Delta_f H_m^\ominus(C_2H_4, g, 298.15\ K)$$
因式中环氧乙烷为产物，乙烯为反应物，故上述反应的 $\Delta_r H_m^\ominus(298.15\ K)$ 计算式可写成
$$\Delta_r H_m^\ominus(298.15K) = \Delta_f H_m^\ominus(产物, 298.15\ K) - \Delta_f H_m^\ominus(反应物, 298.15\ K)$$
式中，$\Delta_f H_m^\ominus(298.15\ K)$ 可从手册中查出。此结果表明，只要查得参加反应的各物质的标准摩尔生成焓，就可计算标准摩尔反应焓。显然，对于温度 T 时标准状态下任意化学反应 $0 = \sum_B \nu_B B$，有

$$\Delta_r H_m^\ominus(T) = \sum_B \nu_B \cdot \Delta_f H_m^\ominus(B, T) \tag{2.52}$$

此式说明，在温度 T 下任一化学反应的标准摩尔反应焓，等于同温度下参加反应的各物质的标准摩尔生成焓与化学计量数乘积的代数和。

例 2.11 已知反应：$(COOH)_2(s) + 1/2 O_2(g) = 2CO_2(g) + H_2O(l)$，标准摩尔反应焓为 $\Delta_r H_m^\ominus(298.15\ K) = -246.02\ kJ \cdot mol^{-1}$，并知 $\Delta_f H_m^\ominus(CO_2, g, 298.15\ K) = -393.51\ kJ \cdot mol^{-1}$，$\Delta_f H_m^\ominus(H_2O, l, 298.15\ K) = -285.83\ kJ \cdot mol^{-1}$。计算 $(COOH)_2(s)$ 的标准摩尔生成焓。

解：上述反应的标准摩尔反应焓为
$$\Delta_r H_m^\ominus(298.15\ K) = 2\Delta_f H_m^\ominus(CO_2, g, 298.15\ K) + \Delta_f H_m^\ominus(H_2O, l, 298.15\ K)$$
$$- \Delta_f H_m^\ominus[(COOH)_2, s, 298.15\ K] - \frac{1}{2}\Delta_f H_m^\ominus(O_2, g, 298.15\ K)$$

由于
$$\Delta_f H_m^\ominus(O_2, g, 298.15\ K) = 0$$

所以
$\Delta_f H_m^\ominus[(COOH)_2, s, 298.15\ K]$
$= 2\Delta_f H_m^\ominus(CO_2, g, 298.15\ K) + \Delta_f H_m^\ominus(H_2O, l, 298.15\ K) - \Delta_r H_m^\ominus(298.15\ K)$
$= 2 \times (-393.51\ kJ \cdot mol^{-1}) + (-285.83\ kJ \cdot mol^{-1}) - (-246.02\ kJ \cdot mol^{-1})$
$= -826.83\ kJ \cdot mol^{-1}$

2.9.4 由标准摩尔燃烧焓计算标准摩尔反应焓

标准摩尔生成焓的数据只有一部分可由实验直接测定，有相当数量的数据不能直接测定，特别是某些有机物通常难以由单质直接合成。因此，这些有机物的标准摩尔生成焓的数据，需要通过其他实验数据间接计算得到，最常用的数据

是标准摩尔燃烧焓。

在温度 T 的标准态下，1 mol 指定相态的物质 B 与氧气进行完全氧化反应的焓变，为该物质 B 在温度 T 时的标准摩尔燃烧焓，用符号 $\Delta_c H_{m,B}^{\ominus}(T)$ 表示，其单位是 $J \cdot mol^{-1}$ 或 $kJ \cdot mol^{-1}$，下标"c"代表燃烧反应。应注意，上述定义中，"完全氧化反应"的含义是指定氧化产物，C 变成 $CO_2(g)$；H 变成 $H_2O(l)$；N、S 和 Cl 元素分别变成 $N_2(g)$、$SO_2(g)$ 和 HCl(水溶液)。不言而喻，这些完全氧化的产物以及氧气的标准摩尔燃烧焓应等于零。事实上，以上规定的完全氧化产物并非都是实际的最终产物，而仅仅是人为的规定，目的在于使汇集和使用标准摩尔燃烧焓数据时有一个基准。另外，还需说明，石墨的标准摩尔燃烧焓等于二氧化碳气体的标准摩尔生成焓，即

$$\Delta_c H_m^{\ominus}(石墨, s, 298.15K) = \Delta_f H_m^{\ominus}(CO_2, g, 298.15 K)$$

氢气的标准摩尔燃烧焓等于液体水的标准摩尔生成焓，即

$$\Delta_c H_m^{\ominus}(H_2, g, 298.15K) = \Delta_f H_m^{\ominus}(H_2O, l, 298.15 K)$$

部分物质的 $\Delta_c H_{m,B}^{\ominus}(298.15 K)$ 数据摘抄于本书附录 7 中，也可从手册中查得。

利用标准摩尔燃烧焓数据，也可计算反应的标准摩尔反应焓。

例如，乙烷脱氢的反应如下：

$$C_2H_6(g) = C_2H_4(g) + H_2(g)$$

试计算该反应在 298.15 K 时的标准摩尔反应焓。

用下图表示出系统的始末态。因为反应物和产物完全氧化后有相同的氧化产物，所以，相同的氧化产物就是联系始末态的桥梁。于是，设想由始态变化至末态有两条途径：一条是乙烷直接完全氧化为 $CO_2(g)$ 和 $H_2O(l)$，另一条是乙烷脱氢生成 $C_2H_4(g)$ 和 $H_2(g)$，然后再完全氧化为 $CO_2(g)$ 和 $H_2O(l)$。

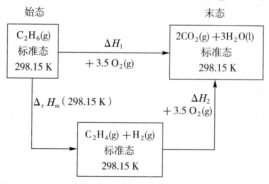

根据状态函数的性质，有

$$\Delta_r H_m^{\ominus}(298.15 K) + \Delta H_2 = \Delta H_1$$

所以

$$\Delta_r H_m^{\ominus}(298.15 K) = \Delta H_1 - \Delta H_2$$

其中
$$\Delta H_1 = \Delta_c H_m^{\ominus}(C_2H_6, g, 298.15K)$$
$$\Delta H_2 = \Delta_c H_m^{\ominus}(C_2H_4, g, 298.15K) + \Delta_c H_m^{\ominus}(H_2, g, 298.15K)$$
所以
$$\Delta_r H_m^{\ominus}(298.15\ K) = \Delta_c H_m^{\ominus}(C_2H_6, g, 298.15\ K) - \Delta_c H_m^{\ominus}(C_2H_4, g, 298.15\ K)$$
$$- \Delta_c H_m^{\ominus}(H_2, g, 298.15\ K)$$

由所求反应可知，$C_2H_6(g)$是反应物，$C_2H_4(g)$与$H_2(g)$是产物。故上述反应的$\Delta_r H_m^{\ominus}(298.15\ K)$计算式可写成

$$\Delta_r H_m^{\ominus}(298.15\ K) = \Delta_c H_m^{\ominus}(反应物, 298.15\ K) - \Delta_c H_m^{\ominus}(产物, 298.15\ K)$$

以上结果表明，只要查得参加反应的各物质的 $\Delta_c H_{m,B}(298.15\ K)$，就可计算出 $\Delta_r H_m^{\ominus}(298.15\ K)$。显然，对于温度 T 时标准态下的任一反应 $0 = \sum_B \nu_B B$，有

$$\Delta_r H_m^{\ominus}(T) = -\sum_B \nu_B \cdot \Delta_c H_m^{\ominus}(B, T) \tag{2.53}$$

式(2.53)表明，在温度 T 时，任一化学反应的标准摩尔反应焓，等于同温度下参加反应的各物质的标准摩尔燃烧焓与化学计量数乘积的代数和的负值。

例 2.12 由标准摩尔燃烧焓计算反应 $3C_2H_2(g) = C_6H_6(l)$ 在 298.15 K 时的标准摩尔反应焓。已经查得：$\Delta_c H_m^{\ominus}(C_2H_2, g, 298.15\ K) = -1299.59\ kJ \cdot mol^{-1}$，$\Delta_c H_m^{\ominus}(C_6H_6, l, 298.15\ K) = -3267.54\ kJ \cdot mol^{-1}$。

解：$\Delta_r H_m^{\ominus}(298.15\ K)$
$$= -[\Delta_c H_m^{\ominus}(C_6H_6, l, 298.15K) - 3\Delta_c H_m^{\ominus}(C_2H_2, g, 298.15\ K)]$$
$$= [-3267.54\ kJ \cdot mol^{-1} - 3 \times (-1299.59\ kJ \cdot mol^{-1})]$$
$$= -631.25\ kJ \cdot mol^{-1}$$

*2.10 标准摩尔反应焓与温度的关系及有关计算

2.10.1 标准摩尔反应焓与温度的关系

由于通常从各种手册中查到的都是 298.15 K 时的标准摩尔生成焓和标准摩尔燃烧焓数据，因而利用这些数据只能求得 298.15 K 时反应的标准摩尔反应焓。但在实际生产中，许多反应都是在更高的温度下进行的，为了计算各温度下的标准摩尔反应焓，必须寻找 $\Delta_r H_m^{\ominus}$ 与温度的关系。

设在恒压下，298.15 K 到 T 范围内参加反应的各物质均无相变化，化学反应

$$aA(\alpha) + bB(\beta) = lL(\gamma) + mM(\delta)$$

在 298.15 K 和 T 两个温度的标准状态下，反应的始末态之间可以设计如下图所示的途径。

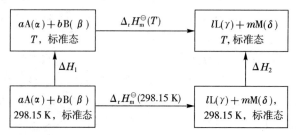

图中，A、B 和 L、M 分别为反应物和产物，a、b、l、m 分别为其化学计量数的绝对值，α、β、γ、δ 分别为各物质的相态。

因为焓是状态函数，根据图示显然有

$$\Delta H_1 + \Delta_r H_m^{\ominus}(T) = \Delta H_2 + \Delta_r H_m^{\ominus}(298.15\ \text{K})$$

其中

$$\Delta H_1 = \int_{298.15\ \text{K}}^{T} [aC_{p,m}(\text{A},\alpha) + bC_{p,m}(\text{B},\beta)]dT$$

$$\Delta H_2 = \int_{298.15\ \text{K}}^{T} [lC_{p,m}(\text{L},\gamma) + mC_{p,m}(\text{M},\delta)]dT$$

所以

$$\Delta_r H_m^{\ominus}(T) = \Delta_r H_m^{\ominus}(298.15\text{K}) + \int_{298.15\text{K}}^{T} \Delta_r C_{p,m} dT \qquad (2.54)$$

式中

$$\Delta_r C_{p,m} = lC_{p,m}(\text{L},\gamma) + mC_{p,m}(\text{M},\delta) - aC_{p,m}(\text{A},\alpha) - bC_{p,m}(\text{B},\beta)$$

即

$$\Delta_r C_{p,m} = \sum_B \nu_B C_{p,m}(\text{B}) \qquad (2.55)$$

对式(2.54)求微分，得

$$\frac{d\Delta_r H_m^{\ominus}(T)}{dT} = \Delta_r C_{p,m} \qquad (2.56)$$

式(2.54)和式(2.56)分别描述 $\Delta_r H_m^{\ominus}(T)$ 随温度变化的积分形式和微分形式，称为基尔霍夫(Kirchhoff)公式。式中用到的 $\Delta_r C_{p,m}$ 可根据反应系统中各物质的 $C_{p,m}(\text{B}) = f(T)$ 公式求代数和，在某些近似计算中也可用各物质的 $\overline{C_{p,m}}(\text{B})$ 进行计算。因此，只要知道参加反应的各物质的热容数据，即可由 298.15 K 下的标准摩尔反应焓求得 $\Delta_r H_m^{\ominus}(T)$。应注意，该式只适用于 298.15 K 到 T 范围各物质不发生相变化的情况，如果温度间隔中有些物质发生相变化，可根据具体情况设计途径进行计算。

2.10.2 非恒温过程化学反应热的计算

实际应用中,常遇到物质在某条件下燃烧所能达到的最高火焰温度,或者爆炸反应所能达到的最高温度和最高压力等问题。火焰意味着恒压燃烧过程,爆炸则表示系统恒容反应因温度压力升高而引起的破坏,这些均属于非恒温过程的化学反应热计算。

最高温度表示反应系统无任何热损失于环境,即绝热。因此,最高火焰温度表示反应是在恒压绝热条件下进行的,故 $Q_p = \Delta H = 0$(恒压、绝热)。

最高爆炸温度表示反应是在恒容、绝热条件下进行的,故 $Q_V = \Delta U = 0$。

解决非恒温过程的化学反应热最根本的方法就是利用状态函数的特点,通过设计途径的方法计算它们的值。

例 2.13 在 298.15 K、101.325 kPa 下把甲烷与理论量的空气[设空气中 $n(O_2):n(N_2)=1:4$]混合后,恒压使之燃烧,求火焰所能达到的最高温度。

解:如果视为绝热反应,则末态温度即为最高火焰温度,始态为

$$n(CH_4):n(O_2):n(N_2)=1:2:8$$

现设计途径如下图:

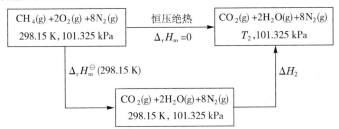

各物质 $\Delta_f H_m^\ominus(B, 298.15 K)$ 查表可知,得

$\Delta_r H_m^\ominus(298.15 K) = \Delta_f H_m^\ominus(CO_2, g, 298.15K) + 2\Delta_f H_m^\ominus(H_2O, g, 298.15K) -$
$\quad \Delta_f H_m^\ominus(CH_4, g, 298.15 K)$

$\quad = -393.5 \text{ kJ} \cdot \text{mol}^{-1} + 2 \times (-241.83 \text{ kJ} \cdot \text{mol}^{-1}) -$
$\quad (-74.85 \text{ kJ} \cdot \text{mol}^{-1})$

$\quad = -802.32 \text{ kJ} \cdot \text{mol}^{-1}$

$\Delta H_2 = \int_{298.15 K}^{T_2} [C_{p,m}(CO_2, g) + 2C_{p,m}(H_2O, g) + 8C_{p,m}(N_2, g)] d(T/K)$

查出 298.15~2200 K 温度范围内各物质的热容数据,计算得

$\Delta H_2 = \int_{298.15 K}^{T_2} [305.2 + 104.56 \times 10^{-3}(T/K) - 125.02 \times 10^{-7}(T/K)^2] d(T/K)$

$\quad \approx 305.2(T_2/K) - 305.2 \times 298.15 + \frac{1}{2}[104.56 \times 10^{-3}(T_2/K)^2]$

$\quad - \frac{1}{2}[104.56 \times 10^{-3} \times 298.15^2 (T_2/K)^2]$

因为
$$\Delta_r H_m = \Delta_r H_m^\ominus(298.15 \text{ K}) + \Delta H_2 = 0$$
所以
$$898095 \approx 305.2(T_2/\text{K}) + 52.28 \times 10^{-3}(T_2/\text{K})^2$$
解得
$$T_2 = 2151 \text{ K}$$

思 考 题

1. 根据分压定律，气体混合物的总压等于各组分气体的分压之和，即 $p = \sum p_B$。能否据此判断气体混合物的总压也具有加和性质且 p 具有容量性质？

2. 判断下列说法是否正确。
 (1) 系统的温度越高，所含的热量越多。
 (2) 系统的温度越高，向外传递的热量越多。
 (3) 一个绝热的刚性容器一定是隔离系统。
 (4) 系统向外放热，则其内能一定减少。
 (5) 隔离系统内发生的任何变化过程，其 ΔU 必定为零。

3. 在炎热的夏天，有人提议打开室内正在运行中的电冰箱的门，以降低室温，你认为此建议可行吗？

4. 在 $W' = 0$ 的条件下，$Q_p = \Delta H$，能否说在等压且 $W' = 0$ 的条件下，Q_p 是状态函数？

5. 下列各式在什么条件下成立？
 $\Delta U = Q + W$ $dU = \delta Q + p dV$ $\Delta H = Q_p$ $\Delta U = Q_V$

6. 在 373 K、101.325 kPa 下水向真空蒸发成 373 K、101.325 kPa 的水蒸气（此过程中环境温度保持不变）。下述两个结论对吗？
 (1) 假设水蒸气可以看作理想气体，因为此过程为等温过程，所以 $\Delta U = 0$。
 (2) 此过程 $\Delta H = \Delta U + p\Delta V$，由于向真空汽化，$W = p\Delta V = 0$，所以，此过程 $\Delta H = \Delta U$。

7. 已知下述反应的 $\Delta H_m^\ominus$：
 C(石墨) + 1/2 O$_2$(g) = CO(g) $\Delta H_{m,1}^\ominus$
 CO(g) + 1/2 O$_2$(g) = CO$_2$(g) $\Delta H_{m,2}^\ominus$
 H$_2$(g) + 1/2 O$_2$(g) = H$_2$O(g) $\Delta H_{m,3}^\ominus$
 2H$_2$(g) + O$_2$(g) = 2H$_2$O(l) $\Delta H_{m,4}^\ominus$

 (1) $\Delta H_{m,1}^\ominus$，$\Delta H_{m,2}^\ominus$，$\Delta H_{m,3}^\ominus$，$\Delta H_{m,4}^\ominus$ 是否分别为 CO(g)，CO$_2$(g)，H$_2$O(g) 和 H$_2$O(l) 的 $\Delta_f H_m^\ominus$？
 (2) $\Delta H_{m,1}^\ominus$，$\Delta H_{m,2}^\ominus$，$\Delta H_{m,3}^\ominus$ 是否分别为 C(石墨)，CO(g) 和 H$_2$(g) 的 $\Delta_c H_m^\ominus$？

8. 既然热是过程量，不仅决定于始末态，而且与过程的途径有关，为什么化学反应的反应热只决定于始末态？

习 题

1. 5 mol 理想气体的始态为 $T_1=298.15$ K、$p_1=101.325$ kPa、V_1，在恒温下反抗恒外压膨胀至 $V_2=2V_1$、$p_环=0.5p_1$，求此过程系统所做的功。

2. 在 25℃时，将 100 g 氢气作恒温可逆压缩，从 101.325 kPa 压缩到 1013.25 kPa，试计算此过程的功。如果被压缩了的气体反抗 101.325 kPa 的恒外压，恒温膨胀至原来的状态，则此膨胀过程的功又是多少？

3. 1 mol 理想气体由 202.65 kPa、10 dm³ 恒容升温，压力增大到 2026.5 kPa，再恒压压缩到体积为 1 dm³，求整个过程的 W、Q、ΔU 及 ΔH。

4. 将 100 g $Fe_2O_3(s)$ 在恒压下从 27℃加热到 627℃，已知 $Fe_2O_3(s)$ 的恒压摩尔热容为
$C_{p,m}=[97.74+72.13\times10^{-3}(T/K)-12.9\times10^5(T/K)^2]$ J·K⁻¹·mol⁻¹。

(1) 求加热过程中系统的焓变 ΔH；

(2) 求在此温度范围内 $Fe_2O_3(s)$ 的平均摩尔恒压热容。

5. 一定量的理想气体在恒温条件下，由 0.01 m³ 分别经下列两种途径膨胀至 0.1 m³，试计算过程的功。

(1) 自由膨胀；

(2) 反抗 100 kPa 的恒外压膨胀。

6. 在 25℃、100 kPa 下，150 dm³ 的某单原子理想气体恒容加热到 150℃，求过程的 W、Q、ΔU 及 ΔH。

7. 2 mol 某双原子理想气体从 150 kPa、400 K 经绝热可逆膨胀到 50 kPa，求末态温度 T_2 及过程的 W、ΔH。

8. 3 mol 理想气体于恒定温度 298.15 K 条件下由始态 $V_1=20$ dm³ 可逆膨胀到末态 $V_2=50$ dm³。求始、末态气体的压力 p_1、p_2 以及膨胀过程的可逆功 W。

9. 1 kg 空气由 25℃绝热膨胀降温至 -55℃。设空气为理想气体，$C_{V,m}=20.92753$ J·K⁻¹·mol⁻¹。求过程的 W、Q、ΔU 及 ΔH。

10. 1 dm³ 氢气在 25℃、101.325 kPa 时，经绝热可逆膨胀到 5 dm³。试计算：

(1) 氢气的最终温度；

(2) 氢气的最终压力；

(3) 氢气与环境交换的功。(已知氢气为双原子理想气体，$C_{V,m}=5/2R$)

11. 25℃的空气从 1013.25 kPa 经绝热恒外压膨胀到 101.325 kPa，如果做功 15.06 kJ，试求空气的物质的量。(已知空气的 $C_{p,m}=7/2R$)

12. 有一礼堂容积为 1000 m³，气压为标准压力，温度为 283.15 K，今欲将温度升高 10 K，需供多少热？(设空气的 $C_{p,m}=29.29$ J·K⁻¹·mol⁻¹)

13. 1 mol 氮(可视为理想气体)由 202.65 kPa、0℃变为 101.325 kPa、50℃，可经过以下两个可逆途径：

(1) 先恒压加热到末态温度，再恒温可逆膨胀；

(2) 先恒温可逆膨胀至末态压力，再恒压加热。

试求这两种途径的 W、Q、ΔU 及 ΔH,并讨论计算结果说明了什么问题。

14. 已知乙醇 $C_2H_5OH(l)$ 在 101.325 kPa 下的沸点为 78.4℃,在此条件下,乙醇的摩尔蒸发焓 $\Delta_{vap}H_m=38.7$ kJ·mol^{-1},求该温度、压力下,200 g 液态乙醇完全蒸发成蒸气时的 W、Q、ΔU 及 ΔH。

15. 在 101.325 kPa 恒压下逐渐加热 2 mol、0℃的冰,使之成为 100℃的水蒸气。已知水的 $\Delta_{fus}H_m(0℃)=6.02$ kJ·mol^{-1},$\Delta_{vap}H_m(100℃)=40.64$ kJ·mol^{-1},液体水的恒压摩尔热容 $C_{p,m}=75.3$ kJ·K^{-1}·mol^{-1},求该过程的 W、Q、ΔU 及 ΔH。

16. 在 298.15 K 时,将 0.5 g 的正庚烷放在弹式量热计中燃烧后温度升高 2.94 K,量热计本身及其附件的热容 $C_V=8175.5$ J·K^{-1},试计算 298.15 K 时正庚烷的摩尔燃烧焓。

17. 已知反应:$C_6H_6(l)+15/2\ O_2(g)=6CO_2(g)+3H_2O(l)$,$\Delta_r U_m^{\ominus}(298.15\ K)=-3268$ kJ·mol^{-1},求 289.15 K 时,上述反应在恒压下进行 1 mol 反应进度的反应热。

18. 已知在 25℃时下列热化学反应方程式:

$C(石墨)+1/2\ O_2(g) = CO\ (g)$ $\Delta_r H_{m,1}^{\ominus} = -110.54$ kJ·mol^{-1}

$3Fe(s)+2O_2(g) = Fe_3O_4(s)$ $\Delta_r H_{m,2}^{\ominus} = -1117.13$ kJ·mol^{-1}

求反应 $Fe_3O_4(s)+4\ C(石墨)=3\ Fe(s)+4CO(g)$ 在 25℃时的 $\Delta_r H_m^{\ominus}$。

19. 在 25℃、101.325 kPa 下,环丙烷(g)、石墨及氢气的标准摩尔燃烧焓 $\Delta_c H_m^{\ominus}$ 分别为: -2092 kJ·mol^{-1}、-397.7 kJ·mol^{-1} 及 -285.8 kJ·mol^{-1}。若已知丙烯的标准摩尔生成焓 $\Delta_f H_m^{\ominus}=20.5$ kJ·mol^{-1},试求:

(1) 环丙烷的标准摩尔生成焓;

(2) 环丙烷异构化为丙烯的标准摩尔反应焓。

20. 硫酸生产过程中,在 101.325 kPa 下二氧化硫催化氧气成三氧化硫,该反应为放热反应,已知 298.15 K 时标准摩尔反应焓为 100.37 kJ·mol^{-1},求此化学反应的 $\Delta_r U_m^{\ominus}$。

21. 求下列反应在 25℃时,$\Delta_r H_m^{\ominus}$ 与 $\Delta_r U_m^{\ominus}$ 之差。

(1) $N_2(g)+3H_2(g)=2NH_3(g)$

(2) $C(石墨)+O_2(g)=CO_2(g)$

(3) $4NH_3(g)+5O_2(g)=4NO(g)+6H_2O(g)$

(4) $CaO(s)+H_2O\ (l)=Ca(OH)_2(s)$

22. 试计算反应 $2H_2O_2(l)=2H_2O(l)+O_2(g)$ 的 $\Delta_r H_m^{\ominus}(298.15\ K)$,已知 $\Delta_f H_m^{\ominus}(H_2O,l)=-285.84$ kJ·mol^{-1},$\Delta_f H_m^{\ominus}(H_2O_2,l)=-187.6$ kJ·mol^{-1}。

23. 氯化氢气体的标准摩尔生成焓 $\Delta_f H_m^{\ominus}(298.15\ K)=-92.31$ kJ·mol^{-1},$H_2(g)$、$Cl_2(g)$ 的恒压摩尔热容分别为:

$C_{p,m}(HCl,g)=(26.53+4.60\times10^{-3}T+1.09\times10^5T^2)$ J·K^{-1}·mol^{-1}

$C_{p,m}(H_2,g)=(29.07-0.836\times10^{-3}T+2.01\times10^6T^2)$ J·K^{-1}·mol^{-1}

$C_{p,m}(Cl_2,g)=(36.9-0.25\times10^{-3}T-2.845\times10^5T^2)$ J·K^{-1}·mol^{-1}

试计算反应 $1/2\ H_2(g)+1/2\ Cl_2(g)=HCl(g)$ 在 1273 K 时的标准摩尔反应焓。

24. 计算火焰的最高温度在实际工作中有一定的指导意义。设气态乙炔的燃烧反应为:$C_2H_2(g)+5/2\ O_2(g)=2CO_2(g)+H_2O(g)$,在 25℃时乙炔的标准摩尔燃烧焓为 $\Delta_c H_m(298.15\ K)=-1257$ kJ·mol^{-1}。试求乙炔在空气中燃烧时火焰理论最高温度。已知

$CO_2(g)$、$H_2O(g)$ 及 $N_2(g)$ 的平均摩尔热容分别为 54.36 kJ·mol^{-1}、43.54 kJ·mol^{-1}、33.40 kJ·mol^{-1}。

25. 证明：(1) $\left(\dfrac{\partial U}{\partial V}\right)_p = C_p \left(\dfrac{\partial T}{\partial V}\right)_p - p$

(2) $C_p - C_V = -\left(\dfrac{\partial p}{\partial T}\right)_V \left[\left(\dfrac{\partial H}{\partial p}\right)_T - V\right]$

自 测 题

一、选择题（将正确答案的标号填入括号内）

1. 一封闭系统从 A 态出发，经一循环过程后回到 A 态，下列（　　）的值为零。

   (a) Q　　　　(b) W　　　　(c) $Q+W$　　　　(d) $Q-W$

2. 下述公式中（　　）只适用于理想气体。

   (a) $\Delta U = Q_V$　　　　　　　　(b) $W = nRT\ln(p_2/p_1)$

   (c) $\Delta U = n\int_{T_1}^{T_2} C_{V,m} dT$　　　(d) $\Delta H = \Delta U + p\Delta V$

3. 在一恒容绝热箱中置一隔板，将其分为左、右两部分。在两侧分别通入温度与压力皆不同的同种气体（如下图所示）。当隔板抽走后，气体发生混合。若以箱内全部气体为系统，则混合前后应符合（　　）

   (a) $Q=0, W=0, \Delta U<0$

   (b) $Q=0, W<0, \Delta U>0$

   (c) $Q=0, W=0, \Delta U=0$

   (d) $Q=0, W>0, \Delta U<0$

4. 在温度 T 时反应 $C_2H_5OH(l) + 3O_2(g) = 2CO_2(g) + 3H_2O(l)$ 的 ΔH_m 与 ΔU_m 的关系为（　　）

   (a) $\Delta H_m > \Delta U_m$　　　　　(b) $\Delta H_m < \Delta U_m$

   (c) $\Delta H_m = \Delta U_m$　　　　　(d) 无法确定

5. 一定量的理想气体由始态 $A(T_1、p_1、V_1)$ 出发，分别经(1)等温可逆压缩和(2)绝热可逆压缩到相同的体积 V_2，则（　　）

   (a) $p_{2'} > p_2$　　　　　　(b) $p_{2'} < p_2$

   (c) $p_{2'} = p_2$　　　　　　(d) $p_{2'}$ 与 p_2 的大小无法比较

   （p_2 与 $p_{2'}$ 分别为等温可逆压缩和绝热可逆压缩末态的压力。）

二、填空题

1. 已知某理想气体的 $C_{V,m} = 5/2R$，其绝热指数 $\gamma = $ ＿＿＿＿。

2. 1 mol 理想气体由 373 K、101.325 kPa 分别经(1)恒容过程和(2)恒压过程冷却到 273 K。则 Q_V ＿＿＿＿ Q_p，W_V ＿＿＿＿ W_p，ΔU_V ＿＿＿＿ ΔU_p，ΔH_V ＿＿＿＿ ΔH_p。（填＞，＜，＝）

3. 已知在 600℃时,反应

$3Fe_2O_3(s)+CO(g)=2Fe_3O_4(s)+CO_2(g)$ 的 $\Delta_r H_m^\ominus = -6.30$ kJ·mol^{-1};

$Fe_3O_4(s)+CO(g)=3FeO(s)+CO_2(g)$ 的 $\Delta_r H_m^\ominus = 22.6$ kJ·mol^{-1};

$FeO(s)+CO(g)=Fe(s)+CO_2(g)$ 的 $\Delta_r H_m^\ominus = -13.9$ kJ·mol^{-1};

反应 $Fe_2O_3(s)+3CO(g)=2Fe(s)+3CO_2(g)$ 的 $\Delta_r H_m^\ominus = \underline{\qquad}$。

4. 一理想气体在 273.15 K 及 101.325 kPa 压力下,分别按下列三种方式膨胀:(1)等温可逆;(2)绝热可逆;(3)向真空中。试填写表中三个过程的各热力学符号(大于零填"+",小于零填"—",等于零填"0")。

过程 \ 物理量	ΔT	Q	W	ΔU	ΔH
(1)等温过程					
(2)绝热过程					
(3)向真空中					

三、计算题

1. 1 mol、0℃、101.325 kPa 的单原子理想气体($C_{p,m}=5/2R$)经过一个可逆过程,体积增加 1 倍,$\Delta H=2092$ J,$Q=1674$ J。(1)计算终态的温度、压力及过程的 ΔU 和 W。(2)若气体经过恒温和恒容两步可逆变化过程达到上述终态,计算过程的 ΔH、ΔU、Q 和 W。

2. (1)已知 H_2O 在 25℃时的 $\Delta_{vap} H_m = 44.01$ kJ·mol^{-1}。求 1 mol $H_2O(l)$ 在 25℃时变为水蒸气所做的功,并计算 ΔU 的值。设蒸气为理想气体,液体的体积可忽略不计。

(2)已知 $H_2O(l)$ 和 $H_2O(g)$ 的 $C_{p,m}$ 分别为 75.38 J·K^{-1}·mol^{-1} 和 33.60 J·K^{-1}·mol^{-1},计算 100℃时 H_2O 的 $\Delta_{vap} H_m$。

3. 某生产过程燃烧天然气(以纯甲烷计算)所用空气为理论需要量的 2 倍,天然气与空气的初始温度均为 25℃。如果从烟囱放出废气的温度为 100℃,则燃烧 1 mol 甲烷气体可得多少热量?

已知:在 25℃时 $CH_4(g)$,$CO_2(g)$,$H_2O(l)$ 的 $\Delta_f H_m^\ominus$ 分别为 -74.82 kJ·mol^{-1},-393.51 kJ·mol^{-1},-285.83 kJ·mol^{-1};各物质的 $C_{p,m}$(J·K^{-1}·mol^{-1})分别为 $O_2(g)$ 29.4,$N_2(g)$ 29.1,$CO_2(g)$ 36.9,$H_2O(l)$ 75.38。$H_2O(l)$ 的 $\Delta_{vap} H_m$ 可利用上题数据。假设空气中只有 O_2 和 N_2,且空气中 O_2 和 N_2 的物质的量之比为 1:4。

3 热力学第二定律

学习了热力学第一定律,我们已经知道自然界中各种过程进行时能量总是守恒的,并且能够计算化学反应前后能量的变化。但是,是否所有不违背能量守恒定律的变化都一定会发生呢?譬如 $HCl+NaOH=NaCl+H_2O$,众所周知,这一中和反应是很容易发生的,并且知道这一反应会放出热量。那么,反过来,如果以热的方式给 $NaCl+H_2O$ 系统传入能量,而使 $NaCl$ 和 H_2O 作用生成 HCl 和 $NaOH$,应该是不违背热力学第一定律的。但事实告诉我们,这一过程是不能实现的。还可以列举许多这样的例子来说明,只满足能量守恒还是不够的,必须再有一个基本规律来补充说明实际过程发生的规律性,那就是热力学第二定律。

热力学第二定律研究过程自动进行的方向和限度问题。那么,研究过程在指定条件下自动进行的方向和限度问题有什么重要意义呢?在化工生产及其他行业中,不断提出新工艺或新原料的科学研究课题,有的是为了综合利用,减少环境污染;有的是为了改善劳动条件,不使用剧毒药品;有的是为了合成新材料……这些新方法能否成功呢?即在指定条件下某化学反应能否自动进行以及在什么条件下能获得更多的产品?若能事先通过热力学方法进行计算,作出正确的判断,就可节省人力、物力。这些方向、限度问题可由热力学第二定律找到答案,但应当指出的是,热力学第二定律不能解决过程进行的速率问题。

3.1 自发过程的共同特征

可以从一些简单而又比较直观的自发过程,粗浅地分析一下它们的共同特征,这将有助于理解热力学第二定律的各种叙述方法。

一个质量为 m 的重物,位于离地面高度 z 处,因重力的作用,具有位能 mgz。重物落到地面是个自发过程。当重物下落撞击地面时,原来集中于重物上的位能消失,转化成了等量的热。这些热将先升高与重物接触的地面分子的温度,加剧了这些分子的振动程度,然后,这些分子再通过振动把能量传给周围的分子,直到温度均匀为止。在这个简单的例子中,只要把重物和地面看成一个隔离系统,那么上述自发过程是向着能量分散程度增大的方向进行的。构成地面的大量分子不会通过分子振动把能量集中到与重物接触的那些分子上,即这些分子不会再在某一瞬间同时向上振动并把能量传给重物,使重物又回升到原来的高度 z。这就是说,作为总的结果,隔离系统中能量自动集中的过程是不可逆的。上述特征是不是一个普遍的规律呢?下面再来研究两个实例。

(1) 理想气体会自动向真空膨胀,以充满全部可利用的空间,这是一个很普遍的自发过程。因理想气体自由膨胀过程中与环境无热量交换,则系统与环境没有任何联系,所以该气体本身就是一个隔离系统。在上述条件下,气体分子活动空间的扩大与能量分散程度的增大是完全一致的,所以该自发过程的方向也符合隔离系统中自发过程向着能量分散程度增大的方向进行。与上述方向相反的过程是不会自动进行的,恒温下容器中的理想气体分子不会自行集中到某一部分体积中,这也说明了隔离系统中能量自动集中的过程是不可能的。

(2) 把高温物体放到低温环境中,两者就组成了一个隔离系统,热会从高温物体自动地传给低温环境,这也是隔离系统中能量分散程度增大的过程。在此传热过程中,能量分散程度是通过质点热运动的情况来体现的,物体温度愈高,其质点热运动的平均强度就愈大,质点间通过碰撞等方式相互传递能量时,总是使各部分质点热运动的平均强度趋于一致,从来不会出现热运动强度大的质点自动集中于一个部分,而热运动强度小的质点又自动集中于另一个部分的现象。也就是说,热自动从低温环境传给高温物体,使能量进一步集中到高温物体上的过程,是不可能发生的。

由以上各例可以看出,自发过程的共同特征是所有这些过程都向着隔离系统中能量分散程度增大的方向进行。

3.2 热力学第二定律的表述

热力学第二定律有许多表述方法。有些提法是针对某一特定过程的,虽然这些提法也具有普遍的意义,但直接用它来判断任意过程自发进行的方向和限度就感到不那么直接;有些提法则形式上较为广泛。但是,无论是哪一种提法,其实质都是相同的,都是为了解决自发过程的方向与限度问题,而且各种提法都有着内在的联系,违背任何一种叙述方法必然会违背任何其他叙述方法。本书仅介绍两种经典的热力学第二定律的表述方法。

(1) "热不能自动从低温物体传到高温物体。"这是克劳修斯(R. Clausius)在1850年提出的说法,也是历史上最早的一种说法,这种说法是针对自动传热过程提出的。

所谓"自动",是指不需要环境的帮助。若环境对它做功(开动冷冻机),热还是能够从低温物体传到高温物体的。如果没有环境的帮助,不引起其他变化,热是绝不会自动从低温物体传到高温物体的。

(2)"不可能从单一热源吸热做功而无其他变化。"这是开尔文(L. Kelvin)在1851年提出的说法。"单一热源"是指保持某一恒定温度的热源。从单一热源吸热做功的循环机器常称作第二类永动机,所以开尔文的说法也可以表述为"第二类永动机是不可能造成的"。第二类永动机能够从单一热源吸热,并将所吸收的热全部变为功而无其他变化,这种机器并不违反能量守恒定律,但永远实现不了,为了区别于第一类永动机,所以称之为第二类永动机。

倘若第二类永动机能够造成,那么海洋、大气、大地等均可作为单一热源,从这些单一热源吸热,并将全部的热转变为功,于是海轮在海洋中行驶、飞机在大气中飞行都不需要携带燃料了。据估算,用这样的机器从海洋吸热来开动全世界的工厂,1500年后也只使海水的温度降低0.01 K,遗憾的是这种机器永远不可能造成!

对开尔文的说法应注意到,不是热不能完全变为功,而是在不引起其他变化的条件下,热不能完全变为功。当理想气体作恒温膨胀时,$Q=W$,即吸收的热量全部变为膨胀功,但这一过程引起了气体体积的变大,使系统的状态发生了改变。

热力学第二定律与热力学第一定律一样,也是建立在无数事实的基础上的,是人类长期经验的总结。在热力学第二定律的经典表述法的基础上得出了一些状态函数,在不同条件下利用它们的改变量可以对过程自发进行的方向和限度作普遍性的判断。

3.3 卡诺循环和卡诺定理

3.3.1 蒸汽机的循环过程

19世纪初,蒸汽机被引进到工厂,用它来带动机器,人类开始了第一次工业革命。但当时蒸汽机的效率很低,只有百分之几,于是有许多人进行了提高蒸汽机效率的研究。1824年,年轻的法国工程师卡诺(N. L. S. Carnot)发表了有关热机效率的论文,从理论上解决了蒸汽机所能达到的最高效率问题。

为了有助于理解卡诺循环,先熟悉一下蒸汽机的循环过程,如图3.1所示。

锅炉中的水,即蒸汽机的工作物质,简称工质,自 T_1 高温热源吸热 Q_1,恒温汽化为高温高压水蒸气;然后进入汽缸,经绝热膨胀对外做功,扣除一部分用于给水泵的功之后做出净功 $W_净$,这时蒸气由高温高压变为低温低压;再在冷凝器中放热 Q_2 给 T_2 低温热源,恒温液化为水;再经高压泵绝热压缩为高压水进入锅炉,完成一个循环过程。由此可见,蒸汽机的循环过程是经过四步完成的,即恒温汽化过程、绝热膨胀过程、恒温液化过程和绝热压缩过程。借助于工质水,将热量自高温热源 T_1 传至低温热源 T_2,同时做出净功 $W_净$,即在 T_1 和 T_2 两热源间进行热机循环,则可不断将热部分转变为功。

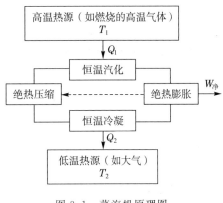

图 3.1 蒸汽机原理图

真正的蒸汽机工质循环过程从本质上说同图 3.1 所示完全相同,只是它将低温低压的水蒸气直接排向大气这个低温热源,在大气中冷凝成水,而锅炉所需的水则直接从水箱中抽取,但是,水箱中的水和低温低压蒸气在大气中冷凝成的水没有本质区别。因此,可以认为压入锅炉中的水就是低温低压蒸气在大气中冷凝下来的水。

3.3.2 卡诺循环

卡诺对蒸汽机进行了分析和研究,找出了影响热机效率的主要矛盾,从而设计了一部理想的热机,叫卡诺热机。该热机所进行的循环称为卡诺循环。卡诺循环就是将上述蒸汽机中的工质换为 1 mol 理想气体,同样经过四个可逆过程,即恒温可逆膨胀过程、绝热可逆膨胀过程、恒温可逆压缩过程和绝热可逆压缩过程,如图 3.2 所示。显然,卡诺热机是不能实际运行的,因为它的每一步都是可逆的。而恰恰因为它的每一步都是可逆的,都对外做最大功,因而卡诺热机找到了热转变为功的极限。

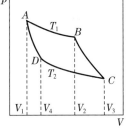

图 3.2 卡诺循环

1. 恒温可逆膨胀($A{\rightarrow}B$)过程

理想气体恒温变化中

$$\Delta U = 0$$

根据热力学第一定律有

$$Q_1 = -W_1 = \int_{V_1}^{V_2} p\mathrm{d}V = RT_1 \ln \frac{V_2}{V_1} \tag{3.1}$$

气体所吸热量全部变为体积功 W_1,在图 3.2 中相当于 A—B—V_2—V_1—A 的面积。

2. 绝热可逆膨胀($B{\rightarrow}C$)过程

因是绝热过程 $Q=0$,所以系统做功需要消耗内能,气体温度由 T_1 降至 T_2。

$$-W_2 = -\Delta U_2 = -C_V(T_2 - T_1) = C_V(T_1 - T_2)$$

系统所做的功相当于图 3.2 中 $B—C—V_3—V_2—B$ 的面积。

3. 恒温可逆压缩($C \to D$)过程

$$\Delta U_3 = 0$$

$$Q_2 = -W_3 = RT_2 \ln \frac{V_4}{V_3}$$

由于是压缩过程，$V_4 < V_3$，所以 $Q_2 = -W_3 < 0$，系统得功放热，即系统获得体积功 W_3（相当于图 3.2 中 $C—D—V_4—V_3—C$ 的面积），同时将 Q_2 传给温度为 T_2 的低温热源。

4. 绝热可逆压缩($D \to A$)过程

由于 $Q=0$，气体在压缩过程中得功，使内能增加，即

$$-W_4 = -\Delta U_4 = -C_V(T_1 - T_2) = C_V(T_2 - T_1)$$

系统获得的功相当于图中 $D—A—V_1—V_4—D$ 的面积。

由于以上四个过程构成循环过程，所以 $\sum \Delta U = 0$。根据热力学第一定律，有

$$\sum Q = -\sum W$$

即

$$Q_1 + Q_2 = -W_1 - W_2 - W_3 - W_4$$

因为

$$W_2 = -W_4$$

所以

$$Q_1 + Q_2 = -W_1 - W_3 = RT_1 \ln \frac{V_2}{V_1} + RT_2 \ln \frac{V_4}{V_3} \tag{3.2}$$

由于 $(B \to C)$、$(D \to A)$ 过程为理想气体绝热可逆过程，由式(2.38a)可得

$$\frac{T_2}{T_1} = \left(\frac{V_3}{V_2}\right)^{1-k}, \frac{T_2}{T_1} = \left(\frac{V_4}{V_1}\right)^{1-k}$$

显然

$$\frac{V_3}{V_2} = \frac{V_4}{V_1}, \frac{V_2}{V_1} = \frac{V_3}{V_4}$$

代入式(3.2)，得

$$Q_1 + Q_2 = RT_1 \ln \frac{V_2}{V_1} + RT_2 \ln \frac{V_1}{V_2}$$

$$= RT_1 \ln \frac{V_2}{V_1} - RT_2 \ln \frac{V_2}{V_1}$$

$$= R(T_1 - T_2) \ln \frac{V_2}{V_1}$$

$$= -\sum W \tag{3.3}$$

卡诺循环的能量转化关系如图 3.3 的能流图所示。

系统自高温热源 T_1 吸热 Q_1，经过循环过程做出总功 $-\sum W$，即前面所说的 $W_{净}$，相当于图中 $A—B—C—D—A$ 的面积，将此总功除以 Q_1 即得热机效率 η。

$$\eta = \frac{系统经过一次循环过程所做的总功}{系统在一次循环过程中从高温热源吸收的热量}$$

$$= \frac{-\sum W}{Q_1} = \frac{Q_1 + Q_2}{Q_1}$$

$$= \frac{R(T_1 - T_2)\ln\dfrac{V_2}{V_1}}{RT_1\ln\dfrac{V_2}{V_1}}$$

$$= \frac{T_1 - T_2}{T_1} \tag{3.4}$$

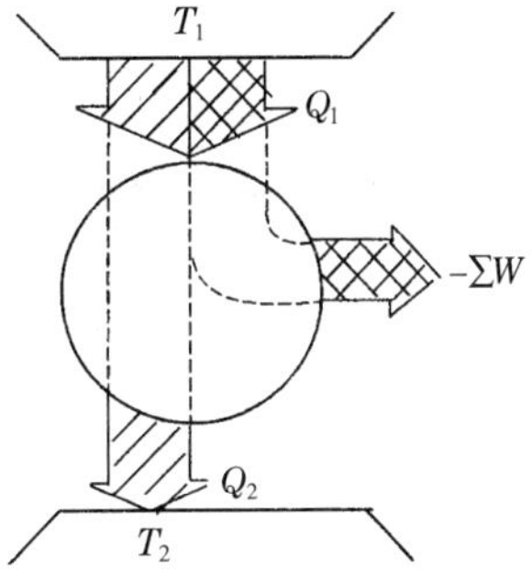

图 3.3 卡诺循环能流图

由式(3.4)可见,卡诺热机的效率仅仅取决于两个热源的温度 T_1 和 T_2。高温热源温度愈高而低温热源温度愈低,效率愈高。上式还表明,卡诺热机的效率总是小于 1。

3.3.3 卡诺定理

卡诺提出,"一切工作在 T_1（高温热源）与 T_2（低温热源）之间的热机效率,以可逆热机的效率为最大",这就是卡诺定理。此定理可以用热力学第二定律加以证明(证明从略)。

根据前面的推导得到卡诺热机的效率为 $\eta = \dfrac{T_1 - T_2}{T_1}$。卡诺定理指出了任意热机的效率 $\eta \leqslant \dfrac{T_1 - T_2}{T_1}$。其中,等号表示可逆热机,不等号表示任意热机,那么卡诺定理即可用下述数学表达式来表达。

$$\eta = \frac{Q_1 + Q_2}{Q_1} \leqslant \frac{T_1 - T_2}{T_1} \qquad \begin{matrix}任意实际热机\\可逆热机\end{matrix} \tag{3.5}$$

由此,卡诺定理还可以得到一个重要推论:"可逆热机的效率仅取决于两个热源的温度,而与工作物质的本质无关。"即任何工作物质(无论气体、液体或处于相平衡、化学平衡系统)在相同 T_1、T_2 之间进行卡诺循环,其热机效率必然相同。

3.4 熵 函 数

热力学第二定律的提出,为判断过程的方向提供了理论基础。然而,直接利用热力学第二定律的文字表达形式作为一切过程方向的判据是极不方便的。为此,人们希望能找到一个更方便、更简捷的判断准则。经过不断的努力,在研究热机的热功转换效率的过程中,引出了一个新的状态函数——熵,为第二定律在实际中的应用开辟了道路。

3.4.1 熵的引出

1. 卡诺循环中热源温度与传热量之间的关系

前已证明,在卡诺循环过程中有

$$\eta = \frac{-\sum W}{Q_1} = \frac{Q_1 + Q_2}{Q_1} = \frac{T_1 - T_2}{T_1}$$

即

$$\frac{Q_1}{T_1} + \frac{Q_2}{T_2} = 0 \tag{3.6}$$

由此可见,在卡诺循环中,过程的热温商之和等于零。

2. 任意可逆循环可用无限多个小卡诺循环之和来代替

假定有一任意可逆循环过程,如图 3.4 所示。现用无数条无限接近的绝热可逆线(图中虚线)将其分割,并在每两条绝热可逆线之间用等温可逆线(图中实线)连接,这样就构成了无数多个小的卡诺循环。由于每两条可逆绝热线之间的距离无限小,且每一条绝热可逆线既是前一个小卡诺循环的膨胀线,又是后一个小卡诺循环的压缩线,其作用恰好互相抵消,所以整个循环的封闭曲线就可以被由每个小卡诺循环线中的等温线所构成的封闭折线所代替。在每个小的卡诺循环中,都有

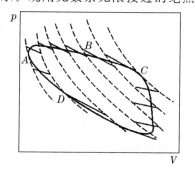

图 3.4 任意可逆循环

$$\frac{\delta Q_1}{T_1} + \frac{\delta Q_2}{T_2} = 0$$

因此,对于整个循环过程来说,则有

$$\sum \frac{\delta Q_{ri}}{T_i} = 0 \tag{3.7}$$

在极限情况下即为

$$\oint \frac{\delta Q_r}{T} = 0 \tag{3.8}$$

即任意可逆循环过程的热温商之和都等于零。式(3.7)中,δQ_{ri} 与 T_i 分别代表循环过程中每一微小变化步骤的热和热源的温度。符号 $\oint$ 表示沿曲线的环积分,下标"r"代表可逆。

3. 熵的引出

现在,假设某系统由状态 A 经过一个任意可逆过程 1 变到状态 B,再由状态 B 经另一个任意可逆过程 2 回到状态 A,从而构成一个可逆循环过程,如图 3.5 所示。

根据式(3.8)可以得到

$$\oint \frac{\delta Q_r}{T} = \int_A^B \left(\frac{\delta Q_r}{T}\right)_1 + \int_B^A \left(\frac{\delta Q_r}{T}\right)_2 = 0 \quad (3.9)$$

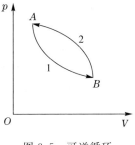

图 3.5 可逆循环

由于途径 2 为可逆过程,因而由 $A \to B$ 的热温商之和与 $B \to A$ 的热温商之和的绝对值相等,符号相反,即

$$\int_A^B \left(\frac{\delta Q_r}{T}\right)_2 = -\int_B^A \left(\frac{\delta Q_r}{T}\right)_2$$

代入式(3.9),得

$$\int_A^B \left(\frac{\delta Q_r}{T}\right)_1 - \int_A^B \left(\frac{\delta Q_r}{T}\right)_2 = 0$$

即

$$\int_A^B \left(\frac{\delta Q_r}{T}\right)_1 = \int_A^B \left(\frac{\delta Q_r}{T}\right)_2 \quad (3.10)$$

途径 1 和 2 是任意选定的两条可逆变化的途径,式(3.10)表明,在指定的始、末态之间,任意可逆过程的热温商之和相等。或者说,在两指定状态之间,可逆过程的热温商之和与途径无关,仅取决于系统的始、末态。

在第二章已经讨论过,状态函数的基本特征就是其变化值仅取决于系统的始、末态,而与途径无关。因此 $\int_A^B \frac{\delta Q_r}{T}$ 显然代表了某个状态函数的变化。克劳修斯把这个状态函数命名为熵,用符号 S 表示,将其定义为

$$\Delta S_{A \to B} = \int_A^B \frac{\delta Q_r}{T} \quad (3.11)$$

或

$$dS = \frac{\delta Q_r}{T} \quad (3.12)$$

式(3.11)中,$\Delta S_{A \to B}$ 代表系统从 A 态至 B 态的熵变;式(3.12)中,dS 则代表系统经历一微小变化过程的熵变。

和内能一样,熵也是热力学中的基本状态函数之一,是系统客观存在的一个宏观性质。式(3.11)既是熵的定义式,也是在两个指定状态之间熵的变化的计算公式。它表明,熵和其他状态函数一样,对于一个确定的状态,有唯一确定的熵值与其对应;当状态发生变化时,则熵的变化与可逆变化过程的热温商相等。

在同样条件下,系统变化过程的热与系统所含物质的数量成正比,因而熵是容量性质,其单位是 J·K^{-1},与热容的单位相同。

3.4.2 克劳修斯不等式

1. 不可逆循环过程的热温商

根据卡诺定理的推论,工作在相同的两个热源之间的不可逆热机的效率 η_{ir} 一定小于可逆热机的效率 η_r,即

$$\eta_{ir} = \left(\frac{Q_1 + Q_2}{Q_1}\right)_{ir}$$

$$\eta_r = \left(\frac{Q_1 + Q_2}{Q_1}\right)_r = \frac{T_1 - T_2}{T_1} = 1 - \frac{T_2}{T_1}$$

式中,下标"ir"代表不可逆。因为 $\eta_{ir} < \eta_r$,所以

$$\left(\frac{Q_1 + Q_2}{Q_1}\right)_{ir} < 1 - \frac{T_2}{T_1}$$

即

$$\left(\frac{Q_1}{T_1} + \frac{Q_2}{T_2}\right) < 0$$

这表明,在两个热源之间工作的不可逆热机的热温商之和小于零。这个结论也可以推广到任意不可逆循环过程,则有

$$\oint \frac{\delta Q_{ir}}{T} < 0 \tag{3.13}$$

即任意不可逆循环过程的热温商之和小于零。

2. 克劳修斯不等式

现考虑系统由状态 A 经一不可逆过程至 B,然后经可逆过程由 B 至 A,如图 3.6 所示,整个过程仍是不可逆过程。

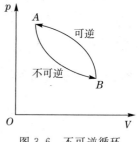

图 3.6 不可逆循环

根据式(3.13),有

$$\int_A^B \frac{\delta Q_{ir}}{T} + \int_B^A \frac{\delta Q_r}{T} < 0$$

故

$$\int_A^B \frac{\delta Q_{ir}}{T} < \int_A^B \frac{\delta Q_r}{T}$$

结合式(3.11),可得

$$\Delta S_{A \to B} = S_B - S_A > \int_A^B \frac{\delta Q_{ir}}{T} \tag{3.14}$$

将式(3.11)和式(3.14)合并得

$$\Delta S_{A \to B} \geqslant \int_A^B \frac{\delta Q}{T} \quad \begin{array}{l}\text{不可逆过程}\\ \text{可逆过程}\end{array} \tag{3.15}$$

对于微小过程,有

$$\mathrm{d}S \geqslant \frac{\delta Q}{T} \quad \begin{array}{l}\text{不可逆过程}\\ \text{可逆过程}\end{array} \tag{3.16}$$

以上两式称为克劳修斯不等式。

克劳修斯不等式从原则上得出了判断过程的方向与限度的方法。它是由热力学第二定律及卡诺定理演绎得出的,亦被称为热力学第二定律的数学表达式。

3.4.3 熵增加原理

将克劳修斯不等式用于隔离系统,由于隔离系统与环境之间既无热量的交换,也无功的交换。也就是说,在隔离系统中进行的任何过程,Q 均为零。于是,式(3.15)成为

$$\Delta S_{\text{隔离}} \geqslant 0 \quad \begin{array}{l}\text{不可逆过程}\\ \text{可逆过程}\end{array} \tag{3.17}$$

上式说明,在隔离系统中进行的不可逆过程总是向着熵增大的方向进行的,称为熵增加原理。

熵增加原理对于封闭系统是不成立的。也就是说,在封闭系统内进行的不可逆过程,其熵值不一定增加。但可以将封闭系统以及与其有能量交换的环境加在一起,组成一个假想的大隔离系统,在这个假想的大隔离系统中,系统的总熵变 $\Delta S_{\text{隔离}}$ 应为封闭系统与环境两部分的熵变之和。应用熵增加原理,则有

$$\Delta S_{\text{隔离}} = \Delta S_{\text{系统}} + \Delta S_{\text{环境}} \geqslant 0 \quad \begin{array}{l}\text{不可逆过程}\\ \text{可逆过程}\end{array} \tag{3.18}$$

隔离系统中发生的不可逆过程必为自发过程,而可逆过程是推动力无限小情况下进行的过程,或者说是系统内部及其与环境间无限接近平衡时进行的过程,所以可逆过程可认为是自发过程进行所能达到的限度。因此,式(3.18)又可表示为

$$\Delta S_{\text{隔离}} = \Delta S_{\text{系统}} + \Delta S_{\text{环境}} \geqslant 0 \quad \begin{array}{l}\text{自发过程}\\ \text{平衡}\end{array} \tag{3.19}$$

式(3.18)和式(3.19)都是利用熵变作为判断过程的可逆性与方向性的依据,简称熵判据。

3.4.4 熵的物理意义

熵是能量分散程度的量度。从分子运动的角度看,分子是能量的载体,能量越分散,分子运动越混乱。因此,也可以说,熵是系统内部分子热运动混乱程度的度量,这就是熵的物理意义。

当物质处于固态时,分子或离子大多数固定在晶格上,只有振动,而转动和移动都很弱。当物质处于液态时,分子不再固定在一个位置上,而是可以自由地

转动和移动。至于气体,分子的运动大为增强,也更为混乱,运动的空间充满容器,比液态、固态的运动空间大很多。显然,从固态到液态到气体,分子运动混乱程度依次增加,熵值也因此增大。当温度升高时,同一相态物质的分子热运动增强,分子运动混乱程度增大,熵也增大。对于气体,若恒温下压力降低,则体积增大,分子在增大的空间内运动,就更为混乱,熵也将增大。

人们认识客观事物总是由浅入深。在统计热力学发展起来之后,对熵这一函数的物理意义的认识就更加深化了。玻尔兹曼(Boltzmann)提出了如下的熵公式

$$S = k\ln\Omega \tag{3.20}$$

式中,$k = \dfrac{R}{N_A}$ 为玻尔兹曼常数,其中 R 是气体常数,N_A 是阿伏加德罗常数,Ω 为与混乱程度相关的量,称为热力学几率,它是使一种分布(宏观状态)实现的方式(微观态)数。显然,某一种宏观状态的热力学几率越大,熵越大。隔离系统中的变化向着熵增加的方向,也就是向着热力学几率大的方向进行,从这里也可以体会到熵的物理意义。

3.5 熵变的计算与熵判据的应用

为了利用熵判据判断隔离系统中过程的自发性,必须计算过程的环境熵变与系统熵变。

3.5.1 环境熵变

环境因与系统交换能量而引起状态变化,在其始、末状态确定后,环境熵变的计算方法与系统的熵变计算是相同的。按熵的定义可得

$$\Delta S_{环境} = \int_1^2 \mathrm{d}S_{环境} = \int_1^2 \left(\dfrac{\delta Q_r}{T}\right)_{环境} \tag{3.21}$$

在许多实际计算中,环境常常是个恒温、恒压的大热源。因此,在此情况下,$T_{环境}$ 应为常数,并且 $Q_{环境}$ 与 $\Delta H_{环境}$ 相等。因 ΔH 系状态函数的增量,故环境在此条件下发生的状态变化无论可逆与否,$Q_{环境,r}$ 与 $Q_{环境,ir}$ 是相同的,可笼统地以 $Q_{环境}$ 表示。因此,环境为恒温、恒压的大热源时,其熵变可表示为

$$\Delta S_{环境} = \dfrac{Q_{环境}}{T_{环境}} \tag{3.22}$$

式中,$Q_{环境}$ 是指环境与系统实际交换的热,故 $Q_{环境} = -Q_{系统}$。应当特别注意,$Q_{系统}$ 是系统进行实际过程的热,它绝不是为计算 ΔS 时所假设的可逆途径的热。将上述观点与式(3.22)相结合,可得环境为大热源时熵变计算的普遍式,即

$$\Delta S_{环境} = -\dfrac{Q_{系统}}{T_{环境}} \tag{3.23}$$

3.5.2 系统熵变

系统熵变的基本公式为

$$\Delta S = S_2 - S_1 = \int_1^2 dS = \int_1^2 \frac{\delta Q_r}{T} \tag{3.24}$$

式中，δQ_r 是系统在可逆过程中吸收的热。如果过程是可逆的，可直接用该过程中系统吸收的热来计算 ΔS。如果过程是不可逆的，则不能直接用系统吸收的热来计算 ΔS。由于熵是状态函数，ΔS 只和始、末态有关，因此可以设计从始态到末态的可逆过程，然后由式(3.24)计算过程的熵变。当然，这也就是原来不可逆过程的系统熵变。

本节讨论封闭系统的简单状态变化(单纯 p、V、T 变化)与相变化的熵变计算，关于化学变化的熵变计算将在下节讨论。

1. 简单状态变化

（1）等温过程　由于温度不变，由式(3.24)得

$$\Delta S = \int_1^2 \frac{\delta Q_r}{T} = \frac{1}{T} \int_1^2 \delta Q_r = \frac{Q_r}{T} \tag{3.25}$$

不论过程是否可逆，都按等温可逆途径来计算系统熵变。对于理想气体的等温过程

$$\Delta H = 0, Q_r = -W_r$$

$$\Delta S = \frac{Q_r}{T} = \frac{-W_r}{T} = nR \ln \frac{p_1}{p_2} \tag{3.26}$$

例 3.1　5 mol 理想气体由 298 K、1013.25 kPa 分别按以下过程膨胀至 298 K、101.325 kPa，计算系统的熵变，并判断哪些过程可能是自发的。

① 可逆膨胀；

② 自由膨胀；

③ 反抗恒外压 101.325 kPa 膨胀。

解：题中三个过程有相同的始、末态，因此 ΔS 是相同的，由等温可逆过程来计算 ΔS。

$$\Delta S = nR \ln \frac{p_1}{p_2}$$

$$= 5 \text{mol} \times 8.314 \text{ J} \cdot \text{K}^{-1} \cdot \text{mol}^{-1} \times \ln \left(\frac{1013.25 \text{ kPa}}{101.325 \text{ kPa}} \right)$$

$$= 95.72 \text{ J} \cdot \text{K}^{-1}$$

过程①是理想气体等温可逆膨胀

$$\Delta S_{\text{环境}} = -\frac{Q_{\text{系统}}}{T_{\text{环境}}} = -nR \ln \frac{p_1}{p_2} = -95.72 \text{ J} \cdot \text{K}^{-1}$$

$$\Delta S_{隔离} = \Delta S_{系统} + \Delta S_{环境}$$
$$= 95.72 \text{ J} \cdot \text{K}^{-1} - 95.72 \text{ J} \cdot \text{K}^{-1} = 0$$

故过程是可逆的。

过程②是理想气体等温自由膨胀

$$Q = 0$$

$$\Delta S_{环境} = -\frac{Q_{系统}}{T_{环境}} = 0$$

$$\Delta S_{隔离} = \Delta S_{系统} + \Delta S_{环境} = 95.72 \text{ J} \cdot \text{K}^{-1} > 0$$

故过程是自发的。

过程③为理想气体在等温下反抗恒外压膨胀

$$Q = -W = p_{环}(V_2 - V_1)$$

$$= p_2\left(\frac{nRT}{p_2} - \frac{nRT}{p_1}\right) = nRT\left(1 - \frac{p_2}{p_1}\right)$$

$$= nRT\left(1 - \frac{1}{10}\right) = \frac{9}{10}nRT$$

$$\Delta S_{环境} = -\frac{Q_{系统}}{T_{环境}} = -\frac{9}{10}nR$$

$$= -\frac{9}{10} \times 5 \text{ mol} \times 8.314 \text{ J} \cdot \text{K}^{-1} \text{mol}^{-1}$$

$$= -37.4 \text{ J} \cdot \text{K}^{-1}$$

$$\Delta S_{隔离} = \Delta S_{系统} + \Delta S_{环境}$$
$$= (95.72 - 37.4) \text{ J} \cdot \text{K}^{-1}$$
$$= 58.3 \text{ J} \cdot \text{K}^{-1} > 0$$

所以,过程是自发的。

例 3.2 设有体积为 V 的绝热容器,中间以隔板将容器分为体积 V_A 与 V_B 两部分,分别盛以 n_A mol 理想气体 A 与 n_B mol 理想气体 B,两边温度与压力均相等,当抽去隔板后两气体在等温等压下混合(如图 3.7 所示)。求过程的熵变。

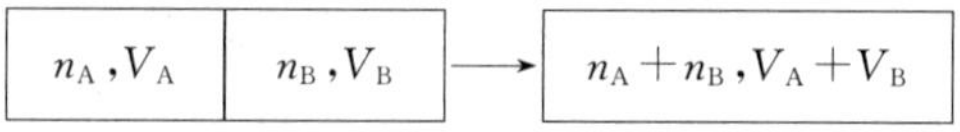

| n_A, V_A | n_B, V_B | → | $n_A + n_B, V_A + V_B$ |

图 3.7 A 与 B 的混合过程

解:抽去隔板后,气体 A 从体积 V_A 膨胀至 $V = V_A + V_B$,其熵变为

$$\Delta S_A = n_A R \ln \frac{V_A + V_B}{V_A}$$

气体 B 从体积 V_B 膨胀至 $V = V_A + V_B$,其熵变为

$$\Delta S_B = n_B R \ln \frac{V_A + V_B}{V_B}$$

根据分体积定律,有

$$y_A = \frac{V_A}{V_A + V_B}, y_B = \frac{V_B}{V_A + V_B}$$

其中,y_A 与 y_B 是混合气体中 A 与 B 两种气体的摩尔分数。

因此,两种气体在等温等压下混合过程的熵变为

$$\Delta S = \Delta S_A + \Delta S_B = -R(n_A \ln y_A + n_B \ln y_B)$$

由于 y_A 与 y_B 均小于 1,所以 $\Delta S > 0$。当以气体 A 与 B 为系统时,此系统与环境既无物质的交换又无能量的交换,故为一隔离系统。由于 $\Delta S_{隔离} > 0$,说明气体在等温、等压下的混合是一个自发过程。从熵的统计意义来看,这个结论是必然的。

(2) 变温过程

① 等压变温过程 不论过程是否可逆,均按等压可逆过程来计算熵变。在等压可逆过程中

$$\delta Q_r = nC_{p,m} dT, dS = \frac{nC_{p,m} dT}{T} \tag{3.27}$$

$$\Delta S = \int_{T_1}^{T_2} \frac{nC_{p,m} dT}{T} \tag{3.28}$$

若 $C_{p,m}$ 不随温度而变化,则

$$\Delta S = nC_{p,m} \ln \frac{T_2}{T_1} \tag{3.29}$$

② 等容变温过程 与等压变温过程类似,可得

$$dS = \frac{nC_{V,m} dT}{T} \tag{3.30}$$

$$\Delta S = \int_{T_1}^{T_2} \frac{nC_{V,m} dT}{T} \tag{3.31}$$

若 $C_{V,m}$ 不随温度而变化,则

$$\Delta S = nC_{V,m} \ln \frac{T_2}{T_1} \tag{3.32}$$

例 3.3 100 g、283 K 的水与 200 g、313 K 的水混合,已知水的恒压摩尔热容为 75.3 J·mol^{-1},求过程的熵变。

解:设混合后水的温度为 T,则

$$\frac{100 \text{ g}}{18.02 \text{ g} \cdot \text{mol}^{-1}} \times C_{p,m}(T - 283 \text{ K}) = \frac{200 \text{ g}}{18.02 \text{ g} \cdot \text{mol}^{-1}} \times C_{p,m}(313 \text{ K} - T)$$

解得

$$T = 303 \text{ K}$$

$$\Delta S = \Delta S_1 + \Delta S_2$$
$$= \left(\frac{100 \text{ g}}{18.02 \text{ g} \cdot \text{mol}^{-1}}\right) \times (75.31 \text{ J} \cdot \text{K}^{-1} \cdot \text{mol}^{-1}) \ln\left(\frac{303 \text{ K}}{283 \text{ K}}\right) +$$
$$\left(\frac{200 \text{ g}}{18.02 \text{ g} \cdot \text{mol}^{-1}}\right) \times (75.31 \text{ J} \cdot \text{K}^{-1} \cdot \text{mol}^{-1}) \ln\left(\frac{303 \text{ K}}{313 \text{ K}}\right)$$
$$= 1.40 \text{ J} \cdot \text{K}^{-1}$$

由于此系统为隔离系统，$\Delta S_{隔离} > 0$，说明过程是自发的。

③ 理想气体 p、V、T 皆变化的过程　　因为熵是状态函数，始、末态一定，其值的改变量就一定，不论过程是否可逆，都可按可逆过程来计算系统的熵变。

由式(3.24)有

$$\Delta S = \int_1^2 \frac{\delta Q_r}{T}$$

将第一定律 $\delta Q_r = dU - \delta W_r$ 代入，得

$$\Delta S = \int_1^2 \frac{\delta Q_r}{T} = \int_1^2 \frac{dU}{T} - \int_1^2 \frac{\delta W_r}{T} \tag{3.33}$$

若系统是理想气体，不论是否为恒容过程，总有

$$dU = nC_{V,m}dT$$

又因为

$$\delta W_r = -pdV = -\frac{nRT}{V}dV$$

将以上两式代入式(3.33)，得

$$\Delta S = \int_1^2 \frac{dU}{T} - \int_1^2 \frac{\delta W_r}{T} = \int_{T_1}^{T_2} \frac{nC_{V,m}dT}{T} + \int_{V_1}^{V_2} \frac{nRdV}{V}$$

若 $C_{V,m}$ 为常数，则

$$\Delta S = nC_{V,m}\ln\frac{T_2}{T_1} + nR\ln\frac{V_2}{V_1} \tag{3.34}$$

将理想气体 $\frac{V_2}{V_1} = \frac{p_1 T_2}{p_2 T_1}$ 代入式(3.34)，得

$$\Delta S = nC_{V,m}\ln\frac{T_2}{T_1} + nR\ln\frac{T_2}{T_1} + nR\ln\frac{p_1}{p_2}$$

因为

$$C_{V,m} + R = C_{p,m}$$

所以

$$\Delta S = nC_{p,m}\ln\frac{T_2}{T_1} + nR\ln\frac{p_1}{p_2} \tag{3.35}$$

再把 $\frac{T_2}{T_1} = \frac{V_2 p_2}{V_1 p_1}$ 代入式(3.34),得

$$\Delta S = n C_{V,m} \ln \frac{V_2}{V_1} + n C_{V,m} \ln \frac{p_2}{p_1} + n R \ln \frac{V_2}{V_1}$$

$$= n C_{p,m} \ln \frac{V_2}{V_1} + n C_{V,m} \ln \frac{p_2}{p_1} \quad (3.36)$$

由式(3.34)至(3.36)可以看出:如果理想气体进行恒容过程,则由式(3.34)得

$$\Delta S = n C_{V,m} \ln \frac{T_2}{T_1}$$

如为恒压过程,则由式(3.35)得

$$\Delta S = n C_{p,m} \ln \frac{T_2}{T_1}$$

如为恒温过程,则由式(3.34)或式(3.35)得

$$\Delta S = n R \ln \frac{V_2}{V_1} = n R \ln \frac{p_1}{p_2}$$

与式(3.26)相同。

如为绝热可逆过程,因 $\Delta S=0$,由式(3.34)至式(3.36)可以很容易地导出式(2.33a)、(2.33b)和(2.33c)。

例 3.4 2 mol 理想气体($C_{V,m}=20.79\ \mathrm{J\cdot K^{-1}\cdot mol^{-1}}$)从 323 K、100 dm³ 加热膨胀至 423 K、150 dm³,求 ΔS。

解:

$$\Delta S = n C_{V,m} \ln \frac{T_2}{T_1} + n R \ln \frac{V_2}{V_1}$$

$$= 2\ \mathrm{mol} \times 20.79\ \mathrm{J\cdot K^{-1}\cdot mol^{-1}} \times \ln\left(\frac{423\ \mathrm{K}}{323\ \mathrm{K}}\right) +$$

$$2\ \mathrm{mol} \times 8.314\ \mathrm{J\cdot K^{-1}\cdot mol^{-1}} \times \ln\left(\frac{150\ \mathrm{dm^3}}{100\ \mathrm{dm^3}}\right)$$

$$= 17.96\ \mathrm{J\cdot K^{-1}}$$

例 3.5 2 mol 氮气由 298 K、1013.25 kPa 反抗恒外压 101.325 kPa 绝热膨胀至 101.325 kPa,计算过程的 ΔS 并判断过程是否可能发生(设氮气可视为理想气体,$C_{p,m}=\frac{7}{2}R$)。

解:

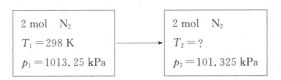

先求终态温度 T_2，由于 $Q=0$，$\Delta U = W$，所以

$$\Delta U = n C_{V,m}(T_2 - T_1) = -p_2\left(\frac{nRT_2}{p_2} - \frac{nRT_1}{p_1}\right)$$

$$C_{V,m}(T_2 - T_1) = -R\left(T_2 - \frac{p_2}{p_1}T_1\right)$$

$$\frac{7}{2}(T_2 - T_1) = -T_2 + \frac{1}{10}T_1$$

$$T_2 = \frac{2.6}{3.5}T_1 = \frac{2.6}{3.5} \times 298 \text{ K} = 221.4 \text{ K}$$

$$\Delta S = n C_{p,m} \ln \frac{T_2}{T_1} + nR \ln \frac{p_1}{p_2}$$

$$= 2 \text{ mol} \times \frac{7}{2} \times 8.314 \text{ J} \cdot \text{K}^{-1}\text{mol}^{-1} \times \ln\left(\frac{221.4 \text{ K}}{298 \text{ K}}\right) +$$

$$2 \text{ mol} \times 8.314 \text{ J} \cdot \text{K}^{-1}\text{mol}^{-1} \times \ln\left(\frac{1013.25 \text{ K}}{101.325 \text{ K}}\right)$$

$$= 21.0 \text{ J} \cdot \text{K}^{-1}$$

由于绝热，所以

$$\Delta S_{环境} = -\frac{Q_{系统}}{T_{环境}} = 0$$

故

$$\Delta S_{隔离} = \Delta S_{系统} + \Delta S_{环境} = 21.0 \text{ J} \cdot \text{K}^{-1} > 0$$

因此，该过程能发生。

（3）热量直接由高温物体传向低温物体的过程　假设两物体热容量很大，有限热量的传入或传出不足以引起两物体温度的改变。系统包括高温物体和低温物体两部分。高温物体在 T_1 时将热量 Q 传出，低温物体在 T_2 时将热量 Q 吸入，与环境无热交换，整个系统的熵变等于高温物体的熵变与低温物体的熵变之和。为了计算两物体的熵变，我们需设计可逆传热过程。所谓"可逆传热过程"，就是在系统与环境之间温度相差 dT 的条件下进行的传热过程。直接进行传热过程的两物体虽然与环境没有任何关系，但若设计为可逆传热过程时，则需将温度为 T_1 的物体与温差为 dT 的环境进行热交换，而将热量 $|Q|$ 自温度为 T_1 的物体传给$(T_1 - dT)$的环境。$|Q|$ 指热量的绝对值。因物体温度不变，故温度为 T_1 的物体的熵变为 $\Delta S_{T_1} = \frac{-|Q|}{T_1}$。同理，温度为 T_2 的物体从温度为 $(T_2 + dT)$ 的环境吸热 $|Q|$，因温度为 T_2 的物体的温度不变，故其熵变为 $\Delta S_{T_2} = \frac{|Q|}{T_2}$。可以看出，过程中所传的热量等于 $Q_{可逆}$。

整个传热过程的总熵变为

$$\Delta S_\text{总} = \Delta S_{T_1} + \Delta S_{T_2} = -\frac{|Q|}{T_1} + \frac{|Q|}{T_2} \tag{3.37}$$

这就是两物体直接传热过程的 $\Delta S_\text{总}$ 计算式。因为 $T_1 > T_2$，所以 $\Delta S_\text{总} > 0$。

将两物体作为整个系统，两物体间进行直接传热，与另外的环境没有任何关系，所以是隔离系统。因 $S_\text{隔离} > 0$，所以热量自动地从高温物体传向低温物体。

例3.6 热量自高温热源 T_1 传给低温热源 T_2 的自发过程，通过卡诺热机可以对外做最大功，但直接传热则未做任何功，因而做功能力将损失，所损失的做功能力称为损耗功。

证明：当热量自高温热源 T_1 传至低温热源 T_2 时损耗功 $-W_\text{损} = T_2 \Delta S_\text{总}$，其中 $\Delta S_\text{总} = \Delta S_{T_1} + \Delta S_{T_2}$。

解：设有 $|Q|$ 热量自高温热源 T_1 传至低温热源 T_2，根据本题定义

$$-W_\text{损} = -W_\text{卡诺} = \frac{T_1 - T_2}{T_1}|Q|$$

由式(3.37)可知两热源的熵变之和为

$$\Delta S_\text{总} = \Delta S_{T_1} + \Delta S_{T_2} = -\frac{|Q|}{T_1} + \frac{|Q|}{T_2} = \frac{T_1 - T_2}{T_1 T_2}|Q| = \frac{-W_\text{损}}{T_2}$$

故

$$-W_\text{损} = T_2 \Delta S_\text{总}$$

即损耗功等于低温热源的绝对温度乘以总熵变。

2. 纯物质的相变过程

（1）恒温恒压下可逆相变过程 在相平衡条件下，系统进行的相变过程是可逆相变过程。由于可逆相变是恒温恒压下无非体积功的过程，因此，$Q_\text{r} = \Delta H_\text{相变}$，故

$$\Delta S = \frac{\Delta H_\text{相变}}{T_\text{相变}} \tag{3.38}$$

式中，$\Delta H_\text{相变}$ 为可逆条件下的相变热，$T_\text{相变}$ 为可逆相变时的相变绝对温度。

例3.7 10 mol 水在 373.15 K、101.325 kPa 下汽化为水蒸气，求过程中的 $\Delta S_\text{系统}$ 及 $\Delta S_\text{总}$。已知水的汽化热 $\Delta H_\text{汽化} = 4.06 \times 10^4$ J·mol^{-1}。

解：

水：10 mol	水蒸气：10 mol
$T_1 = 373.15$ K	$T_2 = T_1 = 373.15$ K
$p_1 = 101.325$ kPa	$p_2 = p_1 = 101.325$ kPa
S_1	S_2

水在 373.15 K、101.325 kPa 下汽化为水蒸气是两相平衡条件下的相变过

程,也是可逆过程,过程中的汽化热即为可逆热,因为是恒温、恒压过程,故

$$\Delta S = \frac{Q_r}{T} = \frac{\Delta H_{相变}}{T_{相变}}$$

$$= \frac{10 \text{ mol} \times 4.06 \times 10^4 \text{ J} \cdot \text{mol}^{-1}}{373.15 \text{ K}}$$

$$= 1088 \text{ J} \cdot \text{K}^{-1}$$

熵变为正值,这是因为水由液态变为气态,分子运动的范围加大,系统内部的混乱程度增加,熵也增大。

$$\Delta S_{环境} = -\frac{Q_{系统}}{T_{环境}} = -\frac{\Delta H_{相变}}{T_{环境}}$$

因为是恒温过程,所以

$$T_{环境} = T_{相变}$$

$$\Delta S_{环境} = -\frac{\Delta H_{相变}}{T_{环境}}$$

$$\Delta S_{总} = \Delta S_{系统} + \Delta S_{环境} = \frac{\Delta H_{相变}}{T_{相变}} - \frac{\Delta H_{相变}}{T_{相变}} = 0$$

$\Delta S = 0$,说明原过程为可逆过程。

(2) 不可逆相变化　不是在两相平衡条件下进行的相变过程为不可逆相变过程,该过程中的熵变计算,可根据熵是状态函数的特点,设计成几个可逆步骤,再分别计算。

例 3.8　在标准压力下,1 mol 263.15 K 的过冷水凝成冰,求过程的熵变。

已知水在 273.15 K 的凝固热为 $-6020 \text{ J} \cdot \text{mol}^{-1}$,水与冰的恒压摩尔热容分别为 $75.3 \text{ J} \cdot \text{K}^{-1} \cdot \text{mol}^{-1}$ 与 $37.6 \text{ J} \cdot \text{K}^{-1} \cdot \text{mol}^{-1}$。

$$\begin{array}{ccc}
\boxed{H_2O(l, 263.15 \text{ K})} & \xrightarrow{\Delta S} & \boxed{H_2O(s, 263.15 \text{ K})} \\
\Delta H_1 \downarrow \Delta S_1 & & \Delta S_3 \uparrow \Delta H_3 \\
\boxed{H_2O(l, 273.15 \text{ K})} & \xrightarrow[\Delta H_2]{\Delta S_2} & \boxed{H_2O(s, 273.15 \text{ K})}
\end{array}$$

解:水的正常凝固点为 273.15 K,因此,在 263.15 K 的过冷水结冰是不可逆相变,可设计如下可逆途径计算:

$$\Delta S_2 = \frac{\Delta H_{凝}}{T_{凝}}$$

$$= \frac{-6020 \text{ J}}{273.15 \text{ K}} = -22.04 \text{ J} \cdot \text{K}^{-1}$$

$$\Delta S_3 = n C_{p,冰} \ln \frac{T_1}{T_2}$$

$$= 1 \text{ mol} \times 37.6 \text{ J} \cdot \text{K}^{-1} \cdot \text{mol}^{-1} \times \ln \frac{263.15 \text{ K}}{273.15 \text{ K}} = -1.40 \text{ J} \cdot \text{K}^{-1}$$

$$\Delta S_1 = n C_{p,\text{水}} \ln \frac{T_2}{T_1}$$

$$= 1 \text{ mol} \times 75.3 \text{ J} \cdot \text{K}^{-1} \cdot \text{mol}^{-1} \times \ln \frac{273.15 \text{ K}}{263.15 \text{ K}}$$

$$= 2.81 \text{ J} \cdot \text{K}^{-1}$$

所以

$$\Delta S = \Delta S_1 + \Delta S_2 + \Delta S_3$$

$$= [2.81 + (-22.04) + (-1.40)] \text{ J} \cdot \text{K}^{-1}$$

$$= -20.59 \text{ J} \cdot \text{K}^{-1}$$

熵变为负值,这是因为由液态变为固态后,系统中分子的排列更为有序,其混乱程度降低,所以是熵减小的过程。

这里,虽然 $\Delta S < 0$,但绝不能由此得出过程不可能发生的结论。要判断过程能否发生,还要计算环境的熵变。

先求出 263.15 K 下水的凝固热,即

$$\Delta H_{\text{凝},263.15\text{ K}} = \Delta H_1 + \Delta H_2 + \Delta H_3$$

$$= 1 \text{ mol} \times 75.3 \text{ J} \cdot \text{K}^{-1} \cdot \text{mol}^{-1} \times (273.15 \text{ K} - 263.15 \text{ K}) +$$

$$1 \text{ mol} \times (-6020 \text{ J} \cdot \text{mol}^{-1}) +$$

$$1 \text{ mol} \times 37.6 \text{ J} \cdot \text{K}^{-1} \cdot \text{mol}^{-1} \times (263.15 \text{ K} - 273.15 \text{ K})$$

$$= -5643 \text{ J}$$

$$\Delta S_{\text{环境}} = -\frac{Q_{\text{系统}}}{T_{\text{环境}}} = -\frac{\Delta H_{\text{凝},263.15\text{ K}}}{263.15 \text{ K}}$$

$$= \frac{5643 \text{ J}}{263.15 \text{ K}} = 21.44 \text{ J} \cdot \text{K}^{-1}$$

$$\Delta S_{\text{总}} = \Delta S_{\text{系统}} + \Delta S_{\text{环境}}$$

$$= (-20.59 + 21.44) \text{ J} \cdot \text{K}^{-1}$$

$$= 0.85 \text{ J} \cdot \text{K}^{-1}$$

由于 $\Delta S_{\text{总}} > 0$,因此,过冷水凝固是自发的。

3.6 热力学第三定律与化学反应熵变的计算

化学反应的熵变一般不能直接通过反应热来进行计算,因一般化学反应均以一定速率进行,是不可逆过程,其反应热不是可逆过程的热,因此 $\Delta S \neq \frac{\Delta H}{T}$。

下面介绍热力学第三定律,并借助于此定律解决化学反应 ΔS 的计算问题。

3.6.1 热力学第三定律

在熵的物理意义一节中已了解到,系统的混乱程度越低,熵值越小。对于一种物质来说,处于液态时,分子只能做小幅度的运动,而气体分子可以自由扩散,故液态的熵比气态的熵小。当它处于固态时,分子排列成晶格,分子只能在格点附近做振动,混乱程度更低,因此,固态的熵更小。当固态的温度进一步降低时,系统的熵将进一步下降。任何物质都存在这种规律。

1911年,普朗克(P. M. Planck)根据一系列实验结果提出假设:"在温度为绝对零度(0 K)时,任何纯物质完美晶体的熵值为零。"这是热力学第三定律的一种说法。用式子表示为

$$S(0\ \text{K}) = 0 \tag{3.39}$$

必须注意第三定律中纯物质与完美晶体的提法。所谓"完美晶体",是指晶格中排列的粒子(分子、原子或离子)只以一种方式整齐排列,没有缺陷或错位,是理想的单晶。第三定律可由熵的统计意义得到合理的解释。因为在 0 K 时,完美晶体中粒子只以一种方式排列,微观态只有一种,即 $\Omega=1$,按式(3.20)有

$$S(0\ \text{K}) = k\ln\Omega = 0$$

3.6.2 规定熵与标准熵

以 $S(0\ \text{K})=0$ 为基础,所算出的 1 mol 物质 B 在温度 T 时的熵变 ΔS_B 即为物质 B 在某状态下的摩尔规定熵,用 $S_B(T)$ 表示,即

$$\Delta S_B = S_B(T) - S_B(0\ \text{K}) = S_B(T)$$

标准态下的规定熵称为标准熵。物质 B 在温度 T 时的标准熵以 $S_m^{\ominus}(T)$ 表示。一般手册上列的都是 298.15 K 各种物质的标准熵数据。一些物质的标准熵列于附录 8。

1 mol 纯固体(完美晶体)在标准压力 $p^{\ominus}$ 下,若从 0 K 到温度 T 时无相变化,则在温度 T 时标准摩尔熵可表示为

$$S_m^{\ominus}(T) - S_m(0\ \text{K}) = \int_0^T \frac{C_{p,m}\mathrm{d}T}{T}$$

因 $S_m(0\ \text{K})=0$,故

$$S_m^{\ominus}(T) = \int_0^T \frac{C_{p,m}\mathrm{d}T}{T}$$

纯液态的 $S_m^{\ominus}(T)$ 同样是通过 $\Delta S = S_m^{\ominus}(0\ \text{K}) - S_m(0\ \text{K})$ 的计算获得,但必须考虑到从 0 K 改变到温度 T 的标准态时,可能出现的各种相变化,如晶型转变、

熔化等过程,故上述 ΔS 应按两态间假设的可逆途径分段计算,然后求和。计算纯气体的 $S_m^\ominus(T)$ 时,还应考虑液态汽化过程的熵变及温度 T 时标准压力的实际气体与气体标准态之间熵值的修正。

3.6.3 化学反应的熵变计算

在一定温度下,由各自处于标准态的反应物变为各自处于标准态的产物的熵变称为该反应在此温度下的标准熵变 $\Delta_r S_m^\ominus(T)$。

有了各种物质的标准熵值可方便地计算化学反应的标准熵变。化学反应的 $\Delta_r S_m^\ominus(T)$ 等于产物的标准熵之和减去反应物的标准熵之和。因此,对在恒定温度 T,且各组分均处于标准态下,某反应

$$aA(g) + bB(g) \rightarrow lL(g) + mM(g)$$

的熵变 $\Delta_r S_m^\ominus$ 可由下式计算

$$\Delta_r S_m^\ominus(T) = lS_L^\ominus(g,T) + mS_M^\ominus(g,T) - aS_A^\ominus(g,T) - bS_B^\ominus(g,T)$$

或

$$\Delta_r S_m^\ominus(T) = \sum_B \nu_B S_B^\ominus(T) \tag{3.40}$$

式中,化学反应计量数 ν_B 对于反应物为负,对于产物为正。

例 3.9 计算反应

$$H_2(g) + Cl_2(g) = 2HCl(g)$$

的 $\Delta_r S_m^\ominus(298\ K)$。

解:由附录 8 得有关物质的标准熵如下表:

物 质	$Cl_2(g)$	$H_2(g)$	$HCl(g)$
标准熵 ($J \cdot K^{-1} \cdot mol^{-1}$)	222.95	130.59	186.79

$\Delta_r S_m^\ominus = 2 \times 186.79 - 130.59 - 222.95 = 20.04 (J \cdot K^{-1} \cdot mol^{-1})$

3.7 亥姆霍兹函数与吉布斯函数

通过前面的学习已经知道,对于隔离系统可以用熵增加原理来判断自发过程的方向和限度,即 $\Delta S_{隔离} > 0$。但通常所遇到的系统很少是隔离的,此时,除必须计算 $\Delta S_{系统}$ 以外,还要计算 $\Delta S_{环境}$,很不方便。因此,需要引进新的热力学函数,只要计算系统中这种函数的改变值,就可以简便地判断过程能自动发生的方向和限度,而不必去考虑环境中该函数的改变。

3.7.1 亥姆霍兹函数

系统进行一个恒温、恒容且非体积功为零的过程，则应有 $T_{系统}=T_{环境}=$ 常数，$W'=0$ 及 $Q_{系统}=\Delta U$ 的特性。后者说明过程的热由系统的始、末状态所确定，与过程的具体途径无关。因此，这类系统进行时，$Q_{环境}$ 为

$$Q_{环境} = -Q_{系统} = -\Delta U$$

把过程的上述特性与式(3.19)的熵判据

$$\Delta S_{系统} + \Delta S_{环境} \geqslant 0 \quad \begin{matrix}自发\\平衡\end{matrix}$$

相结合可得

$$\Delta S_{系统} - \frac{\Delta U}{T_{系统}} \geqslant 0 \quad \begin{matrix}自发\\平衡\end{matrix} \quad (T、V 恒定, W'=0)$$

不等式两边乘以 $T_{系统}$，得

$$\Delta(TS)_{系统} - \Delta U \geqslant 0 \quad \begin{matrix}自发\\平衡\end{matrix} \quad (T、V 恒定, W'=0)$$

省去下标并改变正负号，上述不等式就变为

$$\Delta(U-TS) \leqslant 0 \quad \begin{matrix}自发\\平衡\end{matrix} \quad (T、V 恒定, W'=0) \quad (3.41)$$

1. 亥姆霍兹函数的定义

熵判据用于恒温、恒容且非体积功为零的过程时，得出式(3.41)不等式，该式左端的 $U-TS$ 完全是系统状态函数的组合，故仍应为系统的状态函数，定义为亥姆霍兹(H. V. Helmholtz)函数，用符号 A 表示，即

$$A = U - TS \quad (3.42)$$

由定义可知，A 具有能量单位。因 U 及 S 为系统的容量性质，故 A 也为系统的容量性质。又因系统内能的绝对值无法知道，所以 A 的绝对值也无法确定。

2. 亥姆霍兹函数判据

把式(3.42)代入式(3.41)中，即得出恒温、恒容且非体积功为零的过程是否能自发进行的判据。

$$\Delta A \leqslant 0 \quad \begin{matrix}自发\\平衡\end{matrix} \quad (T、V 恒定, W'=0)$$

上式也常表示为

$$\Delta A_{T,V} \leqslant 0 \quad \begin{matrix}自发\\平衡\end{matrix} \quad (W'=0) \quad (3.43)$$

式(3.43)即为亥姆霍兹函数判据式，说明恒温、恒容且非体积功为零的情况下，一切可能自动进行的过程都趋于亥姆霍兹函数减小，到最小值时即达到平衡。此判据不涉及系统状态函数以外的任何物理量，故使用时非常简便。但应特别

指出,亥姆霍兹函数判据只是熵判据在 T、V 恒定及 $W'=0$ 条件下的具体形式,式(3.43)也只能作为该特定条件下过程自发与平衡的判据。

3. 亥姆霍兹函数增量的其他重要性质

系统进行恒温过程及恒温恒容过程时,相应的 ΔA_T 及 $\Delta A_{T,V}$ 还有一些很重要的性质。

根据亥姆霍兹函数的定义,可得 $\Delta A_T = \Delta U - T\Delta S$,结合恒温过程的熵变 $\Delta S = \dfrac{Q_r}{T}$,得 $\Delta A_T = \Delta U - Q_r$。将热力学第一定律 $\Delta U = Q_r + W_r$ 代入前式,则

$$\Delta A_T = W_r$$

或

$$-\Delta A_T = -W_r$$

上式表明,恒温过程系统亥姆霍兹函数增量的负值等于过程可逆进行时的功。因过程恒温时 $-W_r$ 为系统所能做的最大功,故 $-\Delta A_T$ 表示系统恒温状态变化时所具有的做功能力。

可逆功 W_r 应为可逆体积功 $-\int_1^2 p\mathrm{d}V$ 与可逆非体积功 $W'_{可逆}$ 之和,即

$$-\Delta A_T = \int_1^2 p\mathrm{d}V - W'_{可逆} \tag{3.44}$$

若过程除恒温条件外还有恒容的限制,则 $\mathrm{d}V=0$。代入上式,得

$$-\Delta A_{T,V} = -W'_r \tag{3.45}$$

上式表明系统进行恒温、恒容过程时,亥姆霍兹函数增量的负值与状态变化时具有做非体积功的能力相等。

3.7.2 吉布斯函数

如果系统进行一个恒温、恒压且非体积功为零的过程,则有 $T_{系统}=T_{环境}=$ 常数,$p_{系统}=p_{环境}=$ 常数,$W'=0$ 及 $Q_{系统}=\Delta H$ 等特性。因此,这类过程进行时,$Q_{环境}$ 应为

$$Q_{环境} = -Q_{系统} = -\Delta H$$

把过程的上述特性与式(3.19)的熵判据

$$\Delta S_{系统} + \Delta S_{环境} \geqslant 0 \qquad \begin{matrix}自发\\平衡\end{matrix}$$

相结合可得

$$\Delta S_{系统} - \dfrac{\Delta H}{T_{系统}} \geqslant 0 \qquad \begin{matrix}自发\\平衡\end{matrix} \qquad (T、p \text{ 恒定}, W'=0)$$

不等式两边乘以 $T_{系统}$,得

$$\Delta(TS)_{系统} - \Delta H \geqslant 0 \qquad \begin{matrix}自发\\平衡\end{matrix} \qquad (T、p \text{ 恒定}, W'=0)$$

省去下标并改变正负号,上述不等式就成为

$$\Delta(H-TS) \leqslant 0 \quad \substack{\text{自发} \\ \text{平衡}} \quad (T \text{、} p \text{ 恒定}, W'=0) \tag{3.46}$$

1. 吉布斯函数的定义

式(3.46)左端括号中($H-TS$)为系统状态函数的组合,故仍为系统的状态函数,定义为吉布斯(J. W. Gibbs)函数,用符号 G 表示,即

$$G = H - TS \tag{3.47}$$

由 G 的定义可知,吉布斯函数具有能量单位,并且是系统的容量性质。因定义中含有 H,而 $H=U+pV$,因 U 的绝对值无法知道,故系统某状态下吉布斯函数的绝对值也无法得知。

2. 吉布斯函数判据

把式(3.47)代入式(3.46)中,即得出恒温、恒压且非体积功为零的过程是否能自发进行的判据为

$$\Delta G \leqslant 0 \quad \substack{\text{自发} \\ \text{平衡}} \quad (T \text{、} p \text{ 恒定}, W'=0) \tag{3.48}$$

上式也常表示为

$$\Delta G_{T,p} \leqslant 0 \quad \substack{\text{自发} \\ \text{平衡}} \quad (W'=0) \tag{3.49}$$

吉布斯函数也与亥姆霍斯函数判据一样,只涉及系统的状态函数。该判据说明在 T、p 恒定且 $W'=0$ 的条件下,自发过程趋于使系统吉布斯函数下降,到最低时达到平衡。由于在生产及科研等实际情况中,恒温、恒压条件比恒温、恒容条件更为普遍,故吉布斯函数判据的应用也就更为广泛。但使用时必须注意该判据的条件,即恒温、恒压及 $W'=0$。

3. 吉布斯函数增量的其他重要性质

与导出式(3.45)类似,可得 $\Delta G_{T,p}$ 的物理意义。当系统状态变化时恒温、恒压,则有 $T_{系统}=T_{环境}=$ 常数,$p_{系统}=p_{环境}=$ 常数,$Q_r=T\Delta S$ 及 $-W_r = \int_1^2 p dV - W'_r$ 等特性。把 G 的定义式及热力学第一定律用于该过程,得

$$-\Delta G_{T,p} = -W'_r \tag{3.50}$$

由上式可知,恒温、恒压条件下系统吉布斯函数增量的负值与过程的可逆非体积功相等,故 $-\Delta G_{T,p}$ 表示该状态变化时应有的做非体积功的能力。

3.7.3 ΔA 及 ΔG 的计算

A 和 G 都是状态函数。一个过程发生后,ΔA 和 ΔG 有一定的值,但只有在 T、V 一定且无非体积功时才能用 ΔA 的符号来判断过程的自发性;只有在 T、p 一定且无非体积功时才能用 ΔG 的符号来判断过程的自发性。在其他条件下,ΔA 和 ΔG 只有计算的意义。

1. 简单状态变化(无相变及化学变化)过程

(1) 恒温过程

① ΔA 计算

可用两种方法计算等温过程的 ΔA。

（ⅰ）
$$\Delta A = \Delta U - T\Delta S \tag{3.51}$$

求出过程的 ΔU 与 ΔS 就可求得 ΔA。

（ⅱ）对 A 微分
$$dA = dU - TdS - SdT$$

对于不做非体积功的可逆过程，有
$$dU = \delta Q_r + \delta W_r = TdS - pdV$$

代入上式得
$$dA = -SdT - pdV$$

对于等温过程，有
$$\Delta A_T = -\int_{V_1}^{V_2} pdV \tag{3.52}$$

若系统为理想气体，则有
$$\Delta A_T = nRT\ln\frac{V_1}{V_2} \tag{3.53}$$

② ΔG 计算

同 ΔA 的计算相似，也可用两种方法计算。

（ⅰ）
$$\Delta G = \Delta H - T\Delta S \tag{3.54}$$

（ⅱ）对 G 微分
$$dG = dU + pdV + Vdp - TdS - SdT$$

对不做非体积功的可逆过程，有
$$dU = \delta Q_r + \delta W_r = TdS - pdV$$

代入上式得
$$dG = Vdp - SdT$$

对于等温过程，有
$$\Delta G_T = \int_{p_1}^{p_2} Vdp \tag{3.55}$$

若系统为理想气体，则有
$$\Delta G_T = nRT\ln\frac{p_2}{p_1} = nRT\ln\frac{V_1}{V_2} \tag{3.56}$$

显然，理想气体等温时 $\Delta A = \Delta G$。

例 3.10 2 mol 水在 373 K、101.325 kPa 下汽化,求过程的 ΔG。

解:373 K、101.325 kPa 是水与水蒸气的平衡条件,因此,该过程为可逆过程,即
$$\Delta G = 0$$

例 3.11 1 mol 理想气体在 298 K 下向真空膨胀,末态体积为始态体积的 2 倍($V_2 = 2V_1$),求系统的 ΔA 和 ΔG。

解:
$$\Delta S = R\ln\frac{V_2}{V_1} = R\ln 2 = 5.76 \text{ J} \cdot \text{K}^{-1}$$
$$\Delta A = \Delta U - T\Delta S = 0 - 298 \text{ K} \times 5.76 \text{ J} \cdot \text{K}^{-1}$$
$$= -1.72 \times 10^3 \text{ J}$$
$$\Delta G = \Delta H - T\Delta S = 0 - 298 \text{ K} \times 5.76 \text{ J} \cdot \text{K}^{-1}$$
$$= -1.72 \times 10^3 \text{ J}$$

本题也可直接使用式(3.56)解,即
$$\Delta A = \Delta G = nRT\ln\frac{V_1}{V_2}$$
$$= 1 \text{ mol} \times 8.314 \text{ J} \cdot \text{K}^{-1}\text{mol}^{-1} \times 298 \text{ K} \times \ln\frac{1}{2}$$
$$= -1.72 \times 10^3 \text{ J}$$

(2) 变温过程

变温过程 ΔA、ΔG 可按以下关系计算:
$$\Delta A = \Delta U - \Delta(TS) = \Delta U - (T_2 S_2 - T_1 S_1) \tag{3.57}$$
$$\Delta G = \Delta H - \Delta(TS) = \Delta H - (T_2 S_2 - T_1 S_1) \tag{3.58}$$

例 3.12 10 mol H_2 设为理想气体,$C_{V,m} = (5/2)R$ J·K^{-1}·mol^{-1},在 298 K、101.325 kPa 时,绝热可逆压缩至 1013.25 kPa,求最终温度 T_2 及过程的 Q、W、ΔU、ΔH、ΔS、ΔA 和 ΔG[已知 $S_m^{\ominus}(H_2)(298 \text{ K}) = 130.59$ J·K^{-1}·mol^{-1}]。

解:

| H_2: 10 mol
$T_1 = 298$ K
$p_1 = 101.325$ kPa | 可逆压缩 → | H_2: 10 mol
$T_2 = ?$
$p_2 = 1013.25$ kPa |

$$\gamma = \frac{C_{p,m}}{C_{V,m}} = \frac{\frac{7}{2}R}{\frac{5}{2}R} = 1.4$$

$$\frac{T_2}{T_1} = \left(\frac{p_2}{p_1}\right)^{\frac{\gamma-1}{\gamma}}$$

$$T_2 = 298 \text{ K} \times \left(\frac{1013.25 \text{ kPa}}{101.325 \text{ kPa}}\right)^{\frac{1.4-1}{1.4}}$$
$$= 576 \text{ K}$$

系统被压缩后获得功,但与环境无热交换,所以温度升高。

因是绝热过程,所以 $Q=0$,

$$\Delta U = W = nC_{V,m}(T_2 - T_1)$$
$$= 10 \text{ mol} \times \frac{5}{2} \times 8.314 \text{ J} \cdot \text{K}^{-1} \cdot \text{mol}^{-1} \times (576 \text{ K} - 298 \text{ K})$$
$$= 57.8 \text{ kJ}$$

系统得功升温,故内能增加。

$$\Delta H = nC_{p,m}(T_2 - T_1)$$
$$= 10 \text{ mol} \times \frac{7}{2} \times 8.314 \text{ J} \cdot \text{K}^{-1} \cdot \text{mol}^{-1} \times (576 \text{ K} - 298 \text{ K})$$
$$= 80.9 \text{ kJ}$$

因过程为绝热可逆过程,故

$$\Delta S = \int_1^2 \frac{\delta Q_r}{T} = 0$$

即 S 不变。

$$\Delta A = \Delta U - \Delta(TS) = \Delta U - S\Delta T$$
$$= 57.8 \text{ kJ} - 10 \text{ mol} \times 130.59 \text{ J} \cdot \text{mol}^{-1} \cdot \text{K}^{-1} \times (576-298) \text{ K} \times 10^{-3}$$
$$= 57.8 \text{ kJ} - 363 \text{ kJ}$$
$$= -305.2 \text{ kJ}$$

$$\Delta G = \Delta H - \Delta(TS) = \Delta H - S\Delta T$$
$$= 80.9 \text{ kJ} - 10 \text{ mol} \times 130.59 \text{ J} \cdot \text{mol}^{-1} \cdot \text{K}^{-1} \times (576-298) \text{ K} \times 10^{-3}$$
$$= 80.9 \text{ kJ} - 363 \text{ kJ}$$
$$= -282 \text{ kJ}$$

因过程既非恒温、恒容又非恒温、恒压,故本题中 ΔA 和 ΔG 不能用作判据。

2. 相变过程

(1) 可逆相变化

恒温、恒压下可逆相变化过程

$$\Delta A = -\int_{V_1}^{V_2} p \, dV = W$$

$$\Delta G = 0$$

(2) 非可逆相变化

如果不是可逆相变化过程,则要设计成可逆过程来计算。

例 3.13 2 mol 323 K、101.325 kPa 的水在恒温、恒压下汽化，求 ΔG（已知 323 K 水的饱和蒸气压为 12.747 kPa，水蒸气可按理想气体处理）。

解：323 K、101.325 kPa 不是水与水蒸气的平衡条件，因此，需要假设一条可逆过程进行计算，具体途径如下图所示。

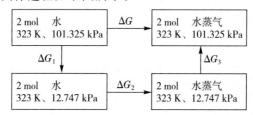

323 K、12.747 kPa 下水变为水蒸气是可逆相变化，所以

$$\Delta G_2 = 0$$

$$\Delta G_1 = \int_{p_1}^{p_2} V \mathrm{d}p = V(p_2 - p_1)$$

$$= 36 \times 10^{-6} \text{ m}^3 \times (12747 - 101325) \text{ Pa}$$

$$= -3.2 \text{ J}$$

$$\Delta G_3 = nRT \ln \frac{p_2}{p_1}$$

$$= 2 \text{ mol} \times 8.314 \text{ J} \cdot \text{K}^{-1} \cdot \text{mol}^{-1} \times 323 \text{ K} \times \ln\left(\frac{101.325 \text{ kPa}}{12.747 \text{ kPa}}\right)$$

$$= 11134 \text{ J}$$

$$\Delta G = \Delta G_1 + \Delta G_2 + \Delta G_3$$

$$= (-3.2 + 0 + 11134) \text{ J}$$

$$= 11130.8 \text{ J}$$

本题所求的 ΔG 满足恒温、恒压条件，故可以作为判据。计算结果 $\Delta G_{T,p} > 0$，说明原过程是不可能自动进行的，而反向过程却是可能的。

3. 化学反应过程 ΔG 的计算

当物质处于标准态下的化学反应，可以用标准生成焓或标准燃烧焓数据计算 ΔH，由标准熵数据计算 ΔS，然后利用

$$\Delta G^\ominus = \Delta H^\ominus - T\Delta S^\ominus$$

来计算 ΔG。

当物质处于非标准态下的化学反应，可利用 G 是状态函数的特点，而设计成几个步骤分别计算 ΔG。

例 3.14 试计算 298 K 时下列反应的 $\Delta_r G_m^\ominus$，并判断该反应在 298 K 标准态下能否自发进行。

$$N_2(g) + O_2(g) = 2NO$$

解: 查附录 8,各物质在 298 K 时标准摩尔生成焓和标准摩尔熵见下表。

物 质	N₂(g)	O₂(g)	NO(g)
$\Delta H_m^{\ominus}$(kJ·mol⁻¹)	0	0	89.860
$S_m^{\ominus}$(J·K⁻¹·mol⁻¹)	191.489	205.029	210.200

该反应在 298 K 时,有

$\Delta_r H_m^{\ominus} = 2 \text{ mol} \times 89860 \text{ J}\cdot\text{mol}^{-1} = 179720 \text{ J}$

$\Delta_r S_m^{\ominus} = 2 \text{ mol} \times 210.200 \text{ J}\cdot\text{K}^{-1}\cdot\text{mol}^{-1} - 1 \text{ mol} \times 191.498 \text{ J}\cdot\text{K}^{-1}\cdot\text{mol}^{-1} -$

$\qquad 1 \text{ mol} \times 205.029 \text{ J}\cdot\text{K}^{-1}\cdot\text{mol}^{-1}$

$\qquad = 23.882 \text{ J}\cdot\text{K}^{-1}$

$\Delta_r G_m^{\ominus} = \Delta_r H_m^{\ominus} - T\Delta_r S_m^{\ominus}$

$\qquad = 179720 \text{ J} - 298 \text{ K} \times 23.882 \text{ J}\cdot\text{K}^{-1}$

$\qquad = 172.6 \text{ kJ}$

上述反应在 298 K 标准态下 $\Delta_r G_m^{\ominus} > 0$,故不能自发进行。

3.8 热力学关系式

到此为止,一共引出了 5 个重要的热力学状态函数,即 U、H、S、A 及 G。它们是我们用热力学方法研究问题的主要工具。

3.8.1 定义式——函数之间的关系式

根据定义,U、H、A 及 G 之间的关系有

$H = U + pV$

$A = U - TS$

$G = H - TS = U + pV - TS = A + pV$

由图 3.8 可以清楚地看到其相互间量的关系。

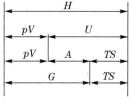

图 3.8 U、H、A 及 G 的关系

3.8.2 热力学基本方程——微分关系式

对于不做非体积功的可逆过程,因 $\delta W' = 0$,故 $\delta W_r = -pdV$,$\delta Q_r = TdS$,代入式 $dU = \delta Q + \delta W$,有

$$dU = TdS - pdV \qquad (3.59)$$

由 $H = U + pV$,微分得

$$dH = dU + pdV + Vdp$$

将式(3.59)代入上式,可得
$$dH = TdS + Vdp \tag{3.60}$$
由 $A=U-TS$,微分得
$$dA = dU - TdS - SdT$$
将式(3.59)代入上式可得
$$dA = -SdT - pdV \tag{3.61}$$
由式 $G=H-TS$,微分得
$$dG = dH - TdS - SdT$$
将式(3.60)代入上式可得
$$dG = -SdT + Vdp \tag{3.62}$$

式(3.59)至式(3.62)4个方程统称为热力学基本方程。需要指出的是,推导4个方程的条件是:可逆过程,非体积功为零,且为封闭系统。但对于一定量组成不变的均相封闭系统,则不论过程是否可逆,以上4个方程都适用。这是因为 U、H、A 及 G 均为状态函数,始、末态一定,它们的改变量一定,与是否可逆无关。

3.8.3 麦克斯韦(J. C. Maxwell)关系式

根据数学中全微分的概念,若 z 为自变量 x、y 的连续函数,即 $z=f(x,y)$,并且 z 对任一自变量都可以微分,则其全微分可表示为

$$dz = \left(\frac{\partial z}{\partial x}\right)_y dx + \left(\frac{\partial z}{\partial y}\right)_x dy = Mdx + Ndy \tag{3.63}$$

式中,M 和 N 也是 x 和 y 的连续函数,并且

$$M = \left(\frac{\partial z}{\partial x}\right)_y, N = \left(\frac{\partial z}{\partial y}\right)_x$$

将 M 对 y 偏导和 N 对 x 偏导,得

$$\left(\frac{\partial M}{\partial y}\right)_x = \frac{\partial^2 z}{\partial y \partial x}, \quad \left(\frac{\partial N}{\partial x}\right)_y = \frac{\partial^2 z}{\partial x \partial y}$$

比较上面两式,可得

$$\left(\frac{\partial M}{\partial y}\right)_x = \left(\frac{\partial N}{\partial x}\right)_y \tag{3.64}$$

将以上原理应用到式(3.59),可得

$$U = f(S, V)$$

$$dU = \left(\frac{\partial U}{\partial S}\right)_V dS + \left(\frac{\partial U}{\partial V}\right)_S dV = TdS - pdV$$

应用式(3.64),可得

$$\left(\frac{\partial T}{\partial V}\right)_S = -\left(\frac{\partial p}{\partial S}\right)_V \tag{3.65}$$

同理,对于式(3.60)dH=TdS+Vdp,可得

$$\left(\frac{\partial T}{\partial p}\right)_S = \left(\frac{\partial V}{\partial S}\right)_p \tag{3.66}$$

对于式(3.61)dA=-SdT-pdV,可得

$$\left(\frac{\partial S}{\partial V}\right)_T = \left(\frac{\partial p}{\partial T}\right)_V \tag{3.67}$$

对于式(3.62)dG=-SdT+Vdp,可得

$$\left(\frac{\partial S}{\partial p}\right)_T = -\left(\frac{\partial V}{\partial T}\right)_p \tag{3.68}$$

式(3.65)至式(3.68)4个关系式统称为麦克斯韦关系式。

通过麦克斯韦关系式可以将一些不可直接测量的热力学函数间的关系转变为可直接测量的数据关系,以便于计算。

3.8.4 对应系数关系式

由式(3.59)结合式(3.63),可得

$$dU = TdS - pdV = \left(\frac{\partial U}{\partial S}\right)_V dS + \left(\frac{\partial U}{\partial V}\right)_S dV$$

根据对应系数相等的原理,可得

$$\left(\frac{\partial U}{\partial S}\right)_V = T \tag{3.69}$$

$$\left(\frac{\partial U}{\partial V}\right)_S = -p \tag{3.70}$$

同理,由式(3.60)结合式(3.63),可得

$$dH = TdS + Vdp = \left(\frac{\partial H}{\partial S}\right)_p dS + \left(\frac{\partial H}{\partial p}\right)_S dp$$

即

$$\left(\frac{\partial H}{\partial S}\right)_p = T \tag{3.71}$$

$$\left(\frac{\partial H}{\partial p}\right)_S = V \tag{3.72}$$

由式(3.61)结合式(3.63),可得

$$dA = -SdT - pdV = \left(\frac{\partial A}{\partial T}\right)_V dT + \left(\frac{\partial A}{\partial V}\right)_T dV$$

即

$$\left(\frac{\partial A}{\partial T}\right)_V = -S \tag{3.73}$$

$$\left(\frac{\partial A}{\partial V}\right)_T = -p \tag{3.74}$$

由式(3.62)结合式(3.63),可得

$$dG = -SdT + Vdp = \left(\frac{\partial G}{\partial T}\right)_p dT + \left(\frac{\partial G}{\partial p}\right)_T dp$$

即

$$\left(\frac{\partial G}{\partial T}\right)_p = -S \tag{3.75}$$

$$\left(\frac{\partial G}{\partial p}\right)_T = V \tag{3.76}$$

式(3.69)至式(3.76)统称为对应系数关系式。对应系数关系式表明在一定条件下,某个状态函数的偏导数与系统的某一性质相等。

思 考 题

1. 理想气体等温膨胀过程中,$\Delta U=0$,$Q=-W$,即膨胀过程中系统所吸收的热全部变成了功,这是否违反热力学第二定律?为什么?

2. 理想气体等温膨胀过程 $\Delta S = nR\ln\dfrac{V_2}{V_1}$,因为 $V_2 > V_1$,所以 $\Delta S > 0$;但根据熵增加原理,可逆过程 $\Delta S = 0$,这两个结论是否矛盾?为什么?

3. 理想气体自由膨胀过程 $\Delta T = 0$,$Q = 0$,因此 $\Delta S = Q/T = 0$,此结论对吗?

4. 在恒定压力作用下,用酒精灯加热某一物质,使其温度由 T_1 上升到 T_2,此物质的熵变为 $\Delta S = \int_{T_1}^{T_2} \dfrac{nC_{p,m}}{T}dT$,该结果对吗?

5. 1 mol $H_2O(l)$ 在 100℃、101.325 kPa 下,在真空容器中蒸发成 100℃、101.325 kPa 的水蒸气。此过程的 ΔG 是多少?能否根据 ΔG 判断此过程是否可逆?

6. 有人说,如果一个化学反应的 $\Delta H_m^\ominus$ 在一定温度范围内可以近似看作不随温度变化,则其 $\Delta S_m^\ominus$ 在此温度范围内也与温度无关,这种说法有无道理?

7. 某气相反应 $A(g) \rightarrow B(g) + C(g)$ 在等温等压下是放热反应。现使其在一个绝热的刚性容器中自动进行到某一状态,此反应的 ΔU、ΔH 和 ΔS 是大于零、小于零、等于零还是无法判断?

8. 为什么一般不能用 ΔH 来判断化学反应的方向?在什么情况下可用 ΔH 作为反应方向的判据?

习 题

1. 1 mol 理想气体在恒温下经历下面两种过程,体积膨胀到初始体积的 10 倍,计算 ΔS。
   (1) 可逆过程;
   (2) 自由膨胀过程。

2. 在下列情况下，1 mol 理想气体于 300 K 时从 50 dm³ 膨胀至 100 dm³，计算过程的 Q、W、ΔU 和 ΔS。

(1) 可逆膨胀；

(2) 实际膨胀功为可逆膨胀的 50%；

(3) 向真空膨胀。

3. 将 1 dm³ 氢气与 0.5 dm³ 甲烷混合，求熵变。已知混合前后温度都为 25℃，压力都为 101.325 kPa，且氢气和甲烷皆可认为是理想气体。

4. 在 101.325 kPa 下，1 mol $NH_3(g)$ 由 248 K 变为 273 K，计算在此过程中熵变 ΔS。已知 $NH_3(g)$ 的 $C_{p,m}/J \cdot K^{-1} \cdot mol^{-1} = 24.77 + 37.49 \times 10^{-3}(T/K)$。

5. 1 mol 某理想气体从 373 K、10^4 Pa 出发，在绝热条件下反抗 5×10^3 Pa 的恒外压膨胀，直至平衡为止。求上述过程的 ΔS ($C_{V,m} = 7/2\ R$)。

6. 1 mol H_2（设为理想气体，$C_{p,m} = 28.9\ J \cdot K^{-1} \cdot mol^{-1}$）在 400 K 经绝热可逆压缩，压力从 10^3 kPa 升高到 10^4 kPa，求 ΔU、ΔH 和 ΔS。

7. 在 100 kPa 下有 1 mol、27℃ 的水与 2 mol、72℃ 的水在绝热容器中混合，求最终水温及过程的总熵变。水的恒压摩尔热容 $C_{p,m} = 4.184\ J \cdot K^{-1} \cdot mol^{-1}$。

8. 10 mol 理想气体由 200 dm³、300 kPa 膨胀至 400 dm³、100 kPa，计算此过程的 ΔS。已知 $C_{p,m} = 50.21\ J \cdot K^{-1} \cdot mol^{-1}$。

9. 某理想气体系统如右图所示。假设两气体的 $C_{p,m}$ 都是 28 $J \cdot K^{-1} \cdot mol^{-1}$，容器是绝热的，且两侧体积相等。试计算抽去隔板后的 ΔS。

1 mol O_2	1 mol N_2
10℃, V	10℃, V

10. 在恒熵的条件下，将 3.45 mol 理想气体从 15℃、100 kPa 压缩到 700 kPa，然后保持体积不变，降温至 15℃。求过程的 Q、W、ΔU、ΔH 和 ΔS。已知 $C_{V,m} = 20.785\ J \cdot K^{-1} \cdot mol^{-1}$。

11. 2 kg 空气与恒温热源接触，从 1 MPa 可逆膨胀到 0.2 MPa，此过程的功为 343490 J。设空气平均相对分子质量 $M = 29$，且可视为理想气体，求：

(1) 空气在始态及末态的体积；

(2) 空气的熵变 ΔS；

(3) 隔离系统的总熵变 $\Delta S_{隔离}$。

12. 1 mol 理想气体从 273 K、22.4 dm³ 的始态恒温可逆膨胀至 50 kPa，求 Q、W、ΔU、ΔS、ΔA 和 ΔG。

13. 300 K 的 1 mol 某理想气体，压力从 1013.25 kPa 恒温可逆膨胀到 101.325 kPa，求 Q、W、ΔU、ΔS、ΔA 和 ΔG。

14. 1 mol 甲烷在正常沸点 383.75 K 汽化，求该过程的 Q、W、ΔU、ΔS、ΔA、ΔG。已知甲烷在正常沸点下 $\Delta_{vap}H$ 为 362.3 $J \cdot g^{-1}$（与蒸气比较，液体体积可略去，蒸气可作为理想气体）。

15. 1 mol 过热水在 383 K、101.325 kPa 下汽化，计算 ΔH、ΔS 和 ΔG。已知 $\Delta_{vap}H(373\ K) = 47.3\ kJ \cdot mol^{-1}$，$C_{p,m}(水) = 75.4\ J \cdot K^{-1} \cdot mol^{-1}$，$C_{p,m}(水蒸气) = 34.0\ J \cdot K^{-1} \cdot mol^{-1}$。

16. 实验室中有一个大恒温槽，其温度为 400 K，室温为 300 K，因恒温槽绝热不良而有 4.0 kJ 的热传给了室内的空气，用计算说明这一过程是否可逆。

17. 指出下列过程中，ΔU、ΔH、ΔS 和 ΔG 何者为零。

(1) H_2 和 O_2 在绝热钢瓶中反应；

(2) 液体水在 373.15 K，101.325 kPa 下汽化为水蒸气；

(3) 实际气体绝热可逆膨胀；

(4) 理想气体恒温不可能膨胀；

(5) 实际气体的循环过程。

18. 某一化学反应在 298 K、101.325 kPa 下，若通过可逆电池进行，可做出的最大电功为 44.0 kJ；若直接进行，放热 40.0 kJ。

(1) 求算该化学反应的 $\Delta_r G_m^{\ominus}$(298 K)；

(2) 求算该化学反应的 $\Delta_r S_m$(298 K)。

19. 在标准压力和 298 K 时，计算如下反应的 $\Delta_r G_m^{\ominus}$(298 K)，从所得的数值判断反应的可能性。

(1) $CH_4(g) + 1/2\ O_2(g) = CH_3OH(l)$；

(2) $C(石墨) + 2H_2(g) + 1/2\ O_2(g) = CH_3OH(l)$。

已知：

	$S_m^{\ominus}/(J \cdot K^{-1} \cdot mol^{-1})$	$\Delta_f H_m^{\ominus}/(kJ \cdot mol^{-1})$	$\Delta_f G_m^{\ominus}/(kJ \cdot mol^{-1})$
$CH_4(g)$	186.264	−74.81	−50.72
$O_2(g)$	205.138	0	0
$CH_3OH(l)$	126.8	−238.66	−166.27
C(石墨)	5.740	0	0
$H_2(g)$	130.684	0	0

20. (1) 均相纯物质的熵是温度、体积的函数，写出其全微分式。

(2) 利用 $\left(\dfrac{\partial S}{\partial T}\right)_V = \dfrac{C_V}{T}$ 以及麦克斯韦关系式 $\left(\dfrac{\partial S}{\partial V}\right)_T = \left(\dfrac{\partial p}{\partial T}\right)_V$，推导理想气体的熵随 T、V 变化时的量变公式。

自 测 题

一、填空题

1. 系统经可逆循环后，ΔS ____ 0，经不可逆循环后，ΔS ____ 0。（填>、=或<）
2. _____ 系统中，平衡状态的熵值一定是最大值。
3. 一定量的理想气体在 300 K 由 A 态等温变化到 B 态。此过程系统吸热 1000 J，$\Delta S = 10$ J·K^{-1}，据此可判断此过程为 _____ 过程。（填"可逆"或"不可逆"）
4. 判断下列过程中 ΔU、ΔH、ΔS、ΔA 和 ΔG 何者为零。
   (1) 理想气体自由膨胀过程_____。
   (2) $H_2(g)$ 和 $Cl_2(g)$ 在绝热的刚性容器中反应生成 $HCl(g)$ 的过程_____。
   (3) 在 0℃、101.325 kPa 时，水结成冰的相变过程_____。

二、选择题（将正确答案的标号填入括号内）

1. 封闭系统中 $W' = 0$ 时等温等压化学反应，可用（   ）式来计算系统的熵变。
   (a) $\Delta S = Q/T$ (b) $\Delta S = \Delta H/T$
   (c) $\Delta S = (\Delta H - \Delta G)/T$ (d) $\Delta S = nR\ln(V_2/V_1)$
2. 一定量的理想气体经一等温不可逆压缩过程，则有（   ）。
   (a) $\Delta G > \Delta A$ (b) $\Delta G = \Delta A$ (c) $\Delta G < \Delta A$ (d) 无法确定
3. 在一定的温度下，任何系统的吉布斯函数的值均随压力增加而（   ）。
   (a) 增大 (b) 不变 (c) 减小 (d) 增减不定
4. 1 mol 300 K、100 kPa 的理想气体，在外压恒定为 10 kPa 的条件下，等温膨胀到原来体积的 10 倍，此过程的 $\Delta G = $（   ）。
   (a) 0 (b) 19.1 J (c) 5743 J (d) −5743 J

三、计算题

1. 初始状态为 25℃、100 kPa、1.00 dm^3 的 $O_2(g)$，绝热压缩到 500 kPa，$W = 502$ J，试计算终态的 T 及此过程的 ΔH 和 ΔS。已知 $C_{p,m}(O_2, g) = 29.29$ J·K^{-1}·mol^{-1}。

2. 在 −3℃ 时，冰和过冷水的饱和蒸气压分别为 475 Pa 和 489 Pa，试求在 −3℃ 时，1.00 mol $H_2O(l)$ 转变为 $H_2O(s)$ 的 ΔG，并判断此过程是否能自动发生。

3. 在 298.2 K 的等温情况下，两个瓶子中间有旋塞相通。开始时，一瓶中充有 0.200 mol $O_2(g)$，压力为 20.0 kPa，另一瓶中充有 0.800 mol $N_2(g)$，压力为 80.0 kPa。打开旋塞后，两气体互相混合，计算：
   (1) 达到平衡时瓶中的压力。
   (2) 混合过程的 Q、W、ΔU、ΔS 及 ΔG。

4 化学平衡

通常,化学反应总是在一定条件下向某一方向进行,当反应进行到一定程度时,系统中各物质的量不再变化,于是反应达到化学平衡状态,即反应达到了最大限度。因此,只要找出一定条件下的化学平衡状态,求出平衡组成,那么化学反应的方向和限度问题就解决了。化学平衡是有条件的、暂时的,处于平衡的系统内正逆反应仍在继续进行,组成的不变是由于正逆反应速率相等,因此,化学平衡是一种动态平衡。当外界条件改变时,原有平衡被破坏,系统将在新的条件下达到新的平衡。

在工业生产中,人们总是希望将一定数量的反应物(原料)更多地转化为产物,但在一定的工艺条件下,反应的最高产率(平衡产率)为多少?此最高产率又如何随反应条件而变化?在什么条件下可得到更高的产率?这些化工生产中的重要问题,从热力学上看都是化学平衡问题。因而,研究化学平衡对化工生产具有十分重要的意义。本章将应用热力学方法,讨论化学平衡条件,建立标准平衡常数与热力学函数之间的定量关系,进行平衡组成和平衡转化率的计算,并定量讨论温度、压力、浓度等条件对化学平衡的影响。

4.1 偏摩尔量和化学势

化学反应系统是一个多组分均相(或多相)系统,多组分均相系统热力学中有一个非常重要的概念是偏摩尔量。各容量性质 V、U、H、S、A 和 G 均有偏摩尔量,其中偏摩尔吉布斯函数又称化学势。

4.1.1 偏摩尔量的引入

下面以偏摩尔体积为例加以说明。

在 20℃、101.325 kPa 下,纯水(B)的摩尔体积 $V_{m,B}^* = 18.09$ cm^3 · mol^{-1},纯乙醇(C)的摩尔体积 $V_{m,C}^* = 58.35$ cm^3 · mol^{-1}。实验表明,水和乙醇以任意比例相互混合时体积缩小。例如,$n_B = 0.5$ mol 的水与 $n_C = 0.5$ mol 的乙醇混合后

的体积≠(0.5×18.09+0.5×58.35) cm³,而是 $V=37.2$ cm³。这说明

$$V \neq n_B V_{m,B}^* + n_C V_{m,C}^* \tag{4.1}$$

造成这一不等式产生的原因是水和乙醇的分子结构大小不同以及分子的相互作用,使得 1 mol 某组分在混合物中对体积的贡献值 V_B、V_C 不同于它在同样温度、压力下纯态时的摩尔体积值 $V_{m,B}^*$、$V_{m,C}^*$,并且 V_B、V_C 值还因液态混合物的组成不同而不同。在一定温度、压力下,1 mol 组分 B 在一定组成的混合物中对体积的贡献值 V_B,等于在无限大量该组成的混合物中加入 1 mol B 引起系统体积的增加值,V_B 称为组分 B 的偏摩尔体积。

实验证明,真实液态混合物

$$V = n_B V_B + n_C V_C \tag{4.2}$$

即真实液态混合物的体积等于各组分物质的量与其偏摩尔体积的乘积之和。

对前述 20℃、101.325 kPa 下物质的量各为 0.5 mol 的水-乙醇混合物来说,$V_B=17.0$ cm³·mol⁻¹,$V_C=57.4$ cm³·mol⁻¹,因而 $V=(0.5\times17.0+0.5\times57.4)$ cm³$=37.2$ cm³。下面将对各容量性质的偏摩尔量给予严格的定义。

4.1.2 偏摩尔量

在由组分 B、C、D…组成的多组分均相系统中,任一容量性质 X(如 V、U、H、S、A、G 等)除了与温度、压力有关外,还与系统的组成有关,因 X 可表示为 T、p、n_B、n_C、n_D…的函数,即

$$X = X(T, p, n_B, n_C, n_D, \cdots) \tag{4.3}$$

当系统的温度、压力及各组分物质的量发生微小变化时,则 X 相应发生微小的变化,用全微分表示为

$$dX = \left(\frac{\partial X}{\partial T}\right)_{p,n_B,n_C,\cdots} dT + \left(\frac{\partial X}{\partial p}\right)_{T,n_B,n_C,\cdots} dp + \left(\frac{\partial X}{\partial n_B}\right)_{T,p,n_C,\cdots} dn_B + \left(\frac{\partial X}{\partial n_C}\right)_{T,p,n_B,\cdots} dn_C + \cdots \tag{4.4}$$

以下用偏导数下标 n_C 表示 n_B、n_C、n_D…均不变,用下标 $n_C' \neq n_B$ 表示除 n_B 外,n_C、n_D…均不变,于是上式可简化写成

$$dX = \left(\frac{\partial X}{\partial T}\right)_{p,n_C} dT + \left(\frac{\partial X}{\partial p}\right)_{T,n_C} dp + \sum_B \left(\frac{\partial X}{\partial n_B}\right)_{T,p,n_C' \neq n_B} dn_B \tag{4.5}$$

偏导数 $\left(\frac{\partial X}{\partial n_B}\right)_{T,p,n_C' \neq n_B}$ 表示在温度、压力及除组分 B 以外其余各组分物质的量均不变的条件下,系统的容量性质 X 随组分 B 的物质的量的变化率,也可以理解为在等温、等压下,在无限大量的某一组成的混合物中加入 1 mol 组分 B 所引起系统容量性质 X 的变化,这一偏导数称为组分 B 的偏摩尔量,以 $\overline{X}_B$

表示

$$\overline{X}_B = \left(\frac{\partial X}{\partial n_B}\right)_{T,p,n'_C \neq n_B} \quad (4.6)$$

式(4.6)就是组分 B 的容量性质 X 的偏摩尔量的定义式,按定义式,混合物中组分 B 的偏摩尔体积

$$\overline{V}_B = \left(\frac{\partial V}{\partial n_B}\right)_{T,p,n'_C \neq n_B}$$

偏摩尔内能

$$\overline{U}_B = \left(\frac{\partial U}{\partial n_B}\right)_{T,p,n'_C \neq n_B}$$

偏摩尔焓

$$\overline{H}_B = \left(\frac{\partial H}{\partial n_B}\right)_{T,p,n'_C \neq n_B}$$

偏摩尔熵

$$\overline{S}_B = \left(\frac{\partial S}{\partial n_B}\right)_{T,p,n'_C \neq n_B}$$

偏摩尔亥姆霍斯函数

$$\overline{A}_B = \left(\frac{\partial A}{\partial n_B}\right)_{T,p,n'_C \neq n_B}$$

偏摩尔吉布斯函数

$$\overline{G}_B = \left(\frac{\partial G}{\partial n_B}\right)_{T,p,n'_C \neq n_B}$$

偏摩尔量也可以理解为 1 mol 组分 B 在一定温度、压力下,在一定组成的多组分均相系统中对容量性质 X 的贡献值。对偏摩尔量的理解,还需注意以下几点。

（1）只有容量性质才有偏摩尔量。

（2）偏摩尔量是恒温、恒压下的偏微商,而其他条件下的偏微商不是偏摩尔量。

（3）偏摩尔量和摩尔量的相同点:都是两种容量性质的比值,是强度性质。不同点:前者是混合物的强度性质,而后者是纯物质的强度性质。

根据定义式(4.5)、式(4.6)可写成

$$dX = \left(\frac{\partial X}{\partial T}\right)_{p,n_C} dT + \left(\frac{\partial X}{\partial p}\right)_{T,n_C} dp + \sum_B \overline{X}_B dn_B \quad (4.7)$$

若系统在恒温、恒压条件下变化,则上式可写成

$$dX = \sum_B \overline{X}_B dn_B \quad (4.8)$$

偏摩尔量与混合物的组成有关,恒温、恒压下若按混合物原有组成的比例同时加入组分 B、C…,以形成混合物,因过程中组成恒定,故各组分的偏摩尔量

$\overline{X}_B$、$\overline{X}_C$…均为定值,将式(4.8)积分,得

$$\int_0^X dX = \int_0^{n_B} \overline{X}_B dn_B + \int_0^{n_C} \overline{X}_C dn_C + \cdots$$

$$X = \overline{X}_B n_B + \overline{X}_C n_C + \cdots$$

即

$$X = \sum_B \overline{X}_B n_B \tag{4.9}$$

上式表明,在一定温度、压力下,某一组成的多组分均相系统的广度量 X 等于各组分物质的量与其偏摩尔量的乘积之和。

4.1.3 化 学 势

在各偏摩尔量中,以偏摩尔吉布斯函数最为重要。系统中组分 B 的偏摩尔吉布斯函数 $\overline{G}_B$ 又称为组分 B 的化学势,用符号 μ_B 表示,即

$$\mu_B = \overline{G}_B = \left(\frac{\partial G}{\partial n_B}\right)_{T,p,n_C \neq n_B} \tag{4.10}$$

当多组分均相系统的容量性质 X 为吉布斯函数 G 时,将上式代入式(4.7),得

$$dG = \left(\frac{\partial G}{\partial T}\right)_{p,n_C} dT + \left(\frac{\partial G}{\partial p}\right)_{T,n_C} dp + \sum_B \mu_B dn_B \tag{4.11}$$

当系统组成不变时,$dn_B = 0$,则上式变为

$$dG = \left(\frac{\partial G}{\partial T}\right)_{p,n_C} dT + \left(\frac{\partial G}{\partial p}\right)_{T,n_C} dp$$

对于组成不变的系统,按热力学基本关系式(3.62)

$$dG = -SdT + Vdp$$

比较上面两式,可得

$$\left(\frac{\partial G}{\partial T}\right)_{p,n_C} = -S, \quad \left(\frac{\partial G}{\partial p}\right)_{p,n_C} = V$$

把它们代入式(4.11)可得

$$dG = -SdT + Vdp + \sum_B \mu_B dn_B \tag{4.12}$$

上式是一个适用于变组成均相系统的热力学基本方程,不仅适用于变组成的封闭系统,也适用于敞开系统。

4.1.4 化学势判据

在恒温、恒压下,系统内部发生相变化或化学变化时,将式(4.12)应用于系统内的 α 相,因 $dT=0$,$dp=0$,则

$$dG^\alpha = \sum_B \mu_B^\alpha dn_B^\alpha$$

若系统内有 α、β 等相,则系统的吉布斯函数变化为

$$dG = dG^\alpha + dG^\beta + \cdots = \sum_B \mu_B^\alpha dn_B^\alpha + \sum_B \mu_B^\beta dn_B^\beta + \cdots$$

$$dG = \sum_\alpha \sum_B \mu_B^\alpha dn_B^\alpha \tag{4.13}$$

根据吉布斯函数判据,可得

$$\sum_\alpha \sum_B \mu_B^\alpha dn_B^\alpha \leqslant 0 \quad \begin{matrix}\text{自发}\\\text{平衡}\end{matrix} \tag{4.14}$$

此式是判断恒温、恒压下不做非体积功的相变化或化学变化方向和限度的依据,称为化学势判据。

现以封闭系统的相变化为例,说明化学势判据的应用。设由 α 相和 β 相构成的封闭系统,两相均为多组分,在恒温、恒压下,设 α 相中有少量的 B 物质转移至 β 相中,则 $dn_B^\beta > 0$,并且 $dn_B^\beta = -dn_B^\alpha$,系统吉布斯函数的变化为

$$dG = dG^\alpha + dG^\beta = \mu_B^\alpha dn_B^\alpha + \mu_B^\beta dn_B^\beta = (\mu_B^\beta - \mu_B^\alpha)dn_B^\beta$$

根据化学势判据,若此相变化能自发进行,定有 $dG < 0$,即

$$\mu_B^\alpha > \mu_B^\beta$$

若相变化是在平衡态下进行的,必然是 $dG = 0$,即

$$\mu_B^\alpha = \mu_B^\beta$$

由此可见,任一组分 B 在两相中的化学势不相等时,组分 B 将自发地从化学势大的相转移到化学势小的相,直到在两相中的化学势相等为止;若两相的化学势相等,则两相处于平衡状态。

4.1.5 理想气体的化学势

纯理想气体化学势 μ^* 即摩尔吉布斯函数 G_m^*。1 mol 纯理想气体从温度 T、压力 $p^\ominus = 101.325$ kPa 的标准态恒温变化至压力为 p 的任意态,按式(3.56)摩尔吉布斯函数变化为

$$\Delta G_m^* = G_m^* - G_m^\ominus = RT\ln\frac{p}{p^\ominus}$$

故

$$G_m^* = G_m^\ominus + RT\ln\frac{p}{p^\ominus}$$

将 $\mu^* = G_m^*$,$\mu^\ominus = G_m^\ominus$ 代入上式,得到纯理想气体的化学势表达式

$$\mu^* = \mu^\ominus + RT\ln\frac{p}{p^\ominus} \tag{4.15}$$

式中,$\mu^\ominus$ 是标准态化学势。纯理想气体的标准态是温度 T、压力 $p^\ominus$ 的纯理想气体,故标准态化学势只是温度的函数。

理想气体混合物中分子无相互作用,其中任一组分 B 的行为与其他气体的

存在无关。因此,组分 B 在温度 T、压力 p、组成 y_B 的混合物中的化学势应等于纯理想气体 B 在 T、p_B 下的化学势,即

$$\mu_B = \mu_B^{\ominus}(T) + RT\ln\frac{p_B}{p^{\ominus}} \tag{4.16}$$

式中,p_B——组分 B 在混合物中的分压力,$p_B = y_B p$;

$\mu_B^{\ominus}$——组分 B 的标准态化学势。

显然,理想气体混合物中组分 B 的标准态仍是温度 T、压力 $p^{\ominus}$ 下的理想气体。

4.2 化学反应的方向和平衡条件

4.2.1 摩尔反应吉布斯函数

任意化学反应 $0 = \sum_B \nu_B B$ 在恒温、恒压且无非体积功的条件下进行,当反应进度为无限小变化 $d\xi$ 时,参加反应的各物质的量发生微小变化,根据式(4.12),反应系统相应的吉布斯函数变化为

$$dG_{T,p} = \sum_B \mu_B dn_B$$

由式(2.44a)有

$$dG_{T,p} = \left(\sum_B \nu_B \mu_B\right) d\xi$$

$$\left(\frac{\partial G}{\partial \xi}\right)_{T,p} = \sum_B \nu_B \mu_B \tag{4.17a}$$

$$\Delta_r G_m = \sum_B \nu_B \mu_B \tag{4.17b}$$

式中 $\left(\frac{\partial G}{\partial \xi}\right)_{T,p}$ 称为反应吉布斯函数变,通常以 $\Delta_r G_m$ 表示,它表示在一定的温度、压力和组成的条件下,把 $d\xi$ 微量反应折合成 1 mol 反应时所引起的吉布斯函数变化。也可理解为在一定温度、压力下,一个无限大量系统中发生 1 mol 反应(系统组成可认为不变)所引起的系统吉布斯函数的变化。

4.2.2 化学反应方向和平衡条件

任意化学反应 $0 = \sum_B \nu_B B$ 在恒温、恒压且无非体积功的条件下进行,当反应进度为无限小变化 $d\xi$ 时,由化学势判据式(4.14)及 $dn_B = \nu_B d\xi$ 得

$$\sum_B \nu_B \mu_B d\xi \leqslant 0 \quad \begin{array}{l}\text{自发} \\ \text{平衡}\end{array}$$

(1) 若系统已达化学平衡状态,则 $\sum_B \nu_B \mu_B d\xi = 0$,由于 $d\xi \neq 0$,因此

$$\sum_B \nu_B \mu_B = 0$$

即

$$\Delta_r G_m = \sum_B \nu_B \mu_B = 0 \tag{4.18}$$

这就是恒温、恒压且无非体积功的条件下化学平衡的条件。

(2) 若 $\sum_B \nu_B \mu_B d\xi \neq 0$,表明反应系统尚未达到化学平衡状态。当 $\sum_B \nu_B \mu_B < 0$ 时,$d\xi > 0$ 的过程(正向反应)可以自发进行,当 $\sum_B \nu_B \mu_B > 0$ 时,正向反应不可能自发进行,但 $d\xi < 0$ 的过程(逆向反应)可以自发进行。这一结论可以表示为

$$\sum_B \nu_B \mu_B < 0 \quad \text{正向反应自发进行}$$

$$\sum_B \nu_B \mu_B > 0 \quad \text{正向反应不可能自发进行} \tag{4.19}$$

$$\text{(或逆向反应自发进行)}$$

4.3 等温方程及标准平衡常数

4.3.1 理想气体反应的等温方程

对于理想气体反应

$$aA + bB = lL + mM$$

根据式(4.16),温度 T 时对反应系统中任意组分 B 的化学势为

$$\mu_B = \mu_B^\ominus(T) + RT \ln \frac{p_B}{p^\ominus}$$

因此

$$\Delta_r G_m = \sum_B \nu_B \mu_B$$
$$= \sum_B \nu_B \mu_B^\ominus(T) + \sum_B \nu_B RT \ln \frac{p_B}{p^\ominus} \tag{4.20}$$

式中,$\sum_B \nu_B \mu_B^\ominus(T)$ 表示各反应组分处于标准态($p_B = p^\ominus$ 下的纯理想气体)时摩尔反应吉布斯函数变化,以 $\Delta_r G_m^\ominus$ 表示,称为标准摩尔反应吉布斯函数变,即

$$\Delta_r G_m^\ominus = \sum_B \nu_B \mu_B^\ominus(T) \tag{4.21}$$

式(4.20)中后一项

$$\sum_B \nu_B RT \ln \frac{p_B}{p^\ominus} = \sum_B RT \ln \left(\frac{p_B}{p^\ominus}\right)^{\nu_B}$$

$$= RT\ln\left[\left(\frac{p_L}{p^\ominus}\right)^l \cdot \left(\frac{p_M}{p^\ominus}\right)^m \cdot \left(\frac{p_A}{p^\ominus}\right)^{-a} \cdot \left(\frac{p_B}{p^\ominus}\right)^{-b}\right]$$

$$= RT\ln\prod_B \left(\frac{p_B}{p^\ominus}\right)^{\nu_B}$$

上式及式(4.21)代入式(4.20)得

$$\Delta_r G_m = \Delta_r G_m^\ominus + RT\ln\prod_B \left(\frac{p_B}{p^\ominus}\right)^{\nu_B} \tag{4.22}$$

式中的 $\prod_B \left(\frac{p_B}{p^\ominus}\right)^{\nu_B}$ 为各反应组分的 $\left(\frac{p_B}{p^\ominus}\right)^{\nu_B}$ 连乘积,因反应物的计量系数 ν_B 为负值,故将 $\prod_B \left(\frac{p_B}{p^\ominus}\right)^{\nu_B}$ 称为压力商,以 J_p 表示,即

$$J_p = \prod_B \left(\frac{p_B}{p^\ominus}\right)^{\nu_B}$$

将上式代入式(4.22)得

$$\Delta_r G_m = \Delta_r G_m^\ominus + RT\ln J_p \tag{4.23}$$

式(4.22)及(4.23)为理想气体反应的等温方程。

4.3.2 标准平衡常数

由式(4.18)可知,当反应达到平衡时

$$\Delta_r G_m = \Delta_r G_m^\ominus + RT\ln J_p(\text{平衡}) = 0$$

即

$$\Delta_r G_m^\ominus = -RT\ln J_p(\text{平衡})$$

也就是

$$J_p(\text{平衡}) = \exp\left(\frac{-\Delta_r G_m^\ominus}{RT}\right) \tag{4.24}$$

由于气体的标准态的化学势 $\mu_B^\ominus(T)$ 只与物质 B 的本性和温度有关,根据式(4.21)可知 $\Delta_r G_m^\ominus$ 只与温度和反应本性有关。所以,对指定反应在一定温度时, $\exp\left(\frac{-\Delta_r G_m^\ominus}{RT}\right)$ 为一常数,以 $K^\ominus$ 表示,即

$$K^\ominus = \exp\left(\frac{-\Delta_r G_m^\ominus}{RT}\right) \tag{4.25}$$

或

$$\Delta_r G_m^\ominus = -RT\ln K^\ominus \tag{4.26}$$

$K^\ominus$ 称为标准平衡常数,对于一定的反应, $K^\ominus$ 只是温度的函数。式(4.25)作为标准平衡常数的定义式,不仅适用于理想气体反应,而且适用于真实气体反应、液相反应及多相反应,只不过在同一温度下,不同反应的 $\Delta_r G_m^\ominus$ 不同,因而 $K^\ominus$ 也不

同，$K^\ominus$ 也称为热力学平衡常数。

比较式(4.24)和式(4.25)可得

$$K^\ominus = J_p(\text{平衡}) = \prod_B \left[\frac{p_B(\text{平衡})}{p^\ominus}\right]^{\nu_B} \tag{4.27}$$

上式表明，反应在一定温度下达到平衡时，平衡压力商 J_p(平衡)等于标准平衡常数。

4.3.3 由等温方程决定反应方向与限度

将式(4.26)代入式(4.23)得

$$\Delta_r G_m = -RT\ln K^\ominus + RT\ln J_p = RT\ln\frac{J_p}{K^\ominus} \tag{4.28}$$

式(4.28)也是理想气体反应的等温方程，化学反应的等温方程能决定反应的方向和限度，由式(4.28)看出：

若 $J_p < K^\ominus$，则 $\Delta_r G_m = \sum_B \nu_B \mu_B < 0$，正向反应可以自发进行；

若 $J_p = K^\ominus$，则 $\Delta_r G_m = \sum_B \nu_B \mu_B = 0$，反应已达平衡状态；

若 $J_p > K^\ominus$，则 $\Delta_r G_m = \sum_B \nu_B \mu_B > 0$，正向反应不能自发进行

（逆向反应可以自发进行）。

理想气体反应的方向和限度的判断，关键在于求得标准平衡常数 $K^\ominus$ 和压力商 J_p，或反应的摩尔吉布斯函数 $\Delta_r G_m$。

例 4.1 已知 $2H_2(g) + O_2(g) = 2H_2O(g)$ 在 2000 K 时，标准平衡常数 $K^\ominus(2000\text{ K}) = 1.55 \times 10^7$。假定各气态物质可视为理想气体。

(1) 试计算 $p(H_2) = p(O_2) = 10132.5$ Pa、$p(H_2O) = 101325$ Pa 的混合气体进行上述反应的 $\Delta_r G_m$，并判断反应进行的方向。

(2) 当 H_2 和 O_2 的分压仍保持不变，欲使反应 $2H_2(g) + O_2(g) = 2H_2O(g)$ 不能进行，水蒸气的分压最少需要多大？

解：(1) 按化学反应等温方程式

$\Delta_r G_m = -RT\ln K^\ominus + RT\ln J_p$

$= \left\{-8.314 \times 2000 \times \ln(1.55 \times 10^7) + \right.$

$\left. 8.314 \times 2000 \times \ln\left[\frac{(10132.5/101325)^2}{(10132.5/101325)^2 \times (10132.5/101325)}\right]\right\}$ J·mol^{-1}

$= -160.4 \times 10^3$ J·mol^{-1} $= -160.4$ kJ·mol$^{-1} < 0$

在此条件下，正反应可以进行。

(2) 欲使反应不能进行，必须使

$$J_p \geqslant K^\ominus$$

$$J_p = \frac{[p(\mathrm{H_2O})/p^{\ominus}]^2}{[p(\mathrm{O_2})/p^{\ominus}] \cdot [p(\mathrm{H_2})/p^{\ominus}]^2}$$

$$= \frac{[p(\mathrm{H_2O})/101325]^2}{[10132.5/101325] \cdot [10132.5/101325]^2} \geqslant 1.55 \times 10^7$$

解得

$$p(\mathrm{H_2O}) \geqslant 1.26 \times 10^7 \text{ Pa}$$

即水蒸气的分压最少要等于 1.26×10^7 Pa,反应才不能进行。

4.4 平衡常数

4.4.1 几种不同形式的平衡常数

1. 用分压表示的平衡常数 K_p

对于任意气相反应,当反应达到平衡时,参与反应的各物质的平衡分压用 p_B 表示,则以分压表示的平衡常数 K_p 定义为

$$K_p = \prod_\mathrm{B} (p_\mathrm{B})^{\nu_\mathrm{B}} \tag{4.29}$$

K_p 是经验平衡常数,对于理想气体反应,

$$K^{\ominus} = \prod_\mathrm{B} \left(\frac{p_\mathrm{B}}{p^{\ominus}}\right)^{\nu_\mathrm{B}} = \prod_\mathrm{B} (p_\mathrm{B})^{\nu_\mathrm{B}} \cdot (p^{\ominus})^{-\sum \nu_\mathrm{B}}$$

所以

$$K^{\ominus} = K_p (p^{\ominus})^{-\sum \nu_\mathrm{B}} \tag{4.30}$$

上式是理想气体反应的 K_p 与 $K^{\ominus}$ 之间的关系式。$K^{\ominus}$ 是无量纲的,而 K_p 一般是有量纲的,只有当 $\sum \nu_\mathrm{B} = 0$ 时,K_p 才是无量纲的。

2. 用浓度表示的平衡常数 K_c

当反应达到平衡时,参与反应的各物质的平衡浓度用 c_B 表示,以浓度表示的平衡常数 K_c 定义为

$$K_c = \prod_\mathrm{B} (c_\mathrm{B})^{\nu_\mathrm{B}} \tag{4.31}$$

K_c 也是经验平衡常数,当 $\sum \nu_\mathrm{B} \neq 0$ 时,K_c 有量纲。

对于理想气体反应,因为 $p_\mathrm{B} = \frac{n_\mathrm{B}}{V} RT = c_\mathrm{B} RT$,所以

$$K_p = \prod_\mathrm{B} (c_\mathrm{B} RT)^{\nu_\mathrm{B}} = (RT)^{\sum \nu_\mathrm{B}} \cdot \prod_\mathrm{B} (c_\mathrm{B})^{\nu_\mathrm{B}}$$

即

$$K_p = K_c (RT)^{\sum \nu_\mathrm{B}} \tag{4.32}$$

将上式代入式(4.30)可得

$$K^\ominus = K_c \left(\frac{RT}{p^\ominus}\right)^{\sum \nu_B} \tag{4.33}$$

式(4.33)是理想气体反应的 K_c 与 $K^\ominus$ 之间的关系式。

3. 用摩尔分数表示的平衡常数 K_y

反应达平衡时,参与反应各物质的摩尔分数用 y_B 表示,以摩尔分数表示的平衡常数 K_y 定义为

$$K_y = \prod_B (y_B)^{\nu_B} \tag{4.34}$$

因 y_B 无量纲,故 K_y 也是无量纲的。将 $p_B = y_B p$(p 为系统总压)代入式(4.29)可得

$$K_p = \prod_B (y_B p)^{\nu_B} = K_y \cdot p^{\sum \nu_B} \tag{4.35}$$

将上式代入式(4.30)可得

$$K^\ominus = K_y \left(\frac{p}{p^\ominus}\right)^{\sum \nu_B} \tag{4.36}$$

式(4.36)是理想气体反应的 K_y 与 $K^\ominus$ 之间的关系式。

上述几个平衡常数中,$K^\ominus$、K_p 和 K_c 只与温度有关,而 K_y 不仅与温度有关,还与反应系统总压 p 有关。当反应式中气体物质计量系数的代数和 $\sum \nu_B = 0$ 时,$K^\ominus = K_p = K_c = K_y$。

应当注意,平衡常数的数值与反应计量方程的写法有关。例如,合成氨反应的两种计量方程

(1) $N_2(g) + 3H_2(g) = 2NH_3(g) \qquad \Delta_r G_m^\ominus(1)$

(2) $\frac{1}{2}N_2(g) + \frac{3}{2}H_2(g) = NH_3(g) \qquad \Delta_r G_m^\ominus(2)$

相应的标准平衡常数为 $K^\ominus(1)$ 和 $K^\ominus(2)$,显然,$\Delta_r G_m(1) = 2\Delta_r G_m(2)$。按式(4.26)有

$$-RT \ln K^\ominus(1) = -2RT \ln K^\ominus(2)$$

所以

$$K^\ominus(1) = [K^\ominus(2)]^2$$

由 $K^\ominus = \prod_B \left(\frac{p_B}{p^\ominus}\right)^{\sum \nu_B}$ 亦可得上述结果。

4.4.2 有纯凝聚相参加的多相反应的平衡常数

设多相反应

$$aA(g) + bB(s) = eE(l) + hH(g)$$

若反应系统压力较低,则气体可视为理想气体,压力对纯凝聚相(纯固体或纯液体)组分的化学势的影响可忽略不计。故参加反应的纯凝聚相物质可认为处于标准态,则 μ(纯凝聚相)$=\mu_B^{\ominus}$,因此

$$\begin{aligned}\Delta_r G_m &= e\mu_E + h\mu_H - a\mu_A - b\mu_B \\ &= e\mu_E^{\ominus} + h\left(\mu_H^{\ominus} + RT\ln\frac{p_H}{p^{\ominus}}\right) - b\mu_B^{\ominus} - a\left(\mu_A^{\ominus} + RT\ln\frac{p_A}{p^{\ominus}}\right) \\ &= (e\mu_E^{\ominus} + h\mu_H^{\ominus} - a\mu_A^{\ominus} - b\mu_B^{\ominus}) + RT\ln\frac{(p_H/p^{\ominus})^h}{(p_A/p^{\ominus})^a} \\ &= \Delta_r G_m^{\ominus} + RT\ln J_p(\text{气})\end{aligned}$$

式中,J_p(气)只包含气体组分的分压。反应达平衡时,$\Delta_r G_m = 0$,上式变为

$$\Delta_r G_m^{\ominus} = -RT\ln J_p(\text{气,平衡})$$

仍将平衡常数 $K^{\ominus}$ 定义为

$$K^{\ominus} = \exp\left(\frac{-\Delta_r G_m^{\ominus}}{RT}\right)$$

即

$$\Delta_r G_m^{\ominus} = -RT\ln K^{\ominus}$$

所以

$$K^{\ominus} = J_p(\text{气,平衡})$$

对于上述反应

$$K^{\ominus} = \frac{(p_H/p^{\ominus})^h}{(p_A/p^{\ominus})^a}$$

因此,对于有纯凝聚相参与的多相反应,其标准平衡常数 $K^{\ominus}$ 的表示中只有气体组分的分压,而不出现凝聚相物质的压力。例如,反应

$$CuO(s) + H_2(g) = Cu(s) + H_2O(g)$$

当反应系统压力较低时,其平衡常数

$$K^{\ominus} = \frac{p(H_2O)/p^{\ominus}}{p(H_2)/p^{\ominus}} = \frac{p(H_2O)}{p(H_2)}$$

$CaCO_3$ 的分解反应

$$CaCO_3(s) = CaO(s) + CO_2(g)$$

其平衡常数

$$K^{\ominus} = \frac{p(CO_2)}{p^{\ominus}}$$

由于 $K^{\ominus}$ 只是温度的函数,所以反应在定温下达平衡时,CO_2 的压力 $p(CO_2)$ 应为常数,$p(CO_2)$ 又称为 $CaCO_3(s)$ 在该温度下的分解压力。不同温度下,$CaCO_3(s)$ 的分解压力见表 4.1。

表 4.1　碳酸钙的分解压力（$p^\ominus = 101325$ Pa）

$t/℃$	$p(CO_2)/p^\ominus$	$t/℃$	$p(CO_2)/p^\ominus$
500	9.3×10^{-5}	897	1.00
600	2.42×10^{-3}	1000	3.871
700	92.92×10^{-2}	1100	11.50
800	0.220	1200	28.68

$CaCO_3(s)$ 的分解压力随温度升高而增大，当 $p(CO_2) = p(环)$ 时，$CaCO_3(s)$ 明显发生分解反应，这时的温度为分解温度。例如，101.325 kPa 下 $CaCO_3(s)$ 的分解温度为 897℃。分解压力的大小常用来衡量化合物的稳定性，一定温度下，某化合物的分解压力大，表明该化合物稳定性差，易分解。

例 4.2　若反应 $FeO(s) + H_2(g) = Fe(s) + H_2O(g)$ 在 900℃ 达平衡时，$H_2(g)$ 和 $H_2O(g)$ 的平衡分压分别为 61555 Pa 和 39770 Pa。工厂进行热处理时，为防止钢件氧化，常用 $H_2(g)$ 作保护。若所用的氢气中含有 2%（体积百分数）的水蒸气，试问，在 900℃ 进行热处理时，钢件能不能受到保护而不被氧化？

解：气体混合物压力较低，可按理想气体反应处理。该反应在 900℃ 时标准平衡常数为

$$K^\ominus = \frac{p(H_2O)/p^\ominus}{p(H_2)/p^\ominus} = \frac{39770/101325}{61555/101325} = 0.646$$

在用氢气防止钢件氧化时，若氢气中含有 2%（体积百分数）的水蒸气，根据分压定律，保护气中各组分的分压为

$$p(H_2) = p \cdot y(H_2) = p \times (1 - 0.02) = 0.98p$$

$$p(H_2O) = p \cdot y(H_2O) = 0.02p$$

$$J_p = \frac{p(H_2O)/p^\ominus}{p(H_2)/p^\ominus} = \frac{0.02p/p^\ominus}{0.98p/p^\ominus} = 0.0204$$

因

$$J_p < K^\ominus$$

在题给条件下，上述反应向生成产物 Fe 和 $H_2O(s)$ 的方向进行。因此，钢件热处理时，不会被氧化，可以受到保护。

4.5　平衡组成的测定和平衡常数的计算

标准平衡常数 $K^\ominus$ 可以由实验测定平衡组成来计算，也可以由公式 $\Delta_r G_m^\ominus = -RT\ln K^\ominus$ 来计算，后一种方法将在下节介绍。实验测定平衡组成，即测定平衡时各组分的浓度时，用折射率、电导率、光吸收等物理方法测平衡浓度，

一般不会影响平衡;但用化学分析法,在加入试剂时,有时会发生平衡移动而产生误差。在分析时可采用降温、移去催化剂或加入溶剂冲淡等方法,使平衡移动的速率减小到可忽略的程度。

平衡测定的前提是所测组成必须确保是平衡组成。平衡组成应有如下特点:①只要条件不变,平衡组成就不随时间变化;②一定温度下,由正向或逆向反应的平衡组成所计算的 $K^\ominus$ 应一致;③改变原料配比所得 $K^\ominus$ 应一致。

平衡计算中常遇到"转化率"、"产率"等术语。所谓"最大转化率"(即平衡转化率),是指反应达平衡时,某反应物消耗掉的量占其原始量的分数;最大产率(即平衡产率)是指转化为指定产物的某反应物的量占该反应物原始量的分数,即

$$平衡转化率 = \frac{平衡时某反应物消耗掉的量}{该反应物的原始量}$$

$$平衡产率 = \frac{转化为指定产物的某反应物的量}{该反应物的原始量}$$

若无副反应,则产率应等于转化率;若有副反应,则产率小于转化率。对分解反应来说,转化率亦称分解度或解离度。

例 4.3 PCl_5 解离为 PCl_3 和 Cl_2 的反应为

$$PCl_5(g) = PCl_3(g) + Cl_2(g)$$

(1) 在 200℃、101.325 kPa 下达平衡时,解离度为 0.485,求标准平衡常数 $K^\ominus$、K_c 和 K_y。

(2) 在 200℃、1013.25 kPa 下达平衡时,求解离度。

解:(1) 设 PCl_5 的平衡解离度为 α,以 1 mol 为基准,则

$$PCl_5(g) = PCl_3(g) + Cl_2(g)$$

原始 n_B/mol	1	0	0
平衡 n_B/mol	$1-\alpha$	α	α
平衡 p_B/kPa	$\dfrac{1-\alpha}{1+\alpha}p$	$\dfrac{\alpha}{1+\alpha}p$	$\dfrac{\alpha}{1+\alpha}p$

$$\sum n_B/\text{mol} = 1+\alpha$$

$$K^\ominus = \prod_B \left(\frac{p_B}{p^\ominus}\right)^{\nu_B} = \frac{\left(\dfrac{\alpha}{1+\alpha}p\right)\cdot\left(\dfrac{\alpha}{1+\alpha}p\right)}{\dfrac{1-\alpha}{1+\alpha}p}\cdot\frac{1}{p^\ominus}$$

$$= \frac{\alpha^2}{1-\alpha^2}\cdot\frac{p}{p^\ominus}$$

$$= \frac{0.485^2}{1-0.485^2}\times\frac{101.325}{101.325} = 0.308$$

$$K_c = K^\ominus \left(\frac{RT}{p^\ominus}\right)^{-\sum \nu_B}$$

$$= \left[0.308 \times \left(\frac{8.314 \times 473.15}{101325}\right)^{-1}\right] \text{mol} \cdot \text{m}^{-3}$$

$$= 7.93 \text{ mol} \cdot \text{m}^{-3}$$

$$K_y = K^\ominus \left(\frac{p}{p^\ominus}\right)^{-\sum \nu_B}$$

$$= 0.308 \times \left(\frac{101.325}{101.325}\right)^{-1} = 0.308$$

在平衡常数的各种表达式中,K_y、$K^\ominus$ 是无量纲的,而对 $\sum \nu_B \neq 0$ 的反应,K_c 是有量纲的。

(2) 求 1013.25 kPa、200℃ 下的 α。

$$K^\ominus = \frac{\alpha^2}{1-\alpha^2} \cdot \frac{p}{p^\ominus}$$

$$= \frac{\alpha^2}{1-\alpha^2} \times \frac{1013.25}{101.325} = \frac{\alpha^2}{1-\alpha^2} \times 10$$

即

$$0.308 \times (1-\alpha^2) = 10\alpha^2$$

解得 $\alpha = 0.173$

按平衡移动原理,增加压力不利于体积增大的反应,故 α 减小。

例 4.4 一氧化碳变换反应的计量方程为

$$\text{CO(g)} + \text{H}_2\text{O(g)} = \text{CO}_2(\text{g}) + \text{H}_2(\text{g})$$

该反应在 550℃ 时的标准平衡常数 $K^\ominus = 3.56$。设变换反应开始前,原料气中各种气体的摩尔分数为 $y(\text{CO}) = 0.360$;$y(\text{H}_2) = 0.355$;$y(\text{CO}_2) = 0.055$;$y(\text{N}_2) = 0.230$。若按每摩尔 CO(g) 配入 8.639 mol H_2O(g) 的配比关系向原料气中加入水蒸气,让变换反应在 550℃ 下进行,试求 (1) CO(g) 的平衡转化率;(2) 平衡干气中 CO(g) 的摩尔分数。

解:(1) 由于 $\sum \nu_B = 1+1-1-1 = 0$,若按理想气体反应处理,则有 $K^\ominus = K_y$,以 1 mol CO(g) 为计算基准。设 CO(g) 的平衡转化率为 α,则

	CO(g) +	H_2O(g) =	CO_2(g) +	H_2(g),	N_2(g)
初始 n_B/mol	1	8.639	$\frac{0.055}{0.360}$	$\frac{0.355}{0.360}$	$\frac{0.230}{0.360}$
平衡 n_B/mol	$1-\alpha$	$8.639-\alpha$	$0.153+\alpha$	$0.986+\alpha$	0.639

$$\sum_B n_B/\text{mol} = (1-\alpha) + (8.639-\alpha) + (0.153+\alpha) + (0.986+\alpha) + 0.639$$

$$= 11.417$$

$$K_y = \frac{y(CO_2) \cdot y(H_2)}{y(CO) \cdot y(H_2O)} = \frac{\left(\frac{0.153+\alpha}{11.417}\right) \cdot \left(\frac{0.986+\alpha}{11.417}\right)}{\left(\frac{1-\alpha}{11.417}\right) \cdot \left(\frac{8.639-\alpha}{11.417}\right)}$$

因

$$K^{\ominus} = K_y = 3.56$$

故

$$\frac{(0.153+\alpha) \cdot (0.986+\alpha)}{(1-\alpha) \cdot (8.639-\alpha)} = 3.56$$

解得　　$\alpha = 0.925$

(2) 平衡时干气的总物质的量

$$\begin{aligned}n/\mathrm{mol} &= (1-\alpha) + (0.153+\alpha) + (0.986+\alpha) + 0.639\\ &= 2.778 + \alpha\\ &= 2.778 + 0.925\\ &= 3.703\end{aligned}$$

平衡干气中 CO 的摩尔分数 $= \dfrac{1-0.925}{3.703} = 0.02$

4.6　标准摩尔反应吉布斯函数

公式 $\Delta_r G_m^{\ominus} = -RT\ln K^{\ominus}$ 是计算标准平衡常数的基本公式，只要算出反应的标准摩尔吉布斯函数变 $\Delta_r G_m^{\ominus}$，就不难求出标准平衡常数 $K^{\ominus}$。下面介绍三种求取 $\Delta_r G_m^{\ominus}$ 的方法。

4.6.1　由标准摩尔生成吉布斯函数 $\Delta_f G_m^{\ominus}$ 计算 $\Delta_r G_m^{\ominus}$

把在标准态下由稳定单质生成 1 mol 同温度、标准压力、指定相态的化合物的吉布斯函数变化值，称为该化合物的标准摩尔生成吉布斯函数，记作 $\Delta_f G_m^{\ominus}(T)$，并规定稳定单质的 $\Delta_f G_m^{\ominus}(T)$ 为零。$\Delta_f G_m^{\ominus}$ 只是温度的函数，附录 8 中列出了一些物质在 298.15 K 时 $\Delta_f G_m^{\ominus}$ 数据。与式 $\Delta_r H_m^{\ominus}(T) = \sum_B \nu_B \Delta_f H_m^{\ominus}(T)$ 类似，反应 $0 = \sum_B \nu_B B$ 的 $\Delta_r G_m^{\ominus}(T)$ 可由物质 B 的标准摩尔生成吉布斯函数 $\Delta_f G_m^{\ominus}(T)$ 来计算

$$\Delta_r G_m^{\ominus}(T) = \sum_B \nu_B \Delta_f G_m^{\ominus}(T) \tag{4.37}$$

例 4.5　乙烷裂解时，以下两个反应都能发生：

$$C_2H_6(g) = C_2H_4(g) + H_2(g) \tag{1}$$

$$C_2H_4(g) = C_2H_2(g) + H_2(g) \tag{2}$$

已知　$\Delta_f G_m^\ominus [C_2H_6(g), 1000\ K] = 114.223\ kJ \cdot mol^{-1}$
　　　$\Delta_f G_m^\ominus [C_2H_4(g), 1000\ K] = 118.198\ kJ \cdot mol^{-1}$
　　　$\Delta_f G_m^\ominus [C_2H_2(g), 1000\ K] = 169.912\ kJ \cdot mol^{-1}$

分别计算两个反应的 $K^\ominus(1000\ K)$。

解：根据式(4.37)，对于反应(1)

$$\Delta_r G_m^\ominus(1000\ K) = \Delta_f G_m[C_2H_4(g), 1000\ K] - \Delta_f G_m[C_2H_6(g), 1000\ K]$$
$$= (118.198 - 114.223)\ kJ \cdot mol^{-1}$$
$$= 3.975\ kJ \cdot mol^{-1}$$

由式(4.26)

$$\ln K^\ominus(1000\ K) = -\frac{\Delta_r G_m^\ominus(1000\ K)}{1000 R}$$
$$= -\frac{3.975 \times 10^3}{8.314 \times 1000} = -0.478$$

解得　$K^\ominus(1000\ K) = 0.62$

对于反应(2)

$$\Delta_r G_m^\ominus(1000\ K) = \Delta_f G_m[C_2H_2(g), 1000\ K] - \Delta_f G_m[C_2H_4(g), 1000\ K]$$
$$= (169.912 - 118.198)\ kJ \cdot mol^{-1}$$
$$= 51.714\ kJ \cdot mol^{-1}$$

$$\ln K^\ominus(1000\ K) = -\frac{\Delta_r G_m^\ominus(1000\ K)}{1000 R}$$
$$= -\frac{51.714 \times 10^3}{8.314 \times 1000}$$
$$= -6.22$$

$$K^\ominus(1000\ K) = 1.99 \times 10^{-3}$$

4.6.2　由 $\Delta_f H_m^\ominus$ 和 $S_m^\ominus$ 计算 $\Delta_r G_m^\ominus$

根据吉布斯函数定义式 $G = H - TS$ 和恒温条件，可得

$$\Delta_r G_m(T) = \Delta_r H_m^\ominus(T) - T\Delta_r S_m^\ominus \tag{4.38}$$

式中，$\Delta_r H_m^\ominus(T)$ 为标准摩尔反应焓，$\Delta_r S_m^\ominus$ 是标准摩尔反应熵，由下面两式求得

$$\Delta_r H_m^\ominus(T) = \sum_B \nu_B \Delta_f H_{m,B}^\ominus(T)$$

$$\Delta_r S_m^\ominus(T) = \sum_B \nu_B S_{m,B}^\ominus(T)$$

例 4.6　试用物质的 $\Delta_f H_m^\ominus(298\ K)$ 和 $S_m^\ominus(298\ K)$ 计算反应

$$SO_2(g) + \frac{1}{2}O_2(g) = SO_3(g)$$

在 298 K 时的 $K^\ominus$。

解:从附录8查得有关数据列表如下:

	$\Delta_f H_m^{\ominus}$(298 K)/(kJ·mol^{-1})	$S_m^{\ominus}$(298 K)/(J·K^{-1}·mol^{-1})
SO$_2$(g)	−296.83	248.1
SO$_3$(g)	−395.7	256.6
O$_2$(g)	0	205.03

$$\Delta_r H_m^{\ominus}(298 \text{ K}) = \Delta_f H_m^{\ominus}[SO_3(g), 298 \text{ K}] - \Delta_f H_m^{\ominus}[SO_2(g), 298 \text{ K}] -$$
$$\frac{1}{2}\Delta_f H_m^{\ominus}[O_2(g), 298 \text{ K}]$$
$$= \left[-395.7 - (-296.83) - \frac{1}{2} \times 0\right] \text{J·mol}^{-1}$$
$$= -98.87 \text{ kJ·mol}^{-1}$$

$$\Delta_r S_m^{\ominus}(298 \text{ K}) = S_m^{\ominus}[SO_3(g), 298 \text{ K}] - S_m^{\ominus}[O_2(g), 298 \text{ K}] -$$
$$\frac{1}{2}S_m^{\ominus}[O_2(g), 298 \text{ K}]$$
$$= \left[256.6 - 248.1 - \frac{1}{2} \times 205.03\right] \text{J·K}^{-1}\text{·mol}^{-1}$$
$$= -94.015 \text{ J·K}^{-1}\text{·mol}^{-1}$$

$$\Delta_r G_m^{\ominus}(298 \text{ K}) = \Delta_r H_m^{\ominus}(298 \text{ K}) - 298 \times \Delta_r S_m^{\ominus}(298 \text{ K})$$
$$= [-98.87 \times 10^3 - 298 \times (-94.015)] \text{J·mol}^{-1}$$
$$= -70854 \text{ J·mol}^{-1} = -70.854 \text{ kJ·mol}^{-1}$$

$$\ln K^{\ominus} = -\frac{\Delta_r G_m^{\ominus}}{RT} = -\frac{-70.854 \times 10^3}{8.314 \times 298} = 28.60$$

$$K^{\ominus} = 2.6 \times 10^{12}$$

4.6.3 由相关反应的 $\Delta_r G_m^{\ominus}$ 计算某反应的 $\Delta_r G_m^{\ominus}$

由于状态函数的变化值只由始、末态决定,与变化途径无关,因此,某一反应的 $\Delta_r G_m^{\ominus}$ 可由相关反应的 $\Delta_r G_m^{\ominus}$ 求得。例如,同一温度下反应:

(1) C(石墨)+O$_2$(g)=CO$_2$(g)　　$\Delta_r G_m^{\ominus}$(1)　$K^{\ominus}$(1)

(2) CO(g)+$\frac{1}{2}$O$_2$(g)=CO$_2$(g)　　$\Delta_r G_m^{\ominus}$(2)　$K^{\ominus}$(2)

(3) C(石墨)+$\frac{1}{2}$O$_2$(g)=CO(g)　　$\Delta_r G_m^{\ominus}$(3)　$K^{\ominus}$(3)

(4) C(石墨)+CO$_2$(g)=2CO(g)　　$\Delta_r G_m^{\ominus}$(4)　$K^{\ominus}$(4)

反应(3)可由反应(1)、(2)两反应式相减得到。

所以
$$\Delta_r G_m^\ominus(3) = \Delta_r G_m^\ominus(1) - \Delta_r G_m^\ominus(2)$$
$$-RT\ln K^\ominus(3) = -RT\ln K^\ominus(1) + RT\ln K^\ominus(2)$$
$$K^\ominus(3) = \frac{K^\ominus(1)}{K^\ominus(2)}$$

反应(4)=(1)−2×(2),故
$$\Delta_r G_m^\ominus(4) = \Delta_r G_m^\ominus(1) - 2 \times \Delta_r G_m^\ominus(2)$$
$$-RT\ln K^\ominus(4) = -RT\ln K^\ominus(1) + 2RT\ln K^\ominus(2)$$
$$K^\ominus(4) = \frac{K^\ominus(1)}{[K^\ominus(2)]^2}$$

4.7 温度对标准平衡常数的影响

上节介绍的计算 $\Delta_r G_m^\ominus$ 的三种方法,原则上适用于任何温度的 $\Delta_r G_m^\ominus(T)$ 计算,进而可求得任何温度的标准平衡常数 $K^\ominus(T)$。但从化学、化工手册中查得的多为298.15 K时的数据。由此可得的是 $\Delta_r G_m^\ominus(298.15\ \text{K})$ 和 $K^\ominus(298.15\ \text{K})$。因此,欲求其他温度的 $K^\ominus(T)$,需研究温度对 $K^\ominus$ 的影响。

4.7.1 吉布斯—亥姆霍兹方程

由式 $\Delta_r G_m^\ominus = -RT\ln K^\ominus$ 可知,欲导出标准平衡常数 $K^\ominus$ 与温度 T 的关系,可先导出 $\Delta_r G_m^\ominus$ 与 T 的关系。

将式 $\Delta_r G_m = \sum_B \nu_B \mu_B$ 两边对 T 求偏导

$$\left(\frac{\partial \Delta_r G_m}{\partial T}\right)_{p,x} = \sum_B \nu_B \left(\frac{\partial \mu_B}{\partial T}\right)_{p,x}$$

式中下标"p,x"表示恒压且组成不变。

将式 $\left(\frac{\partial \mu_B}{\partial T}\right)_{p,x} = \left(\frac{\partial \overline{G}_B}{\partial T}\right)_{p,x} = -\overline{S}_B$ 代入上式,则

$$\left(\frac{\partial \Delta_r G_m}{\partial T}\right)_{p,x} = \sum_B \nu_B (-\overline{S}_B) = -\Delta_r S_m \tag{4.39}$$

式中 $\overline{S}_B$ 为 B 的偏摩尔熵。

将式(4.39)代入 $\Delta_r G_m = \Delta_r H_m - T\Delta_r S_m$ 得

$$\Delta_r G_m = \Delta_r H_m + T\left(\frac{\partial \Delta_r G_m}{\partial T}\right)_{p,x} \tag{4.40}$$

或

$$\left(\frac{\partial \Delta_r G_m}{\partial T}\right)_{p,x} = \frac{\Delta_r G_m - \Delta_r H_m}{T} \tag{4.41}$$

式(4.40)和式(4.41)称为吉布斯—亥姆霍兹方程,它给出了摩尔反应吉布斯函数变与温度的关系,若用 $\Delta_r G_m^{\ominus}$、$\Delta_r H_m^{\ominus}$ 代替式(4.41)中的 $\Delta_r G_m$、$\Delta_r H_m$,可得

$$\left(\frac{\partial \Delta_r G_m^{\ominus}}{\partial T}\right)_{p,x} = \frac{\Delta_r G_m^{\ominus} - \Delta_r H_m^{\ominus}}{T} \tag{4.42}$$

上式给出了 $\Delta_r G_m^{\ominus}$ 与温度 T 的关系式。

4.7.2 标准平衡常数与温度关系的微分式

将式(4.26)$\Delta_r G_m^{\ominus} = -RT\ln K^{\ominus}$ 两边对 T 求偏导,得

$$\left(\frac{\partial \Delta_r G_m^{\ominus}}{\partial T}\right)_{p,x} = -R\ln K^{\ominus} - RT\left(\frac{\partial \ln K^{\ominus}}{\partial T}\right)_{p,x}$$

将式(4.42)代入上式

$$\frac{\Delta_r G_m^{\ominus} - \Delta_r H_m^{\ominus}}{T} = -R\ln K^{\ominus} - RT\left(\frac{\partial \ln K^{\ominus}}{\partial T}\right)_{p,x}$$

$$RT^2\left(\frac{\partial \ln K^{\ominus}}{\partial T}\right)_{p,x} + RT\ln K^{\ominus} = -\Delta_r G_m^{\ominus} + \Delta_r H_m^{\ominus}$$

所以

$$\left(\frac{\partial \ln K^{\ominus}}{\partial T}\right)_{p,x} = \frac{\Delta_r H_m^{\ominus}}{RT^2} \tag{4.43}$$

由于热力学标准态规定了压力 p 和组成 x,$K^{\ominus}$ 和 $\Delta_r G_m^{\ominus}$ 不随 p、x 改变,故偏导数可改为导数,即

$$\frac{\mathrm{d}\ln K^{\ominus}}{\mathrm{d}T} = \frac{\Delta_r H_m^{\ominus}}{RT^2} \tag{4.44}$$

这就是范特霍夫(Van't Hoff)方程式。式中,$\Delta_r H_m^{\ominus}$ 为标准摩尔反应焓。

由式(4.44)可以看出:对于放热反应,$\Delta_r H_m^{\ominus} < 0$,$K^{\ominus}$ 随温度升高而减小,温度升高不利于平衡向放热方向移动,而有利于逆反应进行;对于吸热反应,$\Delta_r H_m^{\ominus} > 0$,$\frac{\mathrm{d}\ln K^{\ominus}}{\mathrm{d}T} > 0$,$K^{\ominus}$ 随温度升高而增大,温度升高,平衡向吸热方向移动,有利于正向反应进行。

4.7.3 标准平衡常数与温度关系的积分式

要得到任意温度时 $K^{\ominus}$ 的数值,需将式(4.44)积分,积分时,按 $\Delta_r H_m^{\ominus}$ 是否为常数分为两种情况。

1. $\Delta_r H_m^{\ominus}$ 为常数时 $K^{\ominus}$ 的计算

当温度变化范围很小或反应前后热容变化很小,即 $\Delta_r C_{p,m} = 0$ 时,可认为 $\Delta_r H_m^{\ominus}$ 为常数。将式(4.44)积分

$$\int_{K^{\ominus}(T_1)}^{K^{\ominus}(T_2)} \mathrm{d}\ln K^{\ominus} = \int_{T_1}^{T_2} \frac{\Delta_r H_m^{\ominus}}{RT^2} \mathrm{d}T$$

$$\ln \frac{K^{\ominus}(T_2)}{K^{\ominus}(T_1)} = -\frac{\Delta_r H_m^{\ominus}}{R}\left(\frac{1}{T_2} - \frac{1}{T_1}\right) \qquad (4.45)$$

已知两个温度下的 $K^{\ominus}(1)$、$K^{\ominus}(2)$，由上式可算出 $\Delta_r H_m^{\ominus}$，再代入原式，可求任意温度下的 $K^{\ominus}$；或者已知反应焓 $\Delta_r H_m^{\ominus}$ 及 T_1 时的 $K^{\ominus}(1)$，可求出任意温度 T_2 的 $K^{\ominus}(2)$。

式(4.44)的不定积分式为

$$\ln K^{\ominus}(T) = -\frac{\Delta_r H_m^{\ominus}}{R} \cdot \frac{1}{T} + C \qquad (4.46)$$

其中，C 为积分常数，上式中 $\ln K^{\ominus}$ 与 $\frac{1}{T}$ 成直线关系，若 $\ln K^{\ominus}$ 对 $\frac{1}{T}$ 作图，应得一直线，直线斜率

$$m = -\frac{\Delta_r H_m^{\ominus}}{R} \cdot \frac{[R]}{[\Delta_r H_m]}$$

故

$$\Delta_r H_m^{\ominus} = -mR[\Delta_r H_m]/[R]$$

所以，由直线斜率 m 可算出一定温度范围内标准摩尔反应焓 $\Delta_r H_m^{\ominus}$。

例 4.7 已知变换反应

$$CO(g) + H_2O(g) = H_2(g) + CO_2(g)$$

在 500 K 时的标准平衡常数 $K^{\ominus}(500\ K) = 126$，在此温度下，$\Delta_r H_m^{\ominus} = -41.16\ kJ \cdot mol^{-1}$，求此反应在 800 K 时的标准平衡常数 $K^{\ominus}(800\ K)$。$\Delta_r H_m^{\ominus}$ 可视为常数。

解：将 $T_1 = 500\ K$、$T_2 = 800\ K$、$K^{\ominus}(500\ K) = 126$ 及 $\Delta_r H_m^{\ominus} = -41.16\ kJ \cdot mol^{-1}$ 代入式(4.45)中，得

$$\ln \frac{K^{\ominus}(800\ K)}{K^{\ominus}(500\ K)} = -\frac{-41.16 \times 10^3}{8.314}\left(\frac{1}{800} - \frac{1}{500}\right)$$

解得 $\quad K^{\ominus} = (800\ K) = 3.07$

这是一个放热反应，所以温度升高，$K^{\ominus}$ 减小。

2. $\Delta_r H_m^{\ominus}$ 为变量时 $K^{\ominus}$ 的计算

当 $\Delta_r H_m^{\ominus}$ 不为常数时，根据基尔霍夫定律，$\Delta_r H_m^{\ominus}$ 与 T 的函数关系式

$$\Delta_r H_m^{\ominus} = \Delta H_0 + \Delta a T + \frac{\Delta b}{2} T^2 + \frac{\Delta c}{3} T^3$$

ΔH_0 为积分常数，将某一温度 T 下的 $\Delta_r H_m^{\ominus}$ 值代入上式，可求得 ΔH_0；再将上式代入式(4.44)积分，得

$$\ln K^{\ominus} = -\frac{\Delta H_0}{RT} + \frac{\Delta a}{R}\ln T + \frac{\Delta b}{2R}T + \frac{\Delta c}{6R}T^2 + I \qquad (4.47)$$

I 是积分常数。将某一温度 T_1 时的平衡常数 $K^{\ominus}(T_1)$ 代入上式，可求出 I。当

ΔH_0 和 I 均已确定后,就可得到 $K^\ominus$ 与 T 温度的关系式,利用式(4.47)可计算出任一温度 T 对应的平衡常数 $K^\ominus(T)$。

4.8 其他因素对化学平衡的影响

化学平衡是有条件的、相对的,当条件改变时,原有的平衡被破坏,平衡组成随之发生变化,平衡发生移动。上一节讨论了温度对化学平衡的影响,温度的变化引起标准平衡常数的变化,从而引起平衡组成的变化。除温度外,影响气体反应化学平衡的因素还有压力、惰性气体以及原料配比等。下面予以分别讨论。

4.8.1 压力对化学平衡的影响

对于理想气体反应,按式(4.36)

$$K^\ominus = K_y \left(\frac{p}{p^\ominus}\right)^{\sum \nu_B}$$

$K^\ominus$ 与温度有关,反应系统总压 p 的变化不能改变 $K^\ominus$,却能改变 K_y,从而改变平衡转化率。对于 $\sum_B \nu_B > 0$ 的反应,一定温度下,$K^\ominus$ 一定时,增大压力将使 K_y 减小,平衡时产物的量必定减少,即平衡向逆反应方向移动,对于 $\sum_B \nu_B < 0$ 的反应,一定温度下增大压力,K_y 亦增大,平衡时产物的量将增大,即平衡向正反应方向移动。

4.8.2 惰性气体对平衡的影响

惰性气体是指不参加反应的气体组分。对于理想气体反应

$$K^\ominus = \prod_B \left(\frac{p_B}{p^\ominus}\right)^{\nu_B}$$

令

$$K_n = \prod_B (n_B)^{\nu_B}$$

且

$$p_B = p \cdot \frac{n_B}{\sum n_B}$$

代入上式得

$$K^\ominus = \prod_B \left(\frac{p \cdot n_B}{p^\ominus \cdot \sum n_B}\right)^{\nu_B} = \prod_B (n_B)^{\nu_B} \cdot \left(\frac{p}{p^\ominus \cdot \sum n_B}\right)^{\sum \nu_B}$$

即
$$K^{\ominus} = K_n \cdot \left[\frac{p}{p^{\ominus} \cdot \sum n_B}\right]^{\sum \nu_B} \tag{4.48}$$

上式中 p 为反应系统的总压，$\sum n_B$ 是反应系统中各气体物质（包括惰性气体）的量的总和。K_n 不是平衡常数，其表示式中 n_B 是指参与反应的任一气体组分的物质的量。

由式(4.48)可见，对于 $\sum_B \nu_B > 0$ 的反应，增加惰性气体，则气体总物质的量 $\sum n_B$ 增大，使得 $\left[\dfrac{p}{p^{\ominus} \cdot \sum n_B}\right]^{\sum \nu_B}$ 减小，要保持 $K^{\ominus}$ 恒定，K_n 亦必将增大，平衡时产物的量增大，所以增加惰性气体有利于 $\sum_B \nu_B > 0$ 的反应。例如乙苯脱氢制苯乙烯的反应，其 $\sum_B \nu_B > 0$，为了提高平衡转化率，原则上可以用减压的方法，但减压后空气容易从外界漏入反应器内，在较高温度下有爆炸的危险，所以在实际生产中，采用向反应系统内添加大量惰性组分（水蒸气）的方法来提高转化率。另一方面，对于合成氨反应，其 $\sum_B \nu_B < 0$，增加惰性气体，K_n 将减小，对氨的生成不利。在实际生产中，要将尚未转化成氨的 N_2、H_2 等原料气循环使用，在循环中要不断加入新鲜的原料气，循环气和新鲜原料气中均含有惰性组分，如甲烷、氩气等，它们因不起反应而不断积累，含量逐渐增加，不利于氨的生成。为了维持一定的转化率，必须定期排放一部分循环气，以减少惰性气体的含量。

例 4.8 已知反应 $\dfrac{1}{2}N_2(g) + \dfrac{3}{2}H_2(g) = NH_3(g)$ 在 500 K 时的标准平衡常数 $K^{\ominus}(500\ K) = 0.2968$，若反应物 N_2 与 H_2 的物质的量之比为 1:3，试估算此温度时 101.325 kPa 和 202.650 kPa 压力下的平衡转化率 α 以及氨的平衡浓度。可近似地按理想气体反应处理。

解：设反应开始前 N_2 的物质的量为 1 mol，H_2 的物质的量为 3 mol，平衡转化率为 α，则有

	$\dfrac{1}{2}N_2$	+	$\dfrac{3}{2}H_2$	=	NH_3
初始 n_B/ mol	1		3		0
平衡 n_B/ mol	$1-\alpha$		$3(1-\alpha)$		2α

$$\sum_B n_B / \text{mol} = (1-\alpha) + 3(1-\alpha) + 2\alpha$$
$$= 4 - 2\alpha$$

$$\sum_B \nu_B = 1 - \frac{1}{2} - \frac{3}{2} = -1$$

$$K^{\ominus} = K_n \cdot \left(\frac{p}{p^{\ominus} \cdot \sum n_B}\right)^{\sum \nu_B}$$

$$= \frac{2\alpha}{(1-\alpha)^{1/2} \times 3^{3/2} \times (1-\alpha)^{3/2}} \times \left(\frac{p/p^{\ominus}}{4-2\alpha}\right)^{-1}$$

所以

$$\alpha = 1 - \frac{1}{\sqrt{1 + 1.299 K^{\ominus}(p/p^{\ominus})}}$$

代入 $K^{\ominus}(500\ \text{K}) = 0.2968$ 得

$$\alpha = 1 - \frac{1}{\sqrt{1 + 0.3855(p/p^{\ominus})}}$$

(1) 当 $p = 101.325\ \text{kPa}$ 时

$$\alpha = 1 - \frac{1}{\sqrt{1 + 0.3855(101.325/101.325)}}$$

$$= 0.150$$

氨的平衡摩尔分数

$$y(\text{NH}_3) = \frac{2\alpha}{4 - 2\alpha} = \frac{2 \times 0.150}{4 - 2 \times 0.150} = 0.081$$

(2) 当 $p = 202.650\ \text{kPa}$ 时

$$\alpha = 1 - \frac{1}{\sqrt{1 + 0.3855(202.650/101.325)}}$$

$$= 0.249$$

$$y(\text{NH}_3) = \frac{2\alpha}{4 - 2\alpha} = \frac{2 \times 0.249}{4 - 2 \times 0.249} = 0.142$$

计算结果表明,由于合成氨反应的 $\sum_B \nu_B = -1 < 0$,所以平衡转化率和 NH_3 平衡摩尔分数均随压力增大而增大。

例 4.9 已知乙苯脱氢制备苯乙烯的反应

$$\text{C}_6\text{H}_5\text{C}_2\text{H}_5(\text{g}) = \text{C}_6\text{H}_5\text{C}_2\text{H}_3(\text{g}) + \text{H}_2(\text{g})$$

在 873 K、101325 Pa 下,$K^{\ominus} = 0.178$。试计算:

(1) 总压为 101325 Pa,原料气用纯乙苯蒸气,求乙苯的理论转化率。

(2) 总压仍为 101325 Pa,原料气中掺入水蒸气,且 $\text{C}_6\text{H}_5\text{C}_2\text{H}_5(\text{g})$ 与 $\text{H}_2\text{O}(\text{g})$ 的物质的量之比为 1∶9,求乙苯的理论转化率。

解:理论转化率即平衡转化率或最大转化率。设理论转化率为 α,并以 1 mol $\text{C}_6\text{H}_5\text{C}_2\text{H}_5(\text{g})$ 为计算基准。

(1) 原料气为纯乙苯蒸气

$$C_6H_5C_2H_5(g) = C_6H_5C_2H_3(g) + H_2(g)$$

初始 n_B/mol　　1　　　　　0　　　　　　0

平衡 n_B/mol　　$1-\alpha$　　　α　　　　　α

$$\sum_B n_B/\text{mol} = (1-\alpha) + \alpha + \alpha$$

$$= 1 + \alpha$$

$$\sum_B \nu_B = 1 + 1 - 1 = 1$$

将以上关系式代入式(4.48)得

$$K^\ominus = \frac{\alpha^2}{1-\alpha} \cdot \frac{p}{p^\ominus \cdot (1+\alpha)}$$

将 $K^\ominus = 0.178$、$p = 101325$ Pa 代入上式得

$$0.178 = \frac{\alpha^2}{1-\alpha^2}$$

解得　$\alpha = 0.389$

(2) 加入水蒸气

$$C_6H_5C_2H_5(g) = C_6H_5C_2H_3(g) + H_2(g), H_2O(g)$$

初始 n_B/mol　　1　　　　　0　　　　　　0　　　9

平衡 n_B/mol　　$1-\alpha$　　　α　　　　　α　　　9

$$\sum_B n_B/\text{mol} = (1-\alpha) + \alpha + \alpha + 9$$

$$= 10 + \alpha$$

$$\sum_B \nu_B = 1 + 1 - 1 = 1$$

将上述关系式代入式(4.48)得

$$K^\ominus = \frac{\alpha^2}{1-\alpha} \cdot \frac{p}{p^\ominus \cdot (10+\alpha)}$$

将 $K^\ominus = 0.178$、$p = 101325$ Pa 代入上式得

$$0.178 = \frac{\alpha^2}{(1-\alpha) \cdot (10+\alpha)}$$

解得　$\alpha = 0.725$

计算表明,加入水蒸气后,苯乙烯的理论转化率明显提高。

4.8.3　反应物配比对平衡的影响

对于理想气体反应

$$aA + bB = eE + hH$$

设原料气中只有反应物而无产物,反应物的配比为 $n_B/n_A=r$,其变化范围为 $0<r<\infty$。在维持总压相同的情况下,随着 r 的增大,气体 A 的转化率增加,而气体 B 的转化率减少,但产物在平衡混合气中的含量不断增加,存在一极大值。以合成氨反应为例:

$$N_2(g) + 3H_2(g) = 2NH_3(g)$$

在 500℃、30.4 MPa 下进行反应,平衡混合气中氨气的体积百分数与原料气配比 $n_B/n_A=r$ 的关系见表 4.2 及图 4.1 所示。

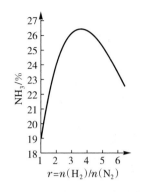

图 4.1 平衡氨浓度与原料气配比之间的关系 (500℃,30.4 MPa)

由表 4.2 和图 4.1 所示可以看出,氨的平衡含量与原料气配比 r 之间存在一极大值,这个极大值对应于 $r=3$。因此,在合成氨生产中,总是把原料气中 H_2 与 N_2 的体积比控制在 3:1,以使氨的含量最高。

表 4.2 500℃、30.4 MPa 下,不同氢氮比时混合气中氨的平衡含量

$r=\dfrac{n(H_2)}{n(N_2)}$	1	2	3	4	5	6
NH_3(%)	18.8	25.0	26.4	25.8	24.2	22.2

如果两种原料气 B 气体较 A 气体便宜,而 B 气体又容易从混合气中分离,为了充分利用 A 气体,可以使 B 气体大大过量,以尽量提高 A 的转化率。这样做,虽然在混合气中产物的含量低了,但经过分离便得到了更多的产物,在经济上还是可行的。

*4.9 真实气体反应的化学平衡

以上讨论的是理想气体反应的化学平衡,化工生产中常常遇到中压或高压下的气体反应,此时气体性质与理想气体偏差较大,因而描述其化学平衡的公式也要作相应的修正。

4.9.1 真实气体的化学势与逸度

温度 T、压力 p 的纯真实气体的化学势不能用理想气体化学势表达式描述,为了使纯真实气体的化学势仍具有式(4.15)的简单形式,路易斯(G. N. Lewis)把压力乘上一个系数 φ 进行校正,即

$$f = \varphi p \tag{4.49}$$

校正后的压力 f 称为气体的逸度，φ 称为逸度系数。用 f 代替 p 得到纯真实气体化学势的表达式

$$\mu^* = \mu^\ominus(T) + RT\ln\frac{f}{p^\ominus} \tag{4.50}$$

式中，$\mu^\ominus(T)$ 是纯真实气体标准态的化学势。显然，这个标准态与纯理想气体的标准态一样，式中，逸度 f 相当于真实气体具有的压力，f 的单位为 Pa 或 kPa。逸度系数 φ 反映了真实气体对理想气体在化学势方面偏差的程度，对于理想气体，逸度等于压力，$\varphi=1$；对于真实气体，$\varphi\neq 1$，φ 与温度、压力及气体种类有关。在一定温度下，φ 随压力降低而趋向于 1，因真实气体压力越低，越接近理想气体，逸度越接近于压力。在 $p\to 0$ 时，真实气体可视为理想气体，$f\to p$，$\varphi\to 1$，即

$$\lim_{p\to 0}\frac{f}{p}=1 \qquad 或 \qquad \lim_{p\to 0}\varphi=1$$

真实气体混合物中任一组分 B 的化学势可表示为

$$\mu_B = \mu^\ominus + RT\ln\frac{f_B}{p^\ominus} \tag{4.51}$$

f_B 为混合物中组分 B 的逸度，相当于 B 的校正分压力。
即

$$f_B = \varphi_B y_B p = \varphi_B p_B \tag{4.52}$$

φ_B 为组分 B 的逸度系数，其值与组分 B 的性质及混合物的 T、p 有关，还与组分 B 的摩尔分数有关。

4.9.2 逸度和逸度系数的计算

要计算纯真实气体的逸度，需要知道逸度系数 φ。φ 的求算有图解法、近似法、对比状态法等，此处只介绍比较简单而又常用的对比状态法，即用普遍化逸度系数图进行计算。

与压缩因子 Z 一样，纯真实气体 $\varphi=f(p_r, T_r)$，根据对应状态原理，不同气体在相同的对比温度和对比压力下，有大致相同的逸度系数 φ。因此，用普遍化逸度图（见图 4.2）查出在一定的 p_r、T_r 下的纯真实气体的逸度系数 φ，然后根据 $f=\varphi p$ 求得逸度 f。

真实气体混合物中任一组分 B 的逸度 f_B，原则上应由式(4.52) $f=\varphi_B p_B$ 求得，但组分 B 的逸度系数 φ_B 不易求算。路易斯—兰德尔(Lewis-Randall)提出了一个计算一定 T、p 下混合气体中组分 B 的逸度 f_B 的近似规则，即

$$f_B = f_B^* y_B \tag{4.53}$$

f_B^* 为组分 B 在与混合气体相同的 T、p 下单独存在时的逸度。根据此规则

$$f_B = f_B^* y_B = \varphi_B^* p y_B = \varphi_B^* p_B = \varphi_B p_B$$

所以
$$\varphi_B^* = \varphi_B \tag{4.54}$$
即混合气体中任一组分 B 的逸度系数近似等于组分 B 在混合气体的温度压力下单独存在时的逸度系数,而 φ_B^* 又可由普遍化逸度系数图求得。

4.9.3 真实气体的化学平衡

按式(4.51)真实气体混合物中任一组分 B 的化学势
$$\mu_B = \mu_B^{\ominus}(T) + RT\ln\frac{f_B}{p^{\ominus}}$$

将上式代入式(4.17) $\Delta_r G_m = \sum_B \nu_B \mu_B$,推导出适合真实气体反应的恒温方程式,即
$$\Delta_r G_m = \Delta_r G_m^{\ominus} + RT\ln J_f \tag{4.55}$$
或
$$\Delta_r G_m = -RT\ln K^{\ominus} + RT\ln J_f \tag{4.56}$$
其中
$$J_f = \prod_B \left(\frac{f_B}{p^{\ominus}}\right)^{\nu_B} \tag{4.57}$$

J_f 称为逸度商,f_B 是指定状态物质 B 的逸度,$K^{\ominus}$ 为标准平衡常数,仍按式(4.25)定义。

当反应达到平衡时,$\Delta_r G_m = 0$,式(4.56)变为
$$-RT\ln K^{\ominus} + RT\ln J_f(平衡) = 0$$
则
$$K = K_f^{\ominus} = J_f(平衡) \tag{4.58}$$
其中
$$J_f(平衡) = \prod_B \left(\frac{f_B}{p^{\ominus}}\right)^{\nu_B}(平衡) \tag{4.59}$$
所以
$$K^{\ominus} = K_f^{\ominus} = \prod_B \left(\frac{f_B}{p^{\ominus}}\right)^{\nu_B} \tag{4.60}$$

式(4.60)中,f_B 为组分 B 的平衡逸度,$K_f^{\ominus}$ 称为逸度表示的平衡常数,对于任意气相反应,它都等于标准平衡常数 $K^{\ominus}$。

在实际应用时,要用分压 p_B 和物质 B 的逸度系数 φ_B 来表示逸度 f_B,将 $f_B = \varphi_B p_B$ 代入式(4.60)得
$$K^{\ominus} = K_f^{\ominus} = \prod_B \left(\frac{\varphi_B p_B}{p^{\ominus}}\right)^{\nu_B} = \prod_B \varphi_B^{\nu_B} \cdot \prod_B \left(\frac{p_B}{p^{\ominus}}\right)^{\nu_B} \tag{4.61}$$

令

$$K_\varphi = \prod_B \varphi_B^{\nu_B} \tag{4.62}$$

又

$$\prod_B \left(\frac{p_B}{p^\ominus}\right)^{\nu_B} = K^\ominus = K_p(p^\ominus)^{-\sum \nu_B}$$

所以

$$K^\ominus = K_f^\ominus = K_\varphi \cdot K_p^\ominus \tag{4.63}$$

或

$$K^\ominus = K_f^\ominus = K_\varphi \cdot K_p \cdot (p^\ominus)^{-\sum \nu_B} \tag{4.64}$$

对于理想气体反应，由于 $\varphi_B = 1$，所以 $K_\varphi = 1$。当压力很低时，真实气体反应的 $K_\varphi \approx 1$。

例 4.10 乙烯水化反应为

$$C_2H_4(g) + H_2O(g) = C_2H_5OH(g)$$

已知该反应在 290℃ 时 $\Delta_r G_m^\ominus = 23.59 \text{ kJ} \cdot \text{mol}^{-1}$，试求在 290℃、7.09 MPa 下，$C_2H_4(g)$ 与 $H_2O(g)$ 的投料比为 1∶0.7（物质的量之比）时，$C_2H_4(g)$ 的平衡转化率为多少？

解：(1) 求 $K^\ominus$

$$K^\ominus = \exp\left(-\frac{\Delta_r G_m^\ominus}{RT}\right)$$

$$= \exp\left(-\frac{23.59 \times 10^3 \text{ J} \cdot \text{mol}^{-1}}{8.314 \text{ J} \cdot \text{K}^{-1} \cdot \text{mol}^{-1} \times 563 \text{ K}}\right)$$

$$= 6.48 \times 10^{-3}$$

(2) 求 K_φ

根据各气体的 T_c、p_c 数据，求出各组分在反应的 T、p 条件下所对应的 T_r 和 p_r，即可由图 4.2 查出各气体的逸度系数。其结果列表如下：

气 体	T_c/K	p_c/MPa	$T_r = \dfrac{T}{T_c}$	$p_r = \dfrac{p}{p_c}$	φ_B
$C_2H_4(g)$	282.2	5.04	2.00	1.41	0.98
$H_2O(g)$	647.1	22.05	0.86	0.32	0.80
$C_2O_5OH(g)$	513.7	6.09	1.10	1.16	0.68

$$K_\varphi = \frac{\varphi(C_2H_5OH)}{\varphi(C_2H_4) \cdot \varphi(H_2O)} = \frac{0.68}{0.98 \times 0.80} = 0.867$$

(3) 求 $K_p^\ominus$

$$K_p^\ominus = \frac{K^\ominus}{K_\varphi} = \frac{6.48 \times 10^{-3}}{0.867} = 7.47 \times 10^{-3}$$

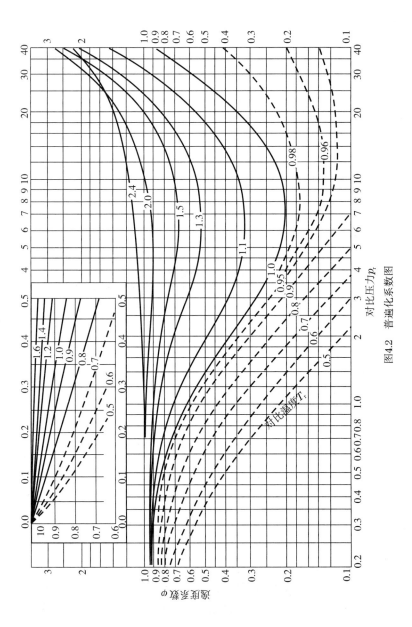

图4.2 普遍化系数图

(4) 求 α

设起始时 $C_2H_4(g)$ 和 $H_2O(g)$ 的物质的量分别为 1 mol 和 0.7 mol, $C_2H_4(g)$ 的平衡转化率为 α,则按反应计算方程式

$$C_2H_4(g) + H_2O(g) = C_2H_5OH(g)$$

初始 n_B/mol   1   0.7   0

平衡 n_B/mol $1-\alpha$ $0.7-\alpha$ α

平衡 n_B/mol $\dfrac{1-\alpha}{1.7-\alpha}p$ $\dfrac{0.7-\alpha}{1.7-\alpha}p$ $\dfrac{\alpha}{1.7-\alpha}p$

$$\sum n_B = (1.7-\alpha)\,\text{mol}$$

$$K_p^\ominus = \frac{[p(C_2H_5OH)/p^\ominus]}{[p(C_2H_4)/p^\ominus]\cdot[p(H_2O)/p^\ominus]}$$

$$= \frac{\left(\dfrac{\alpha}{1.7-\alpha}\cdot\dfrac{p}{p^\ominus}\right)}{\left(\dfrac{1-\alpha}{1.7-\alpha}\cdot\dfrac{p}{p^\ominus}\right)\cdot\left(\dfrac{0.7-\alpha}{1.7-\alpha}\cdot\dfrac{p}{p^\ominus}\right)}$$

$$= \frac{\alpha(1.7-\alpha)}{(1-\alpha)\cdot(0.7-\alpha)\cdot(7.09\times10^6\,\text{Pa}/1.01325\times10^5\,\text{Pa})}$$

$$= 7.47\times10^{-3}$$

即

$$1.523\alpha^2 - 2.589\alpha + 0.366 = 0$$

解得 $\alpha = 0.156$

所以, $C_2H_4(g)$ 的平衡转化率为 15.6%。

思 考 题

1. 如果已知某一反应系统在一定温度、压力及组成条件下,其 $\Delta_rG_m<0$,则系统中的反应物是否能全部转变为产物?

2. 反应 $2H_2(g)+O_2 = 2H_2O(g)$(均为理想气体),在一定温度和压力下,若分别以 $H_2(g)$、$O_2(g)$、$H_2O(g)$ 的物质的量之比为 2∶1∶2 及 1∶1∶1 混合成两个系统,则两系统的 $K^\ominus$、$\Delta_rG_m^\ominus$、Δ_rG_m 是否相同?

3. 当一气体反应在 101.325 kPa 的条件下进行时,反应的 Δ_rG_m 就是 $\Delta_rG_m^\ominus$,对吗?

4. 根据公式 $\Delta_rG_m^\ominus = -RT\ln K^\ominus$,因 $K^\ominus$ 是标准平衡常数,故 $\Delta_rG_m^\ominus$ 表示平衡时反应的标准摩尔吉布斯函数,对吗?

5. 有人拟定了两个制备苯的方案,试评定 25℃ 下哪个在热力学上是可行的?

(1) $6C(\text{石墨}) + 3H_2(g) = C_6H_6(g)$

(2) $3C_2H_2(g) = C_6H_6(g)$

6. 标准平衡常数改变,平衡是否移动? 平衡发生移动,标准平衡常数是否一定要改变?

7. 反应 C(s)+H₂O(g)=CO(g)+H₂(g)在 673 K 下达到平衡。已知$\Delta_r H_m$=133.5 kJ·mol⁻¹，问：在下列条件变化时，对平衡有何影响？

(1) 升高温度；(2) 增加水蒸气的分压；(3) 增加总压；(4) 在等温等压条件下加入氮气；(5) 在等温等容条件下加入氮气。

8. 指出下列各量中哪些是偏摩尔量。

$$\left(\frac{\partial A}{\partial n_B}\right)_{T,p,n_c\cdots} \quad \left(\frac{\partial G}{\partial n_B}\right)_{T,V,n_c\cdots} \quad \left(\frac{\partial C_{p,m}}{\partial n_B}\right)_{T,p,n_c\cdots}$$

习　题

1. 写出下列各反应 $K^\ominus$ 的表达式(设气体可视为理想气体)。

(1) C₂H₆(g) = C₂H₄(g) + H₂(g)

(2) 2NO(g) + O₂ = 2NO₂(g)

(3) Fe₃O₄(s) + H₂(g) = 3FeO(s) + H₂O(g)

(4) 3O₂(g) = 2O₃(g)

2. 在 1000 K 时，理想气体反应 CO(g) + H₂O(g) = CO₂(g) + H₂(g) 的标准平衡常数 $K^\ominus$=1.43，设有一反应系统，各物质分压为 p(CO)=0.50 MPa，p(H₂O)=0.20 MPa，p(CO₂)=0.30 MPa，P(H₂)=0.30 MPa。

(1) 试计算该条件下的 $\Delta_r G_m$，并说明反应的方向；

(2) 已知在 1200 K 时反应的标准平衡常数 $K^\ominus$(1200 K)=0.73，若各物质分压仍为原来数值，试判断反应方向。

3. 已知反应 2SO₂(g) + O₂(g) = 2SO₃(g)的标准平衡常数 $K^\ominus$(1000 K)=3.45。试计算：

(1) 当 p(SO₂) = 20.256 kPa，p(O₂) = 10.133 kPa，p(SO₃) = 101.325 kPa，求上述反应的 $\Delta_r G_m$，并判断反应方向；

(2) 若 p(SO₂) = 20.256 kPa，p(O₂) = 10.133 kPa，p(SO₃) = 101.325 kPa，欲使正反应能进行，SO₃的分压应怎样控制(按理想气体反应处理)？

4. 298 K 时，合成氨反应 1/2N₂(g) + 3/2H₂(g) = NH₃(g) 的标准摩尔吉布斯函数变 $\Delta_r G_m^\ominus$(298 K) = −16.5 kJ·mol⁻¹。试计算：

(1) 反应的标准平衡常数 $K^\ominus$(298 K)；

(2) 物质的量的比为 $n_{N_2}:n_{H_2}:n_{NH_3}$ = 1:3:2 的混合气体(可视为理想气体)，在系统压力为 101325 Pa、温度为 298 K 时，求该反应的摩尔吉布斯函数变 $\Delta_r G_m$(298 K)，并说明反应进行的方向。

5. 已知下列反应的 $\Delta_r G_m^\ominus$(298 K)，试计算各反应在 298 K 的标准平衡常数 $K^\ominus$。

(1) CO(g)+2H₂(g)=CH₃OH(l)　　$\Delta_r G_m^\ominus$(298 K) = −26.7 kJ·mol⁻¹

(2) H₂(g)+C₂H₄(g)=C₂H₆(g)　　$\Delta_r G_m^\ominus$(298 K) = −35.238 kJ·mol⁻¹

(3) H₂(g) + Cl₂(g) =2HCl(g)　　$\Delta_r G_m^\ominus$(298 K) = −95.27 kJ·mol⁻¹

6. 反应 SO₃(g) = SO₂(g) + 1/2O₂(g) 在 900 K 时的标准平衡常数 $K^\ominus$(900 K)=0.153。

试求在 900 K，101325 Pa 下，反应 $2SO_2 + O_2 = 2SO_3$ 的 $K^{\ominus}$、K_p、K_y、K_c（可按理想气体反应处理）。

7. 将固体氨基甲酸铵放入真空容器中，使之按下式分解：
$$NH_2COONH_4(s) = 2NH_3(g) + CO_2(g)$$
反应在 418.2 K 下达到平衡时，容器内压力为 8815 Pa，求该反应的标准平衡常数 $K^{\ominus}$（气相可视为理想气体）。

8. 试计算 $2NO_2(g) = N_2O_4$ 在 298 K 时的标准平衡常数 $K^{\ominus}(298\ K)$。已知 N_2O_4 和 $NO_2(g)$ 的标准摩尔吉布斯函数 $\Delta_f G_m^{\ominus}$ 分别为 98.29 kJ·mol^{-1} 和 51.84 kJ·mol^{-1}。

9. 对反应 $4H_2(g) + CO_2(g) = 2H_2O(g) + CH_4(g)$

已知 298 K 时，有关物质的 $\Delta_f H_m^{\ominus}$ 和 $S_m^{\ominus}$ 数据如下表：

	$CO_2(g)$	$H_2(g)$	$CH_4(g)$	$H_2O(g)$
$\Delta_f H_m^{\ominus}/(kJ·mol^{-1})$	−393.51	0	−74.85	−241.83
$S_m^{\ominus}/(J·k^{-1}·mol^{-1})$	213.65	130.59	186.19	188.72

求该反应的 $\Delta_r G_m^{\ominus}$ 和 $K^{\ominus}(298\ K)$。

10. 已知 25℃时，$CO(g)$ 和 $CH_3OH(g)$ 的 $\Delta_f H_m^{\ominus}$ 分别为 −110.52 kJ·mol^{-1}、−200.4 kJ·mol^{-1}，$CO(g)$、$H_2(g)$、$CH_3OH(l)$ 的 $S_m^{\ominus}$ 分别为 197.56 J·k^{-1}·mol^{-1}、130.57 J·k^{-1}·mol^{-1} 及 127 J·k^{-1}·mol^{-1}；已知 25℃时甲醇的饱和蒸气压为 16.59 kPa，摩尔汽化焓 $\Delta_{vap}H_m = 38.0$ kJ·mol^{-1}，蒸气可视为理想气体。求 25℃时，反应
$$CO(g) + 2H_2(g) = CH_3OH(g)$$
的 $\Delta_r G_m^{\ominus}$ 及 $K^{\ominus}$。

11. 298 K 下，反应 $AgCl(s) = Ag(s) + 1/2Cl_2(g)$ 的 $\Delta_r H_m^{\ominus}(298\ K) = 126$ kJ·mol^{-1}，已知 $AgCl(s)$ 的标准摩尔生成吉布斯函数 $\Delta_f G_m^{\ominus}(298\ K) = -109$ kJ·mol^{-1}，试计算：

(1) 该反应的 $\Delta_r G_m^{\ominus}(298\ K)$；

(2) $AgCl(s)$ 在 298 K 时的分解压；

(3) 该反应的 $\Delta_r S_m^{\ominus}$。

12. 已知反应 $2H_2(g) + O_2(g) = 2H_2O(g)$ 的 $\Delta_r G_m^{\ominus}(298\ K) = -457$ kJ·mol^{-1}，$\Delta_r G_m^{\ominus}(1000\ K) = -385$ kJ·mol^{-1}，计算该反应在 298~1000 K 范围内的 $\Delta_r H_m^{\ominus}$（假定 $\Delta_r H_m^{\ominus}$ 为常数）。

13. 在 298 K 下反应 $C_2H_4(g) + H_2O(g) = C_2H_5OH(g)$ 的 $\Delta_r H_m^{\ominus}(298\ K) = -46.02$ kJ·mol^{-1}，$\Delta_r G_m^{\ominus}(298\ K) = -8.196$ kJ·mol^{-1}，设此反应的 $\Delta_r C_{p,m} = 0$。

(1) 推导反应的 $\ln K^{\ominus} = f(T)$；

(2) 计算反应在 500 K 时的 $K^{\ominus}$。

14. 在 373 K 下反应 $COCl_2(g) = CO(g) + Cl_2(g)$ 的标准平衡常数 $K^{\ominus}(373\ K) = 8 \times 10^{-9}$，反应 $\Delta_r H_m^{\ominus}(373\ K) = 104.7$ kJ·mol^{-1}（设 $\Delta_r H_m^{\ominus}$ 不随温度而变化），试计算：

(1) 373 K、总压为 202.65 kPa 时 $COCl_2$ 的离解度；

(2) 在 373 K 下，上述反应的 $\Delta_r S_m$；

(3) 总压为 202.65 kPa 时，$COCl_2$ 解离度为 0.1% 时的温度 T。

15. 反应 $NH_4HS(s) = NH_3(g) + H_2S(g)$ 的 $\Delta_r H_m^\ominus(373\ K) = 93.63\ kJ \cdot mol^{-1}$, $\Delta_r C_{p,m} = 0$, 在 298 K 时, 将过量 $NH_4HS(s)$ 投入体积一定的真空容器中, 平衡时总压为 59.97 kPa(设气相可视为理想气体), 试计算:

(1) 298 K 时反应的 $\Delta_r G_m^\ominus(298\ K)$;

(2) 308 K 时该反应的标准平衡常数 $K^\ominus(308\ K)$。

16. 已知反应 $N_2O_4(g) = 2NO_2(g)$ 在 318K 的标准平衡常数 $K^\ominus(318\ K) = 0.664$, 求总压分别为 101.325 kPa 和 1013.25 kPa 时 N_2O_4 的解离度, 并判断平衡移动情况(可按理想气体反应处理)。

17. 反应 $PCl_5(g) = PCl_3(g) + Cl_2(g)$ 在 200℃ 时的 $K^\ominus = 0.308$ (设反应可视为理想气体反应), 试计算:

(1) 200℃、101325Pa 下, $PCl_5(g)$ 的解离度;

(2) $PCl_5(g)$ 与 $Cl_2(g)$ 的物质的量之比为 1:5 的两种物质的混合物, 在 200℃、101325 Pa 下 $PCl_5(g)$ 的解离度。

自 测 题

一、填空题

1. 已知反应 $2SO_2(g) + O_2(g) = 2SO_3(g)$ 在 1000 K 时的 $K^\ominus = 3.45$。若 $SO_2(g)$ 和 $O_2(g)$ 的分压分别为 20.265 kPa 和 10.1325 kPa，则 $SO_3(g)$ 的分压必须低于 _____ kPa 才能使反应自动向右进行。

2. 某温度下，两不同压力下的反应：

$1/2N_2(g) + 1/2O_2(g) = NO(g)$ $K_1^\ominus$、$\Delta_r G_{m,1}^\ominus$

$2NO(g) = N_2(g) + O_2(g)$ $K_2^\ominus$、$\Delta_r G_{m,2}^\ominus$

$K_1^\ominus$ 与 $K_2^\ominus$ 的关系为 _____；$\Delta_r G_{m,1}^\ominus$ 与 $\Delta_r G_{m,2}^\ominus$ 的关系为 _____。

3. 已知在 1395 K 时下列两反应的标准平衡常数分别为：

(1) $2H_2O(g) = 2H_2(g) + O_2(g)$ $K_1^\ominus = 2.1 \times 10^{-13}$

(2) $2CO_2(g) = 2CO(g) + O_2(g)$ $K_2^\ominus = 1.4 \times 10^{-12}$

则反应（3）$CO_2(g) + H_2(g) = H_2O(g) + CO(g)$ 的标准平衡常数 $K_3^\ominus$ 为 _____。

4. 已知 298.15 K 时，反应 $2H_2(g) + O_2(g) = 2H_2O(g)$ 的 $K^\ominus(298.15\ K) = 1.17 \times 10^{80}$，$\Delta_r H_m^\ominus(298.15\ K) = -488\ kJ \cdot mol^{-1}$，假设此反应的 $\Delta C_p \approx 0$。则 $K^\ominus = 1.29 \times 10^{20}$ 时所对应的反应温度为 _____。

二、选择题

1. 在 298 K、101.325 kPa 下，$H_2O(l)$ 的化学势与 $H_2O(g)$ 的化学势之间的关系为（ ）。

    (a) $\mu(H_2O, l) > \mu(H_2O, g)$ (b) $\mu(H_2O, l) < \mu(H_2O, g)$

    (c) $\mu(H_2O, l) = \mu(H_2O, g)$ (d) 无法确定

2. 某化学反应 $2A + C = 3D$，在一定的条件下，该反应达到平衡，则各物质的化学势 μ_B 间应满足的关系为（ ）。

    (a) $\mu_A = \mu_C = \mu_D$ (b) $\mu_A + \mu_C = \mu_D$

    (c) $2\mu_A + \mu_C = 3\mu_D$ (d) $\mu_A/2 + \mu_C = \mu_D/3$

3. 在某抽空容器中，充入任意 A、B、C 三种气体，在等温等压、$W' = 0$ 的条件下，反应 $A(g) + B(g) = C(g)$ 的压力商 $\dfrac{p_C}{p_A p_B}$ 将随着反应的进行（ ）。

    (a) 逐渐增加   (b) 逐渐减小

    (c) 无确定的变化规律   (d) 自动地趋近于 $K^\ominus$

4. 将 $NH_4Cl(s)$ 置于一抽空容器中加热至 324℃，使 $NH_4Cl(s)$ 部分分解为 $NH_3(g)$ 和 $HCl(g)$，达平衡时系统的总压力为 101.325 kPa，则标准平衡常数 $K^\ominus$ 为（　　）。

(a) 0.5　　　(b) 0.025　　　(c) 0.05　　　(d) 0.25

5. 已知气相反应 $C_6H_6(g) + 3H_2(g) = C_6H_{12}(g)$ 在 373 K 时的 $\Delta_r H_m = -192.43$ kJ·mol^{-1}。当反应达平衡时，可采用下列（　　）组条件，使平衡向右移动。

(a) 升温与加压　(b) 升温与减压　(c) 降温与加压　(d) 降温与减压

6. 设有理想气体 $A(g) + B(g) = C(g)$ 在温度为 T、体积为 V 的密闭容器中，三个组分的分压分别为 p_A、p_B 及 p_C 时达平衡。如果在 T、V 恒定时，注入 n 摩尔的惰性组分 $D(g)$，则平衡将（　　）。

(a) 向右移动　　(b) 向左移动　　(c) 不移动　　(d) 不能确定

三、计算题

1. 已知 25℃ 时，$Ag_2O(s)$ 的 $\Delta_r H_m = -30.59$ kJ·mol^{-1}，$Ag_2O(s)$、$Ag(s)$、$O_2(g)$ 在 25℃ 时的 S_m 分别为 121.71 J·k^{-1}·mol^{-1}、42.69 J·k^{-1}·mol^{-1} 和 205.29 J·k^{-1}·mol^{-1}。

(1) 求 25℃ 时 $Ag_2O(s)$ 的分解压力。

(2) 纯 $Ag(s)$ 在 25℃、101.325 kPa 的空气中能否被氧化？已知空气中氧的含量为 21%（摩尔百分数）。

2. 理想气体间反应：$A(g) + B(g) = C(g)$

(1) 在恒定 400K、303.975 kPa 下，将 2 mol $A(g)$ 与 1 mol $B(g)$ 反应，达平衡时，$A(g)$ 的转化率为 0.2。求该温度下反应的标准平衡常数 $K^\ominus$(400 K)。

(2) 在上述温度、压力下，若起始时，系统内除有 2 mol $A(g)$、1 mol $B(g)$ 外，还有 8 mol 惰性组分 $E(g)$，则 $A(g)$ 的平衡转化率又为多少？

5 相平衡

相平衡原理主要是应用热力学原理研究多相系统中有关相的变化方向与限度的规律,即研究温度、压力及组成等因素对相平衡状态的影响。相平衡研究方法包括解析法和图解法。

相平衡的研究无论在科学研究领域还是在工业生产方面都有着重要意义。例如,在冶金工业上根据冶炼过程中的相变情况,可以监测金属的冶炼过程以及研究金属的成分、结构与性能之间的关系;我国东部沿海和西部地区有丰富的天然盐类资源,但这些海盐、岩盐和盐湖中产的盐都是混合物,只有用相平衡的原理及适当的溶解、重结晶等方法将其分离、提纯,才能作为重要的化工原料;在有机合成及石化工业中,产品与副产品总是相互混杂的,用精馏、吸收、萃取等方法提取、纯化,可以得到价值较高的产品,这些都要用到相平衡的知识。

5.1 相　律

相律是各种相平衡系统所遵守的共同规律,它体现出各种相平衡系统所具有的共性。根据相律可以确定对相平衡系统有影响的因素个数,在一定条件下平衡系统中最多可以有几个相存在等。

5.1.1 基本概念

1. 相

相是指系统内部物理性质和化学性质完全相同的均匀部分。在多相系统中,指定的条件下,相与相之间有明显的界面,在界面上其宏观性质发生突变。例如,在标准大气压和0℃时冰与水的混合系统,冰内部的物理和化学性质是均一的,为固相;而水内部的物理和化学性质也是均一的,为液相。冰与水之间有明显的界面,在界面上如密度、粘度等宏观性质会发生突变。

系统根据其中所含相的数目,可分为均相系统(或叫单相系统,系统中只含一个相)和非均相系统(或叫多相系统,系统中含有一个以上的相)。系统内部共

存相的数目用符号 φ 表示。

对于气体混合物,无论它包含多少种气体,它们都是均匀混合的,所以只有一个相,$\varphi=1$。

对于液体,根据其相互混溶的程度,可以形成不同相数的系统。例如,水与乙醇形成的是单相系统,$\varphi=1$;水与苯在通常情况下形成的是两相平衡系统,溶有少量苯的水层与溶有少量水的苯层平衡共存,$\varphi=2$;液体甚至还可以形成三个液相平衡共存的系统,$\varphi=3$。

对于固体,一般是有一种固体便有一个相。例如 $CaCO_3(s)$ 与 $CaO(s)$ 的粉末,无论混合得多么均匀,还是有两个相,因为每粒粉末仍保留着原有物质的物理和化学性质。如果两种金属以原子的形式均匀混合形成固态溶液,这时为一个相,简称为固溶体。例如,金与银、铜与锌在一定条件下可以形成单相的固溶体,通常称为合金。

2. 相 图

研究多相系统的状态如何随温度、压力和组成等变量的改变而发生变化,并用图形来表示这种状态的变化,这种图称为相图。相图按照组分数来分,可分为单组分系统相图、双组分系统相图、三组分系统相图等;按组分间相互溶解的情况又可分为完全互溶系统相图、部分互溶系统相图、完全不互溶系统相图等;按性质与组成的关系来分,则可分为蒸气压-组成图、沸点-组成图、熔点-组成图以及温度-溶解度图等。

3. 物种数和组分数

系统中所含化学物质种类的数目称为系统的"物种数",用符号 S 表示。确定平衡系统中所有各相组成所需要的最少数目的独立物质数称为独立组分数,简称组分数,用符号 K 表示。

系统中的组分数和物种数彼此之间存在某种联系,即
$$K = S - R - R' \tag{5.1}$$
式(5.1)中,R 为独立的化学平衡数,例如,某系统存在以下几个反应:

(1) $CO(g) + H_2O(g) = CO_2(g) + H_2(g)$

(2) $H_2(g) + \frac{1}{2}O_2(g) = H_2O(g)$

(3) $CO(g) + \frac{1}{2}O_2(g) = CO_2(g)$

尽管同时存在三个平衡反应,但这三个方程只有两个是独立的,因为 (3)=(1)+(2),所以 $R=2$。

式(5.1)中,R' 为在同一相中不同物种的浓度之间的独立关系数,但不包括各物质的摩尔分数之和为 1 这个关系。例如,$NH_4HS(s)$ 在真空中分解达到平衡
$$NH_4HS(s) = NH_3(g) + H_2S(g)$$

两种产物在同一气相中,其物质的量(或摩尔分数)必然相等,这时 $R'=1$。

再例如,碳酸钙的分解反应

$$CaCO_3(s) = CaO(s) + CO_2(g)$$

其物种数 $S=3$,有一个独立的化学平衡,$R=1$。但产物处于不同的相,彼此之间无相互限制条件,所以 $R'=0$,则 $K=S-R-R'=3-1-0=2$。

4. 自由度

当系统的温度、压力和组成发生变化时,会引起系统相平衡发生变化。将保持系统原有的相及相数不变,在一定范围内可以独立改变的变量数目,称为系统的自由度。用 F 表示。

水在真空的密闭容器中,当气、液两相平衡时,温度、压力虽为变量,但由于二者之间存在一定的函数关系,故只有一个为独立变量。例如,在 100℃、101.325 kPa 下,水与其蒸气平衡,若压力不变而将系统温度降至 90℃时,则平衡被破坏,再次达到平衡时,水蒸气压力等于水在 90℃的饱和蒸气压(70.12 kPa),而不能任意选择。即压力不是独立变量,而是随温度改变的。同样,改变压力时,温度也不能任意选择。因此,水的气、液两相平衡系统的自由度 $F=1$。但是,对液态水来说,可以在一定范围内任意改变液态水的温度,同时任意改变其压力,仍能保持水的液相,这时,该系统的自由度 $F=2$。

对于一个由多种物质形成的多相平衡系统,单凭经验确定其自由度的多少很困难。为确定平衡系统的自由度,需找出相数、组分数、自由度与其他条件之间的相互关系。

5.1.2 相 律

根据热力学基本原理,Gibbs 于 1875 年推导出了相数、组分数、自由度与温度和压力之间的关系,即在不考虑其他力场的情况下,只受温度和压力影响的多相平衡系统中,自由度等于组分数减去相数再加上 2,用公式表示为

$$F = K - \varphi + 2 \tag{5.2}$$

式中"2"代表温度和压力两个变量,如果指定了温度(或压力),则自由度减少 1,称为条件自由度,即

$$F^* = K - \varphi + 1$$

如果温度和压力都已指定,则条件自由度为

$$F^{**} = K - \varphi + 0$$

有些系统中,除温度、压力以外,还存在其他因素(如磁场、电场、重力场等)的影响,用 n 代表能够影响系统平衡状态的外界条件的个数,则相律可以写成一般的形式

$$F = K - \varphi + n$$

例 5.1 指出下列平衡系统的物种数、组分数、相数以及自由度。

(1) $NH_4Cl(s)$ 放入一抽空容器中,与其分解产物 $NH_3(g)$ 和 $HCl(g)$ 达成平衡;

(2) 任意量的 $NH_4Cl(s)$、$NH_3(g)$ 及 $HCl(g)$ 达成平衡;

(3) $NH_4HCO_3(s)$ 放入一抽空容器中,与其分解产物 $NH_3(g)$、$H_2O(g)$ 和 $CO_2(g)$ 达成平衡。

解:(1) 存在的平衡反应为:$NH_4Cl(s) = NH_3(g) + HCl(g)$,所以,$S=3$,$R=1$,$R'=1$,又 $\varphi=2$,则 $K=3-1-1=1$,$F=K-\varphi+2=1-2+2=1$。

(2) 存在的平衡反应为:$NH_4Cl(s) = NH_3(g) + HCl(g)$,所以,$S=3$,$R=1$。因为三种物质为任意量,$NH_3(g)$ 与 $HCl(g)$ 不存在由反应带来的组成关系,所以,$R'=0$,又 $\varphi=2$,则 $K=3-1-0=2$,$F=K-\varphi+2=2-2+2=2$。

(3) 存在的平衡反应为:$NH_4HCO_3(s) = NH_3(g) + H_2O(g) + CO_2(g)$,所以,$S=4$,$R=1$。因为,$n(NH_3):n(H_2O,g):n(CO_2,g)=1:1:1$,所以,$R'=2$,又 $\varphi=2$,则 $K=4-1-2=1$,$F=K-\varphi+2=1-2+2=1$。

例 5.2 Na_2CO_3 与 H_2O 可以生成以下水化物:$Na_2CO_3 \cdot H_2O(s)$,$Na_2CO_3 \cdot 7H_2O(s)$,$Na_2CO_3 \cdot 10H_2O(s)$。

(1) 指出在 101.325 kPa 下,与 Na_2CO_3 的水溶液、冰 $H_2O(s)$ 平衡共存的固体水化物最多有几种?

(2) 指出 30℃时,与水蒸气 $H_2O(g)$ 平衡共存的 Na_2CO_3 水化物(s)最多有几种?

解:此系统由 Na_2CO_3 与 H_2O 构成,$K=2$。虽然可有多种固体水化物存在,但在每形成一种水化物,物种数增加 1 的同时,增加一个化学平衡关系式,因此组分数仍为 2。

(1) 指定 101.325 kPa 时,相律表达式为 $F=K-\varphi+1=2-\varphi+1=3-\varphi$。

相数最多时,自由度最小,即 $F=0$ 时,$\varphi=3$。因此,与 Na_2CO_3 水溶液及冰共存的水化物最多只 1 种(3−2=1)。

(2) 指定 30℃时,相律表达式为 $F=K-\varphi+1=2-\varphi+1=3-\varphi$。

最多能有三相共存。因此,与水蒸气平衡共存的水化物最多可能有 2 种(3−1=2)。

5.2 单组分系统相平衡

对于单组分系统,$K=1$,根据相律可得 $F=1-\varphi+2=3-\varphi$。由于自由度数 F 最小只能为零,所以单组分系统最多只可能有 3 个相平衡共存。对于单组分两相平衡系统,根据相律,$F=3-2=1$,就是说 T、p 两个变量中只有一个是独立变量,即 T、p 两个变量之间存在着某种函数关系。

5.2.1 单组分系统两相平衡关系

表征纯物质两相平衡时温度、压力间关系的方程是克拉佩龙方程。它是由克拉佩龙于 1834 年分析了包含气、液平衡的卡诺循环后得到的,后又由克劳休斯用热力学原理推导出来。这一方程是把热力学原理应用于解决相平衡问题的典范。例如,利用克劳休斯－克拉佩龙方程可以很好地解决纯物质的液－气或固－气两相平衡时饱和蒸气压和温度的依赖关系,满足了化学实验和化工生产中的许多实际需要。

1. 克拉佩龙方程

设纯物质 B^* 在温度 T、压力 p 下,在 α、β 两相间达成平衡,表示成

$$B^*(\alpha, T, p) \xrightleftharpoons{\text{平衡}} B^*(\beta, T, p)$$

所以

$$G_m^*(B^*, \alpha, T, p) = G_m^*(B^*, \beta, T, p)$$

若改变该平衡系统的温度、压力,在温度 $T \to T+dT$,压力 $p \to p+dp$ 下重新建立平衡,即

$$B^*(\alpha, T+dT, p+dp) \xrightleftharpoons{\text{平衡}} B^*(\beta, T+dT, p+dp)$$

则有

$$G_m^*(B^*, \alpha, T, p) + dG_m^*(\alpha) = G_m^*(B^*, \beta, T, p) + dG_m^*(\beta)$$

所以

$$dG_m^*(\alpha) = dG_m^*(\beta)$$

由热力学基本方程,可得

$$-S_m^*(\alpha)dT + V_m^*(\alpha)dp = -S_m^*(\beta)dT + V_m^*(\beta)dp$$

整理得

$$\frac{dp}{dT} = \frac{S_m(\beta) - S_m(\alpha)}{V_m(\beta) - V_m(\alpha)} = \frac{\Delta_\alpha^\beta S_m}{\Delta_\alpha^\beta V_m}$$

因为

$$\Delta_\alpha^\beta S_m = \frac{\Delta_\alpha^\beta H_m}{T}$$

则

$$\frac{dp}{dT} = \frac{\Delta_\alpha^\beta H_m}{T \Delta_\alpha^\beta V_m} \tag{5.3}$$

上式称为克拉佩龙方程。利用克拉佩龙方程可以求出单组分系统在任意两相间建立平衡时,其平衡温度 T、平衡压力 p 二者的依赖关系。从方程可以看出,温度、压力不能同时任意改变,若其中一个变化,另一个必按方程的关系改变。例

如,若将式(5.3)应用于纯物质的液、气两相平衡,它就是液体的饱和蒸气压随温度变化的函数关系,而将式(5.3)应用于纯物质的固、液两相平衡时,它就是固体的熔点随外压的改变而变化的函数关系。

例 5.3 已知 0℃时,冰的摩尔熔化焓 $\Delta_{fus}H_m^* = 6008\,J\cdot mol^{-1}$,冰的摩尔体积 $V_m^*(s) = 19.652\times 10^{-6}\,m^3\cdot mol^{-1}$,水的摩尔体积 $V_m^*(l) = 18.018\times 10^{-6}\,m^3\cdot mol^{-1}$。在环境压力 $p = 101.325\,kPa$ 时冰的熔点为 0℃。试计算 0℃时水的凝固点每降低 1℃所需的平衡外压变化 Δp。

解:

$$\Delta_{fus}V_m^* = V_m^*(l) - V_m^*(s)$$
$$= (18.018 - 19.652)\times 10^{-6}\,m^3\cdot mol^{-1}$$
$$= -1.634\times 10^{-6}\,m^3\cdot mol^{-1}$$
$$\Delta_{fus}H_m^* = 6008\,J\cdot mol^{-1}$$

由克拉佩龙方程

$$\frac{dp}{dT} = \frac{\Delta_{fus}H_m}{T\Delta_{fus}V_m}$$

积分

$$\int_p^p dp = \frac{\Delta_{fus}H_m}{\Delta_{fus}V_m}\int^T \frac{dT}{T}$$

$$\Delta p = \frac{\Delta_{fus}H_m \ln(T_2/T_1)}{\Delta_{fus}V_m}$$

$$= \frac{6008\times \ln(272.15/273.15)}{-1.634\times 10^{-6}}\,Pa = 13.49\times 10^6\,Pa$$

所以,要使冰点降低 1℃,需增加压力 13.49 MPa。

2. 克劳修斯－克拉佩龙方程

将克拉佩龙方程应用于有气相存在的两相平衡系统,便得到了克劳修斯－克拉佩龙方程。以液、气两相平衡为例,克拉佩龙方程可写作

$$\frac{dp}{dT} = \frac{\Delta_{vap}H_m}{T[V_m(g) - V_m(l)]}$$

因为,$V_m^*(g) \gg V_m^*(l)$,所以,$V_m^*(g) - V_m^*(l) \approx V_m^*(g)$

$$\frac{dp}{dT} = \frac{\Delta_{vap}H_m}{TV_m(g)}$$

气体作为理想气体处理,于是

$$\frac{dp}{dT} = \frac{\Delta_{vap}H_m}{RT^2}p$$

或者写成

$$\frac{d\ln p}{dT} = \frac{\Delta_{vap}H_m}{RT^2} \tag{5.4}$$

这就是克劳修斯－克拉佩龙方程,简称克－克方程。

如果视 $\Delta_{vap}H_m^*$ 与温度无关,是一个常数,对式(5.4)进行积分,得

$$\ln \frac{p_2}{p_1} = \frac{\Delta_{vap}H_m}{R}\left(\frac{1}{T_1} - \frac{1}{T_2}\right) \tag{5.5}$$

利用方程(5.5),测定两个温度下的饱和蒸气压,可以计算液体的摩尔蒸发焓或固体的摩尔升华焓,也可以在已知摩尔蒸发焓的情况下,从一个温度下的饱和蒸气压求另一温度下的饱和蒸气压。但是,克－克方程是在克拉佩龙方程基础上近似处理而得到的,所以计算结果的精确度不如克拉佩龙方程式高。

例5.4 当温度从 99.5℃ 增加到 100℃ 时,水的饱和蒸气压增加了 1.807 kPa。已知在 100℃ 时,水的饱和蒸气压为 101.325 kPa,水蒸气的摩尔体积为 0.01877×10^{-3} m³·mol⁻¹。试计算水在 100℃ 时的 $\Delta_{vap}H_m^*$。

解:如果视 $\Delta_{vap}H_m^*$ 为与温度无关的常数,由克拉佩龙方程式(5.5),得

$$\ln \frac{101.325 \text{ kPa}}{(101.325 - 1.807) \text{ kPa}} = \frac{\Delta_{vap}H_m}{8.314 \text{J} \cdot \text{K}^{-1} \cdot \text{mol}^{-1}}\left(\frac{1}{372.65\text{K}} - \frac{1}{373.15\text{K}}\right)$$

解得

$$\Delta_{vap}H_m^* = 41.558 \text{ kJ} \cdot \text{mol}^{-1}$$

3. 外压(大气的压力)与蒸气压的关系

定温下液体与其自身的蒸气达到平衡时的饱和蒸气压就是液体的蒸气压。此时在液体上面除了液体的蒸气外别无他物,其外压就是平衡时蒸气的压力。但是如果将液体放在惰性气体中,例如在空气中(假设空气不溶于液体),则外压就是大气的压力,此时液体的蒸气压也相应有所改变。

在一定温度 T 和一定的外压 $p_{外}$ 时,液体与其蒸气平衡。设蒸气的压力为 p_g,没有其他物质存在,则 $p_{外} = p_g$。因为液、气处于平衡状态,所以 $G_l = G_g$。

若外压改变为 $p_{外} + dp_{外}$,则液体的蒸气压相应的改变为 $p_g + dp_g$。重新建立平衡后液体和其蒸气的吉布斯函数仍然相等,即

$$G_l' = G_g'$$

所以

$$dG_l = dG_g$$

由热力学关系式知,在等温下

$$dG = Vdp$$

则

$$V_l dp_{外} = V_g dp_g$$

即

$$\frac{dp_g}{dp_{外}} = \frac{V_l}{V_g}$$

由于 $V_g \gg V_l$,所以外压对蒸气压的影响很小,通常可忽略不计。

5.2.2 单组分系统相图

上面讲述的是用方程描述相平衡系统性质的解析法,此方法便于运算和分析,然而,在比较复杂的情况下难以找到与实验关系完全相当的方程式。用实验数据作图的图解法是广泛应用的方法,得到的图称为相图,相图具有清晰、直观的特点。下面以水的 $p-T$ 图为例。

水在一定温度和压力下,可以以气相、液相及固相三种相态存在。当水以单相存在时,有两个独立变量,所以可用压力和温度分别为纵坐标和横坐标作图,来描述水的相平衡状态;当水以 s⇌l,l⇌g,s⇌g 三种两相平衡态存在时,只有压力或者温度一个变量;当 s⇌l⇌g 三相平衡共存时,温度和压力都为固定值。

根据实验数据可以画出相图:在不同温度下测定 $H_2O(l)$ 的饱和蒸气压,可以画出 $H_2O(l) \rightleftharpoons H_2O(g)$ 两相平衡线;在不同温度下(冰点以下温度)测定冰的饱和蒸气压,可以画出 $H_2O(s) \rightleftharpoons H_2O(g)$ 的两相平衡线;在冰点以下的不同温度时,测定冰与水达成平衡时的压力,画出 $H_2O(s) \rightleftharpoons H_2O(l)$ 两相平衡线。水自身固有的三相平衡点的压力为 610.62 Pa,温度为 273.16 K。根据这些实验数据画出水的相图示意图如图 5.1 所示。

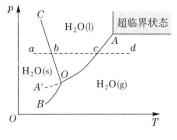

图 5.1 水的相图

在图 5.1 中,OA 线是气-液两相平衡线,即 $H_2O(l)$ 的饱和蒸气压曲线。OB 线是固-气两相平衡线,即冰的饱和蒸气压曲线,也称为冰的升华曲线。OC 线是固-液两相平衡线,即冰的熔点曲线。在两相平衡线上 $F=1$,温度和压力中只能改变一个。OA、OB 线的斜率为正值,即水和冰的饱和蒸气压随温度的上升而增加;OC 线的斜率为负值,即冰的凝固温度随压力上升而下降。与克拉佩龙方程计算的结果相符。

OA 线不能无限延长,而是终止于 A 点,这时液态与气态之间的界面消失,液态与气态的密度相同,成为一种特殊的流体。高于临界温度就不能用加压的方法使气体液化。超临界流体既具有类似液体的密度,又具有气体的粘度和扩散能力。OA 线可越过 O 点向左下方延伸,得到虚线 OA',它表示过冷水与其蒸气共存。此时并不处于热力学平衡态,是一种亚稳状态,震荡、搅拌等都能使过冷水转变为稳定的冰。

据理论推测,OB 线可向左下方延伸至绝对零度附近,但不能向右上方延伸,事实上不存在升温时该融化而未融化的过热冰。因为,微粒从有规则排列变成无规则状态是容易的,而从无规则的水到有序的冰则会产生滞后现象。

OC 线也不能任意延长,在压力高于 2×10^8 Pa 时,相图变得比较复杂,有不同结构的冰生成。

在 OA 与 OC 线之间是液态水的单相区,OA 与 OB 线之间是水蒸气的单相区,OB 与 OC 线之间是冰的单相区,所以两相平衡线也可看作相应单相区的交界线。在单相区,系统为双变量系统,温度和压力都可以在适当范围内变动且仍能维持该相不发生改变。

O 点是水的三相点,也可以看作三条两相平衡线的交点,这时液态水和冰的饱和蒸气压相等,三相点的压力与温度是由自身的性质决定的,是定值。需要注意的是,三相点并不是凝固点。凝固点是指在 101.325 kPa 的压力下,冰、水平衡共存时的温度,为 273.15 K(即 0℃)。冰点比三相点的温度低 0.01 K,当压力不同时,凝固点的温度也不同。凝固点随着外压的增加而下降,而三相点是物质的特性,不会因外界条件的改变而改变。

相图表明了水的相态与温度、压力的关系,从图中能方便地知道在任意给定的温度、压力下水的存在形式。而且,根据相图还可以对任一个变化过程进行相变分析。如图 5.1 中,系统 a 的等压加热过程由 $abcd$ 水平线表示,a 点是冰,当升温至 b 点时为熔点,开始出现液态水,固、液两相平衡共存。继续加热,不断有液态水生成,温度却保持不变,当固态全部转变为液态时,温度继续升高,进入液相区。升至 c 点时,开始出现水蒸气,此时气、液两相平衡共存。继续加热,不断有水蒸气生成,温度保持不变,当液态全部转变为气态时,温度继续升高,进入气相区。

5.3 二组分系统相平衡

如图 5.2 所示,设由组分 A、B 组成液态溶液,摩尔分数分别为 X_A, X_B。T 一定时,达到气、液两相平衡,液态混合物中各组分的摩尔分数分别为 $x_A, x_B(X_A\neq x_A, X_B\neq x_B)$;而气相混合物中各组分的摩尔分数分别为 y_A, y_B。因为各组分的蒸发能力不一样,所以通常 $y_A\neq x_A$,$y_B\neq x_B$。此时,气态混合物的总压力 p,即为温度 T 下该溶液的饱和蒸气压。按分压定义 $p_A=y_A p$,$p_B=y_B p$,则 $p=p_A+p_B=y_A p+y_B p$。

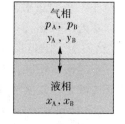

图 5.2 溶液的气、液平衡(T 一定)

若其中某组分是不挥发的,则其蒸气压很小,可以略去不计。设溶液中组分 A 代表溶剂,组分 B 代表溶质,组分 B(或溶质)不挥发,则 $p=p_A$。

溶液的饱和蒸气压不仅与溶液中各组分的本性及温度有关,而且与组成有关。这种关系一般较为复杂,但对稀溶液则有简单而重要的经验规律。19 世纪,科学家们在研究溶液的气、液平衡问题时,发现了两个有关溶液的蒸气压与溶液组成之间的重要定律:拉乌尔定律和亨利定律。

5.3.1 拉乌尔定律

拉乌尔(Raoult)通过大量的实验证明,在一定温度下,向纯溶剂 A 中加入不挥发性溶质 B(例如在水中加入糖),溶液的蒸气压要低于同温度下纯溶剂的蒸气压。1887 年,拉乌尔提出了一条经验定律:在一定温度下,平衡时,稀溶液中溶剂 A 在气相中的蒸气分压 p_A 等于同一温度下该纯溶剂的饱和蒸气压 p_A^* 与该溶液中溶剂的摩尔分数 x_A 的乘积。即

$$p_A = p_A^* x_A \tag{5.6}$$

这就是拉乌尔定律。式中,p_A^* 代表在此温度下纯溶剂的饱和蒸气压,x_A 代表溶液中溶剂的物质的量分数。

从微观上解释,当溶剂 A 中溶解了少量溶质 B 之后,虽然 A－B 分子间受力情况与 A－A 分子间受力情况不同,但由于 B 的相对含量很少,对于每个 A 分子来说,其周围绝大多数的相邻分子还是同种分子 A,故溶液液面上 A 分子逸出液面的速率与其处于纯溶剂状态时逸出速率几乎相同,此时溶剂的饱和蒸气压只与溶液中溶剂物质的量分数 x_A 成正比,而与溶质分子的性质无关。可见,拉乌尔定律适用的对象是稀溶液中的溶剂。

例 5.5 25℃时水的饱和蒸气压为 133.3 Pa,若一甘油水溶液中甘油的质量分数 $w_B = 0.100$,则溶液上方水的蒸气压为多少?

解: 甘油为不挥发性溶质,溶入水中后,使水的蒸气压下降,因为溶液较稀,可应用拉乌尔定律计算溶液的蒸气压。溶液中甘油的摩尔分数(以 100 g 溶液为计算基准),为

$$x_B = \frac{n_B}{n_A + n_B}$$

$$= \frac{100 \text{ g} \times 0.100/(92.1 \text{ g} \cdot \text{mol}^{-1})}{100 \text{ g} \times 0.900/(18.0 \text{ g} \cdot \text{mol}^{-1}) + 100 \text{ g} \times 0.100/(92.1 \text{ g} \cdot \text{mol}^{-1})}$$

$$= 0.020$$

由拉乌尔定律得

$$p_A = p_A^* x_A = p_A^* (1 - x_B) = 133.3 \text{ Pa} \times (1 - 0.020) = 131 \text{ Pa}$$

5.3.2 亨利定律

1803 年,亨利通过实验研究发现:一定温度下,在溶剂 A 中微溶的气体 B 的摩尔分数 x_B,与该气体在气相中的平衡分压 p_B 成正比。即

$$p_B = k_x x_B \tag{5.7}$$

这就是亨利定律。式中,p_B 代表在此溶液上方溶质 B 蒸气的平衡分压;k_x 称为亨利系数,它与温度、压力以及溶剂和溶质的性质均有关。

实验表明,亨利定律也适用于稀溶液中挥发性溶质的气、液平衡(如乙醇水溶液)。所以亨利定律又可表述为:在一定温度下,稀溶液中挥发性溶质 B 在平衡气相中的分压力 p_B 与该溶质 B 在平衡液相中的摩尔分数 x_B 成正比。

因为稀溶液中溶质 B 的组成浓度可用 x_B、c_B、b_B(b_B 为质量摩尔浓度,是溶质 B 的物质的量与溶剂 A 质量的比值,$b_B = \dfrac{n_B}{m_A}$)等表示,所以亨利定律亦可有不同形式,如

$$p_B = k_b b_B$$

$$p_B = k_c c_B$$

以上均为亨利定律的表达式。应用亨利定律时,要注意由手册中所查得的亨利系数与其数学表达式相对应。

此外,在应用亨利定律时,还要求稀溶液中的溶质在气、液两相中的分子形态必须相同。

如 HCl 溶解于苯中所形成的稀溶液,HCl 在气相和苯中分子形态均为 HCl 分子,可应用亨利定律;而 HCl 溶解于水中则成 H^+ 与 Cl^- 离子形态,与气相中的分子形态 HCl 不同,故不能应用亨利定律。而且,温度愈高或压力愈低,即溶液愈稀时,应用亨利定律愈准确。

例 5.6 0℃、101.325 kPa 下的氧气,在水中的溶解度为 4.490×10^{-2} $dm^3 \cdot kg^{-1}$(溶液密度可以认为与纯水密度相等),试求 0℃ 时,氧气在水中溶解的亨利系数 k_x、k_b 和 k_c。

解:因为 0℃,101.325 kPa 时,氧气的摩尔体积为 22.4 $dm^3 \cdot mol^{-1}$,所以

$$x_B = \frac{\dfrac{4.490 \times 10^{-2} dm^3}{22.4 \, dm^3 \cdot mol^{-1}}}{\dfrac{1000 \, g}{18 \, g \cdot mol^{-1}} + \dfrac{4.490 \times 10^{-2} \, dm^3}{22.4 \, dm^3 \cdot mol^{-1}}} = 3.61 \times 10^{-5}$$

由亨利定律,得

$$k_x = \frac{p_B}{x_B} = \frac{101325 \, Pa}{3.61 \times 10^{-5}} = 2.81 \times 10^9 \, Pa$$

$$b_B = \frac{4.490 \times 10^{-2} \, dm^3 \cdot kg^{-1}}{22.4 \, dm^3 \cdot mol^{-1}} = 2.00 \times 10^{-3} \, mol \cdot kg^{-1}$$

则

$$k_b = \frac{p_B}{b_B} = \frac{101325 \, Pa}{2.00 \times 10^{-3} \, mol \cdot kg^{-1}} = 5.10 \times 10^7 \, Pa \cdot kg \cdot mol^{-1}$$

$$c_B = \frac{\dfrac{4.490 \times 10^{-2} \text{ dm}^3}{22.4 \text{ dm}^3 \cdot \text{mol}^{-1}}}{\dfrac{1000 \text{ g}}{1000 \text{ g} \cdot \text{dm}^{-3}}} = 2.00 \times 10^{-3} \text{ mol} \cdot \text{dm}^{-3}$$

则

$$k_c = \frac{p_B}{c_B} = \frac{101325 \text{ Pa}}{2.00 \times 10^{-3} \text{ mol} \cdot \text{dm}^{-3}} = 5.10 \times 10^7 \text{ Pa} \cdot \text{dm}^3 \cdot \text{mol}^{-1}$$

5.3.3 理想溶液

1. 理想溶液的定义和特征

在一定温度下,我们把液态混合物中任一组分在全部组成范围内都符合拉乌尔定律的溶液称为理想溶液。则

$$p_A = p_A^* x_A$$
$$p_B = p_B^* x_B$$

从微观角度出发,理想溶液的特征是:

(i) 理想溶液中各组分间的分子间作用力与各组分在混合前纯组分的分子间作用力相同,可表示为 $f_{AA} = f_{BB} = f_{AB}$。

(ii) 理想溶液中各组分的分子体积大小几近相同,结构相仿。

理想溶液的混合性质是宏观表现,但从微观上也可以理解。根据其微观特征,理想溶液中,同类或异类分子之间的相互作用力相同,各类的分子体积相等,因此,各种分子在混合物中受力情况与在纯组分中几乎等同,混合时不发生体积变化,分子间势能也不改变,因而混合时不伴随放热、吸热现象,故焓不变。即

(i) 由纯组分在定温、定压下混合成理想溶液过程的焓变为零,$\Delta_{\text{mix}} H = 0$。

(ii) 由纯组分在定温、定压下混合成理想溶液,$\Delta_{\text{mix}} V = 0$。

所以,理想溶液中,各组分的偏摩尔体积与其在纯态时的摩尔体积相同,其偏摩尔焓与其在纯态时的摩尔焓相同。理想溶液是真实液态混合物的一种理想模型,在客观上是不存在的。但是,像同位素化合物的混合物(如 $H_2O - D_2O$)、结构异构体的混合物(如 $c-$二甲苯与 $p-$二甲苯)、紧邻同系物的混合物(如苯-甲苯)等,都可近似地视为理想溶液。

2. 理想溶液中各组分的化学势

设有一理想溶液在温度 T、压力 p 下与其蒸气呈平衡,若该理想溶液中任意组分 B 的化学势为 $\mu_B(l, T, p, x_B)$,假定与之呈平衡的蒸气可视为理想气体混合物,该理想气体混合物中组分 B 的化学势为 $\mu_B(g, T, p, p_B)$。

由相平衡条件式,对于上述系统,在 T, p 下,任意组分 B 在两相化学势应相等,即有

$$\mu_B(l, T, p, x_B) = \mu_B(g, T, p, p_B)$$

物质 B 在气相中的化学势为

$$\mu_B(g,T,p,p_B) = \mu_B^{\ominus}(g,T) + RT\ln\frac{p_B}{p^{\ominus}}$$

又因为理想液态混合物任意组分 B 都遵守拉乌尔定律，即 $p_B = p_B^* x_B$，代入上式得

$$\mu_B(l,T,p,x_B) = \mu_B^{\ominus}(g,T) + RT\ln\frac{p_B^*}{p^{\ominus}} + RT\ln x_B$$

式中，$\mu_B^{\ominus}(g,T) + RT\ln\frac{p_B^*}{p^{\ominus}}$ 即为纯物质 B 饱和蒸气的化学势表达式，因为该饱和蒸气与温度 T、压力 p 时的纯液体 B 呈平衡，则有

$$\mu_B^*(l,T,p) = \mu_B^{\ominus}(g,T) + RT\ln\frac{p_B^*}{p^{\ominus}}$$

所以

$$\mu_B(l,T,p,x_B) = \mu_B^*(l,T,p) + RT\ln x_B \tag{5.8}$$

这就是理想溶液中各组分的化学势表达式。式中，$\mu_B^*(l,T,p)$ 是温度 T、压力 p（溶液上方的总压）、$x_B = 1$ 时的化学势，也是组分 B 在纯态时的化学势。按照国家标准规定，组分 B 的标准态应为温度 T、压力 $p^{\ominus}$ 下液体纯物质 B 的状态。

根据化学势与压力的关系，在恒定组成的条件下，

$$\left(\frac{\partial \mu_B}{\partial p}\right)_T = V_B$$

则

$$\left(\frac{\partial \mu_B^*}{\partial p}\right)_T = V_B^*$$

将上式在 $p^{\ominus}$ 与 p 之间作定积分

$$\int_{\mu_B^*(p^{\ominus})}^{\mu_B^*(p)} d\mu_B^* = \int_{p^{\ominus}}^{p} V_B^* dp$$

$$\mu_B^*(l,T,p) - \mu_B^*(l,T,p^{\ominus}) = \int_{p^{\ominus}}^{p} V_B^* dp$$

$$\mu_B^*(l,T,p) = \mu_B^*(l,T,p^{\ominus}) + \int_{p^{\ominus}}^{p} V_B^* dp$$

令

$$\mu_B^{\ominus}(l,T) = \mu_B^*(l,T,p^{\ominus})$$

则

$$\mu_B^*(l,T,p) = \mu_B^{\ominus}(l,T) + \int_{p^{\ominus}}^{p} V_B^* dp$$

上式代入式(5.8),得

$$\mu_B(l,T,p,x_B) = \mu_B^{\ominus}(l,T) + RT\ln x_B + \int_{p^{\ominus}}^{p} V_B^* \mathrm{d}p \tag{5.9}$$

在通常压力下 $p^{\ominus}$ 与 p 差别不大时,对凝聚系统的化学势的值影响不大,所以上式中的积分项可以忽略不计,于是可以简化为

$$\mu_B(l,T,p,x_B) = \mu_B^{\ominus}(l,T) + RT\ln x_B \tag{5.10}$$

还应注意,对理想溶液中的各组分不区分为溶剂和溶质,都选择相同的标准态,任意组分 B 的化学势表达式都是式(5.8)。

3. 理想溶液的气液平衡

假设 A,B 能形成的溶液为理想溶液,达气液平衡时有

$$p = p_A + p_B$$

由于两组分都遵守拉乌尔定律,故

$$p_A = p_A^* x_A$$
$$p_B = p_B^* x_B$$

则

$$p = p_A + p_B = p_A^* x_A + p_B^* x_B$$

又

$$x_A = 1 - x_B$$

所以

$$p = p_A^* + (p_B^* - p_A^*) x_B \tag{5.11}$$

可见,二组分理想溶液平衡气相的蒸气总压 p 与平衡液相组成 x_B 的关系是一个一次函数方程。当 T 一定时,如果 $p_A^* > p_B^*$,可用图 5.3 表示它们的关系。

从图中可以看出,对于二组分理想溶液,在一定温度下达平衡时,如果 $p_A^* > p_B^*$,各组分在气相的分压和总压与液相组成的关系,必有 $p_A^* > p > p_B^*$。

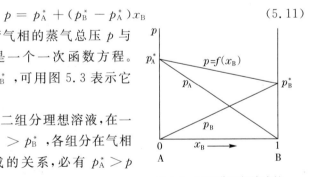

图 5.3 二组分理想溶液的蒸气压-组成图

例 5.7 在 85℃、101.3 kPa 下,甲苯(A)及苯(B)组成的液态混合物达到沸腾。该液态混合物可视为理想溶液。试计算该混合物的液相及气相组成。已知在 85℃时苯的蒸气压为 117.1 kPa,甲苯的蒸气压为 46.0 kPa。

解:由题可知

$$p = 101.3 \text{ kPa}$$
$$p_A^* = 46.0 \text{ kPa}$$

$$p_B^* = 117.1 \text{ kPa}$$

根据

$$p = p_A^* + (p_B^* - p_A^*)x_B$$

可得

$$x_B = \frac{p - p_A^*}{p_B^* - p_A^*} = \frac{(101.3 - 46.0) \text{ kPa}}{(117.1 - 46.0) \text{ kPa}} = 0.778$$

$$x_A = 1 - x_B = 0.222$$

$$y_B = \frac{p_B}{p} = \frac{p_B^* x_B}{p} = \frac{117.1 \text{ kPa} \times 0.778}{101.3 \text{ kPa}} = 0.899$$

$$y_A = 1 - y_B = 0.101$$

例 5.8 液体 A 和 B 可形成理想溶液。把组成为 $y_A = 0.400$ 的蒸气混合物放入一带有活塞的气缸中进行定温压缩,已知在该温度下 p_A^* 和 p_B^* 分别为 40530 Pa 和 121590 Pa。

(1) 计算刚开始出现液相时的液相组成及蒸气总压;

(2) 求 A 和 B 的液态混合物在 101325 Pa 下沸腾时液相的组成。

解:(1) 刚开始凝结时气相组成仍为 $y_A = 0.400, y_B = 0.600$,而 $p_B = p_B^* x_B$,故

$$p = \frac{p_B}{y_B} = \frac{p_B^* x_B}{y_B} \tag{a}$$

又

$$p = p_A^* + (p_B^* - p_A^*)x_B \tag{b}$$

联立式(a)、(b),

$$p_A^* + (p_B^* - p_A^*)x_B = \frac{p_B^* x_B}{y_B}$$

代入数据,

$$y_B = 0.600, p_A^* = 40530 \text{ Pa}, p_B^* = 121590 \text{ Pa}$$

解得

$$x_B = 0.333$$
$$p = 67583.8 \text{ Pa}$$

(2) 由式(b),则

$$101325 \text{ Pa} = 40530 \text{ Pa} + (121590 \text{ Pa} - 40530 \text{ Pa})x_B$$

解得

$$x_B = 0.750$$

5.3.4 理想稀溶液

1. 理想稀溶液的定义

一定温度下,如果无限稀薄溶液的溶剂和溶质分别服从拉乌尔定律和亨利定律,称之为理想稀溶液。

对于二组分理想稀溶液,在达成气液两相平衡时,

$$p_A = p_A^* x_A$$

$$p_B = k_x x_B$$

如果溶质、溶剂都挥发,则

$$p = p_A + p_B = p_A^* x_A + k_x x_B$$

如果溶质不挥发,则

$$p = p_A = p_A^* x_A$$

在这种溶液中,溶质分子间距离很远,溶剂和溶质分子周围几乎全是溶剂分子。理想稀溶液的微观和宏观特征不同于理想溶液,理想稀溶液各组分分子体积不相同,溶质与溶剂间的相互作用与溶剂和溶质分子各自之间的相互作用也大不相同。宏观上,当溶剂和溶质混合成理想稀溶液时会产生吸热或放热现象及体积变化。

2. 理想稀溶液中各组分的化学势

理想稀溶液中的溶剂服从拉乌尔定律,溶质服从亨利定律。因此,溶质和溶剂化学势的表达式是不同的。

(1) 溶剂的化学势表达式　理想稀溶液的溶剂遵守拉乌尔定律,所以与理想溶液各组分的化学势表达式的导出方法一样,得到温度 T、压力 p 时溶剂 A 的化学势为

$$\mu_A(l, T, p, x_A) = \mu_A^{\ominus}(l, T) + RT\ln x_A$$

式中 x_A 为溶液中溶剂 A 的摩尔分数,$\mu_A^{\ominus}(l, T)$ 为标准态的化学势,此标准态选为纯液体 A 在温度 T、压力 $p^{\ominus}$ 下的状态。

(2) 溶质的化学势表达式　由于 ISO 及 GB 仅选用 b_B 作为溶液中溶质 B 的组成浓度,因此我们只讨论溶质 B 的组成浓度用 b_B 表示的化学势表达式。

设有一理想稀溶液,温度 T、压力 p 下与其蒸气呈平衡,溶质 B 的化学势用 $\mu_B(l, T, p, b_B)$ 表示,由相平衡条件式,即有

$$\mu_B(l, T, p, b_B) = \mu_B(g, T, p, p_B)$$

所以

$$\mu_B(l, T, p, b_B) = \mu_B^{\ominus}(g, T) + RT\ln\frac{p_B}{p^{\ominus}}$$

又因为溶质 B 服从亨利定律,即

$$p_B = k_b b_B$$

代入上式得

$$\mu_B(l,T,p,b_B) = \mu_B^{\ominus}(g,T) + RT\ln\frac{k_b b_B}{p^{\ominus}}$$

$$= \mu_B^{\ominus}(g,T) + RT\ln\frac{k_b b^{\ominus}}{p^{\ominus}} + RT\ln\frac{b_B}{b^{\ominus}}$$

式中,$b^{\ominus} = 1\ \text{mol} \cdot \text{kg}^{-1}$,称作溶质 B 的标准质量摩尔浓度。

令 $\mu_B(l,T,p,b^{\ominus}) = \mu_B^{\ominus}(g,T) + RT\ln\frac{k_b b^{\ominus}}{p^{\ominus}}$

则 $\mu_B(l,T,p,b_B) = \mu_B(l,T,p,b^{\ominus}) + RT\ln\frac{b_B}{b^{\ominus}}$ (5.12)

$\mu_B(l,T,p,b^{\ominus})$ 是溶液中溶质 B 的质量摩尔浓度 $b_B = b^{\ominus}$ 时,溶质 B 的化学势,对于一定的溶剂和溶质,它是温度和压力的函数。当压力为 $p^{\ominus}$ 时,用 $\mu_B^{\ominus}(l,T,b^{\ominus})$ 表示,即标准态的化学势。这一标准态是指温度为 T,压力为 $p^{\ominus}$ 下,溶质 B 的质量摩尔浓度 $b_B = b^{\ominus}$。

$\mu_B(l,T,p,b^{\ominus})$ 与 $\mu_B^{\ominus}(l,T,b^{\ominus})$ 的关系为

$$\mu_B(l,T,p,b^{\ominus}) = \mu_B^{\ominus}(l,T,b^{\ominus}) + \int_{p^{\ominus}}^{p} V_B^{\infty} dp$$

式中,V_B^{∞} 为无限稀释的理想稀溶液中溶质 B 的偏摩尔体积。当 p 与 $p^{\ominus}$ 差别不大时,对凝聚相的化学势值影响不大,上式中的积分项可以略去,于是代入式 (5.12),可得

$$\mu_B(l,T,p,b_B) = \mu_B^{\ominus}(l,T,b^{\ominus}) + RT\ln\frac{b_B}{b^{\ominus}} \qquad (5.13)$$

这就是理想稀溶液中溶质 B 的组成浓度用质量摩尔浓度 b_B 表示时,溶质 B 的化学势表达式。

必须指出,上述的标准态实际上是不存在的虚拟状态。因为 $b_B = b^{\ominus} = 1\ \text{mol} \cdot \text{kg}^{-1}$ 时,溶质行为早已不遵循亨利定律,如图 5.4 所示。

注意:上述理想稀溶液中溶质 B 的标准态化学势的标准状态的选择,与理想稀溶液中溶剂 A 的标准态化学势的标准状态的选择不相同。对理想溶液不分为溶剂和溶质,对其中任何组分均选用同样的标准态;而对理想稀溶液则区分为溶剂和溶质,且对溶剂和溶质采用不同的标准态。这是在热力学中,处理多组分理想系统时,采用理想液态混合物及理想稀溶液的定义所带来的必然结果。

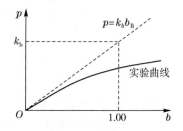

图 5.4 理想稀溶液中溶质 B 的标准态图示

3. 稀溶液的依数性

"依数性"是指依赖于数量的性质。在一定温度下,向纯溶剂中溶入一定数量的不挥发性溶质形成稀溶液后,溶剂的蒸气压降低,溶液的沸点升高、凝固点降低以及具有渗透压。这些性质与一定量溶剂中溶质的数量有关,因此称为稀溶液的依数性。

(1) 蒸气压下降 根据拉乌尔定律,稀溶液中溶剂蒸气压下降的规律可由下式表示

$$\Delta p = p_A^* - p_A = p_A^* x_B$$

上式说明蒸气压下降值与溶质的物质的量分数 x_B 成正比。

(2) 凝固点降低 稀溶液当冷却到凝固点时析出的可能是纯溶剂,也可能是溶剂和溶质一起析出。这里假设,从溶液里析出的是纯溶剂的固体,即在凝固点时,固体的蒸气压等于它的液体的蒸气压。

在图 5.5 中,ECF 是固态纯溶剂的蒸气压曲线。平衡时,固相与液相的蒸气压相等,所以 E 点对应的温度 T_f^* 是纯溶剂的凝固点。由于稀溶液蒸气压下降,CD 线在 AB 线下方,所以 C 点对应的温度 T_f 是溶液的凝固点。$T_f^* > T_f$,即溶液的凝固点下降。

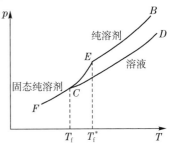

图 5.5 溶液的凝固点下降示意图

实验结果表明,凝固点降低的量值与稀溶液中所含溶质的数量成正比,即

$$\Delta T_f = T_f^* - T_f = K_f b_B \tag{5.14}$$

K_f 称为凝固点降低系数,它与溶剂性质有关而与溶质性质无关。式(5.14)可用热力学方法进行推导。

设有一理想稀溶液,溶剂摩尔分数为 x_A,设该溶液在压力 p 时,凝固点为 T。当在温度 T、压力 p 下建立液固平衡时,应有

$$\mu_A(l, x_A) = \mu_A^*(s)$$

即

$$\mu_A(l, x_A) = G_{m,A}^*(s)$$

在 p 一定时,若 $x_A \to x_A + dx_A$,而相应的凝固点由 $T \to T + dT$,在此条件下再建立新的凝固平衡。这时,有

$$\mu_A(l, x_A) + d\mu_A(l, x_A) = G_{m,A}^*(s) + dG_{m,A}^*(s)$$

所以

$$d\mu_A(l, x_A) = dG_{m,A}^*(s)$$

因为
$$\mu_A(l, x_A) = f(T, p, x_A), G_{m,A}^*(s) = f(T, p)$$

在 p 一定时,全微分形式为
$$d\mu_A(l, x_A) = [\partial \mu_A(l, x_A)/\partial T]_{p,x_A} dT + [\partial \mu_A(l, x_A)/\partial x_A]_{p,T} dx_A$$
$$dG_{m,A}^*(s) = [\partial G_{m,A}^*(s)/\partial T]_p dT$$

则
$$[\partial \mu_A(l, x_A)/\partial T]_{p,x_A} dT + [\partial \mu_A(l, x_A)/\partial x_A]_{p,T} dx_A = [\partial G_{m,A}^*(s)/\partial T]_p dT$$

因为
$$\mu_A(l, x_A) = \mu_A^\ominus(l, T) + RT \ln x_A$$
$$[\partial \mu_A(l, x_A)/\partial x_A]_{p,T} = RT/x_A$$

所以
$$-S_{m,A} dT + RT \frac{dx_A}{x_A} = -S_{m,A(s)}^* dT$$
$$RT \frac{dx_A}{x_A} = [S_{m,A} - S_{m,A(s)}^*] dT$$

而
$$\Delta S_{m,A} = [H_{m,A} - H_{m,A(s)}^*]T = \Delta H_{m,A}/T$$

因为是稀溶液,所以 $\Delta H_{m,A} \approx \Delta_{fus} H_{m,A}^*$(纯固体 A 的摩尔熔化焓)。
$$RT \frac{dx_A}{x_A} = \Delta_{fus} H_{m,A}^* \frac{dT}{T}$$

分离变量积分
$$\int_1^{x_A} \frac{dx_A}{x_A} = \int_{T_f^*}^{T_f} \frac{\Delta_{fus} H_{m,A}}{RT^2} dT$$

视 $\Delta_{fus} H_{m,A}^*$ 为与温度无关的常数,则
$$\ln x_A = -\frac{\Delta_{fus} H_{m,A}}{R}\left(\frac{1}{T_f} - \frac{1}{T_f^*}\right) = -\frac{\Delta_{fus} H_{m,A}(T_f^* - T_f)}{RT_f T_f^*}$$

设 $\Delta T_f = T_f^* - T_f$,则
$$\Delta T_f = -\frac{RT_f T_f^*}{\Delta_{fus} H_{m,A}} \ln x_A$$

对于稀溶液,可以再加上两个近似条件:
(a) $T_f^* T_f \approx (T_f^*)^2$
(b) 因为 $x_B \ll 1$,则 $-\ln x_A = -\ln(1 - x_B) \approx x_B$
$$x_B = \frac{n_B}{n_A + n_B} \approx \frac{n_B}{n_A}$$

所以
$$x_B \approx M_A b_B/1000$$

因此
$$\Delta T_{\mathrm{f}} = -\frac{R(T_{\mathrm{f}}^{*})^{2} M_{\mathrm{A}}}{1000\Delta_{\mathrm{fus}} H_{\mathrm{m,A}}} b_{\mathrm{B}}$$

定义
$$K_{\mathrm{f}} = \frac{R(T_{\mathrm{f}}^{*})^{2} M_{\mathrm{A}}}{1000\Delta_{\mathrm{fus}} H_{\mathrm{m,A}}}$$

所以
$$\Delta T_{\mathrm{f}} = K_{\mathrm{f}} b_{\mathrm{B}} \tag{5.15}$$

式中,K_{f} 为凝固点降低常数,其数值仅与溶剂的性质有关。表 5.1 中列出的是几种常见溶剂的 K_{f} 值。

表 5.1 几种常见溶剂的 K_{f} 值

溶剂	水	醋酸	苯	环己烷	萘	樟脑
$K_{\mathrm{f}}/(\mathrm{K} \cdot \mathrm{kg} \cdot \mathrm{mol}^{-1})$	1.86	3.90	5.10	20	7.0	40

若已知 K_{f},则测定 ΔT_{f},就可以求出溶质的摩尔质量。

注意:如果当溶液凝固时析出的不是纯溶剂,而是溶剂与溶质的固溶体,那么溶液的凝固点未必低于溶剂的凝固点,上述推理和结论并不适用。

例 5.9 樟脑的熔点是 445.15 K,$K_{\mathrm{f}}=40$ K·kg·mol^{-1}。现有 7.9×10^{-6} kg 酚酞和 1.292×10^{-4} kg 樟脑的混合物,测得该溶液的凝固点比樟脑低 8.0 K,求酚酞的摩尔质量。

解:$\Delta T_{\mathrm{f}} = K_{\mathrm{f}} b_{\mathrm{B}} = K_{\mathrm{f}} \dfrac{m_{\mathrm{B}}}{M_{\mathrm{B}} \cdot m_{\mathrm{A}}}$

所以
$$M_{\mathrm{B}} = \frac{K_{\mathrm{f}} m_{\mathrm{B}}}{\Delta T_{\mathrm{f}} \cdot m_{\mathrm{A}}} = \frac{40 \text{ K} \cdot \text{kg} \cdot \text{mol}^{-1} \times 7.9\times 10^{-6} \text{ kg}}{8.0 \text{ K} \times 1.292 \times 10^{-4} \text{ kg}} = 0.3057 \text{ kg} \cdot \text{mol}^{-1}$$

(3) 沸点升高 沸点是液体或溶液的蒸气压 p 等于外压时的温度。若溶质不挥发,则溶液的蒸气压等于溶剂的蒸气压,$p = p_{\mathrm{A}}, p_{\mathrm{A}} = p_{\mathrm{A}}^{*} x_{\mathrm{A}}$,$p_{\mathrm{A}} < p_{\mathrm{A}}^{*}$。如图 5.6 所示,理想稀溶液的蒸气压曲线在纯溶剂蒸气压曲线的下方。

由图可知,在外压力 $p_{\text{外}}$ 时,溶液的沸点 T_{b} 必大于纯溶剂的沸点 T_{b}^{*},即沸点升高。实验结果表明,含不挥发性溶质的理想稀溶液的沸点升高为

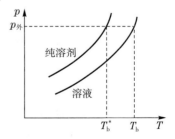

图 5.6 稀溶液的沸点升高示意图

$$\Delta T_{\mathrm{b}} = T_{\mathrm{b}} - T_{\mathrm{b}}^{*} = K_{\mathrm{b}} b_{\mathrm{B}} \tag{5.16}$$

式中,K_{b} 称为沸点升高常数,其数值仅与溶剂的性质有关。表 5.2 中列出的是几种常见溶剂的 K_{b} 值。

表 5.2　几种常见溶剂的 K_b 值

溶剂	水	甲醇	乙醇	乙醚	丙酮	苯	氯仿	四氯化碳
$K_b/(\text{K}\cdot\text{kg}\cdot\text{mol}^{-1})$	0.52	0.80	1.20	2.11	1.72	2.57	3.88	5.02

注意：如果溶液中的溶质是挥发性的，那么溶液蒸气压为溶剂和溶质的蒸气压之和，不一定低于同温度下纯溶剂的蒸气压，因此结论并不适用。

(4) 渗透压　半透膜有天然的和人造的，它们的共同特点是对透过的物质具有选择性。它们只允许小于一定粒径的微粒通过，而不允许大分子、胶粒通过；或者允许溶剂分子通过，而不允许溶质分子通过。例如，醋酸纤维膜允许水分子通过，不允许水中的溶质分子通过；动物的膀胱膜允许水分子通过，而不允许高分子溶质或胶体粒子通过，等等。

一定温度下，在如图 5.7(a) 所示的 U 型容器中，中间用半透膜隔开，它的两侧分别注入纯溶剂和溶液。实验结果表明，大量溶剂将透过膜进入溶液，溶液的液面不断上升，两液面高度差为 h 时，达到平衡。产生这种现象的原因是化学势不同，由于纯溶剂的蒸气压比溶液的蒸气压大，则溶剂的化学势大于溶液的化学势，因此溶剂分子通过半透膜进入溶液。如果改变溶液的浓度，则溶液液面上升的高度也随之改变，这种现象称为渗透现象。若要阻止渗透现象的发生，必须在溶液上方施加压力，以使溶液的化学势增加，直到相等，渗透现象停止，如图 5.7(b) 所示。额外增加的压力 Π 称为渗透压。

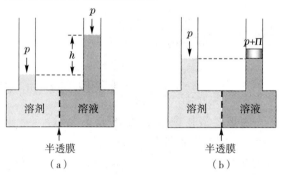

图 5.7　渗透平衡示意图

利用热力学原理和方法，可以推导出理想稀溶液的渗透压与溶液组成的关系为

$$\Pi = c_B RT \tag{5.17}$$

式中，c_B 为理想稀溶液中溶质的物质的量浓度。

渗透压是稀溶液的依数性中最灵敏的一种，尤其适用于测定大分子化合物的分子量。因为大分子化合物的其他依数性往往很小，难以准确测定，而渗透压容易测量并且准确。根据渗透压可以求出溶质的分子量。

例 5.10 (1) 人的血浆的凝固点为 272.65 K(−0.50℃),求 310.15 K (37℃)时血浆的渗透压。

(2) 血浆的渗透压在 310.15 K(37℃)时为 729.54 kPa,计算葡萄糖等渗透溶液的质量摩尔浓度(设血浆的密度为 1×10^3 kg·m^{-3})。

解:(1) 因为血浆的溶剂是水,所以

$$K_f = 1.86 \text{ K·kg·mol}^{-1}$$

$$\Delta T_f = K_f b_B = 0.50$$

$$\Pi = \frac{n_B}{V}RT = \frac{n_B}{\dfrac{m_A+m_B}{\rho}}RT$$

血浆可当作稀溶液,所以 $m_A + m_B \approx m_A$

$$\Pi \approx \frac{n_B}{m_A}\rho RT = b_B \rho RT$$

$$\Pi = \frac{0.50 \text{ K}}{1.86 \text{ K·kg·mol}^{-1}} \times 1\times 10^3 \text{ kg·m}^{-3} \times 8.314 \text{ J·K}^{-1}\text{·mol}^{-1} \times 310.15 \text{ K}$$

$$= 693.17 \times 10^3 \text{ Pa}$$

(2) 两种溶液的渗透压相等时,称这两种溶液为等渗透溶液。

$$\Pi \approx b_B \rho RT, \quad b_B \approx \frac{\Pi}{\rho RT}$$

$$b_B = \frac{729.54 \times 10^3 \text{ Pa}}{1 \times 10^3 \text{ kg·m}^{-3} \times 8.314 \text{ J·K}^{-1}\text{·mol}^{-1} \times 310.15 \text{ K}}$$

$$= 0.2829 \text{ mol·kg}^{-1}$$

另外,若在溶液液面上施加大于渗透压的额外压力时,则溶液中的溶剂将会通过半透膜渗透到溶剂中去,这种现象叫作反渗透。渗透和反渗透作用是膜分离技术的理论基础。在生物体内广泛存在渗透和反渗透作用;在生物学领域以及纺织工业、制革工业、造纸工业、食品工业、化学工业、医疗保健、水处理中广泛使用膜分离技术。例如,利用人工肾进行血液透析,利用膜分离技术进行海水、苦咸水淡化以及果汁浓缩等。

5.3.4 真实溶液

真实溶液不同于理想溶液,也不同于理想稀溶液。除在极稀的情况外,在大部分的浓度范围内,真实溶液中任意组分均不遵守拉乌尔定律,溶质也不遵守亨利定律。它们都对理想溶液及理想稀溶液所遵守的规律产生偏差。

1. 真实溶液的偏差

真实溶液的蒸气压如果大于按照拉乌尔定律计算的数值,则称为正偏差;反之,真实溶液的蒸气压如果小于按照拉乌尔定律计算的数值,则称为负偏差。通

常,真实系统中各种组分均为正偏差,或均为负偏差。但在某些情况下也可能出现若干组分在某一组成范围内为正偏差,而在另一范围内为负偏差。

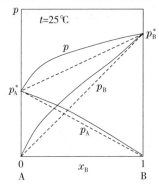 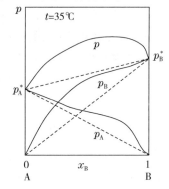

图 5.8　苯(A)－丙酮(B)系统的蒸气压　　图 5.9　甲醇(A)－氯仿(B)系统的蒸气压
　　　　与液相组成 x_B 的关系　　　　　　　　　　　与液相组成 x_B 的关系

图 5.8、5.9 所示都为正偏差系统,图中实线表示真实溶液各组分的蒸气压以及蒸气总压与溶液组成的关系;而虚线则表示按拉乌尔定律计算的各组分,或溶液中溶剂的蒸气压以及蒸气总压与溶液组成的关系。苯－丙酮系统在全部组成范围内,蒸气总压均介于两个纯组分的饱和蒸气压之间。甲醇－氯仿系统在某一组成范围内,蒸气总压会大于两个纯组分的饱和蒸气压,因而出现极大值。

图 5.10、5.11 所示为负偏差系统。氯仿－乙醚系统在全部组成范围内,蒸气总压均介于两个纯组分的饱和蒸气压之间。氯仿－丙酮系统在某一组成范围内,蒸气总压会小于两个纯组分的饱和蒸气压,因而出现极小值。

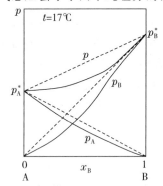 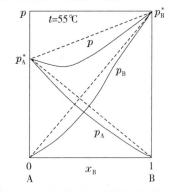

图 5.10　氯仿(A)－乙醚(B)系统的　　　图 5.11　氯仿(A)－丙酮(B)系统的
　　　　蒸气压与液相组成 x_B 的关系　　　　　　蒸气压与液相组成 x_B 的关系

2. 真实溶液中各组分的化学势

如图 5.12 所示,真实溶液中任一组分 B 在指定 T、p 及浓度为 x_B 时的蒸气压 p_B 与理想情况存在差别,为解决这个问题,将 p_B 与 x_B 的关系表示为 $p_B = p_B^* x_B f_B$,

定义　　　$a_B = x_B f_B$

则　　　　$p_B = p_B^* a_B$

式中，a_B 为真实溶液中任意组分 B 的活度，f_B 为组分 B 的活度因子。显然，当组分 B 发生正偏差时，$f_B > 1$；当组分 B 发生负偏差时，$f_B < 1$。f_B 与 1 的差别大小反映了 p_B 与拉乌尔定律计算值偏离的大小。f_B 实际上就是拉乌尔定律的偏差系数。

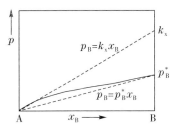

图 5.12　活度示意图

引入活度的概念之后，利用推导理想溶液化学势表达式的方法，可以得到非理想溶液组分 B 的化学势表达式

$$\mu_B(l, T, p, x_B) = \mu_B^{\ominus}(l, T) + RT\ln a_B + \int_{p^{\ominus}}^{p} V_B \mathrm{d}p$$

当 $x_B = 1$，$f_B = 1$，则 $a_B = 1$，即 $\mu_B^{\ominus}(l, T) = \mu_B(l, T, p, x_B)$ 为标准态的化学势，这个标准态与式(5.9)的标准态相同，仍是纯液体 B 在 T、$p^{\ominus}$ 下的状态。

5.4　二组分系统相图

对于二组分系统，相律

$$F = K - \varphi + 2$$
$$K = 2$$
$$F = 2 - \varphi + 2 = 4 - \varphi$$

当系统的平衡共存相数最多，即 $\varphi = 4$ 时，$F = 0$，说明二组分系统只有 T、p 及各相的组成均为某确定值时，四相才能共存。而系统中只有一个相，即 $\varphi = 1$ 时，自由度数最多 $F = 3$。因此，要确定该系统的状态需要三个变量，这三个变量为 T、p 及组成 x。若用图形表示时，需要三维的空间立体图。但立体图绘制和应用都不方便。当指定 T 或 p，就可以用平面图表示。如果指定温度不变，则得到 $p-x$ 图，图上的线就是等温线。如果指定压力不变，则得到 $T-x$ 图。

5.4.1　二组分液态完全互溶系统的蒸气压—组成图

1. 理想溶液的 $p-x$ 图

设组分 A(l) 和组分 B(l) 可形成理想溶液，在温度恒定下，气、液两相达平衡时，由拉乌尔定律可知气相中 A、B 的分压力 p_A、p_B 与液相组成 x_B 的关系。根据分压定律，与液相成平衡的气相的总压力 p 为组分 A、B 在气相中的分压力之和，可以得出平衡系统的总压 p 与液相组成 x_B 成直线关系。以上关系可以用前面所述的图 5.3 表示。

以 y_A、y_B 表示气相中 A 和 B 的摩尔分数,并假设蒸气为理想气体,根据分压定律,则存在

$$y_A = \frac{p_A}{p} = \frac{p_A^* x_A}{p} = \frac{p_A^*(1-x_B)}{p}$$

$$y_B = \frac{p_B}{p} = \frac{p_B^* x_B}{p} \tag{5.18}$$

若

$$p_A^* > p > p_B^*$$

则

$$\frac{p_A^*}{p} > 1, \frac{p_B^*}{p} < 1$$

于是,在某蒸气总压下,得到 $y_A > x_A$, $y_B < x_B$。可见,在二组分理想溶液的气、液平衡系统中,两相的组成并不相同。

在图 5.3 的基础上,利用式(5.11)就能算出在一定温度下,每一个液相组成 x_B 所对应的系统总压的数值,再将该总压 p 的数值代入式(5.18)中,求出所对应的气相组成 y_B。然后把与每一个蒸气总压对应的蒸气组成 y_B 和液相 x_B 数据点画在 $p-x$ 图上,如图 5.13 所示。

图 5.13 中,表示总压与液相组成 x_B 关系的直线称为液相线,表示总压与气相组成 y_B 关系的曲线称为气相线,而且,气相线位于液相线下方。

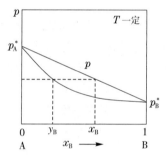

图 5.13 二组分理想溶液的蒸气压-组成图

在图 5.14 所示中,CD 线是液相组成线,在 CD 线之上的压力较高区域为液相区。CFD 线是气相组成线,在该线之下的较低压力区为气相区。液相区和气相区是两个单相区,两线之间 CFDG 是气、液两相区。由相律可知,在温度恒定下,单相区的自由度数 $F=2-1+1=2$,也就是说,单相区内的压力和组成均可独立改变而不引起原有的相和相数发生改变。在两相平衡区内,$F=2-2+1=1$,压力、气相组成或液相组成这两个变量中只有一个能独立改变。

如果对组成为 x_1 的混合理想气体(E 点)加压,系统点将沿着 EH 线上升,加压至 p_1,到达 F 点时,液相开始出现。加压至 p_2,到达 K 点,气-液两相平衡,液相组成由液相线上的 N 点表示,对应为 x_1,气相组成由气相线上的 M 点表示,对应为 y_g。显然,由于 A 的饱和蒸气压大,所以在气相中 A 的含量 y_g 会大于液相中 A 的含量 x_1。继续加压至 p_3,到达 G 点,气相开始消失,继而全变

成液相。从 E 点加压至 H 点系统的总组成没有改变,而随压力的改变,气、液两相的组成在发生改变。

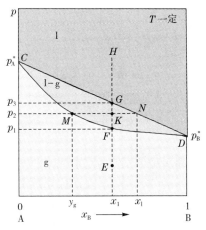

图 5.14 理想溶液的 $p-x$ 图

例 5.11 已知在 363 K 时,纯苯的饱和蒸气压为 136.12 kPa,甲苯的饱和蒸气压为 54.22 kPa。设苯和甲苯能形成理想溶液,在 101.325 kPa 的等压下,有苯与甲苯的混合物加热到 363 K 时,处于气、液两相平衡。试分别求气、液两相的组成。

解:设甲苯为 A,苯为 B,x_A、x_B 代表液相组成,y_A、y_B 代表气相组成。因为是理想的溶液,A 和 B 均服从拉乌尔定律,所以

$$p_A = p_A^* x_A = p_A^*(1-x_B);$$

$$p_B = p_B^* x_B$$

$$p = p_A + p_B = p_A^* + (p_B^* - p_A^*)x_B$$

$$x_B = \frac{p - p_A^*}{p_B^* - p_A^*} = \frac{(101.325 - 54.22) \text{ kPa}}{(136.12 - 54.22) \text{ kPa}} = 0.575$$

$$x_A = 1 - x_B = 0.425, \quad y_B = \frac{p_B}{p} = \frac{p_B^* x_B}{p} = \frac{136.12 \text{ kPa} \times 0.575}{101.325 \text{ kPa}} = 0.772$$

$$y_A = 1 - y_B = 0.228$$

2. 杠杆规则

相图不仅能表示出相平衡系统存在的条件,直观地看出系统的相平衡规律,还可以计算出平衡时相互的数量关系。这种利用杠杆原理,在任何两相平衡区求算各相的物质的量或质量的方法,称为杠杆规则。以图 5.14 所示中系统点 K 为例,系统组成为 x_1,气相的组成为 y_g,液相的组成为 x_1',用 n_g 和 n_l 分别代表气相和液相的物质的量。系统中的组分 B 的物质的量,等于该组分在气、液两相中物质的量之和,即

$$n_B = n_{g,B} + n_{l,B} = n_g y_g + n_l x_1'$$

而且
$$n_B = (n_g + n_l)x_1$$

两式联立,整理得

$$n_g(y_g - x_1) = n_l(x_1 - x_l) \tag{5.19}$$

或

$$n_g \overline{MK} = n_l \overline{KN} \tag{5.20}$$

式(5.19)、(5.20)为杠杆规则的表达式。由图 5.14 可知,图中线段 MN 可看作以系统点 K 为支点,两个相点为力点。当杠杆达到平衡时,则存在式(5.19)的关系。

若图中的横坐标用质量分数表示时,即系统及两相的组成都变成质量分数,则杠杆规则中两相的量必须换为质量,否则杠杆规则不成立。应指出,杠杆规则是根据物质守恒原理导出的,所以无论两相是否处在平衡,只要已知系统的组成和量以及所分成两部分的组成为已知,就可以用杠杆规则计算两部分的量。

例 5.12 100 mol 组成为 $x_B=0.50$ 的甲苯(A)－苯(B)混合物在 100℃、压力 p 为 136.12 kPa 时,气、液两相组成分别 $y=0.61, x=0.40$,试求两相的物质的量。

解:设两相物质的量分别为 n_g 和 n_l,根据杠杆规则

液相: n_l, $x=0.40$ ； $x_B=0.50$ ； 气相: n_g, $y=0.61$

则有

$$n_l(0.50 - 0.40) = n_g(0.61 - 0.50)$$

又

$$n_g + n_l = 100$$

联立方程,可得

$$n_l = 52.4 \text{ mol}$$
$$n_g = 47.6 \text{ mol}$$

3. 非理想溶液的 $p-x$ 图

由实验得知,非理想溶液相对理想溶液出现偏差的情况是各式各样的。如一个组分在某一浓度范围出现正偏差,而在另一范围内则可能产生负偏差。在本书中仅介绍两个组分均产生正偏差或两组分均产生负偏差的系统。

蒸气总压对理想情况具有一般偏差的系统,如丙酮－苯、四氯化碳－苯、水－甲醇等系统产生一般正偏差;而氯仿－乙醚系统则产生负偏差。上述这些系统的蒸气总压偏离按照拉乌尔定律所计算的值,即对理想情况产生偏差。但是,在一定温度下,系统的蒸气总压始终介于 p_A^* 与 p_B^* 之间,即 $p_A^* < p < p_B^*$,如

图 5.15(a)、(b) 所示。

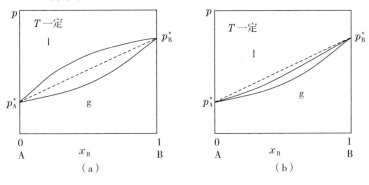

图 5.15　具有一般偏差的真实溶液的 $p-x$ 图

蒸气总压对理想情况具有较大偏差的系统,如甲醇(A)-氯仿(B)系统具有最大正偏差,而氯仿(A)-丙酮(B)则产生最大负偏差。具有最大正偏差的这类系统,在一定温度下,蒸气总压不仅偏离理想情况产生正偏差,而且在某一浓度范围内,蒸气总压 p 大于同温度下的任一组分的饱和蒸气压,在总压线上出现最大值。如图 5.16(a)所示,在 C 点处总压出现最大值,而且气相线与液相线在 C 点相切,故在 C 点处 $y_B = x_B$,即气、液两相的组成相等。图 5.16(b)、(c)为两组分具有最大负偏差的气、液平衡相图,该图上出现最低点,说明系统的蒸气总压 p 小于同温度下难挥发组分的饱和蒸气压。同样,在最低点处气、液两相的组成相等。

由此可见,无论是具有最大正偏差还是具有最大负偏差的系统,它们的相图共同特点是图中一定出现最高点或最低点,而且在最高点或最低点处气相线与液相线相切,说明在此点处气、液两相的组成相等。

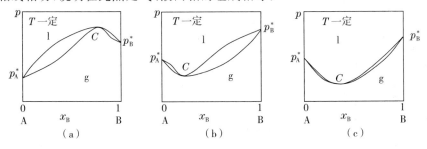

图 5.16　具有极大偏差的真实溶液的 $p-x$ 图

5.4.2　二组分液态完全互溶系统沸点-组成图及精馏原理

1. 二组分液态完全互溶系统沸点-组成图

对液体加热,当加热到该液体的饱和蒸气压等于环境压强时,液体便沸腾,此时的温度称为该液体的沸点。对于图 5.14 所示的系统,在恒定外压下,若已知两个纯液体的沸腾温度,以及二者组成的一系列不同 x_B 的溶液的沸腾温度,并且通过实验求出每个溶液沸腾时气、液两平衡相的组成,从而得到表示二组分系统气、液两相平衡时两相组成与温度关系的相图,称为温度－组成图,又称为沸点－组成图,如图 5.17 所示。

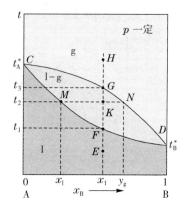

图 5.17 二组分完全互溶系统的 $t-x$ 图

如图 5.17 所示中,t_A^* 和 t_B^* 分别为纯 A(l) 和纯 B(l) 的沸点。由纯组分相变温度和压强的关系可以知道,若在同一温度下,$p_A^* < p_B^*$,则 $t_A^* > t_B^*$。图中上边的曲线(CGD 线)为气相组成与沸点关系曲线,即气相线,此曲线以上的区为气相区;而下边的曲线(CFD 线)为液相组成与沸点关系曲线,即液相线,此线以下的区为液相区;气、液两区所夹着的区则是气、液两相共存区。

对某组成为 x_1 的系统点(E 点)加热,系统点将沿着 EH 线上升,升温至 F 点时,液相开始起泡沸腾。F 点对应的温度 t_1,称为该液体的泡点。液相线表示液相组成与泡点的关系,故液相线也叫泡点线。升温到达 K 点,气-液两相平衡,液相组成由液相线上的 M 点表示,对应为 x_1,气相组成由气相线上的 N 点表示,对应为 y_g。继续升温到达 G 点,液相开始消失,继而气体中有露珠似的液滴,最后全变成气相。因此,G 点对应的温度 t_3 称为该气体的露点。气相线表示气相组成与露点的关系,故气相线也叫露点线。在 H 点处,系统只存在气相。

在恒定压力下,测定不同温度时气、液两相平衡的相组成可作出恒压下的 $T-x$ 图,图 5.18 和图 5.19 所示分别是甲醇－氯仿溶液和氯仿－丙酮溶液的 $T-x$ 图。

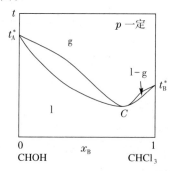

图 5.18 甲醇－氯仿系统的 $t-x$ 图

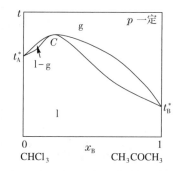

图 5.19 氯仿－丙酮系统的 $t-x$ 图

因为它的 $p-x$ 图上存在最高(低)点,则在其 $t-x$ 图上分别存在最低(高)点。对应于该点(C 点)组成的混合物称为恒沸混合物。该混合物在恒定的压力下沸腾时,温度、组成均保持恒定不变,对应于该点的温度称为最低(高)恒沸点。

对于二组分完全互溶系统,当具有最高(低)恒沸点时,气、液平衡区分成两部分,在最值点(C 点)左右各有一个"叶片"。如图 5.20 所示,在某个温度组成不同的三个物系点 M、K、N,由于组成不同,三者发生相变情况也不相同。K 点的组成为恒沸混合物的组成,升温到 C 点,A、B 两种物质相变速率相同,所以仍保持在液相和气相的组成相同,都是 x_k。对于 M 点,$x_m < x_k$,处于两相平衡时,系统点位于左侧"叶片"。升温到 t_1,开始有气体生成,但是 A、B 两种物质相变速率不同,A 比 B 快。例如在 t_3 时,B 物质在气相和液相的组成不同,分别为 y_1、x_1,且 $y_1 < x_1$。对于 N 点,$x_n > x_k$,处于两相平衡时,系统点位于右侧"叶片"。升温到 t_6,开始有气体生成,但是 B 比 A 发生相变速率更快,气相中 B 的含量会更大。例如在 t_2 时,B 物质在气相和液相的组成分别为 y_2、x_2,且 $y_2 > x_2$。

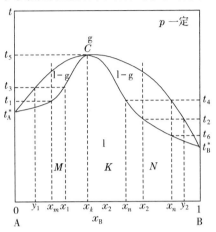

图 5.20　二组分完全互溶极大正偏差系统的 $t-x$ 图

2. 精馏原理

在化工生产中,常需要将液态混合物分离成纯组分,所用的方法之一就是精馏。不同种物质构成的液态混合物,由于其挥发的难易程度不同,所以系统在一定外压下沸腾时,气相中低沸点组分的组成高于液相中低沸点组分的组成。因此,可以采用一定手段,实现系统中两个组分的分离。

如图 5.21 所示,设有一组成为 x_B 的 A-B 液体混合物,将其加热到温度 t_1,则系统中含有气相和液相两部分,得到的蒸气组成为 y_1。将该组成的蒸气降温到 t_4,则发生部分冷凝,而未冷凝的蒸气,其组成为 y_4,由图可见 $y_4 > y_1$。再将组成为 y_4 的蒸气降温到 t_5,又发生部分冷凝,未冷凝的蒸气的组成变为 y_5,且 $y_5 > y_4$。如此多次进行部分冷凝,如图中气相线上的箭头方向所示,未冷凝的蒸气的组成将逐渐接近纯的易挥发组分 B。与部分冷凝同时,将在 t_1 时组成为 x_1 的液相部分加热到温度 t_2,则发生部分汽化,而未汽化的液态混合物的组成变为 x_2,且 $x_2 < x_1$。再将组成 x_2 的液态混合物加热到温度 t_3,则未汽化的混合物的组成变为 x_3,且 $x_3 < x_2$。如此多次进行部分汽化,则如图中液相线上的箭头方

向所示,未汽化的液相组成将逐渐接近纯的难挥发组分 A。

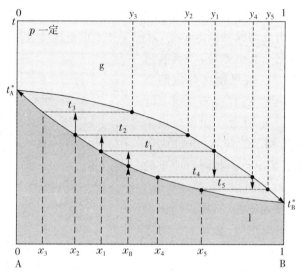

图 5.21 精馏原理示意图

在化工生产中,上述部分冷凝和部分汽化过程是在精馏塔中连续进行,塔顶温度比塔底低,结果在塔顶得到纯度较高的易挥发组分,而在塔底得到纯度较高的难挥发组分。

对具有最低或最高恒沸点的两组分系统,用简单精馏的方法不能将两组分完全分离,而只能得到其中某一纯组分及恒沸混合物。以图 5.20 所示系统为例,恒沸混合物的沸点最高,若将组成为 x_m 的混合物引入塔中进行精馏,则在塔底得到的是恒沸混合物,在塔顶得到的是纯 A。

图 5.22 是水－乙醇系统的沸点－组成图。

可见,精馏的结果得不到纯乙醇。工业酒精中乙醇含量约为 $w_{乙醇}=0.95$,相当于 $x_{乙醇}=0.897$,就是由于不能用简单的精馏方法实现两纯组分完全分离的缘故。市售的无水乙醇是通过其他方法生产的,例如,利用生石灰除去其中的水;或利用苯,使其与水、乙醇一起共沸精馏,由于苯、水、乙醇形成三组分恒沸物,从塔顶蒸出,而塔底得到无水乙醇。

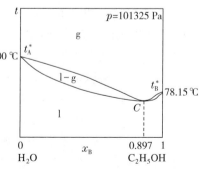

图 5.22 水－乙醇系统的 $t-x$ 图

5.4.3 二组分液态部分互溶系统的平衡相图

两种液态物质在混合时,可能存在这种情况:低温下混合程度较小,随着温度的增加,互溶程度也随之增加,到达一定温度时,可以完全互溶。水与苯胺就属于这种类型,如图 5.23 所示,在一定的外压和温度下,在水(a)中滴加苯胺,这时两者互溶(b),为单一液相。苯胺的量达到一定值时,苯胺不再溶于水中,而自成一相,成为饱和了水的苯胺相(c)。这时饱和了苯胺的水相与饱和了水的苯胺相两液相平衡共存。继续滴加苯胺,苯胺相逐渐增多,水相逐渐减少(c→d→e),当到(f)时,水相完全消失,就成为苯胺饱和了水的单一液相。

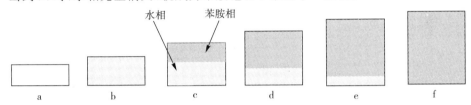

图 5.23 苯胺在水中溶解实验示意图

升高温度,重复上述实验,情况基本相同,只是苯胺在水中的溶解度和水在苯胺中的溶解度都随着温度的升高而增大。所以通过实验可以绘制成二组分部分互溶系统的液-液相图。

如图 5.24 所示,升高温度,两个饱和溶解度点之间的距离逐渐缩小。到达 t_K 温度时,两个点重合于 K 点,两种饱和溶液的浓度相同。在 t_K 温度以上,水和苯胺可以无限互溶成均匀的液相,所以 t_K 称为水与苯胺的最高会溶温度或最高临界溶解温度。曲线 CKD 以外区域是溶液单相区,曲线所围的帽形区内是两种液相平衡共存的两相区。曲线左半支 KC 曲线可看作苯胺在水中的饱和溶解度随温度升高而变化的溶度曲线,右半支 KD 线可看作水在苯胺中的饱和溶解度变化曲线。在任一温度下的两层溶液的组成点称为共轭相点,例如,在 t_2 时,E 和 F 就是共轭相点。

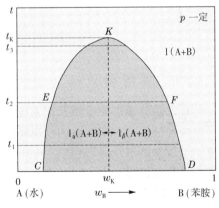

图 5.24 水-苯胺的溶解度图

帽形区内是两液相的共存区,根据系统点的位置,利用杠杆规则可以计算两相的相对含量。在高于会溶温度,溶液呈现完全互溶状态,其气相部分相图规律同之前介绍过的相似。会溶温度的高低反映了一对液体间相互溶解能力的强弱。会溶温度越低,两液体间的互溶性越好。因此,可利用会溶温度的数据来选择优良的萃取剂。

图 5.24 所示是较为常见的二组分液相部分互溶系统相图。有的二组分部分互溶系统具有最低临界温度,即在温度降低时,两液体的互相溶解度变大,如图 5.25 所示的水－三乙胺的液液平衡相图。在 18.5℃ 以下时,水和三乙胺能以任意比例互溶,但在 18.5℃ 以上时,二者只能部分互溶,形成共轭溶液,18.5℃ 即为该系统的最低溶解温度。

此外,还有一些系统,同时具有最高与最低临界溶解温度,如图 5.26 所示的水－烟碱的液液平衡相图。在 60.8℃ 以下或 208℃ 以上时,两液体能以任意比例完全互溶,在 60.8～208℃ 之间两者部分互溶,其溶解度曲线为一封闭曲线。

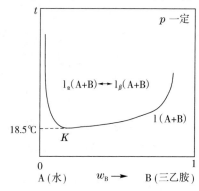

图 5.25 水－三乙胺系统的液液平衡相图　　图 5.26 水－烟碱系统的液液平衡相图

5.4.4 二组分液态完全不互溶系统

1. 二组分液态完全不互溶系统的平衡相图

两种液体绝对不互溶的情况是没有的,但是若它们的相互溶解度非常小,以至于可以忽略不计时,就把它视为完全不互溶系统。例如水与烷烃、水与芳香烃、水与汞等。

由于两个液态完全不互溶,当它们共存时,每个组分的性质与它们单独存在时完全一样,可以用图 5.27 所示的特殊装置简单描述:容器的内部为一个空心,溶液可以从空心的两侧分别注入,由于溶解度非常小,所以在容器底部会形成相界面。在容器的上方是两种物质的混合气体。

故在一定温度下,它们的蒸气总压等于两个液

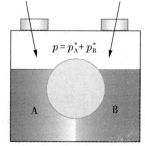

图 5.27 二组分液态完全不互溶系统的示意图

态组分在相同温度下的蒸气压之和,即

$$p = p_A^* + p_B^*$$

图 5.28 所示是水、苯的 $p-T$ 图,以及两种液体共存时蒸气总压与温度的关系图。当 $H_2O(A)-C_6H_6(B)$ 系统的蒸气总压等于外压(如 $p=101.325\ kPa$)时,由图可知,其沸点为 343 K(69.9 ℃)。只要容器中有这两种液体共存,沸点都是 343 K,与两液体的相对量无关,它比水的沸点(100 ℃, 101.325 kPa)及纯苯的沸点(80.1 ℃, 101.325 kPa)都低。

由分压定义可计算两液体与它们的蒸气在 69.9 ℃ 平衡共存时气相的组成。已知 69.9 ℃ 时,$p^*(C_6H_6)=73.359\ kPa$,$p^*(H_2O)=27.966\ kPa$,于是

$$y(C_6H_6) = 73.359\ kPa/(73.359\ kPa + 27.966\ kPa) = 0.724$$

图 5.29 所示为 $H_2O(A)-C_6H_6(B)$ 系统在 101.325 kPa 下的沸点-组成图,图中 t_A^*、t_B^* 分别为水和苯的沸点,CED 线为恒沸点线(即任何比例的水与苯的混合物在 101.325 kPa 下,其沸点均为 69.9 ℃),系统点在 CED 线上(C、D 两点不与垂线重合)时出现三相平衡,即水(液)、苯(液)及 $y_B=0.724$ 的蒸气。$t_A^* E$ 曲线上,蒸气对水是饱和的,对苯则是不饱和的;$t_B^* E$ 曲线上,蒸气对苯是饱和的,对水则是不饱和的。

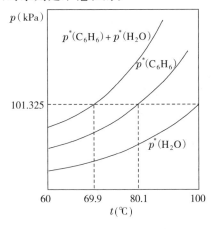

图 5.28 水、苯的蒸气压与温度的关系

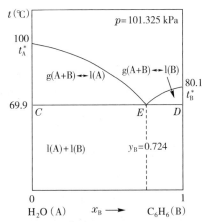

图 5.29 水、苯系统的沸点-组成图

2. 水蒸气蒸馏原理

沸点通常是指液体的蒸气压等于外压时,液体开始沸腾时的温度。由于不互溶双液系的蒸气压恒大于任一种纯液体的蒸气压,因而这种双液系的沸点会恒低于任一纯组分的沸点,人们就利用这一点来降低有机蒸馏的温度。对于与水完全不互溶的有机液体,可用水蒸气蒸馏的办法进行提纯。由于加入水蒸气后可以使有机物蒸馏的温度下降,可以在低于水的正常沸点温度下蒸馏,防止有机物在较高温度时可能发生的分解,而且这种操作成本低,蒸气蒸出并冷凝后分

为两液层,容易分开,操作容易,所以水蒸气蒸馏方法仍较多地用于实验室及生产中来提纯有机物质。

蒸出一定质量的有机物 m_B,所需水的质量 m_A 可根据分压与物质的量的关系来计算。因为共沸时

$$p_A^* = py_A = p\frac{n_A}{n_A + n_B}$$

$$p_B^* = py_B = p\frac{n_B}{n_A + n_B}$$

两式相除得

$$\frac{p_A^*}{p_B^*} = \frac{n_A}{n_B} = \frac{m_A/M_A}{m_B/M_B}$$

则

$$\frac{m_A}{m_B} = \frac{p_A^* M_A}{p_B^* M_B}$$

m_A/m_B 是蒸馏出单位质量 B 所需的水蒸气用量,称为蒸气的消耗系数。该系数越小,表示水蒸气蒸馏的效率越高。从上式可以看出,有机物的蒸气压越高,分子量越大,水蒸气的消耗系数越小。

5.4.5 二组分系统固液平衡相图

如果两种物质组成的系统在液态时完全互溶,固态时完全不互溶,且两种物质之间不发生任何化学反应,这类系统在高温时为液相,在低温时则为固相。这类相图是二组分凝聚系统相图中最简单的一种。属于这类相图的有合金系统、水-盐系统以及有机物系统相图等。因压力对凝聚系统相平衡的影响甚小,当压力变化不大时,则不必考虑压力变化对凝聚系统相平衡的影响。因此,其相律的形式为 $F = K - \varphi + 1$。

下面以这类系统为例,介绍绘制凝聚系统相图的方法。

1. 热分析法绘制合金系统相图

热分析法较多地用于绘制具有低共熔点的二元金属相图。其原理是根据系统在冷却(或加热)过程中,温度随时间的变化关系来判断系统中有无相变化的发生。通常的做法是先将样品加热至完全熔化,然后让它在一定的环境中缓慢而均匀地冷却,将记录到的系统温度随时间变化的数据,以温度为纵坐标,以时间为横坐标绘制成温度-时间曲线,称为冷却曲线(或称为步冷曲线)。再由若干组成不同的系统冷却曲线绘制出相图。

当一个系统在缓慢而均匀地冷却(或加热)时,如果系统内不发生相的变化,则温度将随时间均匀地(或线性地)改变。当系统内发生相的变化时,由于相变

时伴随的放热或吸热现象，会使温度随时间的变化曲线发生转折，甚至在一段时间内温度不发生变化。现以金属铋(Bi)和镉(Cd)组成的二元系统为例，在硬质试管中放金属铋若干，加热直至熔化，然后自然冷却，每隔一定时间记录一次温度，直至液态全部凝固。将所得结果绘制成步冷曲线，如图 5.30 所示。图 5.30 中 a、b、c、d、e 分别表示组成 w_{Cd} 等于 0%、20%、40%、70%、100% 的步冷曲线。

图 5.29 中，a 线是纯 Bi 的冷却曲线。在 Bi 的熔点 546 K 以上的冷却过程中，温度均匀下降，冷却到 546 K 时，有固体 Bi 开始从液相中析出(A 点)，系统中液固两相平衡。根据相律，单组分两相平衡时，$F=1-2+1=0$。故冷却时固体 Bi 不断从液相中析出，但温度保持不变，冷却曲线上出现水平段 AA'。水平段对应的温度就是 Bi 的凝固点或熔点。待 Bi 全部凝固后，系统成为单相，温度继续均匀下降。从热量得失的角度看，由于 Bi(s) 的析出，会释放凝固热，抵消了系统的自然散热，所以温度能保持不变。

e 线是纯 Cd 的冷却曲线，其形状与 a 线相似，水平段对应的温度 596 K 是 Cd 的凝固点或熔点。

b 线是含 20%Cd 的 Bi－Cd 液相混合物的冷却曲线。该液相混合物冷却时，温度均匀下降。冷却到 B 点时，固体 Bi 从溶液中析出，此时 $F=2-2+1=1$。因为 Bi 析出时释放出相变热，使冷却速率变慢，冷却曲线的斜率改变，同时溶液组成相应改变，Bi 的百分含量逐渐减少，Cd 的百分含量不断增加。到 C 点时，溶液对 Bi 和 Cd 都已饱和，Bi 和 Cd 同时析出，此时处于三相平衡状态，自由度 $F=2-3+1=0$，温度不能改变。两种固体的凝聚热刚好抵消了自然散热。当液态完全凝固，C' 点液相消失，只有 Bi(s) 和 Cd(s) 两相共存，$F=1$，温度又继续下降。水平段 CC' 对应的温度是液相能够存在的最低温度 T_E。

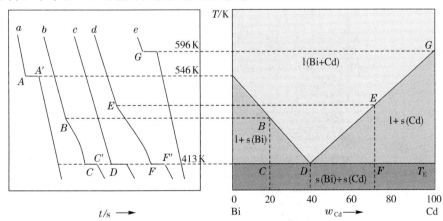

图 5.30　Bi－Cd 系统的步冷曲线　　图 5.31　Bi－Cd 系统的相图

d 线是含 70%Cd 的系统的冷却曲线，它和 b 线类似，都有一个冷却速率变

慢的 E 点和一个水平段 FF'。不同的是在 E 点先析出的固体是 Cd,F 点对应的温度也是 T_E。

c 线是含 40%Cd 的 Bi—Cd 混合物的冷却曲线,它的形状和 a、e 冷却曲线相似。开始时,温度随时间均匀下降,直至 413 K 时出现水平线段,然后温度又均匀下降。这是因为开始两种金属都不析出,所以液体温度均匀下降,当到达 D 点时,两种金属同时析出,而液相尚未完全消失,两固相与一液相同时共存,$F=2-3+1=0$,所以温度不能改变。这时两种金属固体析出时放出的凝固热弥补了系统的自然散热。当液体完全凝固,只有两固相共存时,$F=1$,故温度又继续下降。

将上述 5 条冷却曲线中的转折点、水平段的温度及相应的系统组成描绘在温度—组成图中,得到图 5.31 中的 A、B、C、D、E、F、G 点。连接 A、B、D 三点得到的是 Bi 的凝固点降低曲线;连接 D、E、G 三点得到的是 Cd 的凝固点降低曲线;通过 C、D、F 三点得到的水平线是三相平衡线。该图即为 Bi—Cd 系统的液—固平衡相图。

2. 溶解度法绘制相图

对于水—盐系统常采用溶解度法来绘制。溶解度是指在 100 g 溶剂水中溶解溶质盐的质量。这里以 H_2O—$(NH_4)_2SO_4$ 系统为例:在一定压力下,测定不同温度时 $(NH_4)_2SO_4(s)$ 在 100 g 水中的溶解质量。然后将实验结果绘制成温度—组成图,横坐标以硫酸铵的质量分数表示,得图 5.32。

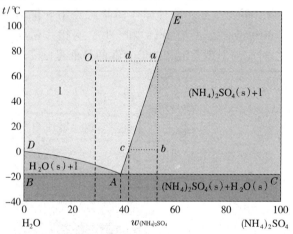

图 5.32 H_2O—$(NH_4)_2SO_4$ 系统的相图

图 5.32 有 4 个相区、3 条线。DAE 线以上是溶液单相区,DAB 区是 $H_2O(s)$ 与溶液两相平衡区。EA 以右是 $(NH_4)_2SO_4(s)$ 与溶液两相平衡区。BAC 线以下是 $H_2O(s)$ 和 $(NH_4)_2SO_4(s)$ 固相共存区。

DA 线是水的冰点下降曲线,由于盐的加入,使水的冰点不断下降,由 0℃ 降到 -20℃。AE 线是硫酸铵在水中的饱和溶解度曲线。饱和溶解度随着温度的升高略有增加。该曲线止于溶液的沸点温度,不能任意延长。BAC 线是 $H_2O(s)$、$(NH_4)_2SO_4(s)$ 和组成为 A 的溶液三相共存。

图中 D 点是纯水的冰点,A 点是水和硫酸铵系统的低共熔点。人们常利用这种盐-水系统作为冰冻浴来获得低温。类似的系统有 $NaCl-H_2O$ 系统,最低共熔点为 -21℃,$CaCl_2-H_2O$ 系统为 -65℃,$KCl-H_2O$ 系统为 -11℃。所以,冬天在有冰雪的道路上撒上 $NaCl(s)$,气温在 -21℃ 以上是不会结冰的。

水-盐系统相图对于用结晶法提纯盐类有指导意义。例如,若一系统处在 O 点,只用冷却的方法得不到纯的盐固体,当系统点与 DA 线相交时,先析出 $H_2O(s)$,当与 BAC 线相交时,$H_2O(s)$ 与 $(NH_4)_2SO_4(s)$ 同时析出。所以首先在 O 点对应温度等温蒸发浓缩,系统点水平向右移动,与 AE 线相交于 a 点,这时有 $(NH_4)_2SO_4(s)$ 析出,但数量不多。这时冷却,系统点下移至 b 点(尽可能靠近 BAC 线,但不能太近,防止有冰析出),通过过滤得到纯的硫酸铵固体,这时液相组成为 c 点对应的数值。获得盐固体的数量可以用杠杆规则计算。

将组成为 c 的溶液加热至 d 点,加入少量粗盐,溶解并滤去不溶性杂质,浓缩至 a 点,再冷却、过滤,又可得到一些纯的硫酸铵固体。所以,顺着 $abcd$ 循环,可将粗盐精制为纯盐。

5.4.6 生成化合物的二组分系统相图

在某些二组分系统中,二组分之间通过化学反应可以形成新的组分,每生成一个新组分,虽然系统中物种数 S 增加了一个,但又多出了一个独立的化学平衡关系,即 $R=1$,根据组分数 $K=S-R-R'$ 式可知,$K=3-1-0=2$,即系统仍为二组分系统,故可以用二组分相图来描述这类系统。生成的化合物有稳定化合物和不稳定化合物两种,前者在熔点以下不分解,后者未达到熔点就发生分解。

1. 生成稳定化合物的系统

苯酚(A)和苯胺(B)可以形成稳定化合物,生成分子个数比为 1∶1 的化合物 $C_6H_5OH \cdot C_6H_5NH_2$,如图 5.33 所示。图中 OF 线为生成的化合物 C 的固相线,F 点对应的温度为化合物 C 的熔点(31℃)。当化合物熔化时,生成的液相与固体化合物的组成相同,其熔点称为相合熔点。具有稳定化合物系统的相图可以看作由两个简单低共熔点混合物的相图合并而成,左边一半是化合物 C 与 A 所构成的相图,E 是 A 与 C 的低共熔点;右边一半是化合物 C 与 B 所构成的相图,G 是化合物 B 与 C 的低共熔点。

有些系统中,两个组分可以形成几种稳定化合物。例如水和硫酸可以形成三种水合物:$H_2SO_4 \cdot H_2O$、$H_2SO_4 \cdot 2H_2O$、$H_2SO_4 \cdot 4H_2O$,其相图如图 5.34

所示,分别是化合物 C_1、C_2、C_3。图中有 3 个最高点对应的温度,即为 3 个稳定化合物的相合熔点,相应地可把相图分为 4 个简单低共熔混合物的相图,D_1、D_2、D_3、D_4 为 4 个低共熔点。

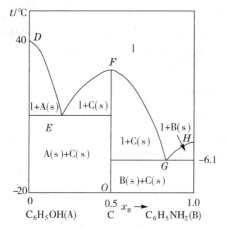 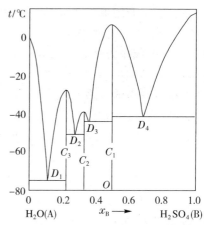

图 5.33 苯酚(A)－苯胺(B)系统相图　　图 5.34 水(A)－硫酸(B)系统相图

如果要获得某一纯的水合物,必须将原始溶液的组成调控在某一范围之内。例如,若要获得 $H_2SO_4 \cdot H_2O$,则组成必须控制在 D_3、D_4 对应的组成之间,温度不能低于对应的低共熔点温度。纯硫酸的凝固点约为 10℃,而 H_2SO_4 与 $H_2SO_4 \cdot H_2O$ 的低共熔点 D_4 为 -38℃,所以冬天为了防止纯硫酸在管道中凝结而堵塞管道,常常适当加以稀释以降低它的凝固点。

2. 生成不稳定化合物的系统

有的组分 A 和 B 能生成一种不稳定化合物 C,化合物 C 在加热过程中,尚未达到 C 的熔点,即分解为组成与 C 不同的另一种固态物质,和组成与这两种固相组分均不同的另一种液态物质。通常将 C 的这种分解时的温度称为 C 的不相合熔点。

以 $CaF_2(A)$－$CaCl_2(B)$ 系统为例,如图 5.35 所示。CaF_2 和 $CaCl_2$ 能生成等分子的化合物 $CaF_2 \cdot CaCl_2$。系统在图中,一般的相区、平衡线和特殊点的分析与以前相似,所不同的是,将化合物 $CaF_2 \cdot CaCl_2$ 加热至 737℃ 时,化合物分解。

$$CaF_2 \cdot CaCl_2(s) = CaF_2(s) + l$$

溶液的组成为 E 点对应的值。G 点所对应的温度是 $C(s)$ 的不相合熔点。FGE 线也是三相平衡线,即由 $A(s)$、$C(s)$ 与组成为 E 的液体三相共存,与以前的三相线不同的是,两个固相组成在同一边,液相组成在三相线的另一端点。当化合物全部分解成 $CaF_2(s)$ 和组成为 E 的液体后,系统成为两相,自由度数为 1,温度可以上升,此时液相组成沿 ED 线变化。

组成介于化合物与 CaF_2 之间的溶液自系统点 a 开始降温的冷却曲线,如图 5.35 右图所示。温度降至 O 点时,开始有 CaF_2 固体析出,系统内两相共存冷却曲线上出现转折点。继续降温,CaF_2 继续析出,溶液组成沿 DE 线变化。当温度降至 737℃ 时,系统中开始有 $CaF_2 \cdot CaCl_2(s)$ 固体析出,系统内三相共存,自由度为 0,温度不再改变,冷却曲线上出现水平线段。当溶液相消失后,系统内 $CaF_2(s)$ 和化合物固体两相共存,自由度为 1,温度继续下降,系统点进入两相区。若组成介于 G 与 E 之间,如系统点 b 所示,其冷却曲线列于图 5.35 的右边,同理可分析其冷却过程的情况。

具有不稳定化合物的系统还有 $H_2O-Na_2SO_4$、$K-Na$、$KCl-CuCl_2$。

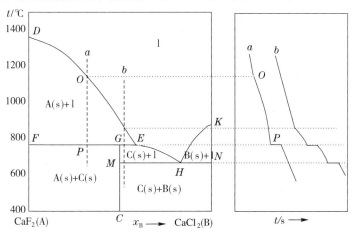

图 5.35 $CaF_2(A)-CaCl_2(B)$ 系统的相图

5.5 三组分系统相图

5.5.1 三组分系统相图的等边三角形表示法

对于三组分系统,自由度 $F=3-\varphi+2=5-\varphi$,$\varphi=1$ 时,$F=4$,这四个独立变量是 T、p 及三个浓度变量中的两个。如果固定一个变量,例如固定压力 p(凝聚系统),剩余三个独立变量可用立体图来表示其相图。若再固定一个变量,例如固定温度 T,就可以用平面图来表示其相图。

通常在平面图上用等边三角形表示三组分系统的组成。图 5.36 中三角形的三个顶点分别表示纯组分 A、B、C。三角形每条边上的点分别表示相应的二组分混合物的组成,三角形内部的点表示三组分混合物的组成。例如系统点 p,其组成可按如下方法读出:通过点 p 作平行于 BC、AC、AB 三边的平行线,如图所示 a、b、c 的大小即为系统中 A、B、C 三组分的组成。从图中可以读出 p 点组成为 40%A、30%B、30%C。反之,若已知系统的组成,要在三角形内确定该系统点时,可在 AC 边上取 a 长度的点,在 AB 边上取 b 长度的点,通过 a、b 长度两点分别作平行于 BC、AC 的平行线,两平行线的交点就是该系统组成的坐标点。

根据等边三角形的几何性质,可以得到下列几点结论:

(1) 等含量规则 平行于三角形某一边的直线上,所含对角组分的质量分数都相等。如图 5.37 所示,与 AB 平行的 DE 线上的任何一系统点,含 C 的质量分数相同,$w_{F_1}=w_{F_2}=c$,只是组分 A 与 B 的质量分数不同。

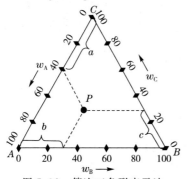
图 5.36 等边三角形表示法

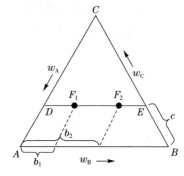
图 5.37 等含量规则

(2) 等比例规则 如图 5.38 所示,通过顶点 A 的任意直线上的各点,其中的含量不同,但另外两种组分 B、C 的质量分数之比相同。即 $(w_A)_{F_1} \neq (w_A)_{F_2}$ 但是 $\left(\dfrac{w_B}{w_C}\right)_{F_1} = \left(\dfrac{w_B}{w_C}\right)_{F_2}$,因此 $\left(\dfrac{m_B}{m_C}\right)_{F_1} = \left(\dfrac{m_B}{m_C}\right)_{F_2}$

(3) 杠杆规则 如图 5.39 所示,若 D 和 F 是三组分混合物的系统点,可见,由 D 与 F 混合而成的混合物 E 的系统点必在 D 和 F 的连线上。在这里杠杆规则仍适用。

$$m_D \times \overline{ED} = m_F \times \overline{FE}$$

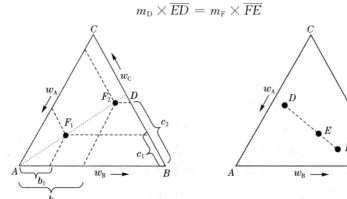
图 5.38 等比例规则   图 5.39 杠杆规则

(4) 重心规则 由 3 个三组分系统 D、E、F 混合而成的新系统,其系统点 K

可通过如图5.40得到:先按杠杆规则求出 D 和 E 混合形成的系统点 G,然后再按杠杆规则求出 G 和 F 所形成的系统点 K,K 点就是所求混合物的系统点。

如果要在相图中表示温度的变化关系,可在等边三角形的顶点作三角形平面的垂直轴,得到一个三角棱柱形,竖线表示温度的轴,如图 5.41 所示。

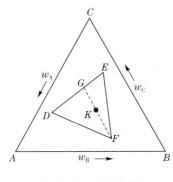

图 5.40　重心规则

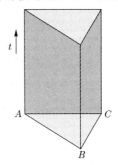

图 5.41　三组分系统温度组成关系的三角棱柱形图

5.5.2　三组分部分互溶系统的液-液平衡相图

三组分部分互溶系统中,三组分之间可以是一对部分互溶、两对部分互溶和三对部分互溶。以 $C_6H_6(A)-H_2O(B)-CH_3COOH(C)$ 三组分系统为例,水和醋酸可以任意比例互溶,苯和醋酸也可以任意比例互溶,但水和苯却几乎是完全不互溶的。因此将苯与水放在一起,将很快分为两层,上层为苯,下层为水,若再加醋酸到该系统中去,则构成苯-水-醋酸三组分系统。此时醋酸既溶解到苯层中,也溶解到水层中,而使苯与水由完全不互溶变成部分互溶。

图 5.42 是在 25℃时,根据 $C_6H_6(A)$、$H_2O(B)$、$CH_3COOH(C)$ 三组分的相互溶解得到的液-液平衡相图。

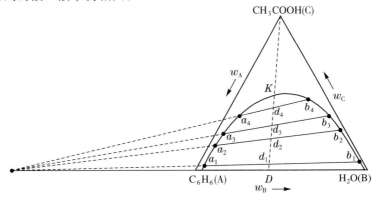

图 5.42　$C_6H_6(A)-H_2O(B)-CH_3COOH(C)$三组分系统相图

如图 5.42 所示,原组成为 D 的 $C_6H_6-H_2O$ 系统,加入少许醋酸到该系统中,则形成 a_1 及 b_1 两层共轭的三组分系统,即系统点 d_1,由于 CH_3COOH 在 a_1 层及 b_1 层中的含量不同,所以 a_1b_1 线并不平行于底边 AB。继续向系统中加入醋酸,则系统点将沿 DK 线移动,且苯与水的相互溶解度增加,相应于系统点 d_2、d_3、d_4,它们的共轭层(相点)分别为 (a_2,b_2)、(a_3,b_3)、(a_4,b_4)。同样,a_2b_2、a_3b_3、a_4b_4 线之间也不平行,且最后缩为一点 K,该点叫会溶点(会溶点并不在曲线上的最高点处),超过该点,系统不再分层,三个组分已变成完全互溶。显然,曲线以内的相区为两相平衡区,曲线以外的相区为单相平衡区。

思 考 题

1. 用相律解释以下问题。

(1) 在一定温度下,反应 $FeO(s)=Fe(s)+1/2O_2(g)$ 达到平衡,再加入 2 mol $O_2(g)$,系统的平衡压力是否改变?

(2) 水和蒸气在某温度下平衡共存,若在温度不变的情况下将系统的体积增大 1 倍,蒸气压力是否改变?若系统内全是水蒸气,体积增大 1 倍,压力是否改变?

2. 有人说,在二组分理想液体混合物气液两相平衡系统中,由于各组分均遵守拉乌尔定律,所以气相组成 y_A、y_B 与液相组成 x_A、x_B 之间存在下述关系(p 为总蒸气总压)

$$y_A p = p_A^* x_A \qquad y_B p = p_B^* x_B$$

因此,该系统有两个浓度限制条件,$C=S-R'=2-2=0$,自由度数 $F=0-2+2=0$。上述结论对吗?

3. 乙醇比水容易挥发。如果将少量乙醇溶于水形成理想稀溶液,判断下列几种说法是否正确。

(1) 该溶液的饱和蒸气压必低于同温度下溶剂水的饱和蒸气压;

(2) 该溶液的沸点必高于相同压力下纯水的沸点;

(3) 该溶液的凝固点必低于相同压力下纯水的凝固点(若该溶液凝固时析出的固体为纯冰)。

4. 在有机分析中经常用来鉴定有机化合物的一种方法叫混合熔点法。现设有一试样,经分析后认为很有可能是草酸。测定试样的熔点为 189℃,查得草酸的熔点也是 189℃,此时能否确定此试样就是草酸?现将等量的试样与草酸混合后测熔点,如果仍然是 189℃,就可以确定此试样是草酸了,为什么?

5. 判断下述说法是否正确。

(1) 稀溶液中,溶质 B 的标准态为 $x_B=1$(或 $b_B=1$ mol·kg^{-1})的状态。

(2) 活度等于 1 的状态必为标准态。

(3) 在指定的温度、压力及组成条件下,溶液中各组分的活度及化学势均为唯一确定的值。

6. 一封闭箱处于恒温环境中,箱内有两杯液体,A 杯内为纯水,B 杯内为蔗糖的水溶液。静置足够长的时间后,两杯液体会发生什么变化?

7. 若 A 和 B 仅能形成两种稳定的化合物,则在 A、B 两组分系统的液-固相图中,能形成几种低共熔混合物?

8. 试用相律解释:为什么恒沸混合物有恒定的沸点?为什么改变压力可使恒沸混合物的组成变化?

习　题

1. 293.15 K 时,将 0.0100 kg 乙酸溶于 0.100 kg 水中,溶液的密度为 1.0123×10^3 kg·m^{-3},试计算该溶液中乙酸的各物理量:

(1) 质量分数;(2) 质量摩尔浓度;(3) 物质的量分数;(4) 物质的量浓度。

2. 苯和甲苯在 293.15 K 时蒸气压分别为 9.958 kPa 和 2.973 kPa。今以等质量苯和甲苯在 293.15 K 时相混合,试求:(1) 苯和甲苯的分压;(2) 液面上蒸气的总压。(该溶液在全部浓度范围内都遵循拉乌尔定律)

3. 液体 A 与液体 B 形成的溶液在所有的浓度范围内都遵循拉乌尔定律。在 343.15 K 时,1 mol A 和 2 mol B 所形成溶液的蒸气压为 50.663 kPa,若在溶液中加入 3 mol A,则溶液的蒸气压增加到 70.928 kPa,试求:(1) p_A^* 和 p_B^*;(2) 对第一种溶液,气相中 A、B 的物质的量分数各为若干。

4. 40℃ 水的饱和蒸气压为 7.376 kPa,今在 100 g 水中溶解 5 g 葡萄糖($C_6H_{12}O_6$),求此葡萄糖水溶液中水的饱和蒸气压。

5. 将合成氨的原料气通过水洗塔除去其中的 CO_2。如果气体混合物中含有 0.28(物质的量分数)的 CO_2,水洗塔内的压力为 1013 kPa,操作温度为 293.15 K,试计算每立方米的水能吸收多少千克 CO_2。已知 293.15 K 时 $k_x = 1.44 \times 10^5$ kPa。

6. 在某温度下,纯溶剂 A 的饱和蒸气压 $p_A^* = 120$ kPa,若加入某物质 B 后形成的液态混合物中 $x_B = 0.05$,此混合物中 A 的蒸气压为 $p_A' = 96.9$ kPa,求混合物中 A 的活度及活度系数。

7. 25℃ 纯水的饱和蒸气压为 $p^* = 3.167$ kPa,今将某不挥发物质溶解在 1 kg 水中,测得水溶液的饱和蒸气压 $p = 3.097$ kPa。试求该物质的相对分子量。

8. 二硫化碳(CS_2)在 101.325 kPa 下的沸点 $T_b^* = 46.30℃$,其摩尔蒸发焓 $\Delta_{vap}H_m^* = 26.78$ kJ·mol^{-1}。

(1) 计算 CS_2 的沸点升高常数 K_b;

(2) 若 100 g CS_2 中溶有 3.61 g 硫,此溶液于 46.66℃ 沸腾,求硫在此溶液中的化学式。

9. 1 dm^3 水中溶解 0.5 mol 某非电解质,求此溶液在 25℃ 时的渗透压。

10. 在真空容器中加入纯 NH_4HCO_3(s),按下式解离并达到平衡:
$$NH_4HCO_3(s) = NH_3(g) + H_2O(g) + CO_2(g)$$
求系统的组分数及自由度数。

11. 在真空容器中加入 NH_4I(s),达到如下化学平衡:
$$NH_4I(s) = NH_3(g) + HI(g)$$
$$2HI(g) = H_2(g) + I_2(g)$$
求系统的组分数和自由度数。

12. 今有具有最低恒沸点的二组分液态完全互溶混合物,其温度－组成图见附图。已知系统组成为 $x_B=0.7$,问:在精馏塔中精馏时,塔顶和塔底处各得到何种液态?

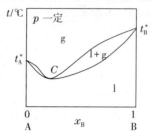

13. 已知二组分液态部分互溶系统的 $T-x$ 图如下,指出各相区稳定存在的相。

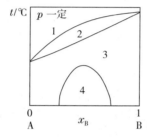

14. 101.325 kPa 下水(A)－醋酸(B)系统气液两相平衡时,数据如表所示:

t / ℃	100	102.1	104.4	105.5	107.5	113.8	118.1
x_B	0	0.300	0.500	0.540	0.700	0.900	1.000
y_B	0	0.185	0.374	0.420	0.575	0.833	1.000

(1) 画出气－液平衡的温度－组成图;

(2) 9 kg 水与 30 kg 醋酸组成的系统在 105.5 ℃ 达到气液两相平衡,求平衡时气相及液相质量各为多少。

15. 在 298 K 时,水(A)与丙醇(B)的二组分液相系统的蒸气压与组成的关系如下表所示,总蒸气压在 $x_B=0.4$ 时出现极大值。

x_B	0	0.05	0.20	0.40	0.60	0.80	0.90	1.00
p_B/Pa	0	1440	1813	1893	2013	2653	2584	2901
$p_总$/Pa	3168	4533	4719	4786	4653	4160	3668	2901

(1) 请画出 $p-x-y$ 图,并指出各点、线和面的含义和自由度;

(2) 将 $x_B=0.56$ 的丙醇水溶液进行精馏,精馏塔的顶部和底部分别得到什么产品?

16. 下表是系统的步冷曲线数据:

w_{Cd}	0.00	0.205	0.375	0.475	0.50	0.58	0.70	0.92	1.00
曲线最初转折温度 T/K	—	823	733	—	692	—	673	—	—
曲线呈水平段温度 T/K	903	683	683	683	683	712	568	569	594

(1) 按照上表数据绘制 Sb－Cd 系统的 $T-w_{Cd}$ 图;

(2) 根据所绘图找出化合物的系统组成,并确定该化合物的分子式及熔点;

(3) 说明图中点、线、面的意义。

17. 二组分生成稳定化合物固态完全不互溶的凝聚系统相图如下图所示，C_1、C_2 代表两种不同化合物，指出各相区稳定存在的相。

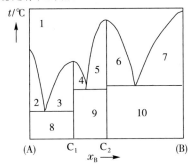

18. 100℃下，甲苯以 A 表示，苯以 B 表示。它们的饱和蒸气压分别为 $p_A^* = 74.166$ kPa，$p_B^* = 180.05$ kPa。有系统组成 $x_B = 0.57$ 的甲苯和苯的混合物 1 kg 在 100℃、120 kPa 下成气-液两相平衡。已知甲苯和苯形成理想液体混合物。求：

(1) 平衡液相组成和气相组成；

(2) 平衡时液相和气相的物质量各为多少？

自 测 题

一、填空题

1. 在一个抽空的容器中放入过量的 NH_4HCO_3 固体并通入少量 $NH_3(g)$，加热时发生下述反应并达到平衡：

$$NH_4HCO_3(s) = NH_3(g) + CO_2(g) + H_2O(g)$$

该系统的组分数为_____，自由度数为_____。

2. A、B 两组分的气—液平衡 $T-x$ 图上，有一最低恒沸点，恒沸物组成为 $x_A = 0.7$。现有一组成为 $x_A = 0.5$ 的 A、B 液体混合物，将其精馏可得到_____和_____。

3. 水的三相点温度为_____。

二、选择题

1. $-5\,°C$ 时，水自动结成冰，若在此温度下，过冷水与冰的饱和蒸气压分别为 $p_s(水)$ 和 $p_s(冰)$，则（　　）。

   (a) $p_s(水) > p_s(冰)$　　　　(b) $p_s(水) = p_s(冰)$

   (c) $p_s(水) < p_s(冰)$　　　　(d) 无法判断二者大小

2. 将溶质 A、B 分别溶于水，形成理想稀溶液。若 A 的水溶液的凝固点（凝固时析出冰，下同）低于 B 的水溶液的凝固点，则 A 的水溶液的沸点一定（　　）B 的水溶液的沸点。

   (a) 高于　　　　(b) 低于　　　　(c) 等于　　　　(d) 无法比较

3. 在液体混合物中，当组分 A 为正偏差时，其活度系数 f_A 一定（　　）。

   (a) 大于 1　　　(b) 小于 1　　　(c) 大于 0　　　(d) 小于 0

4. 在指定温度下，若 A、B 两液体形成理想液体混合物，且纯 A 的饱和蒸气压 p_A^* 大于 B 的饱和蒸气压 p_B^*，则（　　）。

   (a) $y_A < x_A$　　　　　　　　(b) $y_A = x_A$

   (c) $y_A > x_A$　　　　　　　　(d) 无法确定 $x_A、y_A$ 的大小

   （$x_A、y_A$ 分别为液体及气相中 A 的组成。）

三、计算题

液体 A 与液体 B 形成理想液体混合物，343.2 K 时 1 mol A 和 2 mol B 所组成的混合物蒸气总压为 500 kPa，若在混合物中再加入 3 mol A，则蒸气总压上升到 700 kPa，试求 p_A^* 与 p_B^*。

6 电化学

电化学主要是研究电能和化学能之间的相互转化及转化过程中有关规律的科学。

自从第一个化学电源于1799年由伏特(Alessandro Volta)发明后,人们一直利用化学电源来提供稳定的电流。各种化学电源都是将化学能转变为电能的装置。尽管由于19世纪中叶发明了发电机,而使化学电源的重要性有所下降,但由于化学电源具有稳定可靠、便于移动的特点,在这方面是发电机所不能替代的。因此,时至今日,从日常生活中人们使用的干电池,各种汽车上使用的蓄电池,到宇宙飞船上使用的燃料电池等,化学电源仍然在人类生活的各个领域中发挥着重要的作用。而且随着科学技术的不断进步,各种体积小、重量轻、存放时间长的新型高能电池、微型电池不断地被研制出来,在照明、宇航、通信等各个方面得到越来越广泛的应用。

另一方面,人们所熟知的电解工业,则是电能转变为化学能的实际应用。现在,许多有色金属和稀有金属的冶炼都是采用电解的方法;一些重要的贵重金属的精炼与回收也都是通过电解的方法来实现的。利用电解的方法,还可以生产出许多重要的基本化工产品。此外,电化学方法在机械、电子等工业中也有很多应用,例如电镀等。总而言之,电解工业在今天已经成为国民经济中的重要组成部分。综上所述,研究电化学具有重大的实际意义。电化学的内容相当广泛,这里只能简要地介绍一些基本的原理和规律。本章将讨论电解质溶液的导电机理、原电池和电解三方面的内容。

6.1 电解质溶液的导电机理及法拉第定律

6.1.1 电解质溶液的导电机理

能够导电的物体称为导体。导体通常可分为两类:金属、某些金属的化合物和石墨等称为第一类导体,它们是通过物质内部的自由电子在电场作用下的定向运动而导电的,因此也称为电子导体。电解质溶液和熔融电解质称为第二类导体,它们是依靠离子的定向移动而导电的,因此又称为离子导体。对第一类导体,温度升高导电能力减小;对第二类导体,温度升高导电能力增大。

将两块铂片(称为电极)分开插入 HCl 溶液中,并将铂片与一直流电源相连接,组成如图 6.1 所示的电路。通电后,当电源电压足够大时,电流表指示表明电路中有电流流过,同时发现,在两铂片附近,不断有气体逸出。经过分析可知,与电源正极相连的铂片附近逸出的是氯气,与电源负极相连的铂片附近逸出的是氢气。上述装置称为电解池。

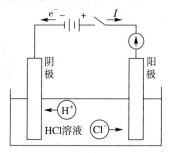

图 6.1 电解质溶液导电机理示意图

实验表明,当电流通过电解质溶液时,在溶液中的离子作定向迁移的同时,在两电极上发生下述反应:

与电源正极相连的铂片

$$2Cl^- \rightarrow Cl_2 + 2e^-$$

与电源负极相连的铂片

$$2H^+ + 2e^- \rightarrow H_2$$

这就是说,当电子从外接电源的负极流向电解池时,在与电源负极相连的电解池的电极上将发生某种粒子与电子结合的还原反应,同时,与电源正极相连的电解池的电极上将发生某种粒子失去电子的氧化反应,氧化反应放出的电子,通过外电路流向电源的正极。这种在电极上发生的有电子得失的化学反应,称为电极反应。在电化学中,发生氧化反应的电极,称为阳极;发生还原反应的电极,称为阴极。两个电极反应的总结果称为电池反应。例如,上述电解池中的电池反应即为

$$2Cl^- + 2H^+ \rightarrow Cl_2(g) + H_2(g)$$

在发生上述反应的同时,在外电场的作用下,溶液中的正离子向阴极移动,负离子向阳极移动,形成电解质溶液中的电流(正、负离子移动的方向虽然相反,但形成的电流方向是一致的),电流的大小应为单位时间内正、负离子传导电量的总和。综上所述,电解质溶液的导电过程是电极反应和电解质溶液中正、负离子的定向迁移同时发生的过程,这就是电解质溶液的导电机理。

6.1.2 法拉第定律

1833 年,英国科学家法拉第(M. Faraday)在归纳了大量电解作用的实验结果之后,提出了如下基本规律:

(1) 通电于电解质溶液之后,在电极上发生化学反应的物质 B 的物质的量

与通过溶液的电量成正比；

（2）当以相同电量分别通过含有不同电解质溶液的电解池时，各电极上发生化学变化的物质 B 的得失电子数是相同的。

上述结论称为法拉第定律，其数学表达式可表示为

$$Q = n_B z F \tag{6.1a}$$

或

$$Q = \frac{m_B}{M_B} z F \tag{6.1b}$$

式中

Q——通入电解池的电量。它等于电流强度 I 与通电时间 t 的乘积，即 $Q=It$；

m_B——电极上发生变化的物质 B 的质量；

n_B——电极上发生变化的物质 B 的物质的量；

M_B——电极上发生变化的物质 B 的摩尔质量；

z——该物质反应时的电子得失数；

F——法拉第常数，$F=96500\ \text{C}\cdot\text{mol}^{-1}$，它等于 1 摩尔电子的电量，即 $F=Le=6.0221367\times10^{23}\ \text{mol}^{-1}\times1.60217733\times10^{-19}\ \text{C}=96485.309\ \text{C}\cdot\text{mol}^{-1}$（通常近似取 $96500\ \text{C}\cdot\text{mol}^{-1}$）。

值得注意的是，应用式(6.1)时，要指明物质 B 的化学式，并据此确定 M_B 和 z 的数值。例如电解 $CuCl_2$ 溶液时，设通过电量为 Q，在阴极上析出铜的质量，可由反应式

$$Cu^{2+} + 2e^- \rightarrow Cu$$

来表示，此时 B 为 Cu^{2+}，$M_B=63.54\ \text{g}\cdot\text{mol}^{-1}$，$z=2$；也可由反应式

$$\frac{1}{2}Cu^{2+} + e^- \rightarrow \frac{1}{2}Cu$$

来表示，此时 B 为 $\frac{1}{2}Cu^{2+}$，$M_B=\frac{1}{2}\times63.54\ \text{g}\cdot\text{mol}^{-1}$，$z=1$。显然，代入式(6.1a)进行计算，这两个反应式计算出铜的质量是相同的。

又如电解水的反应

$$H_2O \rightarrow H_2 + \frac{1}{2}O_2$$

若取 H_2O 为 B，则由前面讨论可知，每个水分子的分解伴随着两个电子的变化，即 $z=2$。因此，由式(6.1a)可知，分解 1 mol 的 H_2O 分子需要 2 法拉第的电量，即 $Q=2\times96500\ \text{C}$。

根据法拉第定律，只要分析出电解过程中电极上析出物质 B 的物质的量，就可准确计算出电路中通过的电量，利用此原理制成的装置称为电量计或库仑计。常用的有铜电量计、银电量计和气体电量计等，实际使用时，将电量计串联在电路中。

法拉第定律是一个精确的定律,它不受温度、压力和溶液浓度的影响。但在电解过程中,实际消耗的电量,往往要比理论上计算的大一些,这就是说,实际上析出(或溶解)的物质的质量要比理论上计算的少一些。这并不是说法拉第定律不正确,而是由于其他多种因素(例如副反应)造成的。因此,我们把实际析出的物质的质量与理论析出质量之比称为电流效率,用 η 表示,即

$$\eta = \frac{m_{实际}}{m_{理论}} \times 100\% \tag{6.2a}$$

或

$$\eta = \frac{Q_{理论}}{Q_{实际}} \times 100\% \tag{6.2b}$$

例 6.1 以铂为电极,电流强度为 50 A 的电流通过 $CuSO_4$ 水溶液 1 h,试计算:
(1) 阴极上析出 Cu 的质量;
(2) 在 298 K、101.325 kPa 时,阳极上析出 O_2 的体积(m^3)。

解:(1) Cu 的摩尔质量为 63.54 g·mol^{-1},根据式(6.1)及 $Q = It$ 得

$$m(Cu) = \frac{M(Cu)Q}{zF} = \frac{M(Cu)It}{zF}$$

$$= \frac{63.54 \text{ g·mol}^{-1} \times 50 \text{ C·s}^{-1} \times 3600 \text{ s}}{2 \times 96500 \text{ C·mol}^{-1}}$$

$$= 59.2 \text{ g}$$

(2) O_2 的摩尔质量 $M = 32$ g·mol^{-1},$z = 4$,析出 O_2 的质量为

$$m(O_2) = \frac{M(O_2)Q}{zF} = \frac{M(O_2)It}{zF}$$

$$= \frac{32 \text{ g·mol}^{-1} \times 50 \text{ C·s}^{-1} \times 3600 \text{ s}}{2 \times 96500 \text{ C·mol}^{-1}}$$

$$= 14.9 \text{ g}$$

O_2 的体积为

$$V(O_2) = \frac{m(O_2)RT}{M(O_2)p}$$

$$= \frac{14.9 \text{ g} \times 8.314 \text{ J·K}^{-1}\text{·mol}^{-1} \times 298 \text{ K}}{32 \text{ g·mol}^{-1} \times 101325 \text{ N·m}^{-2}}$$

$$= 0.0144 \text{ m}^3$$

例 6.2 某电解车间,在阴极上每 8 小时析出 Zn 10091 g,使用的电流强度 $I = 1100$ A,求电流效率。

解:$M(Zn) = 65.4$ g·mol^{-1},根据式(6.1)

$$m(Zn) = \frac{M(Zn)It}{zF} = \frac{65.4 \text{ g·mol}^{-1} \times 1100 \text{ C·s}^{-1} \times 8 \times 3600 \text{ s}}{2 \times 96500 \text{ C·mol}^{-1}}$$

$$= 10735 \text{ g}$$

故电流效率为

$$\eta = \frac{m_{\text{实际}}}{m_{\text{理论}}} \times 100\% = \frac{10091}{10735} \times 100\% = 94\%$$

6.2 电解质溶液的电导、电导率和摩尔电导率

6.2.1 电导、电导率、摩尔电导率的定义

1. 电导

任何导体的导电能力可用电阻 R 的倒数 $1/R$ 来衡量，$1/R$ 称为电导，用 G 表示，即

$$G = \frac{1}{R} \tag{6.3}$$

根据欧姆定律，电导的定义也可以写成

$$G = \frac{I}{U} \tag{6.4}$$

式中 I 为流过导体的电流强度(A)，U 为导体两端的电压(即电势差)。电导的单位为 S(西门子)，$S = \Omega^{-1} = A \cdot V^{-1}$。

2. 电导率

如果导体的截面是均匀的，则导体的电导与其截面积 A 成正比，与长度 l 成反比，即

$$G = \kappa \frac{A}{l} \tag{6.5}$$

式中，κ 是比例系数，称为电导率，其单位是 $S \cdot m^{-1}$。电导率是电阻率 ρ 的倒数。电导率就是长 1 m，截面积为 1 m² 的导体的电导。对电解质溶液来说，电导率是指电极面积分别为 1 m²，电极间距离为 1 m 的两个平行电极之间的电解质溶液的电导。

3. 摩尔电导率

将含有 1 mol 电解质的溶液置于相距为 1 m 的两个平行电极之间，此时溶液的电导称为摩尔电导率，用 Λ_m 表示。

因为电解质的物质的量规定为 1 mol，故导电溶液的体积将随着溶液的浓度而改变。设溶液的浓度为 c，其单位为 $mol \cdot m^{-3}$，则含有 1 mol 电解质溶液体积 V_m 应为 c 的倒数，即 $V_m = \dfrac{1}{c}$，V_m 的单位为 $m^3 \cdot mol^{-1}$。由于电导率 κ 是两平行电极间距离为 1 m 时，1 m³ 溶液的电导，所以摩尔电导率 Λ_m 与电导率 κ 的关系为

$$\Lambda_m = V_m \kappa$$

即
$$\Lambda_m = \frac{\kappa}{c} \tag{6.6}$$

摩尔电导率 Λ_m 的单位为 $S \cdot m^2 \cdot mol^{-1}$。

图 6.2 所示表示一个长、宽、高各为 1 m 的立方体电导池,其中平行相对的左、右两个侧面是两个电极。在此电导池中充满 1 m³ 电解质溶液时所表现出来的电导就是该溶液的电导率 κ,若此时电解质溶液的浓度为 3 mol·m^{-3},则 $\frac{1}{3}$ m³ 的溶液中含有 1 mol 电解质。将这 $\frac{1}{3}$ m³ 的溶液置于右边立方体电导池中,则溶液的高度为 $\frac{1}{3}$ m (见图 6.2)。根据摩尔电导率的定义,这时溶液的电导就是摩尔电导率 Λ_m。显然,这时摩尔电导率 Λ_m 与电导率 κ 的关系为 $\Lambda_m = \frac{\kappa}{3}$。

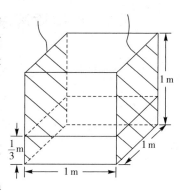

图 6.2 摩尔电导率与电导率关系示意图

在对电解质溶液性质的研究中,人们常用摩尔电导率来比较电解质溶液导电能力的大小。从微观上看,电解质溶液的导电能力是由溶液中离子的数量,每个离子所带电荷数量及正、负离子在电场作用下的迁移速率所决定的。习惯上,在计算 Λ_m 时,人们常把正、负离子各带有 1 mol 元电荷的电解质选作为物质的量的基本单元(例如 KCl、$\frac{1}{2}$CuSO$_4$、$\frac{1}{3}$FeCl$_3$ 等)。这样 1 mol 电解质在水中全部电离时,溶液中正、负离子所具有的电荷数是相同的,Λ_m 则仅由离子的迁移速率所决定。对于不能完全电离的弱电解质溶液而言,Λ_m 则不仅与离子的迁移速率有关,而且还与溶液中离子的数量(即弱电解质的电离度)有关。

例 6.3 298 K 时,测得 $c(K_2SO_4) = 500$ mol·m^{-3} 的 K_2SO_4 溶液的电导率 $\kappa = 8.14$ S·m^{-1},求该温度下的 $\Lambda_m(K_2SO_4)$ 和 $\Lambda_m(\frac{1}{2}K_2SO_4)$。

解:$\Lambda_m(K_2SO_4)$ 表示以 K_2SO_4 作为物质的量的基本单元,根据式(6.6)

$$\Lambda_m(K_2SO_4) = \frac{\kappa}{c(K_2SO_4)} = \frac{8.14 \text{ S} \cdot \text{m}^{-1}}{500 \text{ mol} \cdot \text{m}^{-3}}$$
$$= 1.63 \times 10^{-2} \text{ S} \cdot \text{m}^2 \cdot \text{mol}^{-1}$$

$\Lambda_m(\frac{1}{2}K_2SO_4)$ 表示以 $\frac{1}{2}K_2SO_4$ 作为物质的量的基本单元,由于含有

1 mol K_2SO_2 的溶液相当于含有 2 mol $\frac{1}{2}K_2SO_4$，所以

$$c\left(\frac{1}{2}K_2SO_4\right) = 2c(K_2SO_4) = 2 \times 500 \text{ mol} \cdot \text{m}^{-3}$$
$$= 1000 \text{ mol} \cdot \text{m}^{-3}$$
$$\Lambda_m\left(\frac{1}{2}K_2SO_4\right) = \frac{\kappa}{c\left(\frac{1}{2}K_2SO_4\right)} = \frac{8.14 \text{ S} \cdot \text{m}^{-1}}{1000 \text{ mol} \cdot \text{m}^{-3}}$$
$$= 8.14 \times 10^{-3} \text{ S} \cdot \text{m}^2 \cdot \text{mol}^{-1}$$

显然

$$\Lambda_m\left(\frac{1}{2}K_2SO_4\right) = \frac{1}{2}\Lambda_m(K_2SO_4)$$

6.2.2 电导的测定

电导是电阻的倒数。因此，测量电解质溶液的电导，实际上是测量其电阻。测量溶液的电阻，可利用惠斯顿（Wheatstone）电桥，但不能应用直流电源。因直流电通过电解质溶液时，由于电解使电极附近溶液的浓度改变，并会在电极上析出产物而改变两电极的本质，因此应采用适当频率的交流电源。

图 6.3 所示中 I 为交流电源，AB 为均匀的滑线电阻，R_1 为可变电阻，R_x 为待测电阻，R_3、R_4 分别为 AC、CB 段的电阻，T 为检零器，K 为用以抵消电导池电容的可变电容器。测定时，接通电源，选择一定的电阻 R_1，移动接触点 C，直至 CD 间的电流为零。这时，电桥平衡，$\frac{R_1}{R_x} = \frac{R_3}{R_4}$，故溶液的电导

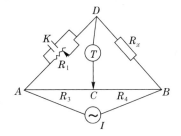

图 6.3 测量电阻（电导）的惠斯顿电桥示意图

$$G_x = \frac{1}{R_x} = \frac{R_3}{R_4} \times \frac{1}{R_1} = \frac{AC}{CB} \times \frac{1}{R_1}$$

如果知道电导池的电极面积 A 及电极间的距离 l，则可根据下式求得溶液的电导率

$$\kappa = G_x \frac{l}{A} \tag{6.7}$$

对于一个固定的电导池来说，l 和 A 都是定值，$\frac{l}{A}$ 为一个定值，称为电导池常数，用 K_{cell} 表示，即

$$\kappa = G_x \frac{l}{A} = G_x K_{cell} = \frac{1}{R_x} K_{cell} \tag{6.8}$$

电导池的电极一般用铂片制成。电导池的 l 和 A 是很难直接精确测量的，因此，

通常在测量待测溶液的电导前,先将已知电导率的标准溶液(一般为 KCl 溶液)注入电导池,测量其电导(电阻),根据式(6.8)求出 K_{cell} 的值,再将待测溶液置于此电导池中,测得 G_x 或 R_x 值,并计算出 κ 和 Λ_m。常用的 KCl 标准溶液的电导率列于表 6.1 中。

表 6.1 KCl 水溶液的电导率

$c(KCl)/(mol \cdot m^{-3})$	$\kappa/(S \cdot m^{-1})$		
	273.15 K	293.15 K	298.15 K
1000	6.543	9.820	11.173
100	0.7154	1.1102	1.2886
10	0.07751	0.1227	0.14114

例 6.4 298.15 K 时,在一电导池中放 $c(KCl)=10.0 \text{ mol} \cdot m^{-3}$ 的 KCl 溶液,测得其电导为 6.667×10^{-3} S。若在同一电导池中盛以 $c(K_2SO_4)=2.50 \text{ mol} \cdot m^{-3}$ 的 K_2SO_4 溶液,测得其电导为 3.305×10^{-3} S,试求:

(1) 电导池常数 K_{cell};

(2) $c(K_2SO_4)=2.50 \text{ mol} \cdot m^{-3}$ 的 K_2SO_4 溶液的电导率及摩尔电导率 $\Lambda_m\left(\frac{1}{2}K_2SO_4\right)$。

解:(1) 从表 6.1 查得 $c(KCl)=10.0 \text{ mol} \cdot m^{-3}$ 的溶液在 298.15 K 时的 $\kappa = 0.14114 \text{ S} \cdot m^{-1}$,根据式(6.8)

$$K_{cell} = \frac{\kappa(KCl)}{G_x(KCl)} = \frac{0.14114 \text{ S} \cdot m^{-1}}{6.667 \times 10^{-3} \text{ S}} = 21.17 \text{ m}^{-1}$$

(2) 再根据式(6.8)

$$\kappa(K_2SO_4) = G_x(K_2SO_4) \cdot K_{cell}$$
$$= 3.305 \times 10^{-3} \text{ S} \times 21.17 \text{ m}^{-1}$$
$$= 6.997 \times 10^{-2} \text{ S} \cdot m^{-1}$$

根据题目要求,在求 Λ_m 时,物质的量的基本单元为 $\frac{1}{2}K_2SO_4$,所以

$$c\left(\frac{1}{2}K_2SO_4\right) = 2c(K_2SO_4)$$
$$= 2 \times 2.50 \text{ mol} \cdot m^{-3} = 5.00 \text{ mol} \cdot m^{-3}$$

$$\Lambda_m\left(\frac{1}{2}K_2SO_4\right) = \frac{\kappa(K_2SO_4)}{c\left(\frac{1}{2}K_2SO_4\right)}$$

$$= \frac{6.997 \times 10^{-2} \text{ S} \cdot m^{-1}}{5.00 \text{ mol} \cdot m^{-3}} = 1.40 \times 10^{-2} \text{ S} \cdot m^2 \cdot mol^{-1}$$

6.2.3 摩尔电导率与浓度的关系

电解质溶液的电导除与温度有关外,还与电解质溶液的浓度有关。图 6.4 所示是根据实验作出的几种电解质溶液的摩尔电导率随浓度的平方根变化的关系图,由图可以看出:

(1) 对强电解质而言,当溶液的浓度降低时,摩尔电导率随之增大。这时因为强电解质在溶液中是完全电离的,因而摩尔电导率只与溶液中离子的迁移速度有关。随着溶液浓度的下降,离子间的距离加大,离子间的引力减小,离子的运动速度加快,故电导增大。

德国化学家科尔劳施(Kohlrausch)根据实验结果发现:在很稀的溶液(通常 $c_B < 1 \text{ mol} \cdot \text{m}^{-3}$)中,强电解质溶液的摩尔电导率 Λ_m 与 $\sqrt{c_B}$ 呈线性关系,即

$$\Lambda_m = \Lambda_m^\infty - A\sqrt{c_B} \tag{6.9}$$

式中 A 与 Λ_m^∞ 均为常数,A 的值与温度、电解质及溶剂的性质有关,Λ_m^∞ 为当 $c_B \to 0$ 时,电解质的摩尔电导率(也就是直线在纵坐标上的截距),称为电解质在无限稀释时的摩尔电导率,或称为电解质的极限摩尔电导率。由于在无限稀释的条件下,离子间的相互作用可以忽略不计,离子的移动速度最快,因此 Λ_m^∞ 是电解质 Λ_m 的最大值。强电解质的 Λ_m^∞ 值可由稀溶液中 $\Lambda_m - \sqrt{c_B}$ 的关系外推得到。

(2) 对于弱电解质来说,其摩尔电导率也随溶液浓度降低而增大。当溶液浓度较大时,由于弱电解质解离度较小,溶液中离子数量很少,所以 Λ_m 值很小,且随浓度的变化缓慢。但当溶液很稀时,由于弱电解质的解离度随溶液浓度下降而增大,使得溶液中离子数目增多,再加上正、负离子间的相互吸引力随溶液变稀而减弱,因而使摩尔电导率的值随溶液浓度下降而急剧增加。在极稀的弱电解质溶液中,Λ_m 与 $\sqrt{c_B}$ 不成线性关系,式(6.9)不适用。由图 6.4 可以看到,在极稀的

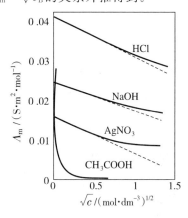

图 6.4 摩尔电导率与浓度的关系

弱电解质溶液中,浓度稍微改变一点,Λ_m 的值变化就很大,因此,很难用实验曲线外推的方法求得弱电解质的 Λ_m^∞ 值。科尔劳施的离子独立运动定律解决了这个问题。

6.2.4 离子的独立运动定律和离子的摩尔电导率

如前所述,利用外推法可以求出强电解质溶液在无限稀释时的摩尔电导率。

科尔劳施研究了大量的强电解质溶液,根据大量实验发现了一些规律,提出了离子独立运动定律。

例如,在 298.15 K 时,一些电解质在无限稀释时的摩尔电导率的实验数据如下:

$$\Lambda_m^\infty(\text{KCl}) = 0.01499 \text{ S} \cdot \text{m}^2 \cdot \text{mol}^{-1}$$
$$\Lambda_m^\infty(\text{LiCl}) = 0.01150 \text{ S} \cdot \text{m}^2 \cdot \text{mol}^{-1}$$
$$\Lambda_m^\infty(\text{KNO}_3) = 0.1450 \text{ S} \cdot \text{m}^2 \cdot \text{mol}^{-1}$$
$$\Lambda_m^\infty(\text{LiNO}_3) = 0.1101 \text{ S} \cdot \text{m}^2 \cdot \text{mol}^{-1}$$

从以上数据可以看出:

(1) 具有相同负离子的钾盐和锂盐的 Λ_m^∞ 之差为一常数,与负离子的性质无关,即

$$\Lambda_m^\infty(\text{KCl}) - \Lambda_m^\infty(\text{LiCl})$$
$$= \Lambda_m^\infty(\text{KNO}_3) - \Lambda_m^\infty(\text{LiNO}_3)$$
$$= 0.00349 \text{ S} \cdot \text{m}^2 \cdot \text{mol}^{-1}$$

(2) 具有相同正离子的氯化物和硝酸盐的 Λ_m^∞ 之差亦为一常数,与正离子的性质无关,即

$$\Lambda_m^\infty(\text{KCl}) - \Lambda_m^\infty(\text{KNO}_3)$$
$$= \Lambda_m^\infty(\text{LiCl}) - \Lambda_m^\infty(\text{LiNO}_3)$$
$$= 0.00049 \text{ S} \cdot \text{m}^2 \cdot \text{mol}^{-1}$$

其他电解质也有同样的规律。表 6.2 列出了一些物质在 298.15 K 时的 Λ_m^∞。

表 6.2　298.15 K 时一些强电解质的 Λ_m^∞ 值

电解质	Λ_m^∞ $\text{S} \cdot \text{m}^2 \cdot \text{mol}^{-1}$	$\Delta\Lambda_m^\infty$ $\text{S} \cdot \text{m}^2 \cdot \text{mol}^{-1}$	电解质	Λ_m^∞ $\text{S} \cdot \text{m}^2 \cdot \text{mol}^{-1}$	$\Delta\Lambda_m^\infty$ $\text{S} \cdot \text{m}^2 \cdot \text{mol}^{-1}$
KCl LiCl	0.014986 0.011503	3.5×10^{-3}	HCl HNO_3	0.042616 0.04213	4.9×10^{-4}
KNO_3 LiNO_3	0.01450 0.01101	3.5×10^{-3}	KCl KNO_3	0.014986 0.014496	4.9×10^{-4}
KClO_4 LiClO_4	0.014104 0.010598	3.5×10^{-3}	LiCl LiNO_3	0.011503 0.01101	4.9×10^{-4}

科尔劳施根据这些实验事实提出了离子独立运动定律:在无限稀释溶液中,所有的电解质全部电离,并且离子间的距离相隔甚远,它们之间的相互作用可以忽略,即离子彼此独立运动。

根据离子独立运动定律可以得出,在无限稀释电解质溶液中,电解质的极限

摩尔电导率 Λ_m^∞ 应是正、负离子的摩尔电导率之和

$$\Lambda_m^\infty = \Lambda_{m,+}^\infty + \Lambda_{m,-}^\infty \tag{6.10}$$

式中，$\Lambda_{m,+}^\infty$、$\Lambda_{m,-}^\infty$ 分别表示正、负离子在无限稀释时的摩尔电导率。

离子独立运动定律还指出，在一定温度下一定的溶剂中，只要是极稀溶液，同一种离子的摩尔电导率都是同一数值，而不论另一种离子是何种离子。表 6.3 列出了一些离子在无限稀释水溶液中的离子摩尔电导率。这样，弱电解质的 Λ_m^∞ 就可以从强电解质的 Λ_m^∞ 求得或从离子的 Λ_m^∞ 求得。

由表中的数值可见，H^+ 和 OH^- 的 Λ_m^∞ 值比其他离子大很多，这说明，水溶液中 H^+ 和 OH^- 的移动速率比其他离子快得多。

例 6.5 已知在 298.15 K 时，HCl 的极限摩尔电导率为 4.26×10^{-3} S·m²·mol⁻¹，NaAc 和 NaCl 的极限摩尔电导率分别为 9.1×10^{-3} 和 12.7×10^{-3} S·m²·mol⁻¹，试计算 HAc 的 Λ_m^∞。

解： 根据离子独立运动定律知：

$$\begin{aligned}
\Lambda_m^\infty(\text{HAc}) &= \Lambda_m^\infty(\text{H}^+) + \Lambda_m^\infty(\text{Ac}^-) \\
&= [\Lambda_m^\infty(\text{H}^+) + \Lambda_m^\infty(\text{Cl}^-)] + [\Lambda_m^\infty(\text{Na}^+) + \Lambda_m^\infty(\text{Ac}^-)] \\
&\quad - [\Lambda_m^\infty(\text{Na}^+) + \Lambda_m^\infty(\text{Cl}^-)] \\
&= \Lambda_m^\infty(\text{HCl}) + \Lambda_m^\infty(\text{NaAc}) - \Lambda_m^\infty(\text{NaCl}) \\
&= (42.6 + 9.1 - 12.7) \times 10^{-3} \text{ S·m}^2\text{·mol}^{-1} \\
&= 39 \times 10^{-3} \text{ S·m}^2\text{·mol}^{-1}
\end{aligned}$$

表 6.3　298.15 K 时一些离子在无限稀释水溶液中的 Λ_m^∞

正离子	$\Lambda_{m,+}^\infty \times 10^4/(\text{S·m}^2\text{·mol}^{-1})$	负离子	$\Lambda_{m,+}^\infty \times 10^4/(\text{S·m}^2\text{·mol}^{-1})$
H^+	349.82	OH^-	198.0
Li^+	38.69	Cl^-	76.34
Na^+	50.11	Br^-	78.4
K^+	73.52	I^-	76.8
NH_4^+	73.4	NO_3^-	71.44
Ag^+	61.92	CH_3COO^-	40.9
$\frac{1}{2}Ca^{2+}$	59.50	ClO_4^-	68.0
$\frac{1}{2}Ba^{2+}$	63.64	$\frac{1}{2}SO_4^{2-}$	79.8
$\frac{1}{2}Sr^{2+}$	59.46	HCO_3^-	44.48
$\frac{1}{2}Mg^{2+}$	53.06	$\frac{1}{2}CO_3^-$	69.3
$\frac{1}{3}La^{2+}$	69.6	MnO_4^-	62

6.3 电导测定的应用

由于电解质溶液的导电能力与溶液中离子含量、离子的电荷数和移动速率有关,因此利用测定溶液电导的方法可以了解电解质溶液的许多性质,在生产实际及科学研究中均有广泛的应用,现仅择其重要的内容简述如下。

6.3.1 检验水的纯度

在工业生产和科学研究中,有时需要纯度很高的水,如在半导体工业中,若清洗用水中含有杂质,就会大大影响产品性能。检查水的纯度最简便的方法就是测定水的电导率。一般蒸馏水的电导率 κ 约为 1.00×10^{-3} S·m^{-1},重蒸馏水(蒸馏水用 $KMnO_4$ 和 KOH 处理后再重新蒸馏)和去离子水(用离子交换树脂处理过的水)的 κ 一般小于 1.0×10^{-4} S·m^{-1}。由于水本身有微弱的电离,理论计算纯水的 κ 应为 5.5×10^{-6} S·m^{-1},故 $\kappa < 1.0 \times 10^{-4}$ S·m^{-1} 的水就是相当纯净了,称为电导水,所以测定水的电导即可知道水的纯度是否满足要求。

6.3.2 计算弱电解质的电离度

由于弱电解质在溶液中只有部分电离,因此,弱电解质溶液的 Λ_m 不仅与离子迁移速率有关,而且与离子的浓度有关。如果弱电解质的电离度很小,溶液中离子浓度很低,离子间的相互作用力可以被忽略,则离子在一定电场下的迁移速率和无限稀释时近似相同,不同浓度的弱电解质溶液 Λ_m 的差别就只反映了溶液中离子浓度的不同。由于在无限稀释的溶液中,弱电解质是全部电离的,因此某浓度下弱电解质溶液的摩尔电导率 Λ_m 与该电解质无限稀释摩尔电导率的比值即为此浓度中弱电解质的电离度 α。

$$\alpha = \frac{\Lambda_m}{\Lambda_m^\infty} \tag{6.11}$$

例 6.6 将 $c(HAc) = 15.81$ mol·m^{-3} 的 HAc 水溶液注入电导池常数 $K_{cell} = 13.7$ m^{-1} 的电导池中,298 K 时测得电导为 1.527×10^{-3} S,试计算该溶液中 HAc 的电离度。

解:先求 $c(HAc) = 15.81$ mol·m^{-3} 的 HAc 水溶液的 Λ_m,

$$\kappa = K_{cell} \cdot G = 13.7 \text{m}^{-1} \times 1.527 \times 10^{-3} \text{ S}$$
$$= 2.092 \times 10^{-2} \text{ S·m}^{-1}$$

$$\Lambda_m(HAc) = \frac{\kappa}{c(HAc)} = \frac{2.092 \times 10^{-2} \text{ S·m}^{-1}}{15.81 \text{ mol·m}^{-3}}$$
$$= 1.32 \times 10^{-3} \text{ S·m}^2 \cdot \text{mol}^{-1}$$

从表6.3中查得

$$\Lambda_m(H^+) = 3.4982 \times 10^{-2} \text{ S} \cdot \text{m}^2 \cdot \text{mol}^{-1}$$

$$\Lambda_m(Ac^-) = 4.09 \times 10^{-3} \text{ S} \cdot \text{m}^2 \cdot \text{mol}^{-1}$$

$$\Lambda_m^\infty(HCl) = \Lambda_m(H^+) + \Lambda_m(Ac^-)$$

$$= 3.4982 \times 10^{-2} \text{ S} \cdot \text{m}^2 \cdot \text{mol}^{-1} + 4.09 \times 10^{-3} \text{ S} \cdot \text{m}^2 \cdot \text{mol}^{-1}$$

$$= 3.907 \times 10^{-2} \text{ S} \cdot \text{m}^2 \cdot \text{mol}^{-1}$$

将 $\Lambda_m(HAc)$、$\Lambda_m^\infty(HAc)$ 代入式(6.11)

$$\alpha = \frac{\Lambda_m(HAc)}{\Lambda_m^\infty(HAc)} = \frac{1.32 \times 10^{-3} \text{ S} \cdot \text{m}^2 \cdot \text{mol}^{-1}}{3.907 \times 10^{-2} \text{ S} \cdot \text{m}^2 \cdot \text{mol}^{-1}}$$

$$= 3.38 \times 10^{-2}$$

6.3.3 测定微溶盐的溶解度

某些微溶盐如 $BaSO_4$、$AgCl$、AgI 等在水中的溶解度很小,通常用化学分析的方法很难测出它们的溶解度,但可用电导方法求得。在测定微溶盐的溶解度时,由于离子的浓度很低,因此所用的水必须非常纯净,以免水中的杂质离子干扰测量结果。再者,如前所述,溶剂水本身也有微弱的电离,因此实验测得的电解质溶液的电导应为电解质的电导与水的电导之和,即 $\kappa(溶液) = \kappa(电解质) + \kappa(H_2O)$。在一般的情况下,由于前者远远大于后者,因而水的电导可忽略不计,但在微溶盐的水溶液中,由于微溶盐的电导很小,水的电导则不能忽略不计,因此

$$\kappa(微溶盐) = \kappa(溶液) - \kappa(H_2O) \quad (6.12)$$

由于微溶盐的溶解度很小,溶液极稀,离子间相互作用可忽略不计,所以可近似认为微溶盐的饱和溶液中 Λ_m 的值约等于 Λ_m^∞,可求得饱和溶解度 c_s 为

$$c_s = \frac{\kappa(微溶盐)}{\Lambda_m^\infty} \quad (6.13)$$

例6.7 在298 K时,测得 $BaSO_4$ 饱和溶液的电导率为 $4.20 \times 10^{-4} \text{ S} \cdot \text{m}^{-1}$,配制该溶液的水的电导率为 $1.05 \times 10^{-4} \text{ S} \cdot \text{m}^{-1}$,求298 K时 $BaSO_4$ 的溶解度。

解:由题给数据可以看到,由于 $BaSO_4$ 的溶解度极小,水的电导率与溶液的电导率数值接近,不能被忽略,因此溶液中 $BaSO_4$ 的电导率为

$$\kappa(BaSO_4) = \kappa(溶液) - \kappa(H_2O)$$

$$= 4.20 \times 10^{-4} \text{ S} \cdot \text{m}^{-1} - 1.05 \times 10^{-4} \text{ S} \cdot \text{m}^{-1} = 3.15 \times 10^{-4} \text{ S} \cdot \text{m}^{-1}$$

由表6.3查得

$$\Lambda_m^\infty\left(\frac{1}{2}Ba^{2+}\right) = 63.64 \times 10^{-3} \text{ S} \cdot \text{m}^2 \cdot \text{mol}^{-1}$$

$$\Lambda_m^\infty\left(\frac{1}{2}SO_4^{2-}\right) = 79.8 \times 10^{-4} \text{ S} \cdot \text{m}^2 \cdot \text{mol}^{-1}$$

所以

$$\Lambda_m^\infty\left(\frac{1}{2}\text{BaSO}_4\right) = \Lambda_m^\infty\left(\frac{1}{2}\text{Ba}^{2+}\right) + \Lambda_m^\infty\left(\frac{1}{2}\text{SO}_4^{2-}\right)$$
$$= 63.64 \times 10^{-4} \text{ S} \cdot \text{m}^2 \cdot \text{mol}^{-1} + 79.8 \times 10^{-4} \text{ S} \cdot \text{m}^2 \cdot \text{mol}^{-1}$$
$$= 1.4344 \times 10^{-2} \text{ S} \cdot \text{m}^2 \cdot \text{mol}^{-1}$$

根据式(6.13)，$\frac{1}{2}\text{BaSO}_4$ 的饱和溶液的溶解度为

$$c_s\left(\frac{1}{2}\text{BaSO}_4\right) = \frac{\kappa}{\Lambda_m^\infty\left(\frac{1}{2}\text{BaSO}_4\right)}$$
$$= \frac{3.15 \times 10^{-2} \text{ S} \cdot \text{m}^{-1}}{1.4344 \times 10^{-2} \text{ S} \cdot \text{m}^2 \cdot \text{mol}^{-1}}$$
$$= 2.20 \times 10^{-2} \text{ mol} \cdot \text{m}^{-3}$$

或

$$c_s(\text{BaSO}_4) = \frac{1}{2} c_s\left(\frac{1}{2}\text{BaSO}_4\right)$$
$$= \frac{1}{2} \times 2.20 \times 10^{-2} \text{ mol} \cdot \text{m}^{-3}$$
$$= 1.10 \times 10^{-2} \text{ mol} \cdot \text{m}^{-3}$$

6.3.4 电导滴定

电导滴定常被用来测定溶液中电解质的浓度。当溶液浑浊或有颜色而不能应用指示剂时，这个方法就更显得十分有用。

通常是被滴定溶液中的一种离子和滴入试剂中的一种离子相结合，生成电离度极小的电解质或沉淀。结果溶液中原有的一种离子被另一种离子代替，因而使溶液电导发生改变。

例如，用 NaOH 滴定 HCl 时，溶液中电导很大的 H^+ 被电导较小的 Na^+ 代替，因此溶液的电导随着 NaOH 溶液的加入而减小。当 HCl 被中和后，再加入 NaOH，则等于单纯增加溶液中的 Na^+ 及 OH^-，且由于 OH^- 的电导很大，所以溶液的电导骤增。如果用电导与所加 NaOH 溶液的体积作图，则可得 AB 和 BC 两条直线，它们的交点就是当量点，如图 6.5(a) 所示。

电导滴定还可以用于沉淀反应，例如用 KCl 滴定 $AgNO_3$ 时，发生下列反应：

$$\text{AgNO}_3 + \text{KCl} \rightarrow \text{AgCl}\downarrow + \text{KNO}_3$$

溶液中的 Ag^+ 被 K^+ 代替，由于它们的电导差别不大，因而溶液的电导仅有极小的变化。超过滴定终点以后，再加入 KCl 溶液时，由于溶液中有过量的 KCl

存在，溶液的电导开始增加，图6.5(b)中 EF 和 FD 两条线的交点就是滴定的当量点。

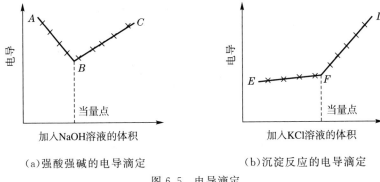

(a) 强酸强碱的电导滴定　　　　(b) 沉淀反应的电导滴定

图 6.5　电导滴定

6.4　电解质的平均活度和平均活度系数

6.4.1　离子的平均活度和平均活度系数

理想溶液中某一组分的化学势，当浓度用质量摩尔浓度表示时可写为

$$\mu_B = \mu_B^{\ominus}(T) + RT\ln\frac{b}{b^{\ominus}} \quad (b^{\ominus} = 1\ \text{mol} \cdot \text{kg}^{-1})$$

而非理想溶液则不遵守这个公式。为了使热力学计算仍然保持简单的数学关系式，路易士(L. W. Lewis)提出了活度的概念，其定义为

$$a_B = \gamma_B \frac{b_B}{b^{\ominus}}$$

于是非理想溶液的化学势可表示为

$$\mu_B = \mu_B^{\ominus}(T) + RT\ln a_B$$

对于电解质溶液，情况则要复杂一些。首先，电解质在水溶液中全部离解成离子，由于离子之间的静电引力作用，即使是在很稀的溶液中，也表现出较大的非理想性，因此在表示电解质的化学势时，通常用活度而不用浓度；再者，对于强电解质溶液来说，电解质是全部电离成离子的，因此讨论整个电解质的活度是没有多大意义的，为此，我们必须引入离子的活度和活度系数的概念。

以 NaCl 水溶液为例，由于 1 mol NaCl 在水中完全电离成 1 mol Na^+ 和 1 mol Cl^-，因此根据化学势的定义，在此溶液中 NaCl 化学势应为 Na^+ 化学势和 Cl^- 化学势之和，即

$$\mu(NaCl) = \mu(Na^+) + \mu(Cl^-) \tag{6.14}$$

其中 NaCl、Na$^+$ 和 Cl$^-$ 的化学势可表示为

$$\mu(\text{NaCl}) = \mu^{\ominus}(\text{NaCl})(T) + RT\ln a(\text{NaCl})$$

$$\mu(\text{Na}^+) = \mu^{\ominus}(\text{Na}^+)(T) + RT\ln a(\text{Na}^+)$$

$$\mu(\text{Cl}^-) = \mu^{\ominus}(\text{Cl}^-)(T) + RT\ln a(\text{Cl}^-) \tag{6.15}$$

式中 $a(\text{NaCl})$、$a(\text{Na}^+)$ 和 $a(\text{Cl}^-)$ 分别为 NaCl、Na$^+$ 和 Cl$^-$ 的活度,且

$$a(\text{Na}^+) = \gamma(\text{Na}^+)\frac{b(\text{Na}^+)}{b^{\ominus}}$$

$$a(\text{Cl}^-) = \gamma(\text{Cl}^-)\frac{b(\text{Cl}^-)}{b^{\ominus}} \tag{6.16}$$

式中 $\gamma(\text{Na}^+)$、$\gamma(\text{Cl}^-)$ 分别为 Na$^+$ 和 Cl$^-$ 的活度系数,$b(\text{Na}^+)$、$b(\text{Cl}^-)$ 分别为溶液中 Na$^+$ 和 Cl$^-$ 的质量摩尔浓度。

将式(6.15)代入式(6.14)可得

$$\mu^{\ominus}(\text{NaCl})(T) + RT\ln a(\text{NaCl}) = [\mu^{\ominus}(\text{Na}^+)(T) + \mu^{\ominus}(\text{Cl}^-)(T)]$$
$$+ RT\ln[a(\text{Na}^+) \cdot a(\text{Cl}^-)]$$

所以

$$a(\text{NaCl}) = a(\text{Na}^+) \cdot a(\text{Cl}^-) \tag{6.17}$$

式(6.17)表明了溶液中整体电解质的活度与正、负离子活度之间的关系。但是,由于电解质溶液总是电中性的,正、负离子总是同时存在于溶液中,因此,目前我们还无法用实验测得单独一种离子的活度和活度系数,为此定义正、负离子活度的几何平均值为离子的平均活度,并用 $a_{\pm}$ 表示,即

$$a_{\pm} = \sqrt{a(\text{Na}^+) \cdot a(\text{Cl}^-)}$$

则

$$a(\text{NaCl}) = a_{\pm}^2$$

用同样的方法,我们定义正、负离子的活度系数与质量摩尔浓度的几何平均值称为离子的平均活度系数 $\gamma_{\pm}$ 与平均质量摩尔浓度 $b_{\pm}$,即

$$\gamma_{\pm} = \sqrt{\gamma(\text{Na}^+) \cdot \gamma(\text{Cl}^-)}$$

$$b_{\pm} = \sqrt{b(\text{Na}^+) \cdot b(\text{Cl}^-)}$$

以上讨论的是 1—1 价型的电解质。对于任意价型的强电解质 B,其化学式的通式可写作 $M_{\nu_+}A_{\nu_-}$,当其溶于水时,则按下式全部电离

$$M_{\nu_+}A_{\nu_-} \rightarrow \nu_+ M^{z_+} + \nu_- A^{z_-}$$

式中 z_+、z_- 分别代表正、负离子的电荷数。整体电解质 B 和正、负离子的化学势可分别表示为

$$\mu_B = \mu_B^{\ominus}(T) + RT\ln a_B$$

$$\mu_+ = \mu_+^{\ominus}(T) + RT\ln a_+$$

$$\mu_- = \mu_-^{\ominus}(T) + RT\ln a_-$$

电解质 B 与正、负离子化学势之间的关系为

$$\mu_B = \nu_+ \mu_+ + \nu_- \mu_-$$

即

$$\mu_B^\ominus(T) + RT\ln a_B = (\nu_+ \mu_+^\ominus + \nu_- \mu_-^\ominus) + RT\ln(a_+^{\nu_+} \cdot a_-^{\nu_-})$$

所以

$$a_B = a_+^{\nu_+} \cdot a_-^{\nu_-} \tag{6.18}$$

强电解质 $M_{\nu_+} A_{\nu_-}$ 的离子平均活度 $a_\pm$、离子平均活度系数 $\gamma_\pm$ 和离子平均质量摩尔浓度 $b_\pm$ 分别被定义为

$$a_\pm = (a_+^{\nu_+} \cdot a_-^{\nu_-})^{1/\nu} \tag{6.19}$$

$$\gamma_\pm = (\gamma_+^{\nu_+} \cdot \gamma_-^{\nu_-})^{1/\nu} \tag{6.20}$$

$$b_\pm = (b_+^{\nu_+} \cdot b_-^{\nu_-})^{1/\nu} \tag{6.21}$$

式中,$\nu = \nu_+ + \nu_-$,a_+、a_-、γ_+、γ_-、b_+、b_- 分别为正、负离子的活度、活度系数和质量摩尔浓度。$a_\pm$、$\gamma_\pm$、$b_\pm$ 之间的关系为

$$a_\pm = \gamma_\pm \cdot \frac{b_\pm}{b^\ominus} \tag{6.22}$$

将上述定义式代入式(6.18)可得

$$a_B = a_\pm^\nu = \left(\gamma_\pm \cdot \frac{b_\pm}{b^\ominus}\right)^\nu \tag{6.23}$$

引入 $a_\pm$ 的概念之后,强电解质 B 的化学势可表示为

$$\begin{aligned}\mu_B &= \mu_B^\ominus(T) + \nu RT\ln a_\pm \\ &= \mu_B^\ominus(T) + \nu RT\ln\left(\gamma_\pm \cdot \frac{b_\pm}{b^\ominus}\right)\end{aligned} \tag{6.24}$$

例 6.8 已知 $b_B = 0.0100\ \mathrm{mol \cdot kg^{-1}}$ 的 K_2SO_4 水溶液中,离子的平均活度系数 $\gamma_\pm = 0.715$,试求该溶液中离子的平均活度及 K_2SO_4 的活度。

解:K_2SO_4 的 $\nu_+ = 2$,$\nu_- = 1$,$\nu = 3$,$b_+ = 2b_B$,$b_- = b_B$,所以

$$\begin{aligned}b_\pm &= (b_+^2 \cdot b_-)^{1/3} = [(2b_B)^2 \cdot b_B]^{1/3} = \sqrt[3]{4}\, b_B \\ &= \sqrt[3]{4} \times 0.0100\ \mathrm{mol \cdot kg^{-1}} \\ &= 1.59 \times 10^{-2}\ \mathrm{mol \cdot kg^{-1}}\end{aligned}$$

$$\begin{aligned}a_\pm &= \gamma_\pm \cdot \frac{b_\pm}{b^\ominus} \\ &= \frac{0.715 \times 1.59 \times 10^{-2}\ \mathrm{mol \cdot kg^{-1}}}{1\ \mathrm{mol \cdot kg^{-1}}} = 0.0114\end{aligned}$$

$$a_B = a_\pm^3 = 0.0114^3 = 1.48 \times 10^{-6}$$

由上例可以看出,即使在电解质的稀溶液中,a_B 与 b_B 也相差甚远,说明其不理想程度之大,的确不可忽略。

6.4.2 离子强度和德拜—许克尔公式

表 6.4 列出了由实验得到的一些电解质的离子平均活度系数。

表 6.4　几种类型电解质的离子平均活度系数(298 K)

电解质	$b_B/(mol \cdot kg^{-1})$				
	0.005	0.01	0.03	0.05	0.10
HCl	0.928	0.904	0.873	0.830	0.795
KOH	0.927	0.901	0.868	0.810	0.795
NaCl	0.928	0.904	0.876	0.829	0.789
$MgSO_4$	0.572	0.471	0.378	0.262	0.195
$CuSO_4$	0.560	0.444	0.343	0.230	0.164
$BaCl_2$	0.781	0.725	0.659	0.556	0.496
K_2SO_4	0.781	0.715	0.642	0.529	0.441

从上述实验数据可以看出如下规律：①电解质的离子平均活度系数 $\gamma_\pm$ 与浓度有关,在稀溶液范围内,$\gamma_\pm$ 总是小于 1,$\gamma_\pm$ 值随浓度增加而减小,当 $b_B \to 0$ 时, $\gamma_\pm \to 1$。②在稀溶液范围内,同价型的电解质溶液（如 HCl 和 NaCl,$MgSO_4$ 和 $CuSO_4$)在相同浓度时,其 $\gamma_\pm$ 大致相同;而不同价型的电解质溶液,虽然浓度相同,但 $\gamma_\pm$ 不同,正、负离子电荷数乘积的绝对值大的电解质的 $\gamma_\pm$ 较小,即不理想程度更大些。

综上所述,在电解质的稀溶液中,影响 $\gamma_\pm$ 的主要因素是离子的浓度 b_B 和离子的电荷数,其中离子的电荷数影响更大些。这是因为,在稀溶液中,溶液的不理想程度主要是由于离子之间的静电引力作用而引起的,而静电引力的大小则与离子之间的距离及离子所携带的电荷多少有关。溶液的浓度越大,离子的距离则越小,所携带的电量越多,这样就使得离子之间的静电引力增大,从而引起 $\gamma_\pm$ 与 1 的偏离增大。路易士根据上述事实,提出了离子强度的概念,用它来反映离子浓度与离子的电荷数对 $\gamma_\pm$ 的综合影响。

离子强度 I 定义为

$$I = \frac{1}{2}\sum b_B Z_B^2 \qquad (6.25)$$

即将溶液中每种离子浓度 b_B 乘以离子电荷数 Z_B 的平方,这些乘积总和的一半即为离子强度。

路易士根据大量的实验事实进一步指出,在稀溶液范围内,$\gamma_\pm$ 与 I 的关系符合下述经验关系式

$$\lg\gamma_\pm = -\text{常数}\sqrt{I}$$

1923年德拜(Debye)和许克尔(Huckel)根据强电解质离子互吸理论进一步推导出

$$\lg \gamma_\pm = -AZ_+|Z_-|\sqrt{I} \tag{6.26}$$

上式称为德拜—许克尔极限公式。之所以称为极限公式,是因为在推导过程中曾作过一些假设,这些假设只有在极稀溶液中(一般 $I<0.01\ \mathrm{mol\cdot kg^{-1}}$)才适用。式中 A 为与温度及溶剂有关的常数,在 298 K 的水溶液中,$A=0.509(\mathrm{kg\cdot mol^{-1}})^{-1/2}$。

例 6.9 试用德拜—许克尔极限公式计算 298 K 时 $b=0.005\ \mathrm{mol\cdot kg^{-1}}$,$\mathrm{ZnCl_2}$ 水溶液中 $\mathrm{ZnCl_2}$ 离子的平均活度系数 $\gamma_\pm$。

解: 溶液中有 $\mathrm{Zn^{2+}}$ 和 $\mathrm{Cl^-}$,

$$b(\mathrm{Zn^{2+}}) = 0.005\ \mathrm{mol\cdot kg^{-1}},\ b(\mathrm{Cl^-}) = 0.010\ \mathrm{mol\cdot kg^{-1}}$$

$$Z(\mathrm{Zn^{2+}}) = 2,\ Z(\mathrm{Cl^-}) = -1$$

$$I = \frac{1}{2}\sum b_B Z_B^2$$

$$= \frac{1}{2}[0.005\times 2^2 + 0.01\times(-1)^2]\ \mathrm{mol\cdot kg^{-1}}$$

$$= 0.015\ \mathrm{mol\cdot kg^{-1}}$$

根据式(6.26)

$$\lg \gamma_\pm = -0.509(\mathrm{mol\cdot kg^{-1}})^{1/2} Z_+|Z_-|\sqrt{I}$$

$$= -0.509(\mathrm{mol\cdot kg^{-1}})^{1/2}\times 2\times|-1|\sqrt{0.015\ \mathrm{mol\cdot kg^{-1}}}$$

$$= -0.1246$$

所以 $\gamma_\pm = 0.751$

6.5 可逆电池与可逆电极

6.5.1 电池及其表示方法

将化学能转化为电能的装置称为原电池,简称为电池。图 6.6 所示即为一个典型的电池,称为铜—锌电池(或 Daniell 电池)。该电池是通过将一块锌片和一块铜片分别插入 $\mathrm{ZnSO_4}$ 溶液和 $\mathrm{CuSO_4}$ 溶液中构成的。在两种溶液中间用多孔隔板隔开。多孔隔板可以允许导电的离子通过,但防止两种溶液因扩散而完全混溶。当用导线将两金属片连接时,在导线中有电流自铜片流向锌片,同时在两块金属片与溶液之间发生下述得失电子的氧化还原反应:

在锌极: $\mathrm{Zn\rightarrow Zn^{2+}+2e^-}$ (氧化反应)

在铜极: $\mathrm{Cu^{2+}+2e^-\rightarrow Cu}$ (还原反应)

电池反应: $\mathrm{Zn+Cu^{2+}\rightarrow Zn^{2+}+Cu}$

在电池中,通常将金属片(或石墨)及与其发生作用的溶液称为半电池,或称为电极。因此,上述电池是由 Cu－CuSO₄ 溶液与 Zn－ZnSO₄ 溶液两个电极构成的。按照图 6.6 所示中对电极命名的规定,Cu－CuSO₄ 电极为阴极,Zn－ZnSO₄ 电极为阳极。但在电池中,我们更习惯于根据电极电势的高低来命名电极,将电势高的电极(上述电池中的 Cu－CuSO₄ 电极)称为正极,将电势低的电极(上述电池中的 Zn－ZnSO₄ 电极)称为负极。(注意:电池中正、负极与阴、阳极的对应关系与电解池正好相反。)

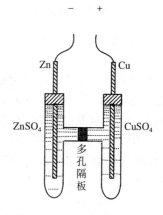

图 6.6　Daniell 电池示意图

在电化学中,电池的构成可以用电池图式方便地表示出来。在书写电池图式时,应遵循下述规定:

(1) 将构成电池的物质,按照它们相互接触的顺序,负极(阳极)在左,正极(阴极)在右,依次写出。同时,应注明物质的状态,如物质的聚集态(s、l 或 g)、温度、压力(若不注明,通常为 298.15 K、101.325 kPa)、溶液的组成等。

(2) 用单根垂线(|)表示相的界面;用单根虚垂线(⋮)表示可混液体之间的接界,用双虚垂线(⋮⋮)表示液体接界电势已经消除(例如用盐桥连接)的接界;用逗号(,)表示混合溶液中的不同物质。

按照上述规定,图 6.6 所示的 Daniell 电池可表示为

$$Zn(s) \mid ZnSO_4(b_1) \vdots CuSO_4(b_2) \mid Cu(s)$$

6.5.2　可逆电池必须具备的条件

根据热力学可逆过程的概念,可逆电池必须满足下面的条件:

(1) 电池在放电时所进行的反应是充电时的逆反应。当电池与外加电动势 $E_{外}$ 连接时,如图 6.7 所示,如果电池的电动势 E 稍大于外加电动势 $E_{外}$ 时,则起原电池作用,即进行放电;当 E 稍小于 $E_{外}$ 时,则起电解池作用,即进行充电。放电时与充电时所进行的反应互为逆反应。如图 6.7 所示的铜锌电池,当 $E > E_{外}$ 时,则起原电池作用,两极反应如下:

锌极反应　　$Zn - 2e^- \rightarrow Zn^{2+}$

铜极反应　　$Cu^{2+} + 2e^- \rightarrow Cu$

原电池反应　$Zn + Cu^{2+} \rightarrow Zn^{2+} + Cu$

而当 $E < E_{外}$ 时,则起电解池作用,其反应如下:

锌极反应　　$Zn^{2+} + 2e^- \rightarrow Zn$

铜极反应　　　$Cu - 2e^- \rightarrow Cu^{2+}$

电解池反应　　$Zn^{2+} + Cu \rightarrow Zn + Cu^{2+}$

上面分析表明，图 6.7 所示的铜锌电池在起原电池作用与起电解池作用所进行的反应互为逆反应。所以这种电池具备可逆电池的条件。

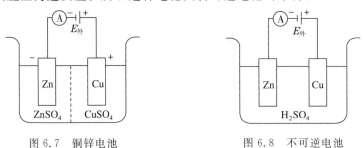

图 6.7　铜锌电池　　　　　　图 6.8　不可逆电池

如果将锌极和铜极同时插入 H_2SO_4 水溶液中，如图 6.8 所示。对于这种电池，当外加电动势 $E_外$ 稍小于电池的电动势 E，即 $E > E_外$ 时，则该电池起原电池作用，其反应如下：

锌极反应　　　$Zn - 2e^- \rightarrow Zn^{2+}$

铜极反应　　　$2H^+ + 2e^- \rightarrow H_2$

原电池反应　　$Zn + 2H^+ \rightarrow Zn^{2+} + H_2$

当 $E < E_外$ 时，则起电解池反应，其反应如下：

锌极反应　　　$2H^+ + 2e^- \rightarrow H_2$

铜极反应　　　$Cu - 2e^- \rightarrow Cu^{2+}$

电解池反应　　$2H^+ + Cu \rightarrow H_2 + Cu^{2+}$

以上分析表明，图 6.8 所示的电池在起原电池作用与起电解池作用所进行的反应不是互为逆反应，所以这种电池不具备可逆电池的条件。

(2) 当电池放电或充电时，E 与 $E_外$ 相差无限小，即电池通过的电流为无限小，此时电池可在接近平衡状态下工作。若作为电池，它能做出最大电功，若作为电解池，它消耗的电能最小。换言之，如果设想能把电池放电时所放出的能量全部储存起来，则用这些能量充电，就恰好可以使系统和环境都恢复到原来的状态，即能量的转移也是可逆的。

只有同时满足上述两个条件的电池才是可逆电池。上述第一个条件是由电池反应的可逆性决定的；而第二个条件是由电池工作时的条件所决定的。可逆电池在充电和放电时，不仅物质的转变是可逆的，而且能量的转变也是可逆的。

6.5.3　可逆电极

如上所述，构成可逆电池的首要条件就是电极反应必须是可逆的，这样的电极称为可逆电极。下面介绍几种常见的可逆电极。

1. 第一类电极

这一类电极又可分为金属电极和气体电极。

（1）金属电极　这一类电极是由金属与含有该金属离子的溶液所组成的。其通式为

$$M^{z+} | M$$

电极反应为

$$M^{z+} + ze^- \rightarrow M$$

Daniell 电池中的 $Zn^{2+}|Zn(s)$、$Cu^{2+}|Cu(s)$ 就属于这一类电极。

某些活泼金属，如 Na、K 等，由于能和水起反应，因而不能直接用纯金属作电极，而用它与 Hg 的合金（称为汞齐）作成电极。其中汞只起传递电子的作用，而不参加反应，例如：

$$Li | Li(Hg) \qquad Li^+ + e^- \rightarrow Li(Hg)$$
$$K^+ | K(Hg) \qquad K^+ + e^- \rightarrow K(Hg)$$

（2）气体（或其他非金属单质）电极　这类电极由气体（或其他非金属单质）与含有该元素离子的溶液所组成。由于气体及非金属单质不能导电，所以通常要借助惰性金属片（如 Pt、Au 等）起导电作用。将惰性金属片插入溶液中，并用气体冲击该金属片，使之吸附在金属片表面并与溶液中离子发生反应。

这类电极中最重要的是氢电极，其构造如图 6.9 所示。将涂有铂黑的铂片插入含有 H^+ 的溶液中（涂铂黑的目的是增加铂片的表面积并起催化作用），用纯净的氢气不断冲击铂片，使溶液被氢气饱和。氢电极的图式及电极反应如下：

$$H^+ | H_2(g) | Pt \qquad 2H^+ + 2e^- \rightarrow H_2(g)$$

下面列出一些这类电极的图式和电极反应。

$$OH^- | O_2(g) Pt \qquad O_2 + 2H_2O + 4e^- \rightarrow 4OH^-$$
$$Cl^- | Cl_2(g) | Pt \qquad Cl_2 + 2e^- \rightarrow 2Cl^-$$
$$I^- | I_2(s) | Pt \qquad I_2 + 2e^- \rightarrow 2I^-$$
$$S^{2-} | S(s) | Pt \qquad S + 2e^- \rightarrow S^{2-}$$

在书写这类电极的图式时，Pt 可以省略。

2. 第二类电极

这类电极是在金属的表面覆盖一薄层该金属的微溶盐，再浸入含有该微溶盐负离子的溶液中而构成的。实验室中常用的甘汞电极就属于这一类。其电极构造如图 6.10 所示，其电极图式和电极反应如下：

$$Cl^- | Hg_2Cl_2(s) | Hg(l) \qquad Hg_2Cl_2(s) + 2e^- \rightarrow 2Hg(l) + 2Cl^-$$

此外，如 $Cl^- | AgCl(s) | Ag(s)$，$SO_4^{2-} | PbSO_4(s) | Pb(s)$ 等电极也属于这一

类电极。

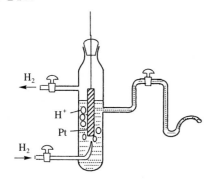
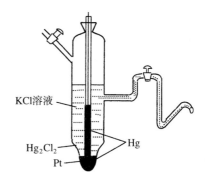

图 6.9 氢电极构造示意图　　图 6.10 甘汞电极构造示意图

还有一些电极是在金属表面覆盖一薄层该金属的微溶氧化物（或微溶氢氧化物），再浸入含有 OH^- 的溶液（若为酸性氧化物，则浸入含有 H^+ 的溶液）而构成的。其电极反应的特点与金属—微溶盐电极相同，因此二者属于同一类电极。例如：

$OH^-|Sb_2O_3(s)|Sb(s)$　　$Sb_2O_3(s)+3H_2O+6e^- \rightarrow 2Sb(s)+6OH^-$

$OH^-|Fe(OH)_2(s)|Fe(s)$　$Fe(OH)_2(s)+2e^- \rightarrow Fe(s)+2OH^-$

3. 氧化还原电极

各类电极上的反应均为氧化还原反应。这里所说的氧化还原电极是指将惰性金属片插入含有同一元素的不同氧化态的离子的混合溶液中而构成的电极。在电极上进行的是不同氧化态离子之间的氧化还原反应，而惰性金属只起传导电子的作用，例如将 Pt 插入含有 Fe^{2+} 和 Fe^{3+} 的溶液中，构成电极 $Fe^{2+},Fe^{3+}|Pt$，电极反应为 $Fe^{3+}+e^- \rightarrow Fe^{2+}$。

类似的电极还有 $Sn^{4+},Sn^{2+}|Pt$ 和 $Fe(CN)_6^{3-},Fe(CN)_6^{4-}|Pt$ 等。

6.6 可逆电池电动势的测定

6.6.1 电池电动势的测定

可逆电池的电动势不能直接用伏特计来测量。因为当把伏特计与电池接通后，必须有适量的电流通过才能使伏特计显示，这样电池中就发生了化学反应。溶液浓度将不断发生变化，因而电动势也不断变化，这时电池已不是可逆电池。另外，电池本身也有电阻，用伏特计测量出的只是两电极间的电势差而不是可逆电池的电动势。所以测量可逆电池的电动势必须在几乎没有电流通过的情况下进行。

坡根多夫（Poggendorff）对消法就是根据上述原理测定电池电动势的方法。其线路如图6.11所示。工作电池经 AB 构成一个通路，在均匀电阻 AB 上产生均匀电位降。待测电池的正极连接电钥，经过检流计和工作电池的正极相连；负极连接到一个滑动接触点 C 上。这样，就在待测电池的外电路中加上了一个方向相反的电位差，它的大小由滑动接触点的位置所决定。改变滑动接触点的位置，找到 C 点，若电钥闭合时，检流计中

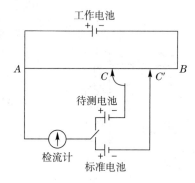

图 6.11 对消去测电动势原理图

无电流通过，则待测电池的电动势恰与 AC 段的电位差完全抵消。

为了求得 AC 段的电位差，可换用标准电池与电钥相连。标准电池的电动势 E_N 是已知的，而且保持恒定。用同样的方法可以找出检流计中无电流通过的另一点 C'。AC' 段的电位差就等于 E_N。因电位差与电阻线的长度成正比，故待测电池的电动势为

$$E_x = E_N \cdot \frac{\overline{AC}}{\overline{AC'}}$$

6.6.2 韦思顿标准电池

在用电位差计测定电池的电动势时，需要一个电动势为已知，并且在测定过程中能保持稳定的标准电池，常用的是韦思顿（Weston）标准电池。韦思顿标准电池是一个高度可逆电池，它的最大优点是电动势稳定，随温度改变很小。

韦思顿标准电池的装置如图6.12所示。电池的阳极是含12.5%镉的镉汞齐，将其浸于硫酸镉溶液中，该溶液为 $CdSO_4 \cdot \frac{8}{3} H_2O$ 晶体的饱和溶液。阴极为汞与硫酸亚汞的糊状体，此糊状体也浸在硫酸镉的饱和溶液中。为了使引出的导线与糊状体接触紧密，在糊状体的下面放少许水银。

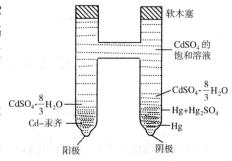

图 6.12 韦思顿标准电池

韦思顿标准电池也可表示如下：

12.5%的镉溶液在汞中(汞齐)｜$CdSO_4 \cdot \frac{8}{3}H_2O$ 的饱和溶液｜$Hg_2SO_4(s)$｜Hg

韦思顿标准电池的电极反应为

阳极　　　$Cd(汞齐) \rightarrow Cd^{2+} + 2e^-$

阴极　　　$Hg_2SO_4(s) + 2e^- \rightarrow 2Hg(l) + SO_4^{2-}$

电池反应为　$Cd(汞齐) + Hg_2SO_4(l) \rightarrow 2Hg(l) + Cd^{2+} + SO_4^{2-}$

6.7 可逆电池的热力学

6.7.1 由可逆电动势计算电池反应的吉布斯函数变

按式(3.50) $-\Delta G_{T,p} = -W_r'$，在恒温、恒压过程中，系统吉布斯函数的增量的负值等于系统与环境之间交换的可逆非体积功。当电池在恒温、恒压可逆条件下放电时，系统对环境做的非体积功就是可逆电功。

可逆电功等于可逆电动势与电量的乘积。若按所列电池反应的化学计量式，每 1 mol 反应时，有物质的量为 z 的电子参加与之相应的电极反应，则摩尔电池反应所通过的电量等于 zF。因此，每摩尔电池反应所做的可逆电功为 zFE，E 为可逆电动势。

若摩尔电池反应的吉布斯函数变为 $-\Delta_r G_m$，则

$$-\Delta_r G_m = -(-zEF) = zEF$$

或

$$\Delta_r G_m = -zFE \tag{6.27}$$

式(6.27)是电化学中最重要的关系式。它将化学反应的状态函数的变化与可逆电池的电动势联系起来，是连接电化学与热力学的桥梁。

6.7.2 原电池的基本方程式——能斯特方程

根据化学平衡一章中介绍过的化学反应等温方程式，对凝聚相反应(忽略压力对凝聚相的影响)有

$$\Delta_r G_m = \Delta_r G_m^\ominus + RT \ln \prod_B a_B^{\nu_B}$$

若系统中参加反应的各组分均处于各自的标准态，即电池反应中各物质的活度均为 1 时，电池反应的摩尔吉布斯函数变 $\Delta_r G_m$ 就等于反应的标准摩尔吉布斯函数变，根据式(6.27)得

$$\Delta_r G_m^\ominus = -zFE^\ominus \tag{6.28}$$

式中，$E^{\ominus}$ 为原电池的标准电动势，它等于参加电池反应的各物质均处在各自标准态时的电动势。

将式(6.27)及式(6.28)代入等温方程式，得

$$E = E^{\ominus} - \frac{RT}{zF} \ln \prod_B a_B^{\nu_B} \tag{6.29}$$

此式称为能斯特(Nernst)方程，是原电池的基本方程式。它表示在一定温度下，可逆电池的电动势与参加电池反应的各组分活度之间的关系。

在 298.15 K 时

$$\frac{RT}{F}\ln 10 = \frac{8.31451 \text{ J} \cdot \text{K}^{-1} \cdot \text{mol}^{-1} \times 298.5 \text{ K}}{96485.309 \text{ C} \cdot \text{mol}^{-1}} \times 2.302585$$
$$= 0.05916 \text{ V}$$

于是式(6.29)可表示为

$$E = E^{\ominus} - \left(\frac{0.05916}{z} \lg \prod_B a_B^{\nu_B}\right) \text{V} \tag{6.30}$$

当电池反应达到平衡时，$\Delta_r G_m = 0$，$E = 0$，于是可以得到

$$E^{\ominus} = \frac{RT}{zF} \ln K^{\ominus} \tag{6.31}$$

式中 $K^{\ominus}$ 为电池反应的标准平衡常数。

由式(6.31)可知，如能测得原电池的标准电动势 $E^{\ominus}$，即可求得该电池反应的标准平衡常数。

6.7.3 由原电池电动势的温度系数计算电池反应的熵变

由式(4.39)有 $\left(\frac{\partial \Delta_r G_m}{\partial T}\right)_p = -\Delta_r S_m$，将式(6.27)代入得

$$\Delta_r S_m = -\left(\frac{\partial \Delta_r G_m}{\partial T}\right)_p = zF\left(\frac{\partial E}{\partial T}\right)_p \tag{6.32}$$

式中 $\left(\frac{\partial E}{\partial T}\right)_p$ 称为原电池电动势的温度系数，它表示恒压下电动势随温度的变化率，其值可由实验测定。由式(6.32)可计算电池反应的熵变。

6.7.4 由电池电动势及电动势的温度系数计算电池反应的焓变

在等温条件下，

$$\Delta_r G_m = \Delta_r H_m - T\Delta_r S_m$$

将式(6.27)及式(6.32)代入上式，则得到

$$\Delta_r H_m = -zFE + zFT\left(\frac{\partial E}{\partial T}\right)_p \tag{6.33}$$

由此可见，测得不同温度下电池电动势及电动势温度系数，即可求得指定温度下

电池反应的摩尔焓变 $\Delta_r H_m$。$\Delta_r H_m$ 是该反应在没有非体积功的情况下进行时的恒温、恒压反应热。由于能够精确地测量电池的电动势,故按式(6.33)计算出来的 $\Delta_r H_m$ 往往比用量热法测得的更为准确。

6.7.5 计算原电池可逆放电时反应过程的热

原电池可逆放电时,化学反应过程的热为可逆热 Q_r,在恒温下,$Q_r = T\Delta S$,将式(6.32)代入,得

$$Q_{r,m} = zFT\left(\frac{\partial E}{\partial T}\right)_p \tag{6.34}$$

由式(6.34)可知,在恒温下电池可逆放电时,

若 $\left(\frac{\partial E}{\partial T}\right)_p = 0$,则 $Q_r = 0$,电池恒温可逆放电,不吸热也不放热;

若 $\left(\frac{\partial E}{\partial T}\right)_p > 0$,则 $Q_r > 0$,电池恒温可逆放电,需从环境中吸热;

若 $\left(\frac{\partial E}{\partial T}\right)_p < 0$,则 $Q_r < 0$,电池恒温可逆放电,需向环境中放热。

例 6.10 298.15 K 时,电池

$$Ag \mid AgCl(s) \mid HCl(b) \mid Cl_2(g, 100 \text{ kPa}) \mid Pt$$

的电动势 $E = 1.136$ V,电动势的温度系数 $\left(\frac{\partial E}{\partial T}\right)_p = -5.95 \times 10^{-4}$ V·K^{-1},电池反应有

$$Ag + \frac{1}{2}Cl_2(g, 100 \text{ kPa}) \rightarrow AgCl(s)$$

试计算该反应的 ΔG、ΔS、ΔH 及电池恒温可逆放电时过程的可逆热 Q_r。

解:实现电池反应 $Ag + \frac{1}{2}Cl_2(g, 100 \text{ kPa}) \rightarrow AgCl(s)$ 在两电极上得失电子的化学计量数 $z = 1$,根据式(6.27)

$$\Delta_r G_m = -zFE = -1 \times 96485 \text{ C·mol}^{-1} \times 1.136 \text{ V}$$
$$= -109.6 \text{ kJ·mol}^{-1}$$

$$\Delta_r S_m = zF\left(\frac{\partial E}{\partial T}\right)_p$$
$$= 1 \times 96485 \text{ C·mol}^{-1} \times (-5.95 \times 10^{-4}) \text{ V·K}^{-1}$$
$$= -57.41 \text{ J·K}^{-1}\text{·mol}^{-1}$$

恒温下

$$\Delta_r H_m = \Delta_r G_m + T\Delta_r S_m$$

故

$$\Delta_r H_m = \Delta_r G_m + T\Delta_r S_m$$
$$= -109.6 \text{ kJ} \cdot \text{mol}^{-1} + 298.15 \text{ K} \times (-57.4 \times 10^{-3} \text{ kJ} \cdot \text{K}^{-1} \cdot \text{mol}^{-1})$$
$$= -126.7 \text{ kJ} \cdot \text{mol}^{-1}$$
$$Q_{r,m} = T\Delta_r S_m$$
$$= 298.15 \text{ K} \times (-57.4 \times 10^{-3} \text{ kJ} \cdot \text{K}^{-1} \cdot \text{mol}^{-1})$$
$$= -17.1 \text{ kJ} \cdot \text{mol}^{-1}$$

此例说明该反应若在恒温、恒压下(如在烧杯中)进行时，$Q_{r,m} = \Delta_r H_m = -126.7 \text{kJ} \cdot \text{mol}^{-1}$，即发生1摩尔反应，系统向环境放热126.7 kJ；但同样量的反应在原电池中恒温、恒压下可逆放电时只放热17.1 kJ，少放出来的109.6 kJ的热量做了电功。

6.8 电极电势

根据物理学中的电学原理，电池的电动势应等于 $I \to 0$ 时电池中各个相界面上的电势差之和。这些电势差一般包括：①电极上的金属与溶液之间的电势差，称为电极电势差 $\Delta\phi_{阳极}$ 或 $\Delta\phi_{阴极}$，这是构成电动势的主要部分；②不同电解质溶液之间的电势差，称为液体接界电势 $\Delta\phi_{液接}$，但在可逆电池(单液电池或用盐桥连接的双液电池[①])中，$\Delta\phi_{液接} \approx 0$；③连接导线与电极之间的电势差，称为接触电势 $\Delta\phi_{接触}$。以 Daniell 电池为例，上述电池差可以示意如下：

$$\text{Cu(导线)} \mid \text{Zn(s)} \mid \text{ZnSO}_4 \vdots \text{CuSO}_4 \mid \text{Cu}$$

$$\quad \Delta\phi_{接触} \quad \Delta\phi_{阳极} \quad \Delta\phi_{液接} \quad \Delta\phi_{阴极}$$

$$E = \Delta\phi_{阳极} + \Delta\phi_{阴极} + \Delta\phi_{液接} + \Delta\phi_{接触} \tag{6.35}$$

知道上述各相界面的 $\Delta\phi$，即可根据式(6.35)计算 E，特别是对于可逆电池来说，如果能够知道每个单独的可逆电极的 $\Delta\phi$，则由它们所组成的任意可逆电池的 E 即可方便地计算出来。但遗憾的是，到目前为止，还无法用实验直接测定上述各个 $\Delta\phi$ 的绝对值。为此，人们再一次采用相对标准的方法，即选某一电极作为基准，然后设法确定其他电极与基准电极电势的相对差值，再利用此相对电势差来计算任意两个电极构成的电池的电动势。

6.8.1 标准电极电势

原则上，任意电极均可作为比较的基准，但按统一规定，一律采用标准氢电

[①] 单液电池，即只含有一种溶液的电池，不存在液体接界电势；双液电池，即含有两种不同溶液的电池，存在液体接界电势。

极作为基准。标准氢电极是氢气压力为 101.325 kPa(即 $p^{\ominus}$),溶液中氢离子的活度 $a(H^+)=1$ 的氢电极,可表示为 $H^+[a(H^+)=1]|H_2(g,p^{\ominus})|Pt$。将标准氢电极作为阳极,给定电极作为阴极,组成下列电池

$$Pt\mid H_2(g,p^{\ominus})\mid H^+[a(H^+)=1]\parallel 给定电极$$

规定此电池的电动势 E 为该给定电极的电极电势,以 E(电极)表示。当给定电极中各反应组分均处于各自的标准态时,电池的电动势,即给定电极的电极电势称为该电极的标准电极电势,以 $E^{\ominus}$(电极)表示。按此规定,任意温度下,氢电极的标准电极电势恒为零,即

$$E^{\ominus}[H^+/H_2(g)]=0$$

在上述规定中均假设给定电极的电极反应为还原反应,且规定电池电动势与两个电极电势的关系为

$$E=E_+-E_-=E_{给定}-E^{\ominus}(H^+/H_2) \tag{6.36}$$

这样得到的电极电势称为还原电极电势;按照上述规定,如果在实际构成的电池放电时,电极的电极反应的确为还原反应,则 $E>0$;如果电池实际放电时给定电极上进行的是氧化反应,则 $E<0$。由此可见,还原电极电势的高低,为该电极氧化态物质获得电子被还原为还原态物质这一反应趋向大小的量度。

例如,将标准铜电极与标准氢电极构成电池

$$Pt\mid H_2(g,p^{\ominus})\mid H^+[a(H^+)=1]\parallel Cu^{2+}[a(Cu^{2+})=1]\mid Cu(s)$$

电池反应

$$H_2(g,p^{\ominus})+Cu^{2+}[a(Cu^{2+})=1]\rightarrow 2H^+[a(H^+)=1]+Cu(s)$$

298.15 K 时实验测得 $E^{\ominus}=0.337$ V(即在实验测定时,铜电极的确为正极),所以 $E^{\ominus}(Cu^{2+}/Cu)=0.337$ V。

再如,将标准锌电极与标准氢电极组成电池

$$Pt\mid H_2(g,p^{\ominus})\mid H^+[a(H^+)=1]\parallel Zn^{2+}[a(Zn^{2+})=1]\mid Zn(s)$$

电池反应

$$H_2(g,p^{\ominus})+Zn^{2+}[a(Zn^{2+})=1]\rightarrow 2H^+[a(H^+)=1]+Zn(s)$$

298.15 K 时实验测得 $E^{\ominus}=-0.7628$ V(在实验测定时,锌电极实际上是负极),所以 $E^{\ominus}(Zn^{2+}/Zn)=-0.7628$ V。

表 6.5 给出了 298.15 K 时水溶液中一些常见电极的标准电极电势。按照还原电极电势的规定,表中电极符号写作"离子|中性物质",电极反应均写作还原反应形式。

表6.5 298.15 K 时在水溶液中一些电极的标准电极电势

电 极	电 极 反 应	$E^{\ominus}$ (V)
第 一 类 电 极		
$Li^+ \mid Li$	$Li^+ + e^- \longrightarrow Li$	-3.045
$K^+ \mid K$	$K^+ + e^- \longrightarrow K$	-2.924
$Ba^{2+} \mid Ba$	$Ba^{2+} + 2e^- \longrightarrow Ba$	-2.90
$Ca^{2+} \mid Ca$	$Ca^{2+} + 2e^- \longrightarrow Ca$	-2.76
$Na^+ \mid Na$	$Na^+ + e^- \longrightarrow Na$	-2.7109
$Mg^{2+} \mid Mg$	$Mg^{2+} + 2e^- \longrightarrow Mg$	-2.375
$OH^-, H_2O \mid H_2$	$2H_2O + 2e^- \longrightarrow H_2 + 2OH^-$	-0.8277
$Zn^{2+} \mid Zn$	$Zn^{2+} + 2e^- \longrightarrow Zn$	-0.7628
$Cr^{3+} \mid Cr$	$Cr^{3+} + 3e^- \longrightarrow Cr$	-0.74
$Cd^{2+} \mid Cd$	$Cd^{2+} + 2e^- \longrightarrow Cd$	-0.4026
$Co^{2+} \mid Co$	$Co^{2+} + 2e^- \longrightarrow Co$	-0.28
$Ni^{2+} \mid Ni$	$Ni^{2+} + 2e^- \longrightarrow Ni$	-0.23
$Sn^{2+} \mid Sn$	$Sn^{2+} + 2e^- \longrightarrow Sn$	-0.1364
$Pb^{2+} \mid Pb$	$Pb^{2+} + 2e^- \longrightarrow Pb$	-0.1263
$Fe^{3+} \mid Fe$	$Fe^{3+} + 3e^- \longrightarrow Fe$	-0.036
$H^+ \mid H_2$	$2H^+ + 2e^- \longrightarrow H_2$	0.000
$Cu^{2+} \mid Cu$	$Cu^{2+} + 2e^- \longrightarrow Cu$	$+0.3402$
$Cl^- \mid Cl_2$	$Cl_2(g) + 2e^- \longrightarrow 2Cl^-$	$+1.3583$
$Au^+ \mid Au$	$Au^+ + e^- \longrightarrow Au$	$+1.68$
$F^- \mid F_2$	$F_2(g) + 2e^- \longrightarrow 2F^-$	$+2.87$
第 二 类 电 极		
$SO_4^{2-} \mid PbSO_4(s) \mid Pb$	$PbSO_4(s) + 2e^- \longrightarrow Pb + SO_4^{2-}$	-0.356
$I^- \mid AgI(s) \mid Ag$	$AgI(s) + e^- \longrightarrow Ag + I^-$	-0.1519
$Br^- \mid AgBr(s) \mid Ag$	$AgBr(s) + e^- \longrightarrow Ag + Br^-$	$+0.0713$
$Cl^- \mid AgCl(s) \mid Ag$	$AgCl(s) + e^- \longrightarrow Ag + Cl^-$	$+0.2223$
氧 化 还 原 电 极		
$Cr^{3+}, Cr^{2+} \mid Pt$	$Cr^{3+} + e^- \longrightarrow Cr^{2+}$	-0.41
$Sn^{4+}, Sn^{2+} \mid Pt$	$Sn^{4+} + 2e^- \longrightarrow Sn^{2+}$	$+0.15$
$Cu^{2+}, Cu^+ \mid Pt$	$Cu^{2+} + e^- \longrightarrow Cu^+$	$+0.158$
$H^+,醌,氢醌 \mid Pt$	$C_6H_4O_2 + 2H^+ + 2e^- \longrightarrow C_6H_4(OH)_2$	$+0.6995$
$Fe^{3+}, Fe^{2+} \mid Pt$	$Fe^{3+} + e^- \longrightarrow Fe^{2+}$	$+0.770$
$Tl^{3+}, Tl^{2+} \mid Pt$	$Tl^{3+} + e^- \longrightarrow Tl^{2+}$	$+1.247$
$Ce^{4+}, Ce^{3+} \mid Pt$	$Ce^{4+} + e^- \longrightarrow Ce^{3+}$	$+1.61$
$Co^{3+}, Co^{2+} \mid Pt$	$Co^{3+} + e^- \longrightarrow Co^{2+}$	$+1.800$

由于氢电极在制备和使用过程中要求很严格,应用起来不方便,所以在实际测定电极的电极电势时,常使用一些制备容易、使用方便、电势稳定的电极作为二级标准电极,称为参比电极。甘汞电极是实验室中最常用的参比电极。参比电极的电极电势已精确测定,将待测电极与参比电极构成电池,测出其电动势,便可求出待测电极的电极电势。表 6.6 给出了三种不同浓度 KCl 溶液的甘汞电极的电极电势。

表 6.6　甘汞电极的电极电势

$c(KCl)/(mol \cdot dm^{-3})$	$E(298.15 K)/V$	E 与温度的关系式
0.1	0.3337	$E^{\ominus}/V = 0.3337 - 7 \times 10^{-5}(T/K - 298.15)$
1.0	0.2801	$E^{\ominus}/V = 0.2801 - 2.4 \times 10^{-5}(T/K - 298.15)$
饱和	0.2412	$E^{\ominus}/V = 0.2412 - 7.6 \times 10^{-5}(T/K - 298.15)$

6.8.2　电极电势与各组分活度的关系

将铜电极与标准氢电极构成电池

$$Pt \mid H_2(g, p^{\ominus}) \mid H^+ [a(H^+) = 1] \parallel Cu^{2+} [a(Cu^{2+}) = 1] \mid Cu(s)$$

电极反应　　$H_2(g) \rightarrow 2H^+ + 2e^-$

　　　　　　$Cu^{2+} + 2e^- \rightarrow Cu(s)$

电池反应　　$H_2(g, p^{\ominus}) + Cu^{2+} [a(Cu^{2+}) = 1] \rightarrow 2H^+ [a(H^+) = 1] + Cu(s)$

根据能斯特公式,此电池的电动势为

$$E = E^{\ominus} - \frac{RT}{zF} \ln \frac{a^2(H^+) \cdot a(Cu)}{[p(H_2)/p^{\ominus}] \cdot a(Cu^{2+})}$$

式中,$E^{\ominus} = E_+^{\ominus} - E_-^{\ominus} = E^{\ominus}(Cu^{2+}/Cu) - E^{\ominus}(H^+/H_2)$

因为　　$E^{\ominus}(H^+/H_2) = 0, a(H^+) = 1, p(H_2)/p^{\ominus} = 1$

所以　　$E = E^{\ominus}(Cu^{2+}/Cu) - \frac{RT}{zF} \ln \frac{a(Cu)}{a(Cu^{2+})}$

根据电极电势的规定,上述电池的 E 即为电极 Cu^{2+}/Cu 的电极电势

$$E(Cu^{2+}/Cu) = E^{\ominus}(Cu^{2+}/Cu) - \frac{RT}{zF} \ln \frac{a(Cu)}{a(Cu^{2+})}$$

推广到任意给定电极,当其作为正极与标准氢电极组成电池时,电极上发生还原反应,因此其电极反应均需写成下面的通式:

氧化态 $+ ze^- \rightarrow$ 还原态

z 为给定的电极反应式中电子的化学计量数,取正值。电极电势的通式则为

$$E(电极) = E^{\ominus}(电极) - \frac{RT}{zF} \ln \frac{a(还原态)}{a(氧化态)} \quad (6.37)$$

式中 $E^{\ominus}$(电极)为电极的标准电极电势,a(还原态)和 a(氧化态)分别是当电极

发生还原反应时,电极反应中产物和反应物的活度。式(6.37)表明了电极电势与电极反应中各组分活度的关系,称为电极反应的能斯特公式。

6.9 可逆电池电动势的计算及电动势测定的应用

6.9.1 可逆电池电动势的计算

利用标准电极电势及能斯特方程,可计算由任意两个电极构成的电池的电动势。其方法有二:①从两个电极的电极电势计算,即由电池图式分别按式(6.37)计算出电池左边阳极(负极)和电池右边的阴极(正极)的电极电势 E_- 和 E_+,再按式(6.36) $E=E_+-E_-$ 求得电池电动势;②根据整个电池的电池反应直接应用能斯特方程计算,即写出电池反应,根据能斯特方程式(6.37)计算 E,其中 $E^\ominus = E_+^\ominus - E_-^\ominus$。

例 6.11 写出以下电池的电极反应和电池反应,并计算 298 K 时的电动势。已知

$$\text{Zn(s)} \mid \text{Zn}^{2+}(a=0.01) \parallel \text{Cu}^{2+}(a=0.001) \mid \text{Cu(s)}$$

解:负极反应 $\text{Zn} \rightarrow \text{Zn}^{2+} + 2\text{e}^-$

正极反应 $\text{Cu}^{2+} + 2\text{e}^- \rightarrow \text{Cu}$

电池反应 $\text{Zn} + \text{Cu}^{2+}(a=0.001) = \text{Zn}^{2+}(a=0.01) + \text{Cu}$

方法一:按式(6.37)

$$E(\text{Zn}^{2+}/\text{Zn}) = E^\ominus(\text{Zn}^{2+}/\text{Zn}) - \frac{RT}{2F}\ln\frac{a(\text{Zn})}{a(\text{Zn}^{2+})}$$

$$= -0.7628 \text{ V} - \frac{8.314 \text{ J}\cdot\text{K}^{-1}\cdot\text{mol}^{-1} \times 298 \text{ K}}{2 \times 96485 \text{ C}\cdot\text{mol}^{-1}}\ln\frac{1}{0.01}$$

$$= -0.8811 \text{ V}$$

$$E(\text{Cu}^{2+}/\text{Cu}) = E^\ominus(\text{Cu}^{2+}/\text{Cu}) - \frac{RT}{2F}\ln\frac{a(\text{Cu})}{a(\text{Cu}^{2+})}$$

$$= 0.3402 \text{ V} - \frac{8.314 \text{ J}\cdot\text{K}^{-1}\cdot\text{mol}^{-1} \times 298 \text{ K}}{2 \times 96485 \text{ C}\cdot\text{mol}^{-1}}\ln\frac{1}{0.001}$$

$$= 0.2515 \text{ V}$$

按式(6.36),电池电动势为

$$E = E_+ - E_- = E(\text{Cu}^{2+}/\text{Cu}) - E(\text{Zn}^{2+}/\text{Zn})$$

$$= 0.2515 \text{ V} - (-0.8811 \text{ V})$$

$$= 1.1326 \text{ V}$$

方法二：按式(6.37)

$$E = E^{\ominus} - \frac{RT}{2F}\ln\frac{a(\text{Zn}^{2+}) \cdot a(\text{Cu})}{a(\text{Cu}^{2+}) \cdot a(\text{Zn})}$$

$$= [0.3402\text{ V} - (-0.7628\text{ V})] - \frac{8.314\text{ J}\cdot\text{K}^{-1}\cdot\text{mol}^{-1} \times 298\text{ K}}{2 \times 96485\text{ C}\cdot\text{mol}^{-1}}\ln\frac{0.01 \times 1}{0.001 \times 1}$$

$$= 1.1326\text{ V}$$

6.9.2 电动势测定的应用

标准电极电势 E 是电化学中重要的基础数据，利用 $E^{\ominus}$ 的数据计算或用实验测定的电动势可以解决许多化学中的实际问题。在前面已经讨论了如何利用电池的电动势求算电池反应的 $\Delta_r G_m$、$\Delta_r H_m$、$\Delta_r S_m$ 等热力学函数变量，下面再介绍一些应用的实例。

1. 判断反应的方向

由于电动势 E 与电池反应的 $\Delta_r G_m$ 相联系，利用 E 的正、负即可判断反应的进行方向。

例 6.12 298.15 K 时，将 Pb 放入下述含有 Sn^{2+} 和 Pb^{2+} 的混合溶液中，能否置换金属 Sn？已知溶液(1)中 $a(\text{Sn}^{2+})=1.0$，$a(\text{Pb}^{2+})=1.0$；溶液(2)中 $a(\text{Sn}^{2+})=1.0$，$a(\text{Pb}^{2+})=0.1$。

解：此题所求为下述置换反应在给定条件下能否进行。

$$\text{Pb} + \text{Sn}^{2+}(a_1) \rightarrow \text{Sn} + \text{Pb}^{2+}(a_2)$$

欲利用电化学方法，则首先需将此反应设计成电池，然后再根据电池的电动势 E 来判断。

分析上述反应方程式可看出，在反应式中，Pb 的氧化数由低变高(由 0→+2)，Sn^{2+} 的氧化数由高变低(由 +2→0)，因此由 Pb 与含 Pb^{2+} 溶液构成的电极反应为负极(进行氧化反应)，由 Sn 与含 Sn^{2+} 溶液构成的电极反应为正极(进行还原反应)，组成如下可逆电池：

$$\text{Pb} \mid \text{Pb}^{2+}(a_2) \;\|\; \text{Sn}^{2+}(a_1) \mid \text{Sn}$$

此电池的电极反应和电池反应分别为

负极：　　$\text{Pb} \rightarrow \text{Pb}^{2+} + 2\text{e}^{-}$

正极：　　$\text{Sn}^{2+} + 2\text{e}^{-} \rightarrow \text{Sn}$

电池反应：　$\text{Pb} + \text{Sn}^{2+}(a_1) \rightarrow \text{Sn} + \text{Pb}^{2+}(a_2)$

电池反应与所求反应一致，说明电池设计是合理的。该电池的电动势为

$$E = E^{\ominus} - \frac{RT}{2F}\ln\frac{a(\text{Pb}^{2+})}{a(\text{Sn}^{2+})}$$

$$= E^{\ominus}(\text{Sn}^{2+}/\text{Sn}) - E^{\ominus}(\text{Pb}^{2+}/\text{Pb}) - \frac{RT}{2F}\ln\frac{a(\text{Pb}^{2+})}{a(\text{Sn}^{2+})}$$

对于溶液(1)来说，由于 $a(Sn^{2+})=a(Pb^{2+})=1.0$，所以 $E=E^{\ominus}$，由表 6.5 查得 $E^{\ominus}(Sn^{2+}/Sn)=-0.1364\ V, E^{\ominus}(Pb^{2+}/Pb)=-0.1263\ V$，所以

$$E=E^{\ominus}=-0.1364\ V-(-0.1263\ V)=-0.0101\ V<0$$

因为 $E<0$，即电池反应 $\Delta_r G_m>0$，说明在等温等压条件下，该反应不能自动进行，因此 Pb 不能自溶液(1)中将 Sn 置换出来。

对于溶液(2)来说，

$$E=-0.010-\frac{8.314\ J\cdot K^{-1}\cdot mol^{-1}}{2\times96485\ C\cdot mol^{-1}}\ln\frac{0.1}{1.0}$$
$$=0.0195V>0$$

因为 $E>0$，即电池反应 $\Delta_r G_m<0$，说明在等温等压条件下，该反应可以自动进行，因此 Pb 能够自溶液(2)中将 Sn 置换出来。

2. 求化学反应的平衡常数

根据式(6.31)，电池反应的标准平衡常数 $K^{\ominus}$ 与电池反应的标准电势 $E^{\ominus}$ 之间的关系为 $K^{\ominus}=\exp(\frac{zFE^{\ominus}}{RT})$，因此可用标准电极电势 $E^{\ominus}$ 来计算电池反应的 $K^{\ominus}$。

例 6.13 求 25℃ 时 AgBr(s) 的溶度积 K_{sp}。

解：AgBr 的溶度积即为下述 AgBr(s) 溶解过程的标准平衡常数。

$$AgBr(s) \rightarrow Ag^+ + Br^- \qquad K^{\ominus}=K_{sp}=a(Ag^+)\cdot a(Br^-)$$

为利用 $E^{\ominus}$ 的数据计算上述反应的 $K^{\ominus}$，须先将该反应设计成电池。在上述反应中，各元素的氧化数没有变化，难以确定电极反应的氧还对。我们可在方程式两边各加上 Ag，写成下述形式，再根据氧化数的变化，分别确定正、负极的氧还对。

$$\underbrace{Ag+AgBr(s)\longrightarrow \overset{}{Ag^+}+Br^-+Ag}_{\text{正极氧化还原对}}$$

(负极氧化还原对: Ag→Ag⁺; 正极氧化还原对: AgBr→Br⁻+Ag)

设计电池

$$Ag(s)\ |\ Ag^+\ \|\ Br^-\ |\ AgBr(s)\ |\ Ag(s)$$

该电池的电极反应和电池反应分别为

负极：$Ag\rightarrow Ag^++e^-$

正极：$AgBr(s)+e^-\rightarrow Ag+Br^-$

电池反应：$AgBr(s)\rightarrow Ag^++Br^-$

电池反应与所要求反应一致，说明设计的电池符合要求。从表 6.5 中查得 $E^{\ominus}(Ag^+/Ag)=0.7996\ V, E^{\ominus}(Br^-/AgBr/Ag)=0.0713\ V$，则

$$E^{\ominus}=E^{\ominus}(Br^-/AgBr/Ag)-E^{\ominus}(Ag^+/Ag)$$
$$=0.0713\ V-0.7996\ V=-0.7283\ V$$

$$K_{sp} = K^{\ominus} = \exp(\frac{zFE^{\ominus}}{RT})$$

$$= \exp\left[\frac{1 \times 96485 \text{ C} \cdot \text{mol}^{-1} \times (-0.7283 \text{ V})}{8.314 \text{ J} \cdot \text{K}^{-1} \cdot \text{mol}^{-1} \times 298 \text{ K}}\right]$$

$$= 4.79 \times 10^{-13}$$

3. 测定电解质溶液的离子平均活度系数

由于电池的电动势 E 与电池中各物质的活度有关,因此测定电池的电动势并查得 $E^{\ominus}$ 值,即可利用能斯特方程求得电解质溶液的 $a_{\pm}$ 和 $\gamma_{\pm}$。

例 6.14 已知 298 K,电池

$$\text{H}_2(p^{\ominus}) \mid \text{HBr}(b = 0.100 \text{ mol} \cdot \text{kg}^{-1}) \mid \text{AgBr(s)} \mid \text{Ag(s)}$$

的电动势 $E = 0.2005$ V,计算 0.100 mol·kg^{-1} HBr 溶液的离子平均活度系数 $\gamma_{\pm}$。

解:该电池的电极反应和电池反应分别为

负极: $\frac{1}{2}\text{H}_2(g) \rightarrow \text{H}^+ + e^-$

正极: $\text{AgBr(s)} + e^- \rightarrow \text{Ag(s)} + \text{Br}^-$

电池反应 $\frac{1}{2}\text{H}_2(g) + \text{AgBr(s)} \rightarrow \text{H}^+ + \text{Br}^- + \text{Ag(s)}$

电池电动势表达式为

$$E = E^{\ominus} - \frac{RT}{F}\ln\frac{a(\text{H}^+) \cdot a(\text{Br}^-)}{[p(\text{H}_2)/p^{\ominus}]^{1/2}}$$

$$= E^{\ominus}(\text{Br}^-/\text{AgBr}/\text{Ag}) - E^{\ominus}(\text{H}^+/\text{H}_2) - \frac{RT}{F}\ln a_{\pm}^2$$

$$= E^{\ominus}(\text{Br}^-/\text{AgBr}/\text{Ag}) - E^{\ominus}(\text{H}^+/\text{H}_2) - \frac{2RT}{F}\ln\left(\gamma_{\pm} \cdot \frac{b_{\pm}}{b^{\ominus}}\right)$$

所以 $\ln\gamma_{\pm} = \frac{F}{2RT}[E^{\ominus}(\text{Br}^-/\text{AgBr}/\text{Ag}) - E] - \ln\frac{b_{\pm}}{b^{\ominus}}$

自表 6.5 中查得 $E^{\ominus}(\text{Br}^-/\text{AgBr}/\text{Ag}) = 0.0713$ V, $b_{\pm} = (b_+ \cdot b_-)^{1/2} = b = 0.100$ mol·kg^{-1},将上述数据代入上式,得

$$\ln\gamma_{\pm} = \frac{96485 \text{ C} \cdot \text{mol}^{-1} \times (0.0713 \text{ V} - 0.2005 \text{ V})}{2 \times 8.314 \text{ J} \cdot \text{K}^{-1} \cdot \text{mol}^{-1} \times 298 \text{ K}} = -0.2135$$

解得 $\gamma_{\pm} = 0.8077$

4. pH 的测定

溶液的 pH 被定义为 pH $= -\lg a(\text{H}^+)$,因此,测定溶液的 pH 实际上就是测定溶液中 H$^+$ 的活度。只要将待测溶液组成一个其电动势与待测溶液中 H$^+$ 活度有关的电池,即可利用能斯特方程求出 H$^+$ 的活度,从而得到溶液的 pH。常用的测定溶液 pH 的方法有 3 种。

(1) 利用氢电极 将氢电极插入待测溶液,并与甘汞电极构成电池

$$\text{Pt} \mid \text{H}_2(g, p^\ominus) \mid (待测溶液)[a(\text{H}^+)] \vdots 甘汞电极$$

此电池的电动势为

$$E = E_{甘汞} - E(\text{H}^+/\text{H}_2)$$

$$= E_{甘汞} + \frac{RT}{F} \ln \frac{1}{a(\text{H}^+)}$$

$$= E_{甘汞} + \frac{2.303RT}{F} \lg \frac{1}{a(\text{H}^+)}$$

因为

$$\text{pH} = -\lg a(\text{H}^+) = \lg \frac{1}{a(\text{H}^+)}$$

所以

$$\text{pH} = \frac{F}{2.303RT}(E - E_{甘汞})$$

测出电池电动势 E,并自表 6.6 中查出所用甘汞电极在实验温度下的电极电势,便可计算出溶液的 pH。

例 6.15 298.15 K 时测得电池 $\text{H}_2(g, p^\ominus)$|待测溶液 $\vdots$ 饱和甘汞电极的电动势 $E=0.6161$ V,求待测溶液的 pH。

解:自表 6.6 查得饱和甘汞电极在 298.15 K 时的电极为 0.2412 V,得

$$\text{pH} = \frac{F}{2.303RT}(E - E_{甘汞})$$

$$= \frac{96485 \text{ C} \cdot \text{mol}^{-1}}{2.303 \times 8.314 \text{ J} \cdot \text{K} \cdot \text{mol}^{-1} \times 298 \text{ K}} \times (0.616 \text{ V} - 0.2412 \text{ V})$$

$$= 6.34$$

在实际使用中,由于氢电极不易制备,使用条件苛刻,不稳定,因此,通常只是用来进行 pH 的标定和其他核对工作。实际 pH 测定主要应用下面两种电极。

(2) 醌氢醌电极 醌氢醌是分子数目相等的醌 $\text{C}_6\text{H}_4\text{O}_2$ 和氢醌 $\text{C}_6\text{H}_4(\text{OH})_2$ 的结晶分子化合物,它在水中溶解度很小,并且溶解时按下式分解:

$$\text{C}_6\text{H}_4\text{O}_2 \cdot \text{C}_6\text{H}_4(\text{OH})_2 = \text{C}_6\text{H}_4\text{O}_2 + \text{C}_6\text{H}_4(\text{OH})_2$$

将少量醌氢醌加入含有 H^+ 的待测溶液中,插入一根惰性电极(Pt 丝或 Au 丝),并与甘汞电极组成下述电池:

$$甘汞电极 \vdots 醌氢醌饱和的待测溶液 [a(\text{H}^+)] \mid \text{Pt}$$

醌氢醌电极的反应为

$$\text{C}_6\text{H}_4\text{O}_2 + 2\text{H}^+ + 2\text{e}^- \rightarrow \text{C}_6\text{H}_4(\text{OH})_2$$

电极电势的表达式为

$$E_{醌氢醌} = E^\ominus_{醌氢醌} - \frac{RT}{2F} \ln \frac{a[\text{C}_6\text{H}_4(\text{OH})_2]}{a(\text{C}_6\text{H}_4\text{O}_2) \cdot a^2(\text{H}^+)}$$

由于溶液中醌氢醌的浓度很小,且 $b(C_6H_4O_2)=b[C_6H_4(OH)_2]$,因此可近似地认为 $a(C_6H_4O_2)=a[C_6H_4(OH)_2]$,在 298.15 K 时,$E^{\ominus}_{醌氢醌}=0.6995$ V,所以

$$E_{醌氢醌} = 0.6995\text{ V} - \frac{RT}{F}\ln\frac{1}{a(\text{H}^+)}$$

$$= 0.6995\text{ V} - \frac{2.303RT}{F}\text{pH}$$

上述电池在 298.15 K 时的电动势为

$$E = E_{醌氢醌} - E_{甘汞} = 0.6995\text{ V} - \frac{2.303RT}{F}\text{pH} - E_{甘汞}$$

所以

$$\text{pH} = \frac{F}{2.303RT}(0.6995\text{ V} - E_{甘汞} - E)$$

$$= \frac{0.6995\text{ V} - E_{甘汞} - E}{0.05915} \tag{6.38}$$

醌氢醌电极的制备和操作都极为简单,且不易中毒。但当溶液的 pH>8.5 时,氢醌会大量电离,而改变分子的浓度,使 $a(C_6H_4O_2)$ 不等于 $a[C_6H_4(OH)_2]$,式 (6.38) 不适用。因此,这种方法不能用于碱性溶液。

(3) 玻璃电极 玻璃电极是目前实验室中最常用的测定 pH 的指示电极。它由特殊的玻璃制成,当这种玻璃膜把两个 pH 不同的溶液隔开时,玻璃膜的两边将产生电势差,其值依赖于两边溶液 pH 的差值。玻璃电极通常做成圆球形,球中放置 0.10 mol·dm⁻³ 的 HCl 溶液及 Ag－AgCl 电极,使用时与另一甘汞电极一起插入待测溶液中,构成下述电池(如图 6.13 所示)。

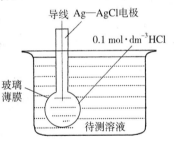

图 6.13 玻璃电极示意图

Ag(s) | AgCl(s) | HCl(0.1mol·dm⁻³) 待测溶液 [$a(\text{H}^+)$] ⋮⋮ 甘汞电极

玻璃电极的电极电势可写成

$$E_{玻璃} = E^{\ominus}_{玻璃} - \frac{RT}{F}\ln\frac{1}{a(\text{H}^+)}$$

$$= E^{\ominus}_{玻璃} - \frac{2.303RT}{F}\text{pH}$$

则上述电池的电动势为

$$E = E_{甘汞} - E_{玻璃}$$

$$= E_{甘汞} - E^{\ominus}_{玻璃} + \frac{2.303RT}{F}\text{pH} \tag{6.39}$$

$$= E' + \frac{2.303RT}{F}\text{pH}$$

式中，E' 为与 $E^{\ominus}$ 有关的待定常数，它随玻璃电极不同而有不同的数值，而且对同一玻璃电极，也随时间而异，因此在每次测定前应先用已知 pH 的标准缓冲溶液进行标定，测出 E'，再利用式(6.39)求出待测溶液的 pH。利用玻璃电极测定 pH 的专用仪器称为 pH 计或酸度计。

6.10 极化作用

前面讨论的都是可逆电池，即电池在充、放电时，通过电池的电流为无限小。这种情况下的电极电势为平衡电极电势。然而，无论是电池或电解池，在实际工作时都是有一定大小的电流通过的，也就是说，电池的实际工作过程都是不可逆过程。因此，研究不可逆电极反应过程的现象及其规律对电化学的应用有着重要的实际意义。下面简要介绍一些有关这方面的概念和知识。

6.10.1 分解电压和超电势

在 $1\,\mathrm{mol\cdot dm^{-3}}$ 的硫酸溶液中放入两个铂电极，按图 6.14 所示的装置将这两个电极与电源相连接。图中 G 为安培计，V 为伏特计，R 为可变电阻。通过移动可变电阻 R 上的触点可逐渐增大加在两个铂电极上的电压，利用电路中的伏特计和安培计记录下电流随电压的变化，并绘制成曲线，如图 6.15 所示。

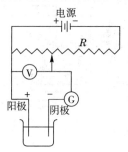

图 6.14　测定分解电压的装置　　图 6.15　测定分解电压的电流电压曲线

实验结果表明，在开始时，外加电压很小，电路中几乎没有电流流过，随着电压增大，电流略有增加，但变化很缓慢。当电压增加到大约 1.7 V 以上时，电流急剧增大，且两电极上开始有气泡逸出，继续增加电压，则电流就随电压直线上升，且电极上逸出的气泡也随之增加。

上述实验说明，当外加电压增加到一定值以后，将发生电解作用。电解过程中，在两个电极上发生的反应为

阳极：$H_2O \rightarrow 2H^+ + \dfrac{1}{2}O_2 + 2e^-$　　　阴极：$2H^+ + 2e^- \rightarrow H_2$

D 点所示的电压是使电解质溶液连续不断地发生电解时所需要的最小外加电压,称为该电解质溶液的分解电压。分解电压的数值可由图 6.15 所示的 $E-I$ 曲线求得,将曲线上直线部分向下延长,外推到 $I=0$ 处(即与横坐标的交点)的电压值即为分解电压。表 6.7 列出了几种电解质溶液的分解电压。

表 6.7 几种电解质溶液的分解电压(在 Pt 电极上,298.15 K)

电解质	电解产物	理论(可逆)分解电压 E_r/V	分解电压 E_{ir}/V	$(E_{ir}-E_r)$/V
HNO_3	$H_2(g)+O_2(g)$	1.23	1.69	0.46
H_2SO_4	$H_2(g)+O_2(g)$	1.23	1.67	0.44
H_3PO_4	$H_2(g)+O_2(g)$	1.23	1.70	0.47
NaOH	$H_2(g)+O_2(g)$	1.23	1.69	0.46
KOH	$H_2(g)+O_2(g)$	1.23	1.67	0.44
HCl	$H_2(g)+Cl_2(g)$	1.37	1.31	-0.06
NiCl	$Ni(s)+O_2(g)$	1.64	1.85	0.21
$Cd(NO_3)_2$	$Cd(s)+O_2(g)$	1.25	1.98	0.73
$CdSO_4$	$Cd(s)+O_2(g)$	1.25	2.03	0.78

当 Pt 电极上有 $H_2(g)$ 和 $O_2(g)$ 存在时,吸附在铂电极上的 $H_2(g)$、$O_2(g)$ 和 H_2SO_4 溶液构成下述电池

$$Pt \mid H_2(g) \mid H_2SO_4(aq①) \mid O_2(g) \mid Pt$$

当 $H_2(g)$、$O_2(g)$ 的压力均为 101.325 kPa(即在通常情况下,气体逸出时的压力)时,上述电池的电动势约为 1.23 V。从理论上来看,只要外加电压(反电动势) $E=1.23 \text{ V}+dE$,电池即发生电解作用,因此 1.23 V 称为理论分解电压。然而表 6.7 的数据表明,在一般情况下,当有一定的电流流过电池(即电解在不可逆的条件下进行)时,实际的分解电压均要大于电池的电动势(即理论分解电压)。这说明,电池在不可逆充、放电时,两个电极之间的电势差与可逆电池电动势是不同的,其原因就在于不可逆的条件下,电极的电势不等于电极的平衡电势。

当有电流通过电极时,电极电势偏离平衡值的现象称为电极的极化。某一电流密度(即电流强度除以浸入溶液的电极面积)下电极电势 E 与其平衡值 $E_平$ 的偏差的绝对值称为超电势,用符号 η 表示,即

$$\eta = |E - E_平|$$

---

① aq = aqua,拉丁语,意为溶液。

6.10.2 极化作用

电极发生极化的原因是因为当有一定的电流流过电极时,在电极上以一定的速率发生着一系列的过程(如电极反应、气体的吸附、离子的扩散等),而进行这些过程均需克服一定的阻力,消耗一定的能量,在电极电势上就出现与平衡值的偏离。

根据极化产生的不同原因,通常可以简单地把极化分为两类:浓差极化和电化学极化,并将相应的超电势称为浓差超电势和活化超电势。

1. 浓差极化

以 $Cu^{2+}|Cu$ 电极为例。当此电极在电解池中作为阴极时,电极上发生下述还原反应

$$Cu^{2+} + 2e^- \rightarrow Cu$$

根据能斯特方程,此电极的平衡电势 $E_平$ 为

$$E = E^\ominus(Cu^{2+}/Cu) - \frac{RT}{zF}\ln\frac{1}{a(Cu^{2+})}$$

式中,$a(Cu^{2+})$ 为溶液中 Cu^{2+} 的活度。当电流 $G \rightarrow 0$ 时,反应速率极其缓慢,电极表面的 Cu^{2+} 的浓度与溶液本体的浓度是相同的。但当电流密度增加时,反应速率增大,Cu^{2+} 沉积在电极上的速率加快,此时如果溶液本体的 Cu^{2+} 来不及扩散过去补充,则阴极附近的 Cu^{2+} 的浓度(活度)将低于溶液本体的浓度(活度),因而使得电极电势小于平衡值。如将上述电极作为阳极,则情况正好相反。简而言之,浓差极化就是因溶液中离子扩散速率低于电极反应速率,因而使得电极表面浓度与溶液本体浓度产生差异而产生的。用搅拌的方法可以减小这种浓度的差别,从而降低浓差超电势,但不能完全消除。

2. 电化学极化

电化学极化可以理解为电极反应与一般的化学反应相类似,需要提供一定的活化能,这就要求施加比相应的原电池电动势更高的外电压,这种因电极反应需要的活化能所引起的极化又称为活化极化,因而,其超电势称为活化超电势。

仍以 $Cu^{2+}|Cu$ 电极作阴极来分析。在电解过程中,外加电源的负极源源不断地向电解池的阴极供应 Cu^{2+} 还原所需的电子,当电极反应速率较低而不能及时消耗掉外加电源输送的电子时,多余的电子就会在阴极上积累而使阴极电势低于平衡值。因此,电化学极化是由于电极反应本身的迟缓性而引起的。

综上所述,阴极极化的结果,使电极电势变得更负。同理可得,阳极极化的结果,使电极电势变得更正。实验证明,电极电势与电流密度有关。描述电流密度与电极电势间关系的曲线称为极化曲线。

3. 极化曲线

电极的极化曲线可用图 6.16 所示的仪器装置测定。A 是一个电解池，内置有电解质溶液、两个电极（阴极是待测电极）和搅拌器。电极面积已先知道。将两电极通过开关 K、安培计 G 和可变电阻 R 与外接电池 B 相连。调节可变电阻可改变通过待测电极的电流，其数值可从安培计上读出。将浸入溶液的电极面积去除电流，就得到电流密度。

为了测量待测电极在不同电流密度下的电极电势，需在电解池中加入一个参比电极（通常用甘汞电极），将待测电极和参比电极连上电位计，由电位计测出不同电流密度下的电动势。由于参比电极的电极电势是已知的，故可得到不同电流密度下待测电极的电极电势。以电极电势 E 为纵轴，电流密度 I 为横轴，将测量结果绘制成图，即得到阴极极化曲线，如图 6.17 所示。

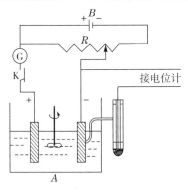
图 6.16 测定极化曲线的装置

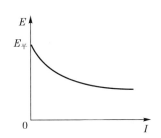
图 6.17 阴极极化曲线示意图

由计算得到的阴极平衡电极电势 $E_{(阴,平)}$ 减去由实验测得的不同电流密度下的阴极电势 $E_{(阴)}$，就可得到不同电流密度下的阴极超电势，这一关系可表示为

$$\eta_{(阴)} = E_{(阴,平)} - E_{(阴)} \tag{6.40}$$

对于阳极，由测得不同电流密度下的阳极电势 $E_{(阳)}$ 减去计算得到的阳极电极电势 $E_{(阳,平)}$，就可得到不同电流密度下的阳极超电势，其关系为

$$\eta_{(阳)} = E_{(阳)} - E_{(阳,平)} \tag{6.41}$$

4. 电解池与原电池极化的差别

如前所述，就单个电极来说，阴极极化的结果是电极电势变得更负，阳极极化的结果是电极电势变得更正。

当两个电极组成电解池时，由于电解池的阳极是正极，阴极是负极，阳极电势的数值大于阴极电势的数值，所以在电极电势对电流密度的图中，阳极极化曲线位于阴极极化曲线的上方，如图 6.18(a) 所示。随着电流密度的增加，电解池端电压增大,也就是说,在电解时电流密度若增加,则消耗的能量也增多。

在原电池中恰恰相反。原电池的阳极是负极,阴极是正极,阳极电势的数值比阴极的小,因而在电极电势对电流密度的图中阳极极化曲线位于阴极极化曲线的下方,如图 6.18(b)所示。所以原电池端点的电势差随着电流密度的增大而减小,即随着电池放电电流密度的增大,原电池做的电功减小。

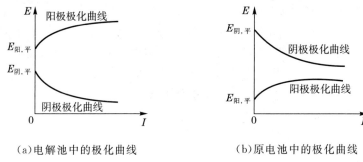

(a)电解池中的极化曲线　　　　　(b)原电池中的极化曲线

图 6.18　极化曲线

6.11　电解时电极上的反应

由于(还原)电极电势的高低代表着物质(或离子)得失电子的能力,因此当电解池中有多种离子存在,在电极上有多个反应可能发生时,则电极电势高的还原反应优先在阴极进行,电极电势低的氧化反应优先在阳极进行。但必须强调的是,以上所提及的电极电势应将超电势考虑进去,尤其是对有气体参加的电极反应,更不应忽视超电势的影响。

例 6.16　在 298.15 K、101.325 kPa 下,用锌电极电解 pH=7、$a_{\pm}=1$ 的 $ZnSO_4$ 水溶液,若在某一电流密度下氢气在锌极上的超电势为 0.70 V,Zn 在阴极上的超电势可忽略不计。问:电解时在阴极上析出的物质是氢气还是金属锌?

解:由于在溶液中存在着 H^+ 和 Zn^{2+} 两种离子,因此在阴极上可能发生下述两个还原反应:

(1) $Zn^{2+} + 2e^- \rightarrow Zn$

(2) $2H^+ + 2e^- \rightarrow H_2$

这两个电极反应的平衡电势可利用电极反应的能斯特方程式(6.37)求出($E^{\ominus}$ 的数据可在表 6.5 中查得)

$$E(Zn^{2+}/Zn,平) = E^{\ominus}(Zn^{2+}/Zn) - \frac{RT}{2F}\ln\frac{1}{a(Zn^{2+})}$$

$$= -0.7628 \text{ V} - \frac{8.314 \text{ J} \cdot \text{K}^{-1} \cdot \text{mol}^{-1} \times 298 \text{ K}}{2 \times 96485 \text{ C} \cdot \text{mol}^{-1}} \times \ln\frac{1}{1}$$

$$= -0.7628 \text{ V}$$

$$E(\text{H}^+/\text{H}_2,\text{平}) = E^{\ominus}(\text{H}^+/\text{H}_2) - \frac{RT}{2F}\ln\frac{p(\text{H}_2)/p^{\ominus}}{a^2(\text{H}^+)}$$

$$= -\frac{8.314 \text{ J}\cdot\text{K}^{-1}\cdot\text{mol}^{-1}\times 298 \text{ K}}{2\times 96485 \text{ C}\cdot\text{mol}^{-1}}\times\ln\frac{(101.325 \text{ Pa})}{(10^{-7})^2}$$

$$= -0.4138 \text{ V}$$

再考虑超电势的影响。对反应(1)来说,由于 Zn 在阴极上的超电势可以忽略不计,所以

$$E(\text{Zn}^{2+}/\text{Zn}) = E(\text{Zn}^{2+}/\text{Zn},\text{平}) = -0.7628 \text{ V}$$

对于反应(2)来说,根据式(6.41),

$$E(\text{H}^+/\text{H}_2) = E(\text{H}^+/\text{H}_2,\text{平}) - \eta$$

$$= -0.4138 \text{ V} - 0.70 \text{ V}$$

$$= -1.11 \text{ V}$$

由 $E(\text{Zn}^{2+}/\text{Zn}) > E(\text{H}^+/\text{H}_2)$,所以在阴极上首先析出的是金属锌。

在上述例题中,如果根据平衡电极电势判断,$E(\text{H}^+/\text{H}_2,\text{平}) > E(\text{Zn}^{2+}/\text{Zn},\text{平})$,反应(2)应优先在阴极进行,然而,由于超电势的存在,使得实际电解时的电极电势发生了变化,因而改变了反应的顺序,使得金属活泼次序在氢以上的金属有可能在阴极先于氢而析出。

思 考 题

1. 有人说,电导率就是单位面积(1 m^3)电解质溶液的电导,这种说法对吗?

2. 有人说,摩尔电导率就是溶液中含有正、负离子各 1 mol 时的电导,这种说法对吗?

3. 有人认为,$c\to 0$ 时就相当于纯溶剂,因此 Λ_m^{∞} 就相当于纯溶剂的摩尔电导率,你认为这种说法有道理吗?

4. 电池在充、放电时,正、负极是否会互换?阴、阳极是否会互换?

5. 在第三章中曾经讲过,等温等压可逆过程 $\Delta G = 0$,但当电池等温等压可逆放电时,$\Delta G < 0$,这两个结论是否矛盾?

6. 如果按照 $E = E_+ - E_-$ 的公式,计算出电池的电动势 $E < 0$,你能从中得出什么结论?

7. 电极 $\text{Zn}^{2+}\mid\text{Zn(s)}$ 在电池 $\text{K(Hg)}\mid\text{K}^+\parallel\text{Zn}^{2+}\mid\text{Zn(s)}$ 中为正极,在电池 $\text{Zn}^{2+}\mid\text{Zn(s)}\parallel\text{Cu}^{2+}\mid\text{Cu(s)}$ 中为负极,在这两个电池中,$E^{\ominus}(\text{Zn}^{2+}/\text{Zn})$ 一样吗?

8. 为了利用电化学的方法测定 HgO(s) 的分解压,有人设计了下列三种电池:

(1) $\text{Pt}\mid\text{O}_2(\text{g})\mid\text{H}_2\text{SO}_4(\text{aq})\mid\text{HgO(s)}\mid\text{Hg(l)}$

(2) $\text{Pt}\mid\text{O}_2(\text{g})\mid\text{NaOH(aq)}\mid\text{HgO(s)}\mid\text{Hg(l)}$

(3) $\text{Pt}\mid\text{O}_2(\text{g})\mid\text{H}_2\text{O}\mid\text{HgO(s)}\mid\text{Hg(l)}$

你认为哪个电池是正确的?为什么?

习 题

1. 用铂电极电解 $CuCl_2$，在电极上的反应为：

阳极 $2Cl^- \rightarrow Cl_2(g) + 2e^-$

阴极 $Cu^{2+} + 2e^- \rightarrow Cu(s)$

通过的电流为 20.0A，经过 15 分钟后，问：(1) 在阴极上能析出多少克铜？(2) 在阳极上能析出 27 ℃、101.325 kPa 的氯气多少立方分米？

2. 某电导池注入 $0.01 \text{ mol} \cdot dm^{-3}$ 的 KCl 溶液，在 25℃时，测得电导为 6.667×10^{-3} S，若注入 $c(NH_4Cl) = 0.01 \text{mol} \cdot dm^{-3}$ 的 NH_4Cl 溶液，电导为 1.946×10^{-2} S，试求此 NH_4Cl 溶液的电导率和摩尔电导率 $\Lambda_m(NH_4Cl)$。

3. 某电导池注入 $c(KCl) = 100 \text{ mol} \cdot m^{-3}$ 的 KCl 溶液，在 25℃测得电阻为 172 Ω，当在此电导池中注入密度为 $1.214 \times 10^3 \text{ kg} \cdot m^{-3}$、质量百分数为 30.0% 的 $CuSO_4$ 溶液后，在同一温度下测得电阻为 40.0 Ω，求此溶液的摩尔电导率 Λ_m。

4. 已知下列溶液在 18℃时的无限稀释摩尔电导率：

$\Lambda_m^\infty(1/2BaSO_4) = 222.8 \times 10^{-4} \text{ S} \cdot m^2 \cdot mol^{-1}$

$\Lambda_m^\infty(1/2BaCl_2) = 120.3 \times 10^{-4} \text{ S} \cdot m^2 \cdot mol^{-1}$

$\Lambda_m^\infty(NH_4Cl) = 129.8 \times 10^{-4} \text{ S} \cdot m^2 \cdot mol^{-1}$

试计算 18℃时 $\Lambda_m^\infty(NH_4OH)$。

5. 下列电解质水溶液，其质量摩尔浓度为 b，平均离子活度系数为 $\gamma_\pm$，试分别导出 $b_\pm$、$a_\pm$ 与 b 的关系。

(1) KCl；(2) $ZnCl_2$；(3) Na_2SO_4；(4) Na_3PO_4；(5) $K_4Fe(CN)_6$。

6. 试计算下列各溶液的离子强度，各溶液中溶质的质量摩尔浓度均为 $0.025 \text{ mol} \cdot kg^{-1}$。

(1) NaCl；(2) $CuSO_4$；(3) $LaCl_3$。

7. 应用德拜—许克尔极限公式计算 25℃时下列各水溶液的 $\gamma_\pm$：(1) $0.005 \text{ mol} \cdot kg^{-1}$ 的 NaBr 溶液；(2) $0.001 \text{ mol} \cdot kg^{-1}$ 的 $ZnSO_4$ 溶液。

8. 试写出下述电池的电极反应和电池反应。

(1) $Pt | H_2(g) | H^+(a_1) \| Ag^+(a_2) | Ag(s)$

(2) $Ag(s) | AgI(s) | I^-(a_1) \| Cl^-(a_2) | AgCl(s)(l)Ag(s)$

(3) $Pb(s) | Pb^{2+}(a_1) \| Cu^{2+}(a_2) | Cu(s)$

(4) $Pb(s) | PbSO_4(s) | SO_4^{2-}(a_1) \| Cu^{2+}(a_2) | Cu(s)$

(5) $Na(Hg) | Na^+(a_1) \| OH^-(a_2) | HgO(s) | Hg(l)$

(6) $H_2(g) | H_2SO_4(a_\pm) | O_2(g)$

(7) $Pt | Fe^{3+}(a_1), Fe^{2+}(a_2) \| Tl^{3+}(a_3), Tl^+(a_4) | Pt$

(8) $H_2(g) | H^+(a_1) | Sb_2O_3(s) | Sb(s)$

9. 将下列化学反应设计成原电池。

(1) $Zn(s) + H_2SO_4(aq) = H_2(g) + ZnSO_4(aq)$

(2) $Pb(s) + HgO(s) = Hg(l) + PbO(s)$

(3) $Ag^+[a(Ag^+)] + I^-[a(I^-)] = AgI(s)$

10. 电池 Pb|PbSO$_4$(s)|Na$_2$SO$_4$·10H$_2$O 饱和溶液|Hg$_2$SO$_4$(s)|Hg 25℃时电动势 E=0.9647 V,电动势的温度系数 $\left(\frac{\partial E}{\partial T}\right)_p = 1.74\times10^{-4}$ V·K^{-1}。

(1) 写出电池反应;

(2) 计算 25℃时该反应的吉布斯函数变 $\Delta_r G_m$、熵变 $\Delta_r S_m$、焓变 $\Delta_r H_m$ 以及电池恒温可逆放电时该反应过程的热 $Q_{r,m}$。

11. 电池 Pt|H$_2$(101.325kPa)|HCl(0.1mol·kg^{-1})|Hg$_2$Cl$_2$(s)|Hg 电动势 E 与温度 T 的关系为 $E/V = 0.0694 + 1.881\times10^{-3} T/K - 2.9\times10^{-6}(T/K)^2$。

(1) 写出电池反应;

(2) 计算 25℃时该反应的吉布斯函数变 $\Delta_r G_m$、熵变 $\Delta_r S_m$、焓变 $\Delta_r H_m$ 以及电池恒温可逆放电时该反应过程的热 $Q_{r,m}$。

12. 298 K 时,下述电池的 $E = 4.55\times10^{-2}$ V

$$Ag(s)|AgCl(s)|HCl(aq)|Hg_2Cl_2(s)|Hg(l)$$

其电动势的温度系数 $\left(\frac{\partial E}{\partial T}\right)_p = 3.88\times10^{-4}$ V·K^{-1}。求当电池可逆放出 1.00 mol 元电荷电量时,电池反应的 $\Delta_r G_m$、$\Delta_r S_m$、$\Delta_r H_m$ 和电池反应的热 Q。

13. 计算电池 Zn|Zn^{2+}($a=0.1$)‖Zn^{2+}($a=0.5$)|Zn 在 298.15 K 时的电动势。

14. 25℃时,测得下列电池:

$$Pt|H_2(g, p^{\ominus})|H_2SO_4(b=0.100 \text{ mol}\cdot\text{kg}^{-1})|Hg_2SO_4(s)|Hg(l)$$

的电动势为 0.7368 V,求 H$_2$SO$_4$ 溶液中离子平均活度系数 $\gamma_\pm$。

15. 在 298 K 时,分别用金属 Fe 和 Cd 插入下述溶液中,组成电池,试判断何种金属首先被氧化?

(1) 溶液中含 Fe^{2+} 和 Cd^{2+} 的浓度都是 0.1 mol·kg^{-1}。

(2) 溶液中含 Fe^{2+} 的浓度为 0.1mol·kg^{-1},而 Cd^{2+} 的浓度为 0.0036 mol·kg^{-1}。

16. 某溶液中含 Ag$^+$($a_\pm=0.05$),Fe^{2+}($a_\pm=0.01$),Cd^{2+}($a_\pm=0.001$),Ni^{2+}($a_\pm=0.1$),H$^+$($a_\pm=0.001$)。已知 H$_2$ 在 Ag、Ni、Fe、Cd 上的超电势分别为 0.20 V、0.24 V、0.18 V 和 0.30 V,试判断当外加电压逐渐增加时,上述物质在阴极上析出的顺序。

自 测 题

一、选择题（将正确答案的标号填入括号内）。

1. 实验测得 $c(HAc)=0.200\ mol\cdot dm^{-3}$ 的 HAc 溶液的电导率为 $0.07138\ S\cdot m^{-1}$，该溶液的摩尔电导率 $\Lambda_m(HAc)$ 为（　　）。

(a) $0.3569\ S\cdot m^2\cdot mol^{-1}$ 　　　　(b) $0.0003569\ S\cdot m^2\cdot mol^{-1}$

(c) $356.9\ S\cdot m^2\cdot mol^{-1}$ 　　　　(d) $0.01428\ S\cdot m^2\cdot mol^{-1}$

2. 在下列电解质溶液中，不能用外推法求得 Λ_m^∞ 的是（　　）。

(a) NaCl 　　　(b) NaOH 　　　(c) HCl 　　　(d) NH_4OH

3. 25℃时，反应 $H_2(g)+\frac{1}{2}O_2(g)\rightarrow H_2O(l)$ 对应的电池电动势 $E_1^\ominus=1.229\ V$，反应 $2H_2O(l)\rightarrow 2H_2(g)+O_2(g)$ 对应的电池电动势则为（　　）。

(a) $-2.458\ V$ 　(b) $2.458\ V$ 　　(c) $-1.229\ V$ 　　(d) $1.229\ V$

4. 电池 $Pb\mid PbSO_4(s)\mid H_2SO_4(1\ mol\cdot kg^{-1})\mid Hg_2SO_4(s)\mid Hg$ 在 10.0 A 电流下充电 1.5 h，则 $PbSO_4(s)$ 分解的质量为（　　）。（Pb、S、O 的相对原子质量分别为 207、32、16）

(a) 84.8 g 　　　(b) 169.6 g 　　　(c) 339.2 g 　　　(d) 508.8 g

二、填空题

1. 在 $0.0005\ mol\cdot kg^{-1}$ 的 Na_2SO_4 水溶液中，离子的平均活度系数 $\gamma_\pm=$ _____，离子的平均活度 $a_\pm=$ _____。

2. 已知25℃时，下列物质的无限稀释摩尔电导率 $\Lambda_m^\infty(NaNO_3)=a\ S\cdot m^2\cdot mol^{-1}$，$\Lambda_m^\infty(AgNO_3)=b\ S\cdot m^2\cdot mol^{-1}$，$\Lambda_m^\infty(1/2\ Na_2SO_4)=c\ S\cdot m^2\cdot mol^{-1}$。则25℃的 Ag_2SO_4 溶液无限稀释摩尔电导率 $\Lambda_m^\infty(1/2\ Ag_2SO_4)=$ _____ $S\cdot m^2\cdot mol^{-1}$。

3. 反应 $Zn(s)+AgCl(s)\rightarrow Ag(s)+ZnCl_2(aq)$ 可通过电池 _____ 来实现。

4. 25℃时，浓差电池

$$Cu(s)\mid CuSO_4(a_\pm=0.01)\ \|\ CuSO_4(a_\pm=0.0001)\mid Cu(s)$$

的电动势 $E=$ _____。

三、计算题

1. 25℃时，在电导池常数 $(l/A)=4.11\ m^{-1}$ 的电导池中，测得 $c(H_2CO_3)=0.0275\ mol\cdot dm^{-3}$ 的 H_2CO_3 溶液的电导为 $9.39\times 10^{-3}\ S$。已知 $\lambda^\infty(H^+)$ 和 $\lambda^\infty(HCO_3^-)$ 分别为 349.82×10^{-4} 和 $44.48\times 10^{-4}\ S\cdot m^2\cdot mol^{-1}$，试计算 H_2CO_3

离解为 H^+ 和 HCO_3^-($H_2CO_3 \rightarrow H^+ + HCO_3^-$)的解离度。

2.(1) 试设计一电池,求 $Ag_2O(s)$ 的分解压(即求反应 $2Ag_2O(s) \rightarrow 4Ag + O_2(g)$ 的平衡常数)。

(2) 已知 298 K 时 $E^{\ominus}(Ag^+/Ag) = 0.7996\text{ V}$,$E^{\ominus}(OH^-/O_2) = 0.401\text{ V}$,$E^{\ominus}(OH^-/Ag_2O/Ag) = 0.344\text{ V}$,试求你所设计电池在 298 K 的 $E^{\ominus}$。

(3) 计算 298 K Ag_2O 的分解压。

3. 下列原电池 $Pt \mid H_2(g, p^{\ominus}) \mid HBr(a_{\pm} = 1.00) \mid AgBr(s) \mid Ag(s)$,在 25℃ 时其电动势 $E = 0.0713\text{ V}$,当放电 2 mol 元电荷电量时,电池反应 $\Delta H = -42.45\text{ kJ}$。假设电池反应 $\Delta C_p = 0$。

(1) 写出上述电极及电池反应;
(2) 求上述电池在 25℃ 时电动势的温度系数;
(3) 求上述电池在 15℃ 时的电动势;
(4) 计算 15℃ 时电池反应的熵变。

4. 298 K 时,某钢铁容器内盛 pH = 4.0 的溶液,试通过计算说明此时钢铁容器是否会被腐蚀。假定容器内 Fe^{2+} 的浓度超过 $10^{-6}\text{ mol}\cdot\text{dm}^{-3}$ 时,则认为容器已被腐蚀。已知 $E^{\ominus}(Fe^{2+}/Fe) = -0.4402\text{ V}$,$H_2$ 在铁上析出时的超电势为 0.40 V。

7 表面现象与胶体化学

表面现象是自然界的普遍现象,例如,下落液滴自动收缩成球形,脱脂棉易被水浸润,活性炭的吸附能力等。这些现象都发生在物质的相界面上,是因为相界面上分子受力不均衡而产生的。

胶体化学是以高度分散的多相系统作为研究对象。在自然界中,大到宇宙,小到细胞,均在胶体化学研究的范围之内。

本章着重讨论有关表面现象的一些基本概念和应用,以及有关胶体系统的基本性质及其稳定和聚沉。另外,还涉及乳状液的一些基础知识。

系统中凡有不同相物质共存时,总是存在相界面。正常情况下,气体之间可以均匀混合,不存在相界面,其他彼此接触的气、液、固态物质之间均可形成气-液、气-固、液-液、液-固及固-固等五种不同类型的相界面。在两相系统中,仅存在一种相界面;在多相系统中,可同时存在多种不同类型的相界面。严格地讲,表面是指物体对真空或与本身蒸气相接触的面,而物体的表面与非本物体的另一个相的表面之间的接触面应称为界面。

由于各类界面上的分子和内部分子所处的环境不同,其能量状态也存在差异,如图 7.1 所示。在液相内部,分子 B 受周围其他分子的吸引力是对称的,而表面层上分子 A 受周围其他分子的吸引力是不对称的。对表面分子 A 来说,气相分子对它的吸引力小于液相分子对它的吸引力,因此表面层分子有向液相内部迁移的趋势,液体表面能自动收缩。

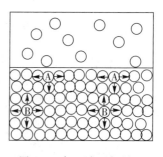

图 7.1 气-液两相界面

以前所研究的系统,虽然也存在界面,但相对来讲,表面积很小,表面现象不显著,则可以忽略。当表面积很大时,表面现象就不容忽视了,本章所讨论的系统属于这类范畴。

一定量物质的表面积随着颗粒粉碎程度的增加而增加,通常用单位体积物

质所具有的表面积——比表面积 A_0 来表示物质的分散程度（也称为分散度），即

$$A_0 = \frac{A}{V} \tag{7.1}$$

式中，A 是体积为 V 的物质所具有的表面积；A_0 是分散度，其单位是 m^{-1}。

若物质分散成立方体形粒子，则

$$A_0 = \frac{6l^2}{l^3} = \frac{6}{l} \tag{7.2}$$

若物质分散成球形粒子，则

$$A_0 = \frac{4\pi r^2}{\frac{4}{3}\pi r^3} = \frac{3}{r} = \frac{6}{d} \tag{7.3}$$

式中，l 为立方体边长，d、r 分别为球状粒子的直径和半径。对于松散的聚集系统或多孔性物质，通常用单位质量的表面积 A_m 表示分散度（也称为比表面），即

$$A_m = \frac{A}{m} \tag{7.4}$$

式中，m 表示物质的质量，A_m 的单位为 $m^2 \cdot kg^{-1}$。

将边长为 10^{-2} m 的立方体（体积为 1 cm³）分割成各种边长的小立方体，由式(7.1)计算比表面变化情况，如表 7.1 所示。

表 7.1　1 cm³ 的立方体被分割时表面积的变化

立方体边长 l/(m)	微粒数	总面积 A/(m²)	比表面积（分散度）A_0/(m^{-1})
10^{-2}	1	6×10^{-4}	6×10^2
10^{-3}	10^3	6×10^{-3}	6×10^3
10^{-4}	10^6	6×10^{-2}	6×10^4
10^{-5}	10^9	6×10^{-1}	6×10^5
10^{-6}	10^{12}	6×10^0	6×10^6
10^{-7}	10^{15}	6×10^1	6×10^7
10^{-8}	10^{18}	6×10^2	6×10^8
10^{-9}	10^{21}	6×10^3	6×10^9

由表 7.1 可以看出，一定量物质，颗粒愈小，总表面积愈大。计算还表明，比表面积与立方体的边长成反比。由此可见，当物质形成高度分散的系统时，它的比表面积和总表面积就非常大了。

7.1 表面张力和表面吉布斯函数

7.1.1 表面张力

如图 7.2 所示,在一定条件下,将一边可以滑动的金属丝框沾上肥皂液膜,如能保持液膜不收缩,就必须施加与液膜相切的力 F,并且 F 与边长 l 的值成正比,其关系为 $F = \sigma \cdot l \cdot 2$(膜有两个表面,故乘以 2)。式中,比例系数 σ 相当于单位长度上与液面相切的收缩表面力,简称表面张力,其单位为 $N \cdot m^{-1}$。

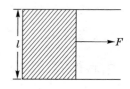

图 7.2 表面张力示意图

对于水平液面,表面张力的方向与液面平行,而且从边界指向液体内部;对于弯曲液面,其方向总是在与液面相切的平面上。

表面张力是强度性质,其值与物质的种类、同它接触的另一相物质的性质及温度等因素有关。

表 7.2 列出了某些物质在实验温度下呈液态时的表面张力。

表 7.2 某些物质的表面张力

金 属 键			离 子 键		
物质	T/K	$\sigma/(10^{-3}\ N \cdot m^{-1})$	物质	T/K	$\sigma/(10^{-3}\ N \cdot m^{-1})$
Fe	1833	1880	NaCl	1273	98
Cu	1403	1268	KCl	1173	90
Zn	592	768	$BaCl_2$	1235	96
Mg	973	500	$CaCl_2$	1045	77
共 价 键			共 价 键		
物质	T/K	$\sigma/(10^{-3}\ N \cdot m^{-1})$	物质	T/K	$\sigma/(10^{-3}\ N \cdot m^{-1})$
H_2O	293	72.75	甲醇	293	22.50
Cl_2	243	25.4	氯仿	298	26.67
O_2	90	13.2	硝基甲烷	293	32.66
N_2	90	6.6	甲苯	293	28.52

由表 7.2 中数据可见:物质分子作用力愈大,表面张力愈大。一般来讲,极性物质的表面张力大于非极性物质的表面张力。

表 7.3 列出了在相应温度下,水与不同有机液体接触的界面张力。表中,σ'_1、σ'_2 分别为两个互相饱和液体的表面张力,σ_{1-2} 为液$_1$—液$_2$ 界面上的界面张力。由表中数据可见:液—液界面张力既与原液体的表面张力有关($\sigma'_{1-2} = \sigma'_1 - \sigma'_2$),

也与两液体的互溶程度有关,随着两液体的互溶程度增加而降低($\sigma_{水-乙醚}$ < $\sigma_{水-硝基苯}$ < $\sigma_{水-苯}$)。

表 7.3 有机液体与水间的界面张力

有机液体	表面张力 $\sigma/(10^3 \text{ N} \cdot \text{m}^{-1})$			表面张力 $\sigma_{1-2}/(10^3 \text{ N} \cdot \text{m}^{-1})$		T/K
	水层 σ_1'	有机液层 σ_2'	纯有机液	计算值 $\sigma_{1-2} = \sigma_1' - \sigma_1'$	实验值	
苯	63.2	28.8	28.4	34.4	34.4	292
乙醚	28.1	17.5	17.7	10.6	10.6	291
苯胺	46.4	42.2	41.9	4.2	4.8	299
氯仿	59.8	26.4	27.2	33.4	33.3	291
四氯化碳	70.9	43.2	43.4	27.7	27.7	291
戊醇	26.3	21.5	24.4	4.8	4.8	291
甲苯酚	37.8	34.3	37.1	3.5	3.9	291
硝基苯	67.9	43.2	43.4	24.7	24.7	291
5%戊醇 95%苯	41.4	26.0	28.0	15.4	16.1	290
5%甲苯酚 95%苯	56.5	28.7	29.1	27.8	27.5	290

图 7.3 给出了 CCl_4 的表面张力与温度的关系曲线。随着温度升高,表面张力降低,并且呈线性关系。大多数物质的表面张力随温度的变化关系均符合这种规律,但也有少数物质如 Ca、Fe、Cd 及其合金以及某些硅酸盐的表面张力随温度升高而增加,对这种反常现象目前尚无一致的解释。

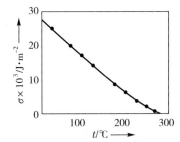

图 7.3 CCl_4 的表面张力与温度的关系曲线

7.1.2 表面吉布斯函数

从系统的能量分析,要使表面积增加,必须对它做功,这种功称为表面功,是一种非体积功。如果系统表面积增加了 dA,则需要对系统做出的非体积功为

$$\delta W' = \sigma dA \tag{7.5}$$

由热力学第二定律可知

$$\Delta G_{T,p} = W_r'$$

及
$$dG = \delta W'_r = \sigma dA \tag{7.6}$$

对于纯液体
$$\sigma = \left(\frac{\partial G}{\partial A}\right)_{T,p} \tag{7.7}$$

其物理意义是：在恒温、恒压的封闭系统中，每增加单位表面积时系统吉布斯函数的增值。故液体的表面张力又称为表面吉布斯函数，简称表面能，其单位是 $J \cdot m^{-2}$。

对于溶液，因为是多组分系统，当只存在一种表面时，则有
$$\sigma = \left(\frac{\partial G}{\partial A}\right)_{T,p,n} \tag{7.8}$$

其物理意义是：在恒温、恒压、恒组成的条件下，每增加单位表面积时系统吉布斯函数的增值。

表面张力和表面吉布斯函数均是系统的表面特征，其符号、数值、量纲都相同。

例 7.1 某温度时，把半径为 1×10^{-3} m 的水滴分散成半径为 1×10^{-5} m 的小水滴，比表面积增加了多少倍？表面能增加了多少？完成该变化时，环境至少要做多少功？已知该温度时水的表面张力为 72.531×10^{-3} N·m^{-1}。

解：已知：$r_1 = 1 \times 10^{-3}$ m, $r_2 = 1 \times 10^{-5}$ m, $\sigma = 72.531 \times 10^{-3}$ N·m^{-1}

(1) $A_{0,1} = \dfrac{3}{r_1} = \dfrac{3}{1 \times 10^{-3}} = 3 \times 10^3$ m^{-1}

$A_{0,2} = \dfrac{3}{r_2} = 3 \times 10^5$ m^{-1}

$\dfrac{A_{0,2}}{A_{0,1}} = \dfrac{3 \times 10^5 \text{ m}^{-1}}{3 \times 10^3 \text{ m}^{-1}} = 100$，即此表面积增加了 100 倍。

(2) $\Delta G = \sigma \Delta A$

$\Delta A = V(A_{0,2} - A_{0,1}) = \dfrac{4}{3}\pi r_1^3 (A_{0,2} - A_{0,1})$

$= \dfrac{4}{3} \times 3.14 \times (1 \times 10^{-3})^3 \times (3 \times 10^5 \text{ m}^{-1} - 3 \times 10^3 \text{ m}^{-1})$

$= 1.26 \times 10^{-2}$ m^2

$\Delta G = 72.53 \times 10^{-3}$ N·m^{-1} × 1.26×10^{-2} m^2

$= 9.14 \times 10^{-4}$ J

(3) $W = \Delta G = 9.14 \times 10^{-4}$ J

7.2 润湿与铺展

7.2.1 润　湿

物质表面的一种液体被另一种液体取代的现象称为润湿。例如水能润湿棉布和玻璃,但不能润湿油布或石蜡。从本质上讲,润湿过程是系统表面能改变的过程,表面能降低越多,润湿程度越高。

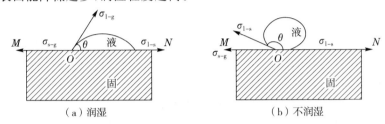

图 7.4　润湿与接触角

液体对固体的润湿程度通常可以用液-固之间的润湿角 θ 的大小来表示。设在固体表面上滴一滴液体,某一瞬间液体呈现出一定的形状,如图 7.4 所示。在固体、液体和空气三相接触点 O 上,有 σ_{s-g}、σ_{l-g} 和 σ_{l-s} 三个作用力。如果这三个力的合力指向 OM 方向,则 O 点上的液相分子被拉向左边,液滴展开,如图 7.4(a) 所示;如果合力指向 ON 方向,则液滴收缩。当液滴展开达到平衡时,在三相交界点 O 处,作气-液界面的切线,则切线与固液界面 ON 之间的夹角 θ 为接触角。

由上图可见,此时

$$\sigma_{s-g} = \sigma_{l-s} + \sigma_{l-g}\cos\theta \tag{7.9}$$

或

$$\cos\theta = \frac{\sigma_{s-g} - \sigma_{l-s}}{\sigma_{l-g}} \tag{7.10}$$

上式即为表面张力与接触角关系的杨氏(Young)方程。

一般来说,人们常用液-固相之间的接触角(亦称为润湿角)的大小来衡量润湿的程度。当液体滴到固体表面上达到平衡时,液滴呈一定的形状。在一定的条件下,接触角的大小恒定。接触角越小,说明液体越易润湿固体,一般以 90° 为分界线。$\theta < 90°$ 为能润湿,$\theta = 0°$ 为完全润湿,$\theta > 90°$ 为不润湿,$\theta = 180°$ 为完全不润湿。

能被水润湿的固体称为亲水固体,如石英、硫酸盐等;不能被水润湿的固体称为憎水固体,如石蜡、石墨等。

7.2.2 铺　展

由杨氏方程可知,当润湿角 $\theta=0°$ 时,达到润湿平衡的极限,则

$$\sigma_{s-g}-\sigma_{l-s}-\sigma_{l-g}=0 \tag{7.11}$$

与 σ_{s-g} 相比,若 σ_{l-g} 相对较小,以致 $\sigma_{s-g}-\sigma_{l-s}>\sigma_{l-g}$,三个力将失去平衡,即 $\theta=0°$ 时,仍然未达到平衡,因而此时杨氏方程不再适用。液滴将完全平铺在固体表面上,称为铺展。令铺展系数 $\varphi=\sigma_{s-g}-\sigma_{l-s}-\sigma_{l-g}$,则铺展的条件为

$$\varphi>0$$

杨氏方程适用范围为 $\varphi\leqslant 0$。

例 7.2 20℃时,水的表面张力为 $72.75\times 10^{-3}\ \mathrm{N\cdot m^{-1}}$,汞的表面张力为 $471.6\times 10^{-3}\ \mathrm{N\cdot m^{-1}}$,汞－水的界面张力为 $375\times 10^{-3}\ \mathrm{N\cdot m^{-1}}$,试判断水能否润湿汞的表面。

解:水和汞为两种互不相溶的液体,水滴在汞的表面上,可把汞当成杨氏方程中固体物质处理,于是式(7.7)可具体写成

$$\cos\theta=\frac{\sigma_{气-汞}-\sigma_{水-汞}}{\sigma_{气-水}}$$

将题中所给数据代入上式

$$\cos\theta=\frac{(471.6-375)\times 10^{-3}\ \mathrm{N\cdot m^{-1}}}{72.75\times 10^{-3}\ \mathrm{N\cdot m^{-1}}}=1.3371$$

结果表明,已超出杨氏方程的适用极限,故水不但能完全润湿汞,而且还能在汞表面上铺展开。

润湿对人类生活和生产起着十分重要的作用,如果水对土壤及动植物无润湿能力,则动植物将无法生长,人类也难以生存。润湿作用还是许多生产过程的基础,如洗涤、印染、注水采油、机械润滑及焊接等。

7.3　弯曲液面的附加压力

7.3.1　弯曲液面的附加压力

在水平液面上,液体所受的压力等于环境施加的压力。但是,当液体的表面弯曲时,由于表面张力的存在,会使液体承受一个附加压力,这个附加压力 Δp 仅与液体的表面张力 σ 有关,而且还是液面曲率半径的函数。

如图 7.5 所示,对于凸液面,附加压力的方向指向液体的内部,结果使表面内液体承受大于表面外的压力,表面内、外的压力差值就是附加压力 Δp。这时的附加压力为正值,如图 7.5(a)所示;同理,当液面为凹液面时,产生的附加压

力值为负值,如图 7.5(b)所示。

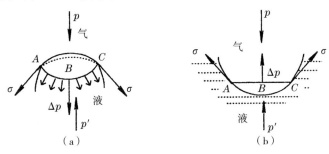

图 7.5　弯曲液面的附加压力

为了推导出附加压力、表面张力及液面曲率半径之间的重要关系式,可设有一根毛细管,管内充满液体,管端有一小球状气泡与之平衡,气泡半径为 r,如图 7.6 所示。若在恒温可逆条件下,在毛细管内部稍加压力,使气泡体积增加 dV,则气泡表面积相应地增加 dA,所以

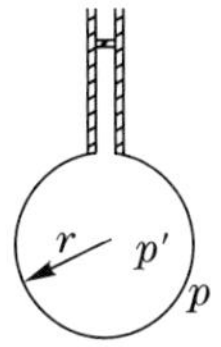

$$\sigma dA = \Delta p dV \tag{7.12}$$

$$\frac{dA}{dV} = \frac{d(4\pi r^2)}{d\left(\frac{4}{3}\pi r^3\right)} = \frac{2}{r} \tag{7.13}$$

图 7.6　附加压力与曲率半径的关系

故

$$\Delta p = \frac{2\sigma}{r} \tag{7.14}$$

上式即为球形弯曲液面的附加压力与液体表面张力及曲率半径的关系式,适用于曲率半径 r 为定值的弯曲液面附加压力的计算。

由式(7.14)分析可知:

(1) 半径越小(分散度越大),产生的附加压力越大。

(2) 若液面呈凹形,则曲率半径 $r<0$,Δp 为负值,即凹形液面下液体的压力低于环境压力。

(3) 若液面为平面(曲率半径 $r\to\infty$),则 $\Delta p=0$,即不存在附加压力。

(4) 若液面不是球形曲面,式(7.14)可相应地改写成

$$\Delta p = \sigma\left(\frac{1}{r_1} + \frac{1}{r_2}\right) \tag{7.15}$$

式中,r_1、r_2 是液滴的主曲率半径。式(7.14)、式(7.15)都称为拉普拉斯(Laplace)公式。

7.3.2 毛细管现象

把半径为 r 的毛细管垂直插入水中,水能润湿毛细管,管中液面是凹形的,润湿角 $\theta<90°$,如图 7.7 所示。由于附加压力 Δp 的作用,液面下液体所承受的压力小于管外水平液面下液体所承受的压力,所以液体将被压入管内使液柱上升,直到上升液柱产生的静压力 $\rho g h$ 与附加压力在数值上相等时,才可达到平衡,即

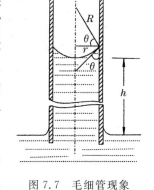

图 7.7 毛细管现象

$$\Delta p = \frac{2\sigma}{R} = \rho g h \qquad (7.16)$$

式中,ρ 为液体的密度($kg \cdot m^{-3}$),h 为液柱上升的高度(m),g 为重力加速度常数($9.80 N \cdot kg^{-1}$),R 为液面的曲率半径(m)。

由图 7.7 所示还可以看出,毛细管的半径 r 与液面的曲率半径 R 的关系为

$$\cos\theta = \frac{r}{R}$$

把上式代入式(7.16)可得

$$h = \frac{2\sigma \cdot \cos\theta}{r\rho g} \qquad (7.17)$$

式(7.17)说明在一定温度下,对于一定的液体来说,毛细管的半径越小,润湿角 θ 愈小,则液体在毛细管中上升得越高。

例 7.3 水能完全润湿毛细管($\theta=0°$)。在 20℃时,将半径为 1.20×10^{-4} m 的毛细管插入水中(垂直),试求水面在毛细管中上升的高度(20℃时,$\sigma_水=72.75\times10^{-3}$ $N \cdot m^{-1}$,$\rho_水\approx1\times10^3$ $kg \cdot m^{-3}$)。

解:因为 $\theta=0°$,所以 $\cos\theta=1$,则式(7.17)可写成

$$h = \frac{2\sigma}{r\rho g}$$

将题中数据代入,得

$$h = \frac{2\times72.75\times10^{-3} N \cdot m^{-1}}{1\times10^3 kg \cdot m^{-3}\times9.80 N \cdot kg^{-1}\times1.20\times10^{-4} m} = 0.124 \text{ m}$$

若把玻璃毛细管垂直插入汞中,汞不能润湿毛细管壁,$\theta>90°$,管内呈现凸液面,同理可以解释毛细管内液面下降的现象。用毛细管法测定液体的表面张力就是根据这个原理进行的。

7.4 微小液滴的饱和蒸气压

7.4.1 微小液滴的饱和蒸气压

前面已说明,纯液体在一定的温度和压力下,具有一定的饱和蒸气压,这是指水平液面。微小液滴的饱和蒸气压不仅与液体的性质、温度和外压有关,还与液滴的半径大小有一定的关系。通过下面的实验,可以观察到这一关系。

取干净的涂蜡玻璃板一块,在上面喷些小水滴,再滴上几滴大水滴,然后用玻璃钟罩罩好,密封,并保持温度恒定。过一段时间后,发现小水滴变得更小甚至消失,大水滴却变得更大。这一现象说明:小液滴的蒸气压大于大液滴的蒸气压。因为在一定温度下,对大液滴已达饱和的蒸气而对小液滴尚未饱和,小液滴继续蒸发,并不断凝结在大液滴上。

通过热力学推导,得到液体饱和蒸气压与液滴大小的定量关系式为

$$\ln \frac{p_r}{p_0} = \frac{2\sigma M}{\rho R T r} \tag{7.18}$$

上式称为开尔文(Kelvin)公式。式中 p_r、p_0 分别为半径为 r 的液滴和平面液体的饱和蒸气压,ρ 是液体密度,M 是液体的摩尔质量,R 是气体摩尔常数,σ 是液体表面张力。对于给定的液体,在指定的条件下,σ、ρ、M、T、R 和 p_0 均为常数,根据式(7.18)可以由曲率半径来计算微小液滴的饱和蒸气压。

由式(7.18)可以看出:

(1) 当 $r \to \infty$(水平液面)时,$\ln \frac{p_r}{p_0} = 0$,则 $p_r = p_0$,此时液体的蒸气压就是指定条件下的正常饱和蒸气压。

(2) 当 $r > 0$(凸液面)时,$\ln \frac{p_r}{p_0} > 0$,必然 $p_r > p_0$,说明凸液面的饱和蒸气压大于水平液面的饱和蒸气压,并且液滴越小,饱和蒸气压越大。

(3) 当 $r < 0$(凹液面,例如水中气泡)时,$\ln \frac{p_r}{p_0} < 0$,必然 $p_r < p_0$,即凹液面的饱和蒸气压小于水平液面的饱和蒸气压,而且气泡越小,饱和蒸气压越小。

表 7.4 列出水滴半径与蒸气压 $\left(\frac{p_r}{p_0}\right)$ 的关系。

表 7.4 293 K 时水滴半径与蒸气压比 (p_r/p_0) 的关系

水滴半径 r/m	10^{-6}	10^{-7}	10^{-8}	10^{-9}
p_r/p_0	1.001	1.011	1.114	2.95

7.4.2 新相生成和亚稳状态

由于系统的分散度增大而引起液体的饱和蒸气压增大、晶体的溶解度增加等一系列的表面现象，只有在颗粒半径很小时，才能达到可觉察的程度。例如，半径为 10^{-7} m 的水滴在压力 101.325 kPa 下的沸点比平面水的沸点低 0.174 K，当半径为 10^{-9} m 时，饱和蒸气压会显著增大。所以，一般情况下可忽略这些表面效应，而在新相生成的过程中，表面效应却十分显著。因为在一相中最初生成新相颗粒(例如，蒸气相中产生的液滴，液相中产生的小气泡或结晶过程中产生的微小晶粒等)极其微小，从而引起各种类型的亚稳现象，例如，过饱和蒸气、过热或过冷液体、过饱和溶液等。

以过饱和蒸气为例，当水蒸气中不存在任何可作为凝结中心的微粒存在时，蒸气可达相当高的过饱和程度而不凝结成水。这是因为过饱和水蒸气中新生成极微小的水滴(新相)具有很高的饱和蒸气压，它大于过饱和蒸气的压力，导致极微小液滴重新挥发，最终难形成较大直径的水滴。如果蒸气中有灰尘等微粒存在时，这些半径较大的微粒可以作为凝结中心，使凝聚其上的小水滴的起始曲率半径增大，其相应的饱和蒸气压显著低于过饱和蒸气的压力，从而使水蒸气迅速凝结成较大的水滴。

同样可以讨论过热液体现象。将液体加热到沸点还不能沸腾，这是因为生成的小气泡的泡壁为凹液面，曲率半径为负值，所以小气泡内的饱和蒸气压小于外压(包括外界大气压和液体静压力)。气泡越小，泡内的蒸气压越小，最终难以形成气泡，所以液体不易沸腾而形成过热液体。若过热程度较大，容易发生暴沸现象。若在加热之前，在液体中加入沸石或毛细管之类的物质，向液体中带入曲率半径较大的气泡，加热时，这些气泡将成为新相生成的"种子"，因而绕过了产生极微小气泡的困难阶段，液体易在沸点时沸腾。

在许多生产中，例如炼钢或冶金甚至金属的"淬火"和"退火"、电解时电极上发生的超电压、照相底片的显影、多相催化等，都与新相的生成有密切关系。

7.5 固体表面的吸附作用

固体表面可以吸附气体或液体，这一现象很早之前就为人们所发现，并有广泛的应用。例如，古代墓室里用木炭作为防腐层和吸湿剂，现代科学技术中分子筛的吸附、催化功能的广泛应用等。这种在一定条件下，一种物质中的分子、原子或离子能自动地附着在固体表面上的现象，或者某物质在界面层的浓度能自动发生变化的现象称为吸附。

气体吸附在固体表面上的现象，简称为气固吸附。气固相的吸附作用发生在固体的表面上,固体称为吸附剂,被吸附的气体称为吸附质。

7.5.1 固体表面特性

固体表面质点和液体表面分子一样,具有表面能。然而,固体不能通过自由收缩其表面来降低表面能,它通过将外界液体或气体分子吸附在其表面上转化为表面层分子。因为在相同温度下,固体的表面张力大于液体或气体的表面张力,所以发生气固吸附之后,系统的表面张力、吉布斯函数都降低,因此,固体表面的吸附过程是一个自发过程,在定温、定压下,当吸附剂和吸附质一定时,被吸附气体物质的量随吸附剂比表面的增大而增大。

7.5.2 吸附的类型

固体对气体的吸附,按作用力性质的不同,可分为两类:若固体表面质点与被吸附气体分子之间的作用力是范德华力,这种吸附属于物理吸附;若固体表面质点与被吸附气体分子之间的作用力远大于范德华力并与化学键力相近时,吸附过程中伴随着电子迁移、原子重排、化学键的形成与破坏等情况的发生,这类吸附属于化学吸附。这两类吸附的性质和规律各不相同,现列表比较,如表 7.5 所示。

表 7.5 物理吸附与化学吸附的区别

类型 差别 特征	物理吸附	化学吸附
吸附力	范德华力	化学键力
吸附热	较小,与气体凝结相近	较大,与化学反应热相近
选择性	无	有
吸附分子层	单分子层或多分子层	单分子层
吸附速率	较快,不需要活化能,不受温度影响	较慢,需要活化能,随温度升高速率增大
吸附稳定性	会发生表面位移,易脱附(解吸)	不发生位移,不易脱附

很多吸附系统中,气体在固体表面上往往同时发生物理吸附和化学吸附,例如氧气在钨上的吸附。有些吸附系统在低温时发生物理吸附,高温时发生化学吸附。因此,在适当温度范围内升高温度时,将由物理吸附为主导逐渐过渡到以化学吸附为主导,例如 CO 在钯上的吸附等。

7.5.3 吸附平衡与吸附量

实验表明,吸附是一个可逆过程,即气相中的分子可以被吸附到固体表面上,已被吸附的分子也可因脱附(解吸)而逸回气相。在温度、压力、吸附质及吸附剂一定的情况下,当吸附速率与脱附速率相等时,吸附达平衡状态,此时吸附在固体表面上的气体物质的量不再随时间延长而发生变化。但是吸附和脱附均未停止,因此吸附平衡是动态平衡。

吸附剂的吸附能力可以用吸附量来表示。在吸附平衡时,每千克吸附剂吸附气体物质的量(n)或在标准状况(STP[①])下占的体积(V)称为平衡吸附量,简称吸附量,以 $\varGamma$ 表示,即

$$\varGamma = \frac{n}{m}$$

或

$$\varGamma = \frac{V(\mathrm{STP})}{m} \tag{7.19}$$

式中 m 为吸附剂的质量,$\varGamma$ 的单位分别用 $\mathrm{mol \cdot kg^{-1}}$ 或 $\mathrm{m^3(STP) \cdot kg^{-1}}$ 表示。

实验表明,气固吸附平衡时的吸附量与温度及气体的压力有关,即

$$\varGamma = f(T, p) \tag{7.20}$$

式中共有三个变量,为了找出其中的规律,往往固定一个变量,然后求出其他两者之间的关系。

恒定温度,则 $\varGamma = f(p)$,称为吸附等温式,反映 $\varGamma$ 与 P 之间关系的曲线称为吸附等温线。

恒定压力,则 $\varGamma = f(T)$,称为吸附等压式,反映 $\varGamma$ 与 T 之间关系的曲线称为吸附等压线。

恒定吸附量,则 $p = f(T)$,称为吸附等量式,反映 $\varGamma$ 与 T 之间关系的曲线称为吸附等量线。

实际应用中,吸附等温线和吸附等量线最为主要,应用最广。

7.5.4 等温吸附

1. 等温吸附线

根据实验数据绘制如图 7.8 所示的氨在木炭上的吸附等温线,由图 7.8 所示可以看出:

(1) 当压力一定时,平衡吸附量随温度升高而降低,即随温度的升高,吸附剂的吸附能力逐渐降低,说明吸附过程是放热过程。

(2) 当温度一定时,平衡吸附量随压力的升高而增大,但在曲线的不同部分,压力的影响是不同的,如图 7.8 所示。以图中最上边的曲线($-23.5\,^\circ\mathrm{C}$)为

[①] STP 即 Standard Temperature and Pressure。

例,低压部分,压力的影响特别显著,吸附量与平衡压力成正比,呈直线关系(线段Ⅰ);当气体压力继续增大时,吸附量增大的趋势逐渐变小,呈曲线关系(线段Ⅱ);当压力增加到足够大时,曲线接近平行于横坐标的直线(线段Ⅲ),此时相当于达到吸附的饱和状态,与之对应的吸附量为饱和吸附量。吸附达到饱和后,吸附量不再随压力的增加而改变。

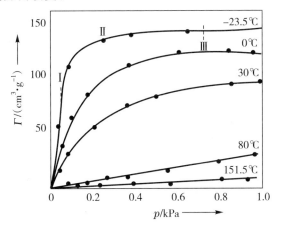

图 7.8 氨吸附在炭粒上的吸附等温线

2. 吸附等温式

(1)弗罗因德利希等温式　弗罗因德利希(Freundlich)根据实验总结出含有两个常数项的指数方程,即

$$\frac{x}{m} = k \cdot p^{1/n} \tag{7.21}$$

式中 k、n 是经验常数,m 为吸附剂的质量,x 为被吸附气体的物质的量或指定状态下的体积。

如果将上式取对数,则可得到直线方程

$$\lg \Gamma = \lg k + \frac{1}{n} \lg p \tag{7.22}$$

所以,凡符合弗罗因德利希等温式的气-固吸附,以 $\lg \Gamma$ 对 $\lg p$ 作图应得到一直线,由直线的斜率和截距可求得经验常数 k、n。图 7.9(a)是根据实验数据作出的不同温度下 CO 在活性炭上的吸附等温线,图 7.9(b)是根据式(7.22)用 $\lg \Gamma$ 对 $\lg p$ 作图得到的直线。从图中可以看出,温度越低,吸附量越大,所以低温时 K 值相对地比高温时大,而 $1/n$ 则相近。

大量的实验事实证明,在中等压力范围内,比较多的气-固吸附服从弗罗因德利希吸附等温式,但将其应用于低压和高压部分,则偏差较大,但由于其简单方便,应用还是相当广泛的。

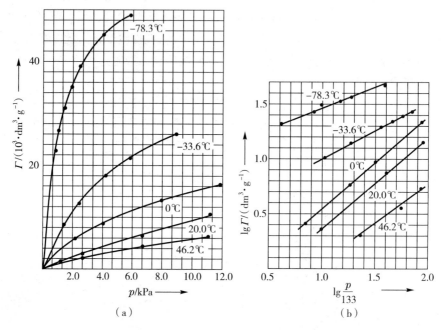

图 7.9 (a)CO 在活性炭上的吸附等温线;(b)等温线的对数图

弗罗因德利希等温式不仅适用于气－固吸附,也适用于液－固吸附,其公式为

$$\Gamma = k \cdot c^{1/n} \tag{7.23}$$

或

$$\lg\Gamma = \lg k + \frac{1}{n}\lg c$$

(2) 单分子层吸附理论——兰格缪尔(Langmuir)吸附等温方程　1916 年,兰格缪尔根据大量的实验事实提出气固吸附的单分子层吸附模型,并从动力学观点出发,推导出单分子层吸附等温方程。他创造性地提出如下吸附模型假设:

① 吸附是单分子层的;
② 吸附剂表面处处均匀;
③ 吸附质分子之间没有相互作用力;
④ 吸附平衡是动态平衡。

根据这一吸附模型,他提出吸附速率 $v_{吸附}$ 与吸附剂空白表面积成正比,与气体压力成正比。

假设 θ 为表面覆盖率,其含义是

$$\theta = \frac{被气体覆盖的固体表面积}{固体的总表面积}$$

则$(1-\theta)$代表固体表面的空白面积分数,所以

$$v_{吸附} = k_1(1-\theta)p$$

脱附速率与表面上吸附物的分子覆盖率成正比,即

$$v_{脱附} = k_2\theta$$

吸附达平衡时

$$v_{吸附} = v_{脱附}$$

则

$$k_1(1-\theta)p = k_2\theta$$

$$\theta = \frac{k_1 p}{k_2 + k_1 p}$$

令 $b = \dfrac{k_1}{k_2}$,则

$$\theta = \frac{bp}{1+bp} \tag{7.24}$$

式(7.24)即兰格缪尔吸附等温式。式中,b 是吸附作用的平衡常数,也称为吸附系数。b 值的大小与吸附剂、吸附质的本性及温度有关,b 值越大,表示固体表面对气体吸附的能力越强。

$\theta = \dfrac{\Gamma}{\Gamma_\infty}$,$\Gamma$ 表示平衡压力为 p 时的吸附量,Γ_∞ 表示饱和吸附量,则

$$\frac{\Gamma}{\Gamma_\infty} = \frac{bp}{1+bp}$$

即

$$\Gamma = \Gamma_\infty \cdot \frac{bp}{1+bp} \tag{7.25}$$

由式(7.25)对照图 7.10 可以看出:

① 当压力足够低或吸附较弱时,$bp \ll 1$,则 $\Gamma \approx \Gamma_\infty bp$,因 $\Gamma_\infty b$ 为常数,故 Γ 与 p 成直线关系,如图 7.10 所示的直线部分。

② 当压力足够大或吸附力较强时,$bp \gg 1$,则 $\Gamma = \Gamma_\infty$,故 Γ 与 p 无关,说明吸附剂表面已全部被吸附质分子所覆盖而达到最大值,吸附达到了饱和,如图 7.10 中水平线段部分。

③ 当压力适中时,Γ 与 p 呈曲线关系。

恒定温度下,对于指定的吸附剂和吸附质来说,b 和 Γ_∞ 均为常数,若用式(7.25)进行计算,必须知道 Γ_∞ 和 b。为了便于从实验数据确定 Γ_∞ 和 b,可将式(7.25)改写为

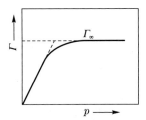

图 7.10 兰格缪尔等温式示意图

$$\frac{1}{\Gamma} = \frac{1}{\Gamma_\infty} + \frac{1}{\Gamma_\infty bp} \tag{7.26a}$$

或

$$\frac{p}{\Gamma} = \frac{1}{b\Gamma_\infty} + \frac{p}{\Gamma_\infty} \tag{7.26b}$$

上式表明，$\frac{1}{\Gamma}$ 对 $\frac{1}{p}$ 的图形是一条直线，由直线的斜率 $\frac{1}{\Gamma_\infty}$ 和截距 $\frac{1}{\Gamma_\infty}$ 可求出 Γ_∞ 和 b。

$$\Gamma_\infty = \frac{1}{\text{截距}}, b = \frac{\text{截距}}{\text{斜率}}$$

兰格缪尔吸附等温式还有一个用途，如果已知一个吸附物分子所占的面积 (A_c)，可求得吸附剂的比表面积。

$$A_m = \frac{\Gamma_\infty}{V_m(\text{STP})} \cdot LA_c$$

式中，$V_m(\text{STP})$ 为标准状况下气体的摩尔体积，其值是 $0.0224 \text{ m}^3 \cdot \text{mol}^{-1}$，$L$ 为阿伏加德罗常数，A_m 为吸附剂的比表面积。

例 7.4　在 0℃ 时，0.003 kg 的活性炭吸附 CO 的数据如表 7.6 所列。试证明这些数据符合兰格缪尔吸附等温方程式，并求常数 b 和吸附量 Γ_∞。表中体积已经换算为标准状态下的体积。

表 7.6　在 0℃ 时，0.003 kg 的活性炭吸附 CO 的数据

p/Pa	$\Gamma/(\text{m}^3 \cdot \text{kg}^{-1})$	$p/(\text{Pa})$	$\Gamma/(\text{m}^3 \cdot \text{kg}^{-1})$
1333.2	1.02×10^{-5}	66661.2	3.69×10^{-5}
26664.4	1.86×10^{-5}	79993.4	4.16×10^{-5}
39996.7	2.55×10^{-5}	93325.7	4.61×10^{-5}
53328.9	3.14×10^{-5}		

解：根据式(7.26b)作 $\frac{p}{\Gamma}$ 对 p 的曲线图。由题给数据求出 $\frac{p}{\Gamma} - p$ 的图形所需数据，如表 7.7 所列。

表 7.7　求出 $\frac{p}{\Gamma} - p$ 的图形所需数据

$p/(10^2 \text{ Pa})$	$\frac{p}{\Gamma}/(10^8 \text{ Pa} \cdot \text{kg} \cdot \text{m}^{-3})$	$p/(10^2 \text{ Pa})$	$\frac{p}{\Gamma}/(10^8 \text{ Pa} \cdot \text{kg} \cdot \text{m}^{-3})$
133.32	13.07	666.61	18.07
266.64	14.34	799.93	19.23
399.96	15.68	933.25	20.24
533.28	16.98		

根据表中数据作图。以 $\dfrac{p}{\Gamma}$ 对 p 作图得到一直线，证明题给数据能服从兰格缪尔吸附等温方程式。直线的斜率为 8.74×10^{3} kg·m^{-3}，截距为 1.21×10^{9} Pa·kg·m^{-3}，故

$$\Gamma_{\infty}=\dfrac{1}{\text{斜率}}=\dfrac{1}{8.74\times10^{3}\text{ kg·m}^{-3}}=1.14\times10^{-4}\text{ m}^{3}\cdot\text{kg}^{-1}$$

$$b=\dfrac{\text{斜率}}{\text{截距}}=\dfrac{8.74\times10^{3}\text{ kg·m}^{-3}}{1.21\times10^{9}\text{ Pa·kg·m}^{-3}}=7.2\times10^{-6}\text{ Pa}$$

兰格缪尔吸附等温方程式是一个理想的吸附公式。事实上，吸附剂的表面不一定是均匀的，吸附质分子之间也有相互作用力，吸附亦不一定满足单分子层情况，实际上多数物理吸附是多分子层的，所以许多实验表明，在低温或相当大的压力范围内，吸附量并不趋向常数。由于吸附剂表面状况的差异，以及吸附剂与吸附质之间的作用力差异，吸附等温线的形式是多种多样的，如图 7.11 所示（图中 p^{*} 表示在吸附温度下，吸附质的饱和蒸气压）。兰格缪尔吸附等温式只符合 I 曲线，从而说明实际的吸附过程比兰格缪尔假设的要复杂许多。但是，兰格缪尔吸附等温方程式仍不失为一个重要公式，不但推导方法简单，而且第一次对气固吸附机理作了形象化的描述，使人们从理论上加深了对吸附过程的认识，为吸附理论的发展奠定了基础。多分子层吸附理论就是在此基础上提出的。

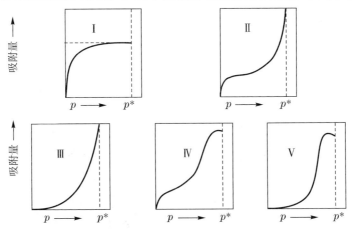

图 7.11 五种类型吸附等温线

*(3) BET 吸附等温式 1938 年，布鲁瑙尔（Brunauer）、埃米特（Emmett）和泰勒（Teller）三人在兰格缪尔吸附理论基础上提出了多分子层吸附理论（简称为 BET 多分子层吸附理论）。这是一个重要的物理吸附公式，他们接受了兰格缪尔关于固体表面是均匀的假设，但认为吸附是多分子层的，第一层吸附是由于气体在固体分子之间的范德华力所引起，第二层以上由吸附质分子之间的相

互吸引力而引起,并且各层之间也存在着吸附、解吸的动态平衡,在此基础上得出 BET 等温式

$$\Gamma = \frac{\Gamma_\infty cp}{(p^* - p)\left[1 + (c-1)\dfrac{p}{p^*}\right]} \tag{7.27}$$

式中,p^* 为在吸附温度下吸附质的饱和蒸气压,c 为常数,Γ_∞ 是单分子层饱和吸附量,亦为常数,故该式又称为 BET 两常数公式。

为使用方便,可把式(7.27)改写为

$$\frac{p}{\Gamma(p^* - p)} = \frac{1}{c\Gamma_\infty} + \frac{c-1}{c\Gamma_\infty} \cdot \frac{p}{p^*} \tag{7.28}$$

若以 $\dfrac{p}{\Gamma(p^* - p)}$ 对 $\dfrac{p}{p^*}$ 作图,可得到一直线,斜率为 $\dfrac{c-1}{c\Gamma_\infty}$,截距为 $\dfrac{1}{c\Gamma_\infty}$,则因 $\dfrac{c-1}{c\Gamma_\infty} + \dfrac{1}{c\Gamma_\infty} = \dfrac{1}{\Gamma_\infty}$,故可求出 Γ_∞ 和 c。

BET 两常数公式适用的范围是压力比(p/p^*)为 0.05~0.35。

7.6 液体表面的吸附现象和表面活性剂

7.6.1 溶液表面的吸附现象

溶液由溶剂和溶质两种(或多种)不同分子组成,在溶液表面上的溶剂、溶质分子受到体相分子的拉力各不相同,受力大的分子比受力小的分子更容易离开表面而进入液体的内部,导致溶液表面上某物质的浓度与溶液内部浓度不同,这种变化自发进行的最终结果使溶液表面能趋向最低,这种现象称为溶液的表面吸附。当溶质在表面层的浓度大于其在溶液内部的浓度时,称为正吸附;反之,称为负吸附。溶液表面吸附和气固吸附一样,也是一种动态平衡。

通常能够使溶液表面张力升高的物质称为表面惰性物质,对于水溶液而言,一些强极性物质(如 $NaCl$、H_2SO_4、$NaOH$ 等非挥发性无机物以及蔗糖、甘露醇等多羟基有机物)属于这类物质,它们也被称为非表面活性物质。相应的,能使溶液表面张力降低的物质称为表面活性物质,但是,习惯上称那些溶入少量就能显著降低溶液表面张力的物质为表面活性物质或表面活性剂,这类物质均为非极性

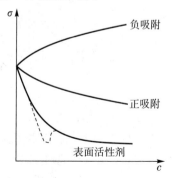

图 7.12 溶液表面张力与浓度的关系

物质或弱极性物质(如醇、醛、有机酸、酯等绝大多数有机物)。表面惰性物质在溶液表面层产生负吸附,表面活性物质产生正吸附,图7.12所示说明了这些物质的浓度与溶液表面张力的关系。

7.6.2 吉布斯吸附等温式

1878年,吉布斯(Gibbs)用热力学方法推导出定温、定压下,溶液浓度、表面张力和吸附量之间的定量关系,即吉布斯吸附等温式

$$\Gamma = -\frac{c}{RT} \cdot \frac{\mathrm{d}\sigma}{\mathrm{d}c} \tag{7.29}$$

式中,σ 为溶液表面张力($\mathrm{J \cdot m^{-2}}$),c 为溶液中的平衡浓度($\mathrm{mol \cdot dm^{-3}}$),$\Gamma$ 为溶质在表面层的吸附量($\mathrm{mol \cdot m^{-2}}$)。

由式(7.29)可以看出:

(1) 若 $\frac{\mathrm{d}\sigma}{\mathrm{d}c}<0$,则 $\Gamma>0$,表明增加溶质浓度使溶液的表面张力降低,此时溶液表面发生正吸附;

(2) 若 $\frac{\mathrm{d}\sigma}{\mathrm{d}c}>0$,则 $\Gamma<0$,表明增加溶质浓度使溶液的表面张力升高,此时溶液表面发生负吸附;

(3) 若 $\frac{\mathrm{d}\sigma}{\mathrm{d}c}=0$,则 $\Gamma=0$,表明溶液无吸附作用。

用式(7.29)计算溶液表面吸附量时,需要知道 $\frac{\mathrm{d}\sigma}{\mathrm{d}c}$ 的值。在定温、定压下,测定不同浓度溶液的表面张力 σ,然后作 $\sigma-c$ 图,得到一曲线,曲线的斜率即为该浓度时的 $\frac{\mathrm{d}\sigma}{\mathrm{d}c}$。

各类表面活性剂的吸附也可以用类似于兰格缪尔单分子层气-固吸附方程的经验公式来计算。即

$$\Gamma = \Gamma_\infty \cdot \frac{Kc}{1+Kc} \tag{7.30}$$

式中,K 是经验常数,与溶质的表面活性大小有关,c 是溶液的浓度,Γ 和 Γ_∞ 分别是某平衡浓度的吸附量和饱和吸附量。

由式(7.30)可以确定饱和吸附量 Γ_∞。假设溶液表面对表面活性剂的吸附也是单分子层吸附,则可求出表面活性剂分子的横截面积 A_m。

$$A_\mathrm{m} = \frac{1}{\Gamma_\infty L}$$

式中,L 为阿伏加德罗常数。

表 7.8 是在承认饱和吸附是单分子层吸附的基础上给出的一些碳链烃的有机化合物分子横截面积的实验测定数据。

表 7.8　化合物在单分子层中每个分子的横截面积

化合物种类	X	每个分子面积/(10^{-20} m^2)
脂肪酸	—COOH	20.5
二元酯类	—COOC$_2$H$_5$	20.5
酰胺类	—CONH$_2$	20.5
甲基酮类	—COCH$_3$	20.5
甘油三酸酯类(每链面积)	—COOCH$_2$	20.5
饱和酸的酯类	—COOR	22.0
醇类	—CH$_3$OH	21.6

7.6.3　表面活性剂简介

1. 表面活性剂的分类

表面活性剂可以从用途、物理性质或化学结构等方面进行分类,其中按化学结构分类最常用。如图 7.13 所示,表面活性剂溶于水时,能电离生成离子的称为离子型表面活性剂;不能电离的称为非离子型表面活性剂。离子型表面活性剂还可以按起活性作用部分的离子带电性进行分类,可分为阳离子表面活性剂、阴离子表面活性剂和两性表面活性剂。

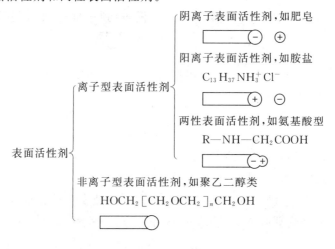

图 7.13　表面活性物质的分类

2. 表面活性剂的基本性质

表面活性剂对水的表面张力影响的关系如图 7.14 所示,当表面活性剂浓度很稀时,溶液表面张力急剧下降,当超过某一浓度后,溶液的表面张力又趋于一恒定值,这一特点与表面活性剂分子结构有关。

表面活性剂的活动情况与其浓度的关系如图 7.15 所示。

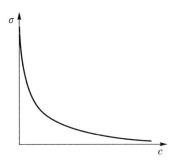

图 7.14 表面张力与浓度的关系

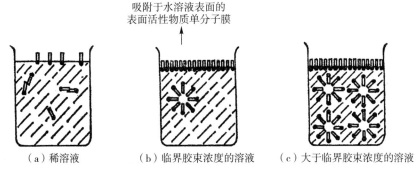

图 7.15 表面活性剂的活动情况和浓度关系示意图

图 7.15(a)表示表面活性剂溶于水时,由于分子的两亲性,亲水基受到极性很强的水分子吸引,有竭力钻入水中的趋势;而憎水基团受到水分子的排斥,倾向于翘出水面。在这种情况下,稍微增加表面活性剂的浓度,表面活性剂很快地聚集在水面(正吸附),使水和空气的接触面积减小,从而使溶液的表面张力急剧下降,存在于溶液内部的表面活性剂分子倾向于形成小型胶束。

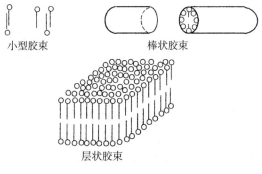

图 7.16 各种胶束形状实例

图 7.15(b)表示当表面活性剂浓度足够大时,液面上刚刚排满一层定向排列的单分子膜,若继续增加浓度,表面活性剂分子开始以几十或几百个聚集的形式形成胶束,胶束的形状可以是球形、棒形或层状的,如图 7.16 所示。当形成一定形状的胶束时,所需表面活性剂的最低浓度称为临界胶束浓度,用 CMC (Critical Micelle Concentration)表示。

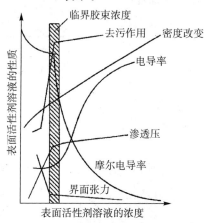

图 7.17　十二烷基硫酸钠的性质与浓度的关系

图 7.15(c)是超过临界胶束浓度的情况,这时液面上早已形成紧密、定向排列的单分子膜,达到了饱和状态,若再增加表面活性剂浓度,只能增加溶液内胶束个数,不能使表面张力进一步降低。

如图 7.17 所示,在临界胶束浓度前后,溶液的表面张力、电导率、渗透压、摩尔电导率、去污能力、光学性质等均有较大的变化,所以常用测定溶液的这些性质来确定 CMC 值。不过所采用的方法不同,测得的 CMC 值略有不同,因此一般的 CMC 值应是指胶束浓度的某一范围。应着重指出的是,要充分发挥表面活性剂的作用,必须使表面活性剂的浓度稍大于临界胶束浓度,以保证其性能得到充分发挥。

7.7　胶体的分类和基本特征

自然界遇到的实际系统,严格地讲均为一种或几种物质分散在另一种物质中形成的分散系统。在分散系统中,被分散的物质称为分散相,是不连续相,分散相分散在其中的物质称为分散介质,是连续相。

分散系统的分类有多种方法,最基本的是按分散相粒子的大小来划分,这样可以把分散系统分为:①分子分散系统;②胶体分散系统;③粗分散系统。由于分散相粒子的大小不同,这些分散系统既有相似之处,又各具有特性,如表 7.9 所列。

表7.9 分散系统按分散相的粒子大小分类

类型	分散相粒子半径(m)	分散相	性质	举例
分子分散系统	$<10^{-9}$	分子、原子、粒子	均相,势力学稳定系统,扩散快,能穿透半透膜,形成真溶液	溶液,混合气体等
胶体分散系统(溶胶)	$10^{-9} \sim 10^{-7}$	胶粒(原子、分子或粒子的聚结体)	多相,热力学不稳定系统,扩散慢,不能透过半透膜,形成胶体溶液	各种溶胶
粗分散系统	$>10^{-7}$	粗粒子	多相,热力学不稳定系统,扩散慢或不扩散,不能透过半透膜及滤纸	乳状液、悬浮液

分散系统还可以按分散相和分散介质聚集状态的不同来分类,这样可以把多相分散系统分成八大类,如表7.10所列。

表7.10 多相分散系统按分散相和分散介质聚集状态分类

分散相	分散介质	名称	举例
固、液、气	液	溶胶、悬浮体、软膏乳状液泡沫	金溶胶、AgI溶胶、牙膏、泥浆、油漆牛奶、人造黄油、原油肥皂泡沫、灭火泡沫、啤酒泡沫
固、液	气	气溶液	烟、尘云、雾
固、液、气	固	固溶液	红玻璃、照相胶片、某些合金珍珠、某些含水矿石泡沫塑料、泡沫玻璃、浮石、面包

在多相分散系统中,分散相粒子的半径介于$1 \sim 100$ nm($10^{-9} \sim 10^{-7}$ m)之间,是一种高分散系统,称为胶体系统。由于该系统中分散相粒子很小,比表面积很大,比表面吉布斯函数很大,所以系统处于热力学不稳定状态,小粒子能够自发地相互聚集成大粒子,大粒子易于沉降而与分散介质分离,这一过程称为聚沉。另外,由于较高的比表面吉布斯函数,所以在一定的条件下,粒子也能自发、有选择地吸附某种粒子(稳定剂)而形成相当稳定的溶剂化的双电层,因而保护了相互碰撞的粒子不再发生聚集,体现出与粗分散系统不同的相对稳定性。胶体粒子还具有扩散慢、不透过半透膜、渗透压低、散射光明显等特点。

总之,多相性、高度分散和热力学不稳定性既是胶体系统的主要特征,也是产生其他性质的依据。研究胶体系统以及该系统的形成、稳定与破坏都要从这些基本特征出发。

如果按分散相与分散介质的作用来区分,可将胶体系统分为两大类。一类称为憎液溶胶,这类溶胶的分散相与分散介质之间存在明显的相界面,具有较高的表面能,分散系统的形成需要加入稳定剂,胶体结构被破坏后无法复原。另一类是高分子溶液,由于其分子大小达到胶体粒子范围,因此它具有胶体的一些基本特性,但是由于它又属于分子分散系统,所以也具有真溶液的一些性质,如均相、不自动聚集、热力学稳定、沉降和溶解的过程为可逆等。现在,对高分子溶液的研究已形成了一门独立的学科。

从表 7.10 的举例中可以看出,胶体系统对于工农业生产、石油采炼、日常生活、环境保护等方面均有密切的联系,所有生物组织都呈现胶体状态,因而生命所必需的复杂化学过程也要运用胶体化学的理论来解释。因此,研究胶体系统的基本性质和规律显得十分必要。

7.8 溶胶的性质

溶胶的高度分散性、多相和热力学不稳定性这三大特征是产生其特有的化学性质的依据。我们在研究溶胶的光学性质、动力性质和电学性质时都要综合考虑这些特征,才能得出正确的结论。下面具体讨论溶胶的基本性质。

7.8.1 溶胶的光学性质——丁达尔效应

当一束光线通过溶胶时,从入射光的垂直方向可以观察到一个浑浊而发亮的光柱。这是英国化学家丁达尔(Tyndall)于 1869 年发现的,简称为丁达尔效应,它是区别溶胶和真溶液的最简便的方法。

丁达尔效应与分散粒子的大小及入射光线的波长有关。当分散相粒子的直径大于入射光的波长时,光投影在粒子上起反射作用。例如,粗分散体系只观察到反射光;如果粒子的直径小于入射光的波长,光波可以绕过粒子向各个方向传播。可见光的波长为 400~700 nm,而胶体粒子的大小为 1~100 nm,故胶体体系对可见光的散射(即丁达尔效应)最明显。

散射光强度也与分散相、分散介质的折射率有关,两者相差越大,散射光强度越大。憎液溶胶的分散相与分散介质之间存在相界面,而且两者的折射率相差较大,所以丁达尔现象特别明显。而高分子溶液中,高分子与溶剂分子之间没有相界面存在,两者的折射率无明显区别,所以丁达尔现象极为微弱。

丁达尔现象在自然界也是十分普遍的,例如,大气中游离着许多尘埃和小水滴,可视为气溶胶;天空的蔚蓝色是大气层(气溶胶)对日光的散射结果;若直接望着太阳,看到的橙红色是日光在气溶胶中的透射光;雨后天晴,天空更为醒目的蔚蓝色是由于空气中小水滴(胶粒)增多的缘故,使丁达尔现象更加显著。

7.8.2 溶胶的动力性质

这里主要讨论溶胶中粒子的布朗运动以及由此产生的扩散和沉降平衡等现象。

1. 布朗运动

用超显微镜观察胶体粒子的运动,会发现胶体粒子在不停地做无规则运动。如果在一定时间间隔内观察某一粒子的位置,则可得到图 7.18 所示的胶体粒子不规则的运动轨迹,这种现象是在 1872 年由英国植物学家布朗(Brown)发现的,故称为布朗运动。

布朗运动的本质可以用分子热运动的理论来解释。悬浮在分散介质中的分散相粒子不断受到来自四面八方的分散介质粒子的撞击,粒径较大的粒子每秒钟可以受到几百万次的撞击,这些撞击彼此抵消了,就不产生布朗运动;而胶体粒子的粒径较小,每秒钟受到介质分子的撞击次数要少得多,撞击不能彼此抵消,各个质点就发生了不断改变方向的无规则运动,如图 7.18(a)所示。图中的细箭头表示介质分子对胶体粒子的撞击,箭头的长短代表撞击力的大小;粗箭头表示胶体粒子的运动方向。

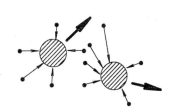 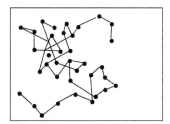

(a) 胶体粒子受介质分子冲击示意图　　(b) 超显微镜下胶体粒子的布朗运动

图 7.18　布朗运动

根据分子热运动理论可知,胶体粒子的质量越大,运动速率越小;反之,胶体粒子的质量越小,运动速率越大,即布朗运动越剧烈。此外,布朗运动与介质的粘度有关,介质粘度越小,布朗运动越剧烈。

对于真溶液,分散粒子和分散介质粒子的半径相近,故只存在热运动,而无布朗运动。

2. 扩　散

我们知道,溶液分子有从高浓度区域向低浓度区域自动迁移的扩散作用。实验证明,溶胶体系中存在浓度差时,由于布朗运动的作用,胶体粒子也会自动地从高浓度区域向低浓度区域迁移,这种现象称为溶胶的扩散。所不同的是,由

于胶体粒子的粒径和质量均比溶液分子的大,故胶体粒子的扩散速率较小。与真溶液一样,扩散亦服从菲克(Fick)定律,即

$$\frac{\mathrm{d}n}{\mathrm{d}t} = -DS\left(\frac{\mathrm{d}c}{\mathrm{d}x}\right) \tag{7.31}$$

式中,$\frac{\mathrm{d}n}{\mathrm{d}t}$ 为单位时间内通过面积为 S 的扩散物质的量,D 为扩散系数,$\frac{\mathrm{d}c}{\mathrm{d}x}$ 为扩散方向上的浓度梯度,负号表示扩散方向与浓度梯度方向相反。

扩散系数 D 可用来表示体系扩散能力的大小。爱因斯坦曾导出以下两个扩散系数公式

$$D = \frac{RT}{L} \cdot \frac{1}{6\pi\eta r} \tag{7.32}$$

$$D = \frac{1}{2t} \cdot \overline{x}^2 \tag{7.33}$$

结合上面两式可得

$$\overline{x}^2 = \frac{RT}{L} \cdot \frac{t}{3\pi\eta r} \tag{7.34}$$

式(7.34)即为布朗运动公式,式中 $\overline{x}$ 为在 t 秒内粒子的平均位移,η 为介质的粘度,单位为 Pa·s,r 为球形粒子的半径,L 为阿伏加德罗常数,R 为摩尔气体常数,T 为热力学温度。由式(7.34)还可以看出,若观察时间一定,温度越高,粒子半径和介质粘度越小,粒子的平均位移越大,即布朗运动越剧烈。

3. 沉降和沉降平衡

当分散相密度大于分散介质的密度时,由于重力场的作用,分散相粒子下降,而与分散介质分离,这种现象称为沉降。对于分散度较高的系统,由于布朗运动所引起的分散相粒子的扩散方向与分散相粒子的沉降方向正好相反,当粒子小于 2×10^{-7} m 时,这两种相反的趋势可以达成平衡,形成于分散系统中,分散相粒子的浓度随高度变化有不同的分布。这种平衡移动称为沉降平衡。例如,地表的大气层中也存在沉降平衡,离地面越高,气体中分散相的含量越低,大气压就越小。

在沉降平衡时,分散相粒子的浓度随高度的分布关系为

$$\ln\frac{c_1}{c_2} = \frac{L}{RT} \cdot \frac{4}{3}\pi r^3 (\rho_p - \rho_0) \cdot g(x_2 - x_1) \tag{7.35}$$

式中,c_1、c_2 分别为在高度 x_1 和 x_2 处粒子的浓度,ρ_p、ρ_0 分别为分散相和分散介质的密度。

综上所述,分散体系动力学性质如表 7.11 所列。

表 7.11 分散体系动力学性质

	分子扩散系	胶态分散系	粗分散系
粒子运动形式	分子热运动	布朗运动	
扩散作用	强 →		慢
沉降速率	慢 →		强
体系特点	稳定存在,体系呈沉降平衡		不稳定存在,体系沉降分层

例 7.5 现有粒子直径为 8.35×10^{-9} m 的金溶胶,计算 273.15 K 时粒子浓度降低一半时的高度差。

解:已知 $\rho_{金}=19.3 \times 10^{3}$ kg·m^{-3}, $\rho_{水}=1.0 \times 10^{3}$ kg·m^{-3}

$$c_2 = \frac{1}{2}c_1, \quad r = \frac{1}{2} \times 8.35 \times 10^{-9} \text{ m}$$

所以
$$x_2 - x_1 = \frac{\left(RT\ln\frac{c_1}{c_2}\right)/L}{\frac{4}{3}\pi r^3 (\rho_{金} - \rho_{水})g}$$

$$= \frac{8.341 \text{ kg·m}^2\text{·s}^{-2}\text{·mol}^{-1}\text{·K}^{-1} \times 273.15 \text{ K} \times \ln 2 \times 3}{6.022 \times 10^{23} \text{ mol}^{-1} \times 4 \times 3.14 \times (4.175 \times 10^{-9})^3 \text{ m}^3} \times$$

$$\frac{1}{(19.3 \times 10^3 - 1.0 \times 10^3) \text{ kg·m}^{-3} \times 9.80 \text{ m·s}^{-2}}$$

$$= 4.78 \times 10^{-1} \text{ m}$$

7.8.3 溶胶的电学性质

溶胶表面具有较高的表面能,一方面使胶体粒子自动聚集长大,形成热力学不稳定系统;另一方面,它能选择性地吸附其他粒子形成带电粒子,在静电作用力的影响下,使溶胶可以在相当长的时间内稳定存在,并形成胶体系统特有的电学性质。

1. 电泳现象

图 7.19 所示的是一种示意性的电泳实验装置。U 形管中装有棕红色的 Fe(OH)$_3$ 溶胶,其上放置无色的 NaCl 溶液,并保持溶胶与 NaCl 溶液之间有一个清楚的分界面。U 形管的两臂溶液中各插一电极,用直流电通电一段时间后,发现阳极端棕红色 Fe(OH)$_3$ 溶胶的界面下降而阴极端上升。从而证明 Fe(OH)$_3$ 胶粒带电,并且是正电粒子。这种在外电场影响下,胶体粒子在分散

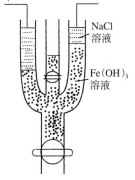

图 7.19 电泳装置

介质中定向移动的现象称为电泳。

胶体粒子的电泳速率与粒子所带电量及外加电场的强度成正比,而与介质的粘度、粒子的大小成反比。实验证明,溶胶粒子比离子大得多,但溶胶的电泳速率与离子的迁移速率在数量级上基本相当(见表 7.12)。由此可见溶胶粒子所带电荷的数量是相当大的。

电泳实验证实,一些溶胶粒子带正电,还有一些溶胶粒子带负电,带正电的称为正溶胶,带负电的称为负溶胶。没有外加电场时,溶胶体系是电中性的。表 7.13 列出了一些常见溶胶粒子的带电情况。

表 7.12　胶体粒子和普通离子的运动速率

	速率 $v/(10^{-6}\ m \cdot s^{-1})$ 电势梯度 $E=100\ V \cdot m^{-1}$
H^+	32.6
OH^-	18.0
Na^+	4.5
K^+	6.7
Cl^-	6.8
$C_3H_7COO^-$	3.17
$C_8H_{17}COO^-$	2.0
胶体粒子	2～4

表 7.13　常见溶胶的带电情况

正 溶 胶	负 溶 胶
氢氧化铁	金、银、铂
氢氧化铝	硫、碳、硒
氢氧化铬	硅酸及一些硫化物(As_2S_3,CuS,PbS)
氧化钛、氧化锆	氧化锡、氧化钒

2. 电　渗

与电泳现象相反的溶胶的电化学性质是电渗。图 7.20 所示的是电渗实验装置。U 形管中间装有多孔介质(如玻璃纤维、素烧瓷等),将液体介质分为两部分,多孔介质的两边各置一电极,通直流电一段时间后,在右边的毛细管可以清楚地看到阴极区液面上升,阳极区液面下降,这表明分散介质向阴极方向移动。这种在电场作用下,液体分散介质通过多孔性物质做定向移动的现象称为电渗。

电渗的产生说明电中性的溶胶在水中可以电离出与胶粒带相反电荷的离子,这时离子在电场作用下携带溶剂化的水向相应的电极移动。

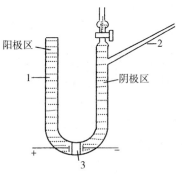

1.盛液管　2.毛细管　3.多孔介质
图 7.20　电渗实验装置

电泳和电渗都是溶胶的固、液相在外加电场作用下的相对移动。形象地说,电泳过程中,固相迁移,液相不动;电渗过程中,液相迁移,固相不动(带电胶粒被多孔性物质吸附),所以电泳、电渗均称为电动现象。

3. 胶体粒子表面带电的原因

(1) 溶胶的形成及胶团结构　现在以化学凝聚法制备 AgI 溶胶为例来分析溶胶的形成过程以及胶团结构。将 $AgNO_3$ 溶液逐滴加入 KI 溶液中,并不断搅拌,通过化学反应:$AgNO_3 + KI \rightarrow AgI$(溶胶)$+ KNO_3$,生成 AgI 溶胶。由于 KI 过量(稳定剂),具有较高表面能的 AgI 溶胶吸附 I^-,所以粒子带负电,带负电的粒子又将溶液中的 K^+(反离子)吸引在周围以中和电荷,反离子在胶团中的分布是松散性的,在热运动过程中可以扩散。AgI 溶胶胶团可用图 7.21 所示结构式或示意图表示。

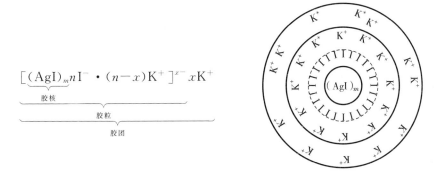

$$[(AgI)_m nI^- \cdot (n-x)K^+]^{x-} \ xK^+$$

胶核　胶粒　胶团

图 7.21　碘化银胶团构造的示意图(KI 为稳定剂)

从结构式中可以看出,AgI 胶粒带负电,所以在电场中胶粒向阳极方向移动。

当 $AgNO_3$ 过量(将 KI 逐滴加入 $AgNO_3$ 溶液中)时,形成的溶胶胶团结构式为

$$[(AgI)_m nAg^+ \cdot (n-x)NO_3^-]^{x+} \ xNO_3^-$$

胶核　胶粒　胶团

胶粒带正电。

有些溶胶在制备过程中没有多余的电解质,但发现仍存在电泳现象,这种溶胶粒子的电荷不是因吸附离子产生的,而是由于胶粒表面层的电离产生的。例如,金属氢氧化物、无机酸、离子型表面活性剂以及纤维等。$Fe(OH)_3$ 就是由于胶粒表面电离而带正电,其胶团结构如下:

$$\{[Fe(OH)_3]_m nFeO^+ \cdot (n-x)Cl^-\}^{x+} \ xCl^-\text{①}$$

(2) 扩散双电层结构和电动电势　根据胶团结构的分析,胶核表面由于吸附或电离而带有部分电荷,其周围又吸引带相反电荷的反离子,胶核与溶液之间

---

① $Fe(OH)_3$ 溶胶通常由 $FeCl_3$ 水解制得,反离子为 Cl^-,而不是 OH^-。

形成如图 7.22 所示的扩散双电层。只有紧密排列在胶核附近的一部分反离子才形成紧密层(图中 AB 界面以左),另一部分则向周围扩散形成扩散层(图中 AB 界面以右)。

胶核运动时,紧密层与扩散层界面上形成一个相对移动的滑移面(AB 面),运动的胶粒与电中性溶液 CD 面之间存在一个电势差,这个电势差在胶粒运动时产生,故称为电动电势,用符号 ζ 表示。带电的胶核表面与电中性溶液 CD 存在的电位差称为热力学电势,用 φ_0 表示。φ_0 值与

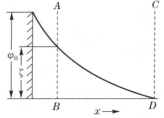

图 7.22 扩散双电层模型

胶粒是否运动无关,但 ζ 电势只有在胶粒与溶液做相对运动时才显示出来。所以,影响胶体稳定性的是 ζ 电势而不是 φ_0 电势,ζ 电势越大,胶体越稳定。

电势与运动速率、电场强度之间有如下关系:

$$\zeta = \left[\frac{K\pi\eta}{DE}\right] \cdot u \tag{7.36}$$

式中,ζ 为电动电势(V),u 为运动速率($m \cdot s^{-1}$),η 为溶胶粘度($kg \cdot m^{-1} \cdot s^{-1}$),$D$ 为介电常数($C \cdot V^{-1} \cdot m^{-1}$),$E$ 为电场强度($V \cdot m^{-1}$),K 为常数,与胶粒形状有关,对棒状粒子为 4,对球形粒子为 6。

例 7.6 293.15 K 电泳法测得 $Fe(OH)_3$ 溶胶在两电极间距离为 0.30 m,电位差为 150 V 时,20 min 内胶粒移动 2.4×10^{-2} m。已知水的介电常数为 $8.89 \times 10^{-9} C \cdot V^{-1} \cdot m^{-1}$,粘度为 $0.001 \ kg \cdot m^{-1} \cdot s^{-1}$。试求 $Fe(OH)_3$ 溶胶的 ζ 电势。

解:$u = \dfrac{2.4 \times 10^{-2} \ m}{20 \times 60 \ s} = 2.0 \times 10^{-5} \ m \cdot s^{-1}$

$E = \dfrac{150 \ V}{0.30 \ m} = 500 \ V \cdot m^{-1}$

假设 $Fe(OH)_3$ 溶胶为棒状粒子,则 $K = 4$。

所以 $\zeta = \left[\dfrac{4 \times 3.14 \times 0.001 \ kg \cdot m^{-1} \cdot s^{-1}}{8.89 \times 10^{-9} \ C \cdot V^{-1} \cdot m^{-1} \times 500 \ V \cdot m^{-1}}\right] \times 2.0 \times 10^{-5} \ m \cdot s^{-1}$

$= 0.0565 \ V$

7.9 溶胶的稳定与聚沉

在实际生产和日常生活中,有时需要形成稳定的胶体,如染色过程中用的染料;有时需要破坏胶体的结构,使分散相聚沉,如明矾净水就是要破坏泥沙形成的溶胶体系。因此,只有了解溶胶稳定的原因,才能选择适当的条件,使胶体稳定或破坏。

7.9.1 溶胶的稳定

1. 溶胶的动力稳定性

胶粒因颗粒较小，布朗运动较强，能够克服重力的影响而不下沉，保持均匀的分散，这种性质称为溶胶的动力稳定性。所以，影响溶胶动力稳定性的主要因素是分散度，分散度越大，胶粒越小，动力稳定性就越大，胶粒越不易下沉。此外，分散介质粘度越大，胶粒与分散介质的密度差越小，溶胶的动力稳定性也越大。

2. 胶体带电的稳定性

由图 7.23 所示可知，当胶团之间的距离如图 7.23(a)所示时，不产生静电斥力；当胶团之间的距离如图 7.23(b)所示时，胶团之间相互接近，扩散层相互重叠，随着重叠区域增大，胶团之间的斥力增大，同时重叠区域对两边胶核的吸引力也增大。当胶粒之间静电斥力大于吸引力时，两个胶粒相撞后又分开，保持溶胶的稳定性；反之，胶粒增大，形成沉降。在这个过程中，电动电势 ζ 的值是溶胶稳定与否的重要原因。

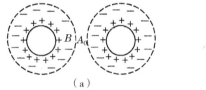
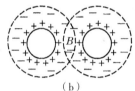

(a)　　　　　　　　　　　(b)

图 7.23　胶体质点相互作用示意图

3. 溶剂化的稳定作用

胶体粒子表面的离子和反离子都是水化(溶剂化)的，从而降低了胶粒的表面能，增强了胶体体系的稳定性。此外，由于双电层中的离子都是水化的，在胶核周围形成的水化层(也称水化膜或水化壳)能阻止胶粒相互靠近。实验证明：当胶粒接近时，水化层被挤压变形，水化层的弹性又力图恢复原来定向排列的能力，形成胶粒接近时的机械阻力，防止了胶体的聚集，增强了胶粒的稳定性。

胶粒带电量的大小和溶剂化层的厚度是影响 ζ 电势的重要因素。ζ 电势值大，说明反离子进入紧密层少而进入扩散层多，这时胶粒带电多，溶剂化层厚，胶粒比较稳定，因而 ζ 电势的大小是衡量胶体稳定性的尺度。

以上三种情况均导致溶胶稳定性的存在，从广义上讲，可以把这三种因素统称为斥力因素，其中尤以胶粒带电产生的斥力因素最为重要。

7.9.2 溶胶的聚沉

憎液溶胶中分散相颗粒互相聚集，颗粒变大，以致最后发生沉降现象，称为聚沉。

如上所述,溶胶能在相当长的时间内保持稳定,是由于胶粒带电和溶剂化层的存在。当$|\zeta|$电势值大于 0.03 V 时,溶胶是稳定的,否则就是不稳定的。当胶体粒子因布朗运动而彼此接近时,由于ζ电势的存在,粒子在静电的斥力作用下相互远离,但当ζ电势小到某一数值时,粒子间的静电斥力降低,溶剂化层变薄,随着斥力因素的下降,胶粒会由小变大。

胶粒越大,扩散越困难,沉降的趋势就越大。当颗粒聚集到足够大并达到粗分散状态时,在重力的作用下,就会从分散介质中沉降下来,发生聚沉。

造成憎液溶胶聚沉的因素很多,其中以外加电解质和溶胶的相互作用更为重要。

1. 电解质的作用

如图 7.24 所示,把电解质加入溶胶后,由于电解质中存在着和扩散层中反离子电性相同的离子,对扩散层中的反离子起排斥和交换作用,造成扩散层中的反离子被挤入紧密层中,使扩散双电层的厚度变薄(从 d 变成 d'、d''),电势下降(从 ζ 变成 ζ'、ζ'');当扩散层中反离子全部进入吸附层后,电势为零,胶粒呈电中性,这种状态称为等电点,处于等电点的溶胶体系凝聚速率最大。如果外加电解质中导电性离子价数很高,或者吸附能力很强,则在吸附层内可能吸附过多的导电性离子,使电势变号,如图 7.24(b)所示。

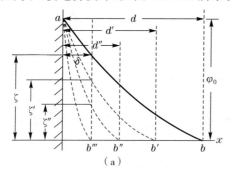
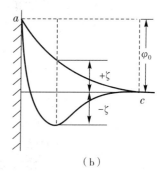

图 7.24 电解质对ζ电势的影响

所有电解质达到一定浓度后,都能使溶胶聚沉。引起溶胶明显聚沉所需电解质的最小浓度称为该电解质的聚沉值,聚沉值越小,该电解质的聚沉能力就越大。

电解质的聚沉值大致上与其异电离子电荷数的六次方呈反比,称为舒尔茨—哈迪(Schulze-Hardy)规则。

对相同电荷数的不同离子,聚沉能力也有所不同,一价正离子的聚沉能力顺序为

$$H^+ > Cs^+ > Rb^+ > NH_4^+ > K^+ > Na^+ > Li^+$$

一价负离子的聚沉能力顺序为

$$F^->Cl^->Br^->NO_3^->I^->SCN^->OH^-$$

这种将价数相同的负离子或正离子按聚沉能力排成的顺序称为感胶离子序。

2. 胶体体系的相互作用

将带有相反电荷的溶胶互相混合，彼此中和对方的电荷，也会发生聚沉。例如，净化饮用水时，常用加入明矾[$KAl(SO_4)_2 \cdot 12H_2O$]的方法，因为水中的悬浮物主要是泥沙等硅酸盐，它们形成带有负电的负溶胶，而明矾在水中水解生成带有正电的正溶胶[$Al(OH)_3$]，两者相互聚沉使水中的泥沙含量大大降低，达到净化的目的。

然而，与电解质聚沉作用的不同之处在于，两种溶胶的用量应恰好使其所带电荷量相等时才会完全聚沉，否则可能会出现不完全聚沉甚至不聚沉的现象。当用不同数量的$Fe(OH)_3$溶胶（正电性）与定量的(0.56 mg)硫化锑溶胶（负电性）作用时，其聚沉作用如表 7.14 所示。

表 7.14 溶胶的相互聚沉作用

所加 $Fe(OH)_3$ 的质量/(mg)	结　果	胶体混合物的电荷
0.8	不聚沉	−
3.2	微呈浑浊	−
4.8	高度浑浊	−
6.1	完全浑浊	0
8.0	局部浑浊	+
12.8	微呈浑浊	+
20.8	不聚沉	+

3. 高分子化合物对溶胶的作用

在溶胶中加入少量高分子化合物，可以使水中的胶体粒子或悬浮物迅速聚集成絮状并沉降下来，这种作用称为絮凝。这类高分子化合物称为絮凝剂，聚丙烯酰胺是常见的絮凝剂。

高分子絮凝剂的作用是同时吸附很多的胶体粒子，使之成为较大的聚集体而下沉，如图 7.25(a)所示。

然而，当加入大量高分子化合物时，由于高分子化合物的亲水性，它们可能会被胶粒所吸附，包围住胶粒，形成一层高分子保护膜，阻止粒子的聚集，增强了溶胶的稳定性,这时高分子化合物起到保护作用,如图 7.25(b)所示。

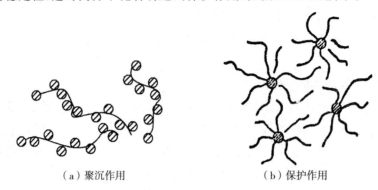

(a)聚沉作用　　　　　　　　(b)保护作用

图 7.25　高分子化合物对溶胶聚沉和保护作用示意图

7.10　乳状液

乳状液是一种常见的粗分散体系,它是由两种互不相溶的液体组成,其中一种液体以小液滴的形式均匀分布在另一种液体中,分散相粒子半径在 $10^{-7} \sim 10^{-5}$ m 的范围之内。

7.10.1　乳状液的分类与鉴别

1. 乳状液的分类

乳状液通常由水和有机液体(常称为"油")组成,水用 W 表示,油用 O 表示。按分散相是油或者是水,可将乳状液分为两类:一类是以油为分散相,水为分散介质,称为水包油型,用符号 O/W 表示,牛奶、乳化农药属于这种类型;另一类是以水为分散相,油为分散介质,称为油包水型,用符号 W/O 表示,油田开采出的原油属于这种类型。

两类乳状液在外观上并无多大区别,但表现出的性质各不相同。O/W 型乳状液的外相是水,通常显示出水溶液的性质;W/O 型乳状液的外相是油,通常显示出油类物质的性质。

水与油混合后究竟形成 O/W 型还是 W/O 型,除了与水、油数量之比有关外,还取决于乳化剂的类型和性质。

2. 乳状液的鉴别

鉴别乳状液的类型,通常有三种方法:电导法、染色法和稀释法。

电导法是基于水可以导电而油的导电能力极弱,将要鉴别的乳状液置于电导仪中测量电导,根据电导率的数量级即可判断其类型。

染色法是利用有机染料溶于油而不溶于水的特性,将有机染料加入需鉴别的乳状液,搅拌后观察内、外相颜色来确定乳状液类型。例如,将红色苏丹染料少许加入乳状液中剧烈振荡,然后取出一小滴置于显微镜下观察,如果是无色液滴分散在背景为红色的连续介质之中,即为 W/O 型;若无色背景下有红色液滴,则为 O/W 型。

稀释法也称液滴混合法。取两滴乳状液置于玻璃板上,分别滴加水和油,若乳状液能和水混溶,即为 O/W 型;反之,即为 W/O 型。

7.10.2 乳状液的形成与破坏

1. 乳状液的形成

两种互不相溶的液体经振荡后形成的分散体系的表面吉布斯函数很高,是热力学不稳定体系,因此,要形成稳定的乳状液,必须设法降低混合体系的吉布斯函数。常用的方法是加入乳化剂(表面活性剂)。乳化剂分子的一端亲水,另一端亲油。在乳状液中,乳化剂分子在水、油两相的界面定向排列,如图 7.26 所示。极性基团指向水,非极性基团指向油,从而降低界面张力,增强乳状液的稳定性。另外,乳化剂分子紧密地定向排列在油-水界面上,形成一层保护膜,阻止了液滴的自动聚集,使乳状液趋于稳定。

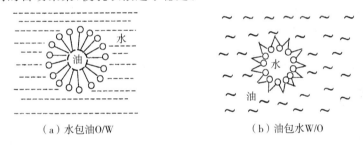

(a) 水包油 O/W   (b) 油包水 W/O

图 7.26 乳状液示意图

除了乳化剂之外,固体粉末也能使乳状液起到稳定作用。如图 7.27 所示,易被水润湿的固体粉末有利于形成 O/W 型乳状液,易被油润湿的固体粉末有利于形成 W/O 型乳状液。

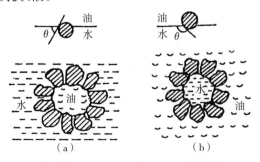

图 7.27 固体粉末乳化剂的乳状液

2. 乳状液的转化和破坏

生产中有时需要稳定的乳状液,有时则希望破坏乳状液,使分散相分离出来。例如,原油脱水、橡胶汁凝聚等。破坏乳状液的方法有物理机械法、物理化学法等。

物理机械法是利用油相和水相在密度、极性、粘度等物理性质的差异,通常使用离心分离、高压破乳、加热破乳等方法来破坏界面保护膜,使油、水两相分离。

物理化学法是利用不同类型的乳化剂取代原有乳化剂,或者加入电解质破坏扩散双电层等方法破坏原有稳定的界面保护膜,达到油、水两相分离的目的。

思 考 题

1. 将毛笔浸入水中,能散开,但取出水面后,毛笔就会粘到一起,试给以解释。

2. 在右图中,用活塞连接两个玻璃管口,各吹一个肥皂泡,且 A 大于 B。若旋转活塞使 A、B 内气体连通,则肥皂泡会发生怎样的变化?

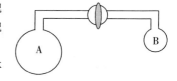

3. 分散度很高的细小晶体颗粒,其熔点较普通晶体的熔点是高些、低些还是一样高?

4. 晴朗的天空为什么显蓝色?落日为什么呈火红色?

5. 对于以等体积的 8 mol·m^{-3} AgNO$_3$ 溶液和 10 mol·m^{-3} KI 溶液混合制得的 AgI 溶胶,用下列电解质使之聚沉,其聚沉能力强弱顺序如何?

(1)MgCl$_2$ (2)NaCl (3)AlCl$_3$ (4)Mg(NO$_3$)$_2$ (5)NaNO$_3$

6. 如何理解溶胶是动力学上稳定的而热力学上是不稳定的系统,且有聚沉作用?

7. 试解释:(1)江河入海处,为什么常形成三角洲?(2)使用不同的墨水,为什么有时会使钢笔堵塞写不出字来?

习 题

1. 1 g 汞分散成直径为 0.07 μm 的汞溶胶。试求其分散成的胶体粒子数,总表面积和比表面积。已知汞的密度为 13.6×10^3 kg·m^{-3}。

2. 25℃时将体积为 1 cm^3 液体水分散成半径为 1 μm 的小水滴。求过程的 ΔG。已知 25℃时,水的表面张力为 71.97×10^{-3} N·m^{-1}。

3. 20℃时,水－苯,苯－汞,水－汞的界面张力分别为 35×10^{-3} N·m^{-1},357×10^{-3} N·m^{-1},375×10^{-3} N·m^{-1}。今在苯－汞界面上滴入一小水滴,求水的接触角,并判断水能否润湿汞。

4. 25℃时,101.325 kPa 下将直径为 1 μm 的毛细管插入水中,试问需加多大压力能阻止水面上升?已知 25℃时水的表面张力 σ=71.97×10^{-3} N·m^{-1}。

5. 20℃时,水的表面张力 $\sigma = 72.75 \times 10^{-3}$ N·m^{-1},水的饱和蒸气压 $p = 2.338$ kPa,水的密度 $\rho = 998.3$ kg·m^{-3},求 20℃时,液滴半径 $r = 10^{-8}$ m 的小水滴的饱和蒸气压。

6. 25℃时,用血浆吸附醋酸水溶液中的醋酸,吸附平衡数据如下表:

$c/(\text{mol} \cdot \text{dm}^{-3})$	0.018	0.031	0.062	0.126	0.268	0.471	0.882
$\Gamma/(\text{mol} \cdot \text{kg}^{-1})$	0.470	0.536	0.799	1.107	1.549	2.031	2.481

试用弗罗因德利希经验公式作出 $\ln\Gamma - \ln c$ 图,求 k 及 n。

7. CO 在 90 K 时被云母吸附的数据如下:

p/Pa	0.755	1.400	6.040	7.266	10.56	14.12
$\Gamma/(10^{-8} \text{ m}^3 \cdot \text{kg}^{-1})$	10.5	13.0	16.3	16.8	17.8	18.3

(1) 试由兰格缪尔吸附等温式用图解法求 Γ_∞ 及 b 值;

(2) 计算被饱和吸附时 CO 的总分子数;

(3) 假定云母的总表面积为 0.624 m^2,计算饱和吸附时吸附剂表面上每平方米上被吸附的 CO 的分子数,此时每个被吸附分子占多少表面积?

8. 由电脉实验测得 Sb$_2$S$_3$ 溶胶在两极间距 38.5 cm,电压为 210 V,通过电流时间为 36 min 12 s 时,胶粒向正极方向移动了 3.20 cm,已知溶胶分散介质的相对介电常数 $\varepsilon = 81.1$,粘度系数 $\eta = 1.03 \times 10^{-3}$ Pa·S,求 Sb$_2$S$_3$ 溶胶的电势 ζ。

9. 在沸水中滴加溶液,由 FeCl$_3$ 水解制成 Fe(OH)$_3$ 溶胶,其反应如下:

$$\text{FeCl}_3 + 3\text{H}_2\text{O} = \text{Fe(OH)}_3 + 3\text{HCl}$$
$$\text{Fe(OH)}_3 + \text{HCl} = \text{FeOCl} + 2\text{H}_2\text{O}$$

FeOCl 为稳定剂。试写出胶团结构式,注明各部位的名称,并绘制胶团结构式,判断在电场作用下胶粒的移动方向。

10. 对于混合等体积的 80 mol·m^{-3} KBr 溶液和 100 mol·m^{-3} AgNO$_3$ 溶液制得的溶胶,试判断下列哪种电解质的聚沉能力最强,并说明理由。

(1) CaCl$_2$ (2) Na$_2$SO$_4$ (3) MgSO$_4$

11. 某固体球形粒子在油(O)水(W)界面中如附图所示的形状(如下图所示),则此种微粒有利于形成 W/O 型还是 O/W 型乳状液?说明理由。

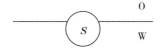

自 测 题

一、选择题

1. 液体的比表面吉布斯函数定义为定温、定压及定组成的条件下(　　)。
   (a) 单位表面积的表面层分子所具有的吉布斯函数
   (b) 增加单位表面积,表面层分子所具有的吉布斯函数
   (c) 增加单位表面积,系统所增加的吉布斯函数
   (d) 比表面积表面层上分子所具有的吉布斯函数

2. 往固体表面上加一滴液体,形成气、液、固三相之间的接触,其表(界)面张力分别是 γ_{g-l},γ_{g-s},γ_{s-l},若液滴在固体表面上不润湿,则三者界面张力的关系为(　　)。
   (a) $\gamma_{g-s} > \gamma_{s-l}$　　(b) $\gamma_{g-s} < \gamma_{s-l}$　　(c) $\gamma_{g-s} = \gamma_{s-l}$　　(d) $\gamma_{g-l} = \gamma_{s-l}$

3. 讨论固体对气体等温吸附的兰格缪尔理论中,其最重要的基本假设为(　　)。
   (a) 气体处在低压下
   (b) 固体表面的不均匀性
   (c) 吸附是单分子层的
   (d) 吸附是多分子层的

4. 若胶体为胶核吸附带电,则胶粒带电多少决定于紧密层中(　　)。
   (a) 被吸附离子电荷数的多少
   (b) 过剩反离子电荷数的多少
   (c) 被吸附离子电荷数与过剩反离子电荷数之差的大小
   (d) 反离子电荷数的多少

5. 溶胶的基本特性之一是(　　)。
   (a) 热力学上和动力学上皆属稳定的系统
   (b) 热力学上和动力学上皆属不稳定的系统
   (c) 热力学上稳定而动力学上属不稳定的系统
   (d) 热力学上不稳定而动力学上属稳定的系统

二、填空题

1. 液体表面张力随温度升高而____,在临界温度时表面的张力为____。

2. 有两个水滴,表面张力为 σ,其半径分别为 r_1,r_2,已知 $r_1 > r_2$,则附加压力 Δp_1 ____ Δp_2。

3. 表面活性物质溶于水时,溶液的表面张力显著_____,溶液表面为_____吸附。

4. 在 $AlCl_3$ 溶液中加入适量的氨水溶液时,可以形成 $Al(OH)_3$ 溶胶,如果 $AlCl_3$ 是恰当过量的(用作稳定剂),则 $Al(OH)_3$ 溶胶的胶团结构式为_____,若加入电解质 KCl, K_2CrO_4 及 $K_3[Fe(CN)_6]$ 溶液,则各电解质的聚沉能力的顺序为_____。

三、计算题

1. 某一温度下,铜粉对 H_2 的吸附是单分子层吸附,符合兰格缪尔吸附等温方程

$$\Gamma = \frac{0.00136 \text{ m}^3 \cdot \text{kg}^{-1} \times p/p^{\ominus}}{0.5 + p/p^{\ominus}}$$

式中,Γ 为吸附量,p 和 $p^{\ominus}$ 分别为 H_2 的平衡压力和标准压力,计算 1 kg 铜的饱和吸附量和吸附平衡常数。

2. 用一机械装置可以从一稀肥皂溶液上刮下极薄的一层液体来。若在 25℃ 刮了 300 cm² 表面积,得到 2 cm³ 溶液(水重 2 g),其中肥皂含量为 4.013×10^{-5} mol,而溶液相内部 2 cm³ 中含肥皂 4.00×10^{-5} mol。试根据吉布斯吸附等温方程和 $\gamma = \gamma_0 - bc$,计算溶液的表面张力。(已知 $\gamma_0 = 72 \times 10^{-3}$ N·m⁻¹)

8 化学动力学

绪论已对化学动力学作了简要介绍。化学反应有两个方面的基本问题：一是反应进行的方向和限度，二是反应的速率和机理。当用热力学方法确定了一个化学反应在指定的条件下有可能进行，且算得其最大产率能满足工业生产要求时，这只解决了第一个问题。要使反应实现工业化生产，必须研究反应的速率。然而化学热力学只涉及过程的始态和末态，不涉及反应机理，对此无法加以回答。例如以下两个反应：

$$H_2(g) + \frac{1}{2}O_2(g) = H_2O \qquad \Delta_r G_m^{\ominus} = -237.19 \text{ kJ} \cdot \text{mol}^{-1}$$

$$2NO_2(g) = N_2O_4(g) \qquad \Delta_r G_m^{\ominus} = -5.39 \text{ kJ} \cdot \text{mol}^{-1}$$

从化学热力学角度来看，这两个反应在标准条件下都能自发进行，且第一个反应比第二个反应进行的趋势要大得多。但实际情况恰恰相反，在通常条件下，后者以明显的速率进行，而前者在相当长的时间内几乎观察不到 H_2O 的生成。这是因为在通常条件下，这个反应的速率太小了，以致在有限的时间内，它几乎是不可能进行的。

化学动力学的基本任务之一是要研究化学反应速率，研究浓度、温度、催化剂等各种因素对反应速率的影响，从而给人们提供选择反应的条件，加速人们需要的反应而抑制其他反应；另一个基本任务是研究反应的机理，即研究反应物按什么途径、经过哪些步骤转变为产物，找出决定反应速率的关键步骤，揭示反应过程的本质，使人们能更自觉地去控制和调节化学反应速率。

对于化学反应的研究，动力学和热力学是相辅相成的。例如，某未知的化学反应，经热力学计算认为是可能的，但具体进行时速率很小，工业生产无法实现，则可通过动力学研究，加快其反应速率，缩短达到或接近平衡的时间。若热力学研究表明是不可能发生的反应，则没有必要浪费人力、物力去研究它了。

化学动力学的发展远比热力学迟，又因为动力学研究与变化的途径及变化所经历的时间有关，比较复杂，所以理论上没有热力学那样完整。但是，动力学研究的问题与实际问题息息相关，因此，目前化学领域中一些新的研究成果大都与化学动力学有关。化学动力学是当前化学领域中研究最为活跃的领域之一。

8.1 化学反应速率

8.1.1 反应速率的定义及表示方法

对于化学反应 $0 = \sum_B \nu_B B$ 来说,反应速率 $\dot{\xi}$ 被定义为

$$\dot{\xi} = \frac{d\xi}{dt} \tag{8.1}$$

式中,t 代表反应时间,ξ 是反应进度,因此,反应速率即为反应进度随时间的变化率。根据反应进度的定义(2.44b),式(8.1)又可写成

$$\dot{\xi} = \frac{1}{\nu_B} \cdot \frac{dn_B}{dt} \tag{8.2}$$

对反应物来说,ν_B, dn_B 均为负值,对产物来说,ν_B, dn_B 均为正值,因此 $\dot{\xi}$ 永远是正值,其单位是 $mol \cdot s^{-1}$。

如果在反应过程中,系统的体积保持不变(例如在刚性的密闭容器中进行的反应或在稀溶液中溶质之间的反应),则反应速率也可定义为

$$v = \frac{1}{V} \cdot \frac{d\xi}{dt} \tag{8.3}$$

式中,V 为反应系统的体积。将式(8.2)代入上式,即可得到

$$v = \frac{1}{\nu_B} \cdot \frac{1}{V} \cdot \frac{dn_B}{dt} = \frac{1}{\nu_B} \cdot \frac{dc_B}{dt} \tag{8.4}$$

式中,c_B 为物质 B 的浓度。v 和 $\dot{\xi}$ 一样,也永远是正值。v 的量纲是浓度 · 时间$^{-1}$。

以反应 $3H_2(g) + N_2(g) = 2NH_3(g)$ 为例,其反应速率可写作

$$\dot{\xi} = \frac{1}{-3} \cdot \frac{dn(H_2)}{dt} = \frac{1}{-1} \cdot \frac{dn(N_2)}{dt} = \frac{1}{2} \cdot \frac{dn(NH_3)}{dt}$$

或

$$v = \frac{1}{-3} \cdot \frac{dc(H_2)}{dt} = \frac{1}{-1} \cdot \frac{dc(N_2)}{dt} = \frac{1}{2} \cdot \frac{dc(NH_3)}{dt}$$

在此反应中,每消耗掉 3 分子 H_2,则同时反应掉 1 分子 N_2,生成 2 分子 NH_3,因此在反应的每一瞬间,三种物质的物质的量及浓度随时间的变化率是不同的,即

$$-\frac{dn(H_2)}{dt} : -\frac{dn(N_2)}{dt} : \frac{dn(NH_3)}{dt} = 3:1:2$$

或

$$-\frac{dc(H_2)}{dt} : -\frac{dc(N_2)}{dt} : \frac{dc(NH_3)}{dt} = 3:1:2$$

然而,若将上述各物质的物质的量(或浓度)随时间的变化率除以该物质的化学计量数,即 $\frac{1}{\nu_B} \cdot \frac{dn_B}{dt}$ 或 $\frac{1}{\nu_B} \cdot \frac{dc_B}{dt}$,其结果显然是相同的。因此,对一个指定的反应计量方程式来说,当反应条件一定时,在反应的某一瞬间,反应速率 ξ 和 v 有唯一确定的值。

在化学动力学中,为了研究方便,经常采用某指定反应物 A 的消耗速率,或用某指定产物 Z 的生成速率来表示反应进行的速率。

A 的消耗速率 $\qquad v_A = -\frac{1}{V} \cdot \frac{dn_A}{dt}$ \hfill (8.5)

Z 的生成速率 $\qquad v_Z = \frac{1}{V} \cdot \frac{dn_Z}{dt}$ \hfill (8.6)

恒容下,上两式可化为

A 的消耗速率 $\qquad v_A = -\frac{dc_A}{dt}$ \hfill (8.7)

Z 的生成速率 $\qquad v_Z = \frac{dc_Z}{dt}$ \hfill (8.8)

反应物不断消耗,$\frac{dn_A}{dt}$ 或 $\frac{dc_A}{dt}$ 为负值,为保持速率为正值,故前面加负号。

反应速率 ξ 与物质 B 的选择无关,反应物的消耗速率或产物的生成速率均随物质 B 的选择而异,故需指明所选择的物质 A 或 Z,并用下标注明,如 v_A 或 v_Z。不同物质的消耗速率或生成速率与各自的化学计量数成正比。例如,反应

$$N_2 + 3H_2 = 2NH_3$$

$$v = \frac{1}{-1} \cdot \frac{dc(N_2)}{dt} = \frac{1}{-3} \cdot \frac{dc(H_2)}{dt} = \frac{1}{2} \cdot \frac{dc(NH_3)}{dt}$$

即

$$\frac{v(N_2)}{-1} = \frac{v(H_2)}{-3} = \frac{v(NH_3)}{2}$$

在后续的内容中,为了研究的方便,均以 v_A 表示反应速率。

8.1.2 反应速率的实验测定

根据 v 的定义,欲测定某反应在某时刻的反应速率,则必须测定反应物(或产物)在不同时刻的浓度,然后绘制如图 8.1 所示的浓度随时间的变化曲线。从曲线上找出某时刻 t 时的斜率 $\frac{dc_A}{dt}$ 的值,再代入式(8.4)即可求得该时刻的反应

速率 v。一般来说,当反应开始后,反应物浓度不断减小,产物的浓度不断增大,而且在大多数反应中,反应物(或产物)的浓度随时间的变化不是线性关系,因此在反应进行中各时刻的反应速率是不同的。

测定反应物(或产物)的浓度一般有物理方法和化学方法。化学方法是在反应的某一时刻取出一部分物质,并用骤冷、冲淡等方法使这部分物质之间的反应迅速停止,然后用化学分析或仪器分析的方法测出各物质的浓度。化学方法可直接得到浓度的准确数值,但操作较繁。物理方法则是在反应过程中连续测某些与物质浓度有关的物理量(如压力、体积、折射率、电导率、光谱等)的变化,然后根据事先理论导

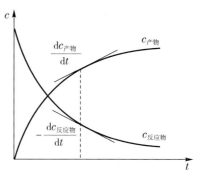

图 8.1 反应物或生成物的浓度变化曲线

出或实验测出的这些物理量与浓度的关系(最好是线性关系),求出物质浓度的变化,从而绘制出 $c-t$ 曲线。物理方法不需要干扰反应的进行,可以自动进行测量和记录,因而在动力学研究中得到了广泛应用。此外,对于反应速率较快的反应,常采用流动法测量浓度的变化,即反应物自管式反应器的一端流入,而产物自另一端流出,用物理方法测定在管子不同位置的物质浓度,即可绘制出 $c-t$ 曲线。这种方法在工业上被采用。由于反应速率往往受温度影响较大,因此无论用上述何种方法测定反应速率,在测定过程中均须保持反应系统温度的恒定。

8.2 化学反应的速率方程

表示反应速率和浓度等参数间的关系,或表示浓度等参数与时间关系的方程式,是化学反应的速率方程式,简称速率方程,或称动力学方程。

8.2.1 基元反应和非基元反应

从微观上看,在化学反应过程中,反应物分子一般总是经过若干个简单的反应步骤,才最后转化为产物分子的。每一个简单的反应步骤,就是一个基元反应(或基元过程)。例如,氢与碘的气相反应,曾一直被认为是氢分子与碘分子经碰撞直接就转化为碘化氢分子,也就是人们一直认为

$$H_2 + I_2 = 2HI$$

是一个基元反应,经研究,现已否定了上述传统的看法,而认为该反应是由下列几个简单的反应步骤组成:

(1) $I_2 + M \rightleftharpoons I\cdot + I\cdot + M$

(2) $H_2 + I\cdot + I\cdot \rightarrow HI + HI$

(3) $I\cdot + I\cdot + M \rightarrow I_2 + M$

式中,M 代表气体中存在的 H_2 和 I_2 等分子,$I\cdot$ 代表自由原子碘,$I\cdot$ 旁边的"·"表示未配对的价电子。在上面(1)中表示 I_2 分子与动能足够高的 M 分子相碰撞,生成 2 个 $I\cdot$ 自由原子和 1 个能量较小的 M 分子;因为自由原子 $I\cdot$ 很活泼,所以如式(2)所示,它能与 H_2 分子进行三体碰撞生成 2 个 HI 分子;这两个 $I\cdot$ 也可能如式(3)所示与能量甚低的 M 分子相碰撞,将过剩的能量传递给 M 后,自己变成稳定的 I_2 分子。上述每一个简单的反应步骤都是一个基元反应,而总的反应为非基元反应。

基元反应是组成一切化学反应的基本单元。所谓"反应机理"(或反应历程),一般是指该反应是由哪些基元反应组成的。例如上述三个基元反应就构成了 H_2 分子与 I_2 分子生成 HI 反应的反应机理。

除非特别注明,化学反应方程一般都属于化学计量方程,而不代表基元反应。例如

$$N_2 + 3H_2 \rightarrow 2NH_3$$

就是计量方程,它只说明参加反应的各个组分,N_2、H_2 和 NH_3 在反应过程中,它们数量的变化符合方程式系数间的比例关系,即 1:3:2,并不能说明 1 个 N_2 分子与 3 个 H_2 分子相碰撞直接就生成 2 个 NH_3 分子。所以它不是基元反应。

基元反应若按反应物分子数划分可分为三类:单分子反应,双分子反应和三分子反应。4 个分子同时碰撞在一起的机会极少,所以还没有发现大于 3 个分子的基元反应。

8.2.2 基元反应的速率方程——质量作用定律

经过碰撞而活化的单分子分解反应或异构化反应为单分子反应,如

$$A \rightarrow B + \cdots$$

因为是一个个的活化分子独自进行的反应,所以这种分子在单位体积内的数目越多(即浓度越大),则单位体积内、单位时间起反应的数量就越多,即反应速率与反应物的浓度成正比,即

$$-\frac{dc_A}{dt} = kc_A \tag{8.9}$$

双分子反应可分为异类分子与同类分子间的反应:

(1) $A + B \rightarrow C$

(2) $A + A \rightarrow C$

两个分子之间要发生反应,则必须碰撞,否则彼此远离是不能反应的,所以反应速率应与单位体积、单位时间的碰撞数成正比。按分子运动论,单位体积、

单位时间内的碰撞数与浓度乘积成正比,因此,反应速率与浓度乘积成正比。

对反应(1)　　　　　$-\dfrac{dc_A}{dt}=kc_Ac_B$　　　　　(8.10)

对反应(2)　　　　　$-\dfrac{dc_A}{dt}=kc_A^2$　　　　　(8.11)

彼此类推,对于基元反应

$$aA+bB+\cdots \to lL+mM+\cdots$$

其速率方程为

$$-\dfrac{dc_A}{dt}=kc_A^a c_B^b\cdots \quad (8.12)$$

也就是说,基元反应的速率与各反应物浓度乘积成正比,其中各浓度的方次为反应方程中各组分的系数。这就是质量作用定律,它只适用于基元反应。对于非基元反应,只有分解为若干个基元反应时,才能逐个运用质量作用定律。

8.2.3 速率方程的一般形式

不论机理是否知道,研究化学动力学问题总要由实验测定得出速率方程。这不仅是为了证实机理,也是研究反应速率方程的规律、寻找反应的适宜条件所必需的。由实验数据得出的经验速率方程一般也可写成与式(8.12)相类似的幂乘积形式

$$v_A=-\dfrac{dc_A}{dt}=kc_A^{\alpha}c_B^{\beta}\cdots \quad (8.13)$$

式中,各浓度的方次 α 和 β 分别称为反应组分 A 和 B 等的级数。反应的总级数 n 为各组分级数的代数和

$$n=\alpha+\beta+\cdots$$

反应级数的大小表示浓度对反应速率影响的程度,级数越大,则速率受浓度的影响越强烈。如式(8.12),基元反应的速率只与反应物浓度有关,但对于某些非基元反应,其速率方程中有时也可能出现产物的浓度。

速率方程中的比例常数 k,称为反应速率常数或反应比速。温度一定,速率常数为一定值,与浓度无关。由式(8.13)可以看出,速率常数代表各有关浓度均为 1 时的反应速率,它是反应本身的属性。同一温度下,比较几个反应的 k,可以粗略知道它们反应能力的大小,k 越大,则反应越快。

应该注意,用不同反应组分的浓度变化率所表示的反应速率,其数值与相应的计量系数成正比例。因此,速率常数也必与相对应的计量系数成比例。例如,对于基元反应

$$2A+B \to 3D$$

其反应速率可分别用反应组分 A、B 和 D 的浓度变化来表示。若为基元反

应,则按质量作用定律

$$-\frac{dc_A}{dt} = k_A c_A^2 c_B$$

$$-\frac{dc_B}{dt} = k_B c_A^2 c_B$$

$$\frac{dc_D}{dt} = k_D c_A^2 c_B$$

因为

$$-\frac{1}{2}\frac{dc_A}{dt} = -\frac{dc_B}{dt} = \frac{1}{3}\frac{dc_D}{dt}$$

所以

$$\frac{k_A}{2} = k_B = \frac{k_D}{3}$$

8.2.4 反应级数

如果一个反应(包括基元反应和非基元反应)的速率方程式能够写成式(8.13)的形式,则指数 α、β ··· 分别称为反应对物质 A、B 的分级数,所有分级数之和称为反应的总级数,简称级数,用 n 表示,即

$$n = \alpha + \beta + \cdots$$

基元反应的级数就是反应的分子数,而且基元反应的级数必定是正整数,非基元反应的级数同基元反应相比要复杂得多,它可以是整数,也可以不是整数,如乙醛气相分解反应的级数在一定条件下可以是 3/2 级,还有一些反应就更为复杂了,例如

$$H_2(g) + Br_2(g) = 2HBr(g)$$

实验证明,其速率方程为

$$v = \frac{kc(H_2)c(Br_2)^{1/2}}{1 + \dfrac{k'}{c(HBr)/c(Br_2)}}$$

这样,就没法说它是几级反应了,而且由上式还可以看出,这时反应产物的浓度也能影响反应速率。

8.3 速率方程的积分形式

式(8.13)给出了具有明确级数的反应的速率方程式的一般形式。此式中,$v_A = -\dfrac{dc_A}{dt}$ 也称为速率的微分形式,这种形式的方程便于进行理论分析,也能明显地表示出浓度对反应速率的影响。但在实际生产中,往往要了解在反应过程

中反应物或产物的浓度随时间的变化情况,或者了解反应物达到一定的转化率所需的反应时间,这就需要将式(8.13)积分,得到反应物(或产物)的浓度与时间的函数关系式 $c_B=f(t)$,这样的关系式称为速率方程式的积分形式。

按式(8.7),反应物 A 的消耗速率

$$v_A = -\frac{dc_A}{dt}$$

移项得

$$dt = -\frac{dc_A}{v_A}$$

由 $t=0$ 时,$c_A=c_{A0}$,积分到 t 时的 c_A,得

$$t = \int_0^t dt = \int_{c_{A0}}^{c_A} -\frac{dc_A}{v_A} \tag{8.14}$$

将式(8.13)代入上式积分时,不同的级数可得出不同的结果。下面对各简单级数进行积分,并分别讨论它们的动力学特征。

8.3.1 零级反应

若某一反应的速率与反应物浓度的零次方成正比,叫作零级反应,即

$$v_A = -\frac{dc_A}{dt} = kc_A^0 = k \tag{8.15}$$

所以零级反应实际是反应速率与反应物浓度无关的反应,也就是说,不管反应物的浓度为多少,单位时间内发生反应的数量总是那么多。一些光化学反应只与光的强度有关,光的强度保持恒定则为等速反应,反应速率并不随反应物的浓度变小而有所变化,所以它是零级反应。

由式(8.15)可以看出,零级反应的速率常数 k 的物理意义很简单,即单位时间、单位体积内有多少物质起了反应,或者单位时间浓度改变多少,它的量纲与 v_A 相同,即[浓度]·[时间]$^{-1}$。

将式(8.15)代入式(8.14)积分,得

$$t = \int_{c_{A0}}^{c_A} -\frac{dc_A}{k} = \frac{c_{A0} - c_A}{k} \tag{8.16}$$

这就是零级反应速率方程的积分式,它表示 c_A 随时间变化的函数关系。由式(8.16)很容易看出,始末浓度 c_{A0},c_A 和反应时间 t 的关系为

$$c_A = c_{A0} - kt$$

所以,c_A 对 t 作图得一直线,这也是零级反应的一个特征。

8.3.2 一级反应

某反应的速率与反应物浓度的一次方成正比,叫作一级反应,即

$$v_A = kc_A \tag{8.17}$$

按质量作用定律,单分子基元反应为一级反应,如放射性元素的蜕变(如镭的蜕变)反应,某些化合物的分解反应,分子重排的异构化反应等,均为一级反应。

式(8.17)可写作

$$-\frac{\mathrm{d}c_A}{\mathrm{d}t} = kc_A$$

或

$$-\frac{\mathrm{d}c_A/c_A}{\mathrm{d}t} = k$$

式中,$\frac{\mathrm{d}c_A}{c_A}$ 为 $\mathrm{d}t$ 时间内反应掉的份数,两者之比表示单位时间反应掉的份数。由上式可以看出,不论 c_A 为多少,单位时间内反应掉的份数总等于 k,这是一级反应的特征,也是一级反应中 k 的物理意义。反应掉的份数为无量纲项,所以 k 的量纲是[时间]$^{-1}$,这是一级反应的另一特征。

将式(8.17)代入式(8.14)积分,得

$$t = \int_{c_{A0}}^{c_A} -\frac{\mathrm{d}c_A}{kc_A} = \frac{1}{k}\ln\frac{c_{A0}}{c_A} \tag{8.18}$$

此式为一级反应速率方程的积分形式,它表示一级反应的 $c-t$ 关系。由此式很容易根据始、末浓度 c_{A0}、c_A 计算出时间 t,或由原始浓度 c_{A0} 和反应时间 t 计算出 c_A。

式(8.18)可转化为

$$\ln c_A = -kt + \ln c_{A0} \tag{8.19}$$

所以,$\ln c_A$ 对 t 作图得一直线,如图 8.2 所示。这是一级反应的第三个特征。

若直线斜率为 m,则

$$m = -k$$

这样,利用若干个 c_A,t 数据,通过作图法可求得反应速率常数 k,比只用一对数据更为可靠。

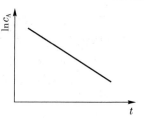

图 8.2 一级反应的直线关系

若组分 A 的转化率为 x_A,则 x_A 的定义为

$$x_A = \frac{c_{A0} - c_A}{c_{A0}} \tag{8.20}$$

或

$$c_A = c_{A0}(1 - x_A) \tag{8.21}$$

将上式代入式(8.18),得

$$t = \frac{1}{k}\ln\frac{1}{1 - x_A} \tag{8.22}$$

所以,对于一级反应,达到一定转化率 x_A 所需要的时间与初始浓度 c_{A0} 无关。转化率达到 $\frac{1}{2}$ 所需要的时间称为半衰期,以 $t_{1/2}$ 表示。将 $x_A = \frac{1}{2}$ 代入上式,则得

$$t_{1/2} = \frac{\ln 2}{k} = \frac{0.693}{k} \tag{8.23}$$

所以,半衰期与初始浓度 c_{A0} 无关,这是一级反应的第四个特征。上述每一个特征都可以用来鉴别某反应是否为一级反应。

例 8.1 实验已确定在催化剂作用下,以汽油为溶剂,丁二烯的液相聚合为一级反应。测得该反应在 323 K 时的速率常数 k 为 $3.30 \times 10^{-2} \text{min}^{-1}$,求丁二烯的转化率达到 80% 时,需要多少时间?

解:反应为一级反应,根据式(8.22)有

$$t = -\frac{1}{k}\ln(1-x_A) = -\frac{1}{3.30 \times 10^{-2} \text{min}^{-1}}\ln(1-0.8)$$
$$= 48.78 \text{ min}$$

例 8.2 C^{14} 放射性蜕变的 $t_{1/2} = 5731$ 年(y)。今在一古书样品中测得 C^{14} 含量为原来 C^{14} 同位素在碳中含量的 72%,则样品距今多少年?

解:根据

$$t_{1/2} = \frac{0.693}{k}$$

得

$$k = \frac{0.693}{5731 \text{ y}} = 1.2 \times 10^{-4} \text{ y}^{-1}$$

根据式(8.18)有

$$t = \frac{1}{k}\ln\frac{c_{A0}}{c_A} = \frac{1}{1.2 \times 10^{-4} \text{ y}^{-1}}\ln\frac{1}{0.72}$$
$$= 2737.5 \text{ y}$$

8.3.3 二级反应

某反应的速率与浓度的二次方成正比,叫作二级反应。二级反应是最常见的反应,如甲醛的热分解反应,乙烯、丙烯和异丁烯的二聚合作用,乙酸乙酯的皂化反应等,均为二级反应。

如果反应物只有一种,例如反应

$$aA \rightarrow D + \cdots$$

速率方程为

$$-\frac{dc_A}{dt} = kc_A^2 \tag{8.24}$$

如果反应物有两种，例如
$$aA + bB \rightarrow D + \cdots$$
其速率方程为
$$-\frac{dc_A}{dt} = k c_A c_B \tag{8.25}$$

这些都叫作二级反应。对于后一种反应，若 A 和 B 的初始浓度与计量系数 a 和 b 成比例，即
$$\frac{c_{A0}}{c_{B0}} = \frac{a}{b}$$

将此式代入式(8.25)，则
$$-\frac{dc_A}{dt} = k' c_A \left(\frac{b}{a}\right) c_A = k c_A^2 \tag{8.26}$$

所以，若两个初始浓度正比于各自的计量数，则式(8.25)可简化为式(8.24)。

将式(8.24)代入式(8.14)并积分，得
$$t = \int_{c_{A0}}^{c_A} -\frac{dc_A}{k c_A^2} = \frac{1}{k}\left(\frac{1}{c_A} - \frac{1}{c_{A0}}\right) \tag{8.27}$$

或
$$\frac{1}{c_A} = kt + \frac{1}{c_{A0}} \tag{8.28}$$

这就是二级反应速率方程的积分形式，它表示二级反应的 $c_A - t$ 关系。若某反应为二级反应，用式(8.27)可以算出达到一定浓度或转化率所需的时间，或者由原始浓度 c_{A0} 和反应时间 t 计算出 c_A。由式(8.28)可以看出，$\frac{1}{c_A} - t$ 作图为一直线，如图 8.3 所示。

直线斜率 $m = k$，k 的量纲为 $[k] = [浓度]^{-1} \cdot [时间]^{-1}$，将式(8.21)代入式(8.28)得

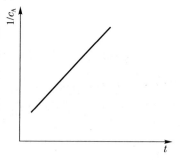

图 8.3 二级反应的直线关系

$$t = \frac{1}{k c_{A0}} \frac{x_A}{1 - x_A} \tag{8.29}$$

将 $x_A = \frac{1}{2}$ 代入上式，测得
$$t_{1/2} = \frac{1}{k c_{A0}} \tag{8.30}$$

所以，达到一定转化率所需的时间或半衰期与初始浓度成反比。

综上可知，$\frac{1}{c_A} - t$ 作图为一直线，$[k] = [浓度]^{-1} \cdot [时间]^{-1}$，以及半衰期与

c_{A0} 成反比,这些均为二级反应的特征。

对于反应

$$A + B \rightarrow X + \cdots$$

若反应物 A 和 B 的计量系数相同,但初始浓度不相等,即 $c_{A0} \neq c_{B0}$,则上式 (8.25)可写成

$$-\frac{dc_A}{dt} = k(c_{A0} - \Delta c_A)(c_{B0} - \Delta c_B) \tag{8.31}$$

式中 Δc_A、Δc_B 分别为 t 时刻时,反应物 A、B 消耗掉的浓度,且由于 A、B 的化学计量数相等,所以 $\Delta c_A = \Delta c_B$,又因为 $c_A = c_{A0} - \Delta c_A$,所以 $dc_A = -d\Delta c_A$,代入式 (8.31)得

$$\frac{d\Delta c_A}{dt} = k(c_{A0} - \Delta c_A)(c_{B0} - \Delta c_B)$$

对上式作定积分

$$\int_0^{\Delta c_A} \frac{d\Delta c_A}{(c_{A0} - \Delta c_A)(c_{B0} - \Delta c_B)} = \int_0^t k dt$$

得

$$\frac{1}{c_{A0} - c_{B0}} \ln \frac{c_{B0}(c_{A0} - \Delta c_A)}{c_{A0}(c_{B0} - \Delta c_B)} = kt \tag{8.32}$$

或

$$\frac{1}{c_{A0} - c_{B0}} \ln \frac{c_{B0} c_A}{c_{A0} c_B} = kt \tag{8.33}$$

式(8.33)可以改写为

$$\ln \frac{c_A}{c_B} = (c_{A0} - c_{B0})kt + \ln \frac{c_{A0}}{c_{B0}} \tag{8.34}$$

由于这类反应 A、B 的起始浓度不同,但反应每时刻 A、B 消耗掉的浓度相同,因此 A、B 消耗掉一半时所需的时间是不同的,也就是说,这类反应只可分别测定或计算 A、B 的半衰期,而无整个反应的半衰期可言。

例 8.3 乙酸乙酯皂化反应

$$CH_3COOC_2H_5 + NaOH = CH_3COONa + C_2H_5OH$$

   (A)   (B)   (C)   (D)

该反应为二级反应。开始反应时($t=0$),A 与 B 的浓度都是 $0.02 \text{ mol} \cdot \text{dm}^{-3}$,在 294 K 时,反应 25 min 后,取出样品,立即停止反应,进行定量分析,测得溶液中剩余 NaOH 浓度为 $0.529 \times 10^{-2} \text{ mol} \cdot \text{dm}^{-3}$。

问:(1)此反应转化率达 90% 需要多长时间?

(2)如果 A 与 B 的初始浓度都是 $0.01 \text{ mol} \cdot \text{dm}^{-3}$,达到同样转化率,需要多长时间?

解：在进行动力学计算之前，应先选定适合此反应的速率方程式，并算出速率常数 k。根据式(8.27)有

$$k = \frac{1}{t}\left(\frac{1}{c_A} - \frac{1}{c_{A0}}\right)$$

$$= \frac{1}{25} \times \frac{0.02 - 0.529 \times 10^{-2}}{0.02 \times 0.529 \times 10^{-2}} \text{ mol}^{-1} \cdot \text{dm}^3 \cdot \text{min}^{-1}$$

$$= 5.57 \text{ mol}^{-1} \cdot \text{dm}^3 \cdot \text{min}^{-1}$$

(1) $c_{A0} = 0.02 \text{ mol} \cdot \text{dm}^{-3}$, $x_A = 0.9$, $t = ?$

根据式(8.29)有

$$t = \frac{1}{kc_{A0}} \frac{x_A}{1-x_A}$$

$$= \frac{0.9}{5.57 \times 0.02 \times (1-0.9)} \text{ min}$$

$$= 80.8 \text{ min}$$

(2) $c_{A0} = 0.01 \text{ mol} \cdot \text{dm}^{-3}$, $x_A = 0.9$, $t = ?$

$$t = \frac{1}{kc_{A0}} \frac{x_A}{1-x_A}$$

$$= \frac{0.9}{5.57 \times 0.01 \times (1-0.9)} \text{ min}$$

$$= 161.6 \text{ min}$$

对于相同的转化率，如果初始浓度减半，则时间加倍，这是二级反应的特征。

8.3.4 n 级反应

若某反应的速率方程的微分形式可以写成如下形式

$$-\frac{dc_A}{dt} = kc_A^n \tag{8.35}$$

就称该反应为 n 级反应。当 $n=1$ 时，则得一级反应积分式，如式(8.18)；若 $n \neq 1$，则

$$t = \int_0^t dt = \int_{c_{A0}}^{c_A} -\frac{dc_A}{kc_A^n}$$

$$= \frac{1}{(n-1)k}\left(\frac{1}{c_A^{n-1}} - \frac{1}{c_{A0}^{n-1}}\right) \tag{8.36}$$

或

$$\frac{1}{c_A^{n-1}} = (n-1)kt + \frac{1}{c_{A0}^{n-1}} \tag{8.37}$$

这就是 n 级反应($n \neq 1$)的速率方程积分形式的通式，它表示 n 级反应 $\frac{1}{c_A^{n-1}} - t$ 呈

线性关系。对于 n 级反应，k 的量纲 $[k]=[浓度]^{1-n}\cdot[时间]^{-1}$。将 $x_A=\dfrac{c_{A0}}{2}$ 代入式(8.36)，则可得半衰期的通式

$$t_{1/2} = \frac{1}{(n-1)k}\left[\frac{1}{\left(\dfrac{c_{A0}}{2}\right)^{n-1}} - \frac{1}{c_{A0}^{n-1}}\right]$$

$$= \frac{2^{n-1}-1}{(n-1)kc_{A0}^{n-1}} \tag{8.38}$$

所以，半衰期与 c_{A0}^{n-1} 成反比。

为了便于复习，将上述具有简单级数反应的速率方程及其特征列于表 8.1 中。

表 8.1　符合通式 $-\dfrac{dc_A}{dt}=kc_A^n$ 的各级反应及其特征

级别	速率方程		特　　征		
	微分式	积分式	$t_{1/2}$	直线关系	k 的单位
0	$-\dfrac{dc_A}{dt}=k$	$kt=-(c_A-c_{A0})$	$\dfrac{c_{A0}}{2k}$	c_A-t	$[浓度][时间]^{-1}$
1	$-\dfrac{dc_A}{dt}=kc_A$	$kt=\ln c_{A0}-\ln c_A$	$\dfrac{\ln 2}{k}$	$\ln c_A-t$	$[时间]^{-1}$
2	$-\dfrac{dc_A}{dt}=kc_A^2$	$kt=\dfrac{1}{c_A}-\dfrac{1}{c_{A0}}$	$\dfrac{1}{kc_{A0}}$	$\dfrac{1}{c_A}-t$	$[浓度]^{-1}[时间]^{-1}$
3	$-\dfrac{dc_A}{dt}=kc_A^3$	$kt=\dfrac{1}{2}\left(\dfrac{1}{c_A^2}-\dfrac{1}{c_{A0}^2}\right)$	$\dfrac{3}{2kc_{A0}^2}$	$\dfrac{1}{c_A^2}-t$	$[浓度]^{-2}[时间]^{-1}$
n	$-\dfrac{dc_A}{dt}=kc_A^n$	$kt=\dfrac{1}{(n-1)}\left(\dfrac{1}{c_A^{n-1}}-\dfrac{1}{c_{A0}^{n-1}}\right)$	$\dfrac{2^{n-1}-1}{(n-1)kc_{A0}^{n-1}}$	$\dfrac{1}{c_A^{n-1}}-t$	$[浓度]^{1-n}[时间]^{-1}$

例 8.4　在某反应 A→B+D 中，反应物 A 的初始浓度 c_{A0} 为 $1\ mol\cdot dm^{-3}$，起始反应速率为 $0.01\ mol\cdot dm^{-3}\cdot s^{-1}$，如果假定该反应对 A 的级数为(1)零级，(2)一级，(3)二级，(4)2.5 级，而对其他物质级数为零，试分别求各级数的速率常数 k_A，标明 k_A 的单位，并求各级数的半衰期和反应物 A 的浓度变为 $0.1\ mol\cdot dm^{-3}$ 所需的时间。

解：已知 $t=0$ 时，$c_{A0}=1\ mol\cdot dm^{-3}$，$v_{A0}=0.01\ mol\cdot dm^{-3}\cdot s^{-1}$

如果反应级数为

(1) 零级反应：

$$v_A = k_A \quad (v_A 与 c_A 无关，为一常数)$$

半衰期 $t_{1/2}$ 为浓度减半所需的时间，所以

$$t_{1/2} = \frac{c_{A0} - c_A}{v_A} = \frac{(1-0.5) \text{ mol} \cdot \text{dm}^{-3}}{0.01 \text{ mol} \cdot \text{dm}^{-3} \cdot \text{s}^{-1}} = 50 \text{ s}$$

若反应到 $c_A = 0.1$ mol·dm^{-3} 时，所需时间为 t，则

$$t = \frac{c_{A0} - c_A}{v_A} = \frac{(1-0.1) \text{ mol} \cdot \text{dm}^{-3}}{0.01 \text{ mol} \cdot \text{dm}^{-3} \cdot \text{s}^{-1}} = 90 \text{ s}$$

（2）一级反应：

$$v_A = k_A c_A$$

$t = 0$ 时，$v_{A0} = k_A c_{A0}$

$$k_A = \frac{v_{A0}}{c_{A0}} = \frac{0.01 \text{ mol} \cdot \text{dm}^{-3} \cdot \text{s}^{-1}}{1 \text{ mol} \cdot \text{dm}^{-3}} = 0.01 \text{ s}^{-1}$$

因反应速率随浓度而改变，所以计算反应时间必须用积分式：

$$t_{1/2} = \frac{1}{k_A} \ln \frac{c_{A0}}{c_A} = \frac{1}{0.01 \text{ s}^{-1}} \ln \left(\frac{c_{A0}}{c_{A0}/2} \right) = 69.3 \text{ s}$$

$$t = \frac{1}{k_A} \ln \frac{c_{A0}}{c_A} = \frac{1}{0.01 \text{ s}^{-1}} \ln \frac{1}{0.1} = 230.3 \text{ s}$$

（3）二级反应：

$$v_A = k_A c_A^2$$

$t = 0$ 时，$v_{A0} = k_A c_{A0}^2$

$$k_A = \frac{v_{A0}}{c_{A0}^2} = \frac{0.01 \text{ mol} \cdot \text{dm}^{-3} \cdot \text{s}^{-1}}{(1 \text{ mol} \cdot \text{dm}^{-3})^2} = 0.01 \text{ mol}^{-1} \cdot \text{dm}^3 \cdot \text{s}^{-1}$$

$$t_{1/2} = \frac{1}{k_A} \left(\frac{1}{c_A} - \frac{1}{c_{A0}} \right) = \frac{1}{0.01} \left(\frac{1}{0.5} - \frac{1}{1} \right) \text{ s} = 100 \text{ s}$$

$$t = \frac{1}{k_A} \left(\frac{1}{c_A} - \frac{1}{c_{A0}} \right) = \frac{1}{0.01} \left(\frac{1}{0.1} - \frac{1}{1} \right) \text{ s} = 900 \text{ s}$$

（4）2.5 级反应：

$$v_A = k_A c_A^{2.5}$$

$t = 0$ 时，$v_{A0} = k_A c_{A0}^{2.5}$

$$k_A = \frac{v_{A0}}{c_{A0}^{2.5}} = \frac{0.01 \text{ mol} \cdot \text{dm}^{-3} \cdot \text{s}^{-1}}{(1 \text{ mol} \cdot \text{dm}^{-3})^{2.5}} = 0.01 \text{ mol}^{-1.5} \cdot \text{dm}^{4.5} \cdot \text{s}^{-1}$$

$$t_{1/2} = \frac{1}{(n-1)k_A} \left(\frac{1}{c_A^{n-1}} - \frac{1}{c_{A0}^{n-1}} \right)$$

$$= \frac{1}{(2.5-1) \times 0.01} \times \left(\frac{1}{0.5^{2.5-1}} - \frac{1}{1^{2.5-1}} \right) \text{ s} = 121.8 \text{ s}$$

$$t = \frac{1}{(n-1)k_A} \left(\frac{1}{c_A^{n-1}} - \frac{1}{c_{A0}^{n-1}} \right)$$

$$= \frac{1}{(2.5-1) \times 0.01} \left(\frac{1}{0.1^{2.5-1}} - \frac{1}{1^{2.5-1}} \right) \text{ s} = 2042 \text{ s}$$

从以上计算可以看出,反应级数越大,则速率随浓度变化越剧烈,当反应级数由零级变到 2.5 级时,$t_{1/2}$ 由 50 s 变到 121.8 s,t 由 90 s 变到 2042 s。这说明初始浓度相同时,级数越大,速率随浓度下降得越快,因而所需时间就越长。特别是要求转化率更高时,这种差别越明显。

8.4 速率方程的确定

对于一个需要研究的反应,要知道浓度对反应速率的影响,就要利用到速率方程。而不同的反应,其速率方程可以完全不同。那么,究竟用哪个速率方程呢? 通过以上简单级数反应的速率方程的讨论可以知道,在这种方法中,动力学参数只有速率常数 k 和反应级数 n。因此,所谓速率方程的确定,就是确定这两个参数。在积分式中,k 是个常数,n 不同时积分式不同,所以确定速率方程的关键是确定级数。常用以下方法确定反应级数,下面分别予以介绍。

8.4.1 积分法

积分法就是利用速率方程的积分形式求得反应级数 n 的方法。常用的有以下几种方法。

1. 尝试法

将实验测得的不同反应时刻 t 的浓度 c_A 代入到各级数的积分式中,去计算速率常数 k。如果代到某个级数的积分式中所计算出的 k 为一常数,那么该反应就是此级数的反应。

2. 作图法

根据实验数据作图,确定反应级数。若以 c_A 对 t 作图为一直线,则该反应为零级反应;若以 $\ln c_A$ 对 t 作图为一直线,则该反应为一级反应;若以 $\dfrac{1}{c_A}$ 对 t 作图为一直线,则该反应为二级反应。

3. 半衰期法

当各反应物的起始浓度 c_{A0} 相同时,半衰期与起始浓度的关系从式(8.38)可以看出

$$t_{1/2} \propto \frac{1}{c_{A0}^{n-1}} \quad (n \neq 1)$$

或

$$t_{1/2} = \frac{B}{c_{A0}^{n-1}} \tag{8.39}$$

式中,B 为一比例系数(不同级数的反应的 B 不同)。

当某一反应确定后,它的反应级数是确定的。可以用两个起始浓度 c'_{A0} 和 c''_{A0} 进行实验。设起始浓度为 c'_{A0} 的半衰期为 $t'_{1/2}$,起始浓度为 c''_{A0} 的半衰期为 $t''_{1/2}$。两次实验的半衰期比为

$$\frac{t'_{1/2}}{t''_{1/2}} = \left(\frac{c''_{A0}}{c'_{A0}}\right)^{n-1}$$

两边取对数,整理后得

$$n = 1 + \frac{\lg \dfrac{t'_{1/2}}{t''_{1/2}}}{\lg \dfrac{c''_{A0}}{c'_{A0}}} \tag{8.40}$$

根据实验数据,作出 $c_A - t$ 关系图,从图中可求得起始浓度不同时的反应半衰期,代入上式即可得到级数 n 的数值。

例 8.5 氰酸铵(NH_4CNO)在水溶液中变成尿素[$(NH_2)_2CO$]反应的半衰期如下表所示:

起始浓度 c_{A0}/(mol·dm^{-3})	0.05	0.10	0.20
半衰期 $t_{1/2}$/min	37.03	19.15	9.45

解:因为半衰期随反应物起始浓度的变化而变化,所以此反应不是一级反应。利用式(8.40)得

$$n = 1 + \frac{\lg \dfrac{t'_{1/2}}{t''_{1/2}}}{\lg \dfrac{c''_{A0}}{c'_{A0}}} = 1 + \frac{\lg \dfrac{37.03}{19.15}}{\lg \dfrac{0.10}{0.05}} = 2$$

或

$$n = \frac{\lg \dfrac{37.03}{9.45}}{\lg \dfrac{0.20}{0.05}} = 2$$

所以,此反应是二级反应。

8.4.2 微分法

微分法是利用速率方程的微分形式求取反应级数的方法。设某反应速率方程为

$$-\frac{dc_A}{dt} = kc_A^n$$

根据实验数据，可作出反应物浓度－时间($c_A - t$)关系图，如图8.4所示。

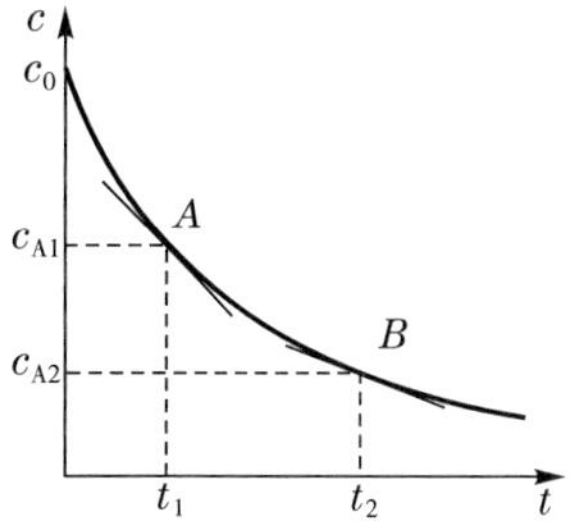

浓度为 c_{A1} 时，图中 A 点的切线斜率为 $-\dfrac{\mathrm{d}c_{A1}}{\mathrm{d}t}$，表示反应的速率，它与浓度的关系为

$$-\frac{\mathrm{d}c_{A1}}{\mathrm{d}t} = kc_{A1}^{n}$$

浓度为 c_{A2} 时，图中 B 点的切线斜率为 $-\dfrac{\mathrm{d}c_{A2}}{\mathrm{d}t}$，表示反应的速率，它与浓度的关系为

图 8.4 反应物浓度与时间的关系

$$-\frac{\mathrm{d}c_{A2}}{\mathrm{d}t} = kc_{A2}^{n}$$

将上面两式的等号两边取对数，得

$$\lg\left(-\frac{\mathrm{d}c_{A1}}{\mathrm{d}t}\right) = \lg(kc_{A1}^{n}) = \lg k + n\lg c_{A1} \tag{8.41}$$

$$\lg\left(-\frac{\mathrm{d}c_{A2}}{\mathrm{d}t}\right) = \lg(kc_{A2}^{n}) = \lg k + n\lg c_{A2} \tag{8.42}$$

将此两式相减得

$$n = \frac{\lg\left(-\dfrac{\mathrm{d}c_{A1}}{\mathrm{d}t}\right) - \lg\left(-\dfrac{\mathrm{d}c_{A2}}{\mathrm{d}t}\right)}{\lg c_{A1} - \lg c_{A2}} \tag{8.43}$$

由这个式子就可以算出反应级数 n。

8.4.3 孤立法

上述的积分法和微分法求得的均是反应的总级数 n。如果和反应速率有关的反应物或产物不止一种，速率方程可写成如下形式

$$v_A = kc_A^{\alpha} c_B^{\beta} c_D^{\gamma} \cdots$$

我们希望求得反应对每种物质 A、B、D⋯的分级数 α、β、γ⋯，则可采用下面的方法。

1. 改变物质浓度比例的方法

例如，如果实验测知某反应的速率与反应物 A、B 有关，速率方程可写为

$$v_A = kc_A^{\alpha} c_B^{\beta}$$

我们可在保持 c_{B0} 不变的情况下，改变 c_{A0}，测得两种 c_{A0} 下的反应初始速率 v_{A0}，代入上式可得

$$v_{A0}(1) = kc_{A0}^{\alpha}(1) c_{B0}^{\beta}$$
$$v_{A0}(2) = kc_{A0}^{\alpha}(2) c_{B0}^{\beta}$$

将两式相除,得

$$\frac{v_{A0}(1)}{v_{A0}(2)} = \left[\frac{c_{A0}(1)}{c_{A0}(2)}\right]^\alpha$$

则

$$\alpha = \frac{\lg\left[\dfrac{v_{A0}(1)}{v_{A0}(2)}\right]}{\lg\left[\dfrac{c_{A0}(1)}{c_{A0}(2)}\right]} \tag{8.44}$$

然后,再保持 c_{A0} 不变,改变 c_{B0},可求得反应物 B 的分级数 β。

2. 浓度过量法

若速率方程式可写成

$$v_A = k c_A^\alpha c_B^\beta c_D^\gamma \cdots$$

在实验时使 B、D 等物质的浓度大大过量,这样在反应中除物质 A 的浓度随时间有明显变化外,其余物质的浓度 c_B、c_D 等随时间变化很小,基本可当作常数,因此速率方程可写作

$$v_A = k' c_A^\alpha$$

式中,$k' = k c_B^\beta c_D^\gamma \cdots$。利用前面讨论过的各种积分法和微分法,可求得 α。同理可依次求得其他分级数 β、$\gamma \cdots$,则反应的总级数也就确定了。

8.5 温度对化学反应速率的影响

温度是影响反应速率的重要因素之一。由化学反应速率方程可知,反应速率取决于速率常数 k 和反应物浓度。在恒温下,k 为常数,如果温度发生变化,则 k 也要随之变化。所谓温度对反应速率的影响,就是指温度对 k 的影响,当温度升高时,k 值增大,反应速率加快。

表示 k 随 T 变化的近似经验式有范特霍夫(Van't Hoff)规则:

$$\frac{k_{t+10℃}}{k_t} = 2 \sim 4 \tag{8.45}$$

式中 k_t 为 t 时的速率常数,$k_{t+10℃}$ 为 $(t+10℃)$ 时的速率常数。这个规则表明:温度每上升 10℃,反应速率要变为原来速率的 2~4 倍。

范特霍夫规则只是一个近似规则,只能对反应速率做非常粗略的估算。表示 $k-T$ 关系较准确的经验式,有著名的阿累尼乌斯(Arrhenius)经验公式。

8.5.1 阿累尼乌斯经验公式

1. 阿累尼乌斯经验公式

阿累尼乌斯根据大量实验数据,于 1889 年提出了一个经验公式:

$$k = k_0 e^{\frac{E_a}{RT}} \tag{8.46}$$

e 的指数 $-\dfrac{E_a}{RT}$ 的分子、分母都是能量单位，所以 e 的单位无因次，E_a 是活化能，k_0 是频率因子，又称指（数）前因子，后者单位与 k 相同。k_0 和 E_a 本来都是经验常数，后来经过理论的研究，发现它们都有一定的物理意义。

将式(8.46)两边取对数，得

$$\ln k = -\dfrac{E_a}{R} \cdot \dfrac{1}{T} + \ln k_0 \tag{8.47}$$

或

$$\lg k = -\dfrac{E_a}{2.303R} \cdot \dfrac{1}{T} + \lg k_0 \tag{8.48}$$

由上式可以看出：$\ln k$ 或 $\lg k$ 对 $\dfrac{1}{T}$ 作图，可得一直线，由直线斜率求出 E_a，由截距可求出 k_0。

将式(8.47)微分得

$$\dfrac{\mathrm{d}\ln k}{\mathrm{d}T} = \dfrac{E_a}{RT^2} \tag{8.49}$$

此式表明，$\ln k$ 与 T 的变化率与活化能 E_a 成正比。也就是说，活化能越高，则随温度的升高，反应速率增加得越快，即活化能越高，则反应速率对温度越敏感。所以若同时存在几个反应，则高温对活化能高的反应有利，低温对活化能低的反应有利，生产上往往利用这个道理来选择适宜温度加速主反应，抑制副反应。

将式(8.49)分离变数，由 T_1 积分到 T_2，则得

$$\ln \dfrac{k_2}{k_1} = -\dfrac{E_a}{R}\left(\dfrac{1}{T_2} - \dfrac{1}{T_1}\right) \tag{8.50}$$

或

$$\lg \dfrac{k_2}{k_1} = -\dfrac{E_a}{2.303R}\left(\dfrac{1}{T_2} - \dfrac{1}{T_1}\right) \tag{8.51}$$

所以，已知两个温度 T_1、T_2 的速率常数 k_1、k_2，代入上式，即可求出活化能 E_a。已知 E_a 和 T_1 下的 k_1，利用上式可求出任一温度 T_2 下的 k_2。

例 8.6 已知 $CO(CH_2COOH)_2$ 在水溶液中的分解反应的速率常数在 60℃ 和 10℃ 时分别为 $5.484 \times 10^{-2}\ \mathrm{s}^{-1}$ 和 $1.080 \times 10^{-4}\ \mathrm{s}^{-1}$。(1)求该反应的活化能；(2)该反应在 30℃ 时进行 1000 s，转化率为多少？

解：(1) 将已知数据代入式(8.51)，得

$$\lg \dfrac{1.080 \times 10^{-4}}{5.484 \times 10^{-2}} = \dfrac{-E_a}{2.303 \times 8.314}\left(\dfrac{1}{283.15} - \dfrac{1}{333.15}\right)$$

由此式可求得 $E_a = 97730\ \mathrm{J \cdot mol^{-1}}$

将求得的 E_a 和 10℃时的 k 值代入式(8.48),得

$$\lg(1.080 \times 10^{-4}) = -\frac{97730}{2.303 \times 8.314 \times 283.15} + \lg k_0$$

所以 $\lg k_0 = 14.06$

这样就可写出此反应的 k、T 联系式：

$$\lg k = -\frac{97730}{2.303 \times 8.314 T} + 14.06$$

(2) 求 30℃时的转化率,则需先求 30℃时的 k,以 $T = 273.15 + 30 = 303.15\ \text{K}$ 代入上式,求出 $k_{30℃} = 1.67 \times 10^{-2}\ \text{s}^{-1}$。欲求反应进行 1000 s 的转化率 x_A,则需知是几级反应,因为题目所给 k 的单位是 s^{-1},所以可以判断该反应确为一级反应,因此其速率方程式为式(8.22),将 $t = 1000$ 代入此式,得

$$1000 = \frac{1}{1.67 \times 10^{-3}} \ln \frac{1}{1 - x_A}$$

所以 $x_A = 0.812 = 81.2\%$

2. 阿累尼乌斯公式的适用范围

一般来说,随着温度升高,反应速率会增大。但有些反应的速率受温度影响比较复杂,就目前所知,有如图 8.5 所示的几种类型。

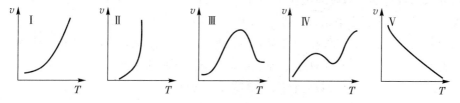

图 8.5　反应速率与温度关系的几种类型

Ⅰ类是最为常见的类型,对阿累尼乌斯公式能够运用,常称为阿累尼乌斯类型。对于第Ⅱ类到第Ⅴ类,阿累尼乌斯公式均不适用,常称为非阿累尼乌斯类型。非阿累尼乌斯类型的反应较少。

阿累尼乌斯经验公式在化学动力学中非常重要,运用范围也相当广泛,不仅适用于气相反应,也适用于液体反应和多相催化反应。它对于简单反应或复杂反应中的任一基元步骤都是适用的。对于复杂反应,如果其速率方程具有一般幂乘积 $v = k c_A^\alpha c_B^\beta \cdots$ 形式,也可适用。如果一些复杂反应根本不具备一般幂乘积形式,不能说是多少级的反应,没有统一确切的速率常数,则阿累尼乌斯公式就不适用了。

8.5.2　活化能

在阿累尼乌斯经验公式中,两个经验常数 E_a 和 k_0 的大小,直接影响着速率

系数 k 的数值。其中 E_a 由于在指数项上,影响更大。

关于活化能究竟具有什么样的物理意义,至今还没有完全统一的结论,下面仅将阿累尼乌斯提出他的经验方程式时对 E 所作的解释,作简要的介绍。

在化学反应中,反应物的分子必须接近到足够近的距离(即所谓"碰撞"),才能发生反应。根据气体分子运动论的计算,当反应系统中气体的浓度为 $1\ mol \cdot dm^{-3}$ 时,气体分子之间每秒可发生 10^{23} 次碰撞,若每次碰撞都会发生反应,则所有的气相反应均可在 $10^{-5}\ s$ 之内完成。然而,实际上的反应速率却要比这慢得多,而且不同的反应,反应速率也有很大的差异。根据以上理论和实验的分析,阿累尼乌斯提出,并不是反应物分子之间的每一次碰撞都会引起反应,只有那些具有足够大能量的反应物分子之间的碰撞才能引起反应。这是因为,化学反应首先是要破坏反应物分子内原有的某些化学键,而这就需要有足够大的能量。阿累尼乌斯把这些能量高于一般分子,经过碰撞能够引起化学反应的分子称为活化分子。而一般反应物分子变成活化分子所需要增加的能量则称为活化能。后来托尔曼(Tolman)进一步用统计力学证明,基元反应的活化能就是活化分子的平均能量与反应物分子的平均能量的差值,即

$$E = E^* - E_r \tag{8.52}$$

式中,E^* 和 E_r 分别代表活化分子和反应物分子的平均能量。

对于一个可逆基元反应:

$$A \rightleftharpoons B$$

我们可用图 8.6 来表示反应的活化能的意义。图中 E_+、E_- 分别代表正逆反应的活化能。从图中可以看到,正逆反应的活化能的差值 $\Delta E = E_+ - E_-$ 恰好就是反应的产物分子平均能量与反应物分子的平均能量之差。若 $E_+ > E_-$,则反应物分子的平均能量低于产物分子的平均能量,所以正反应要吸热;若 $E_+ < E_-$,则情况相反,正反应是放热的。

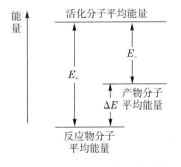

图 8.6 基元反应的活化能示意图

上述讨论的内容,仅是在基元反应中活化能 E 的物理意义。对于复合反应来说,由于反应不是一步直接碰撞完成的,因此,总反应的 E 是各步基元反应 E 的综合表现,称为表观活化能。它的意义将在下节介绍。

E 对反应速率的影响,可以从以下两方面体现出来。

1. 频率因子 k_0 的数值相近时,E 值越大,反应速率越慢

先看一个例子。

例 8.7 SO_2 的氧化反应:$2SO_2(g) + O_2(g) = 2SO_3(g)$,其活化能为

$E=251 \text{ kJ} \cdot \text{mol}^{-1}$。若在反应系统中加入催化剂,活化能可降到 $E=62.6 \text{ kJ} \cdot \text{mol}^{-1}$。试问:当反应在 400 K 进行时,加入催化剂后反应速率提高了多少倍?

解:设在加入催化剂前后的反应速率系数分别为 k 及 k',并假定催化剂加入后反应的 k_0 值不变,根据式(8.46),则有

$$\frac{k'}{k} = \frac{k_0 e^{-E'/RT}}{k_0 e^{-E/RT}} = e^{-\frac{E'-E}{RT}}$$

$$= \exp\left[-\frac{(62.6 \times 10^3 - 251 \times 10^3) \text{ J} \cdot \text{mol}^{-1}}{8.314 \text{ J} \cdot \text{K}^{-1} \cdot \text{mol}^{-1} \times 400 \text{ K}}\right]$$

$$= 4.01 \times 10^{24}$$

即加入催化剂后,反应速率提高了 4.01×10^{24} 倍。

由以上例题可以看到,E 的大小对反应速率影响巨大。一般反应 E 的数值多在 $60 \sim 250 \text{ kJ} \cdot \text{mol}^{-1}$ 之间,若 $E < 40 \text{ kJ} \cdot \text{mol}^{-1}$,则在常温下反应速率就极快。由以上例题还可看到,通过改变反应途径或采用适当催化剂以降低反应活化能的数值,是提高反应速率的重要方法之一。

2. E 值越大的反应,反应速率随温度的变化越敏感

例 8.8 已知反应 A 的 $E_A = 60 \text{ kJ} \cdot \text{mol}^{-1}$,反应 B 的 $E_B = 150 \text{ kJ} \cdot \text{mol}^{-1}$。若两个反应的温度均由 300 K 提高到 400 K,两反应的速率系数 k 值各增大多少?

解:根据式(8.46),可得

$$\frac{k(T_2)}{k(T_1)} = \frac{k_0 e^{-E/RT_1}}{k_0 e^{-E/RT_2}} \tag{8.53}$$

将题给数据代入:

$$\frac{k_A(400 \text{ K})}{k_A(300 \text{ K})} = \exp\left[\frac{60 \times 10^3 \text{ J} \cdot \text{mol}^{-1}}{8.314 \text{ J} \cdot \text{K}^{-1} \cdot \text{mol}^{-1}}\right] \times \left(\frac{1}{300 \text{ K}} - \frac{1}{400 \text{ K}}\right) = 409$$

$$\frac{k_B(400 \text{ K})}{k_B(300 \text{ K})} = \exp\left[\frac{150 \times 10^3 \text{ J} \cdot \text{mol}^{-1}}{8.314 \text{ J} \cdot \text{K}^{-1} \cdot \text{mol}^{-1}}\right] \times \left(\frac{1}{300 \text{ K}} - \frac{1}{400 \text{ K}}\right) = 3.39 \times 10^6$$

由式(8.53)可以看到,在温度变化相同(即 T_1、T_2 相同)的情况下,反应的 E 越大,k 的变化率则越大。在此例题中,温度都是升高 100 K,反应 A 的速率只提高了大约 400 倍,而反应 B 的速率则提高了大约 300 万倍。

目前,虽然人们已提出了一些从理论上预测或估算 E 的方法,但结果都比较粗糙,只能作为定性讨论问题时的参考,准确测定反应的 E 仍然要通过实验来完成。

8.6 典型的复合反应

前面讨论的都是一些简单的反应速率与反应物浓度之间的关系。但在生产

实际中碰到的化学反应，大多数是由两个或两个以上基元反应组成的复合反应。下面将讨论几种典型的复合反应。

8.6.1 对行反应

正向和逆向同时进行的反应，称为对行反应，或对峙反应。现以正、逆反应都是一级反应的情况进行讨论。反应方程式可写作

$$A \underset{k_{-1}}{\overset{k_1}{\rightleftharpoons}} B$$

$t=0$ c_{A0} 0

$t=t$ c_A $c_B = c_{A0} - c_A$

平衡 $c_{A,e}$ $c_{B,e} = c_{A0} - c_{A,e}$

其中 c_{A0} 为 A 的初始浓度，$c_{A,e}$ 为 A 的平衡浓度。

正向反应：A 的消耗速率 $= k_1 c_A$

逆向反应：A 的生成速率 $= k_{-1} c_B = k_{-1}(c_{A0} - c_A)$

所以，A 的净消耗速率为

$$-\frac{dc_A}{dt} = k_1 c_A - k_{-1} c_B$$
$$= k_1 c_A - k_{-1}(c_{A0} - c_A) \tag{8.54}$$

平衡时，正、逆反应的速率相等，即

$$-\frac{dc_{A,e}}{dt} = k_1 c_{A,e} - k_{-1} c_{B,e}$$
$$= k_1 c_{A,e} - k_{-1}(c_{A0} - c_{A,e}) \tag{8.55}$$

即

$$\frac{c_{B,e}}{c_{A,e}} = \frac{c_{A0} - c_{A,e}}{c_{A,e}} = \frac{k_1}{k_{-1}} = K_C \tag{8.56}$$

K_C 即为可逆反应的平衡常数。

将式(8.54)减去式(8.55)得

$$-\frac{dc_A}{dt} = k_1(c_A - c_{A,e}) + k_{-1}(c_A - c_{A,e})$$
$$= (k_1 + k_{-1})(c_A - c_{A,e}) \tag{8.57}$$

当 c_{A0} 和 c_{B0} 一定时，$c_{A,e}$ 为常数，故

$$\frac{dc_A}{dt} = \frac{d(c_A - c_{A,e})}{dt}$$

因此，式(8.57)可写为

$$-\frac{d(c_A - c_{A,e})}{dt} = (k_1 + k_{-1})(c_A - c_{A,e}) \tag{8.58}$$

当 K_C 很大时,平衡态大大倾向于产物一边,即 $k_1 \gg k_{-1}$,$c_{A,e} \approx 0$,则式(8.58)化为

$$-\frac{dc_A}{dt} = k_1 c_A$$

即当 K_C 很大时,逆向反应可以忽略,总反应呈现一级反应的特点。当 K_C 较小时,即平衡转化率较小,则产物将显著影响总反应速率。将式(8.56)代入式(8.54),则

$$-\frac{dc_A}{dt} = k_1 \left(c_A - \frac{1}{K_C} c_B \right) \tag{8.59}$$

在这种情况下,要想测出正向反应的真实级数,则必须采用不同初始浓度的微分法(因为 $t=0$ 时,$c_B=0$),以避免逆向反应的干扰。

将式(8.58)分离变量积分,得

$$-\int_{c_{A0}}^{c_A} \frac{d(c_A - c_{A,e})}{c_A - c_{A,e}} = \int_0^t (k_1 + k_{-1}) dt$$

即

$$\ln \frac{c_{A0} - c_{A,e}}{c_A - c_{A,e}} = (k_1 + k_{-1}) t \tag{8.60}$$

所以,$\ln(c_A - c_{A,e})$-t 成直线,由直线斜率可求出 $(k_1 + k_{-1})$,再由 K_C 可求出 $\frac{k_1}{k_{-1}}$,则二者联立即求出 k_1 和 k_{-1}。

一级对行反应的 c-t 关系如图 8.7 所示。对行反应的特点是经过足够长的时间,反应物和产物都分别趋近它们的平衡浓度。与前述单向一级反应的半衰期类似,当一级对行反应完成了距平衡浓度差的一半,即 $c_A = \frac{1}{2}(c_A - c_{A,e}) + c_{A,e} = \frac{1}{2}(c_{A0} + c_{A,e})$,所需要的时间为 $\frac{\ln 2}{k_1 + k_{-1}}$,而与初始浓度 c_{A0} 无关。

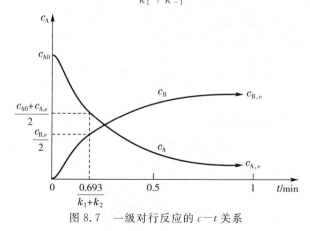

图 8.7 一级对行反应的 c-t 关系

例 8.9 γ-羟基丁酸(A)转变为 γ-丁内酯(B)的反应为 1-1 级对峙反应

$$A \underset{k_{-1}}{\overset{k_1}{\rightleftharpoons}} B$$

在 25℃、γ-羟基丁酸起始浓度 $c_{A0} = 18.23 \text{ mol} \cdot \text{dm}^{-3}$ 的条件下,测得不同时间内 γ-丁内酯的浓度 c_B 如下表所列。

t/min	0.00	21.0	36.0	50.0	65.0	80.0	100.0	∞
$c_B/(\text{mol} \cdot \text{dm}^{-3})$	0	2.41	3.76	4.96	6.10	7.08	8.11	13.28

试计算此反应的 K_C 及 k_1、k_{-1}。

解:根据前面分析,当 $t \to \infty$ 时,$c_B = c_{B,e}$

所以,$c_{B,e} = 13.28 \text{ mol} \cdot \text{dm}^{-3}$

$$c_{A,e} = c_{A0} - c_{B,e}$$
$$= 18.23 \text{ mol} \cdot \text{dm}^{-3} - 13.28 \text{ mol} \cdot \text{dm}^{-3}$$
$$= 4.95 \text{ mol} \cdot \text{dm}^{-3}$$

$$K_C = \frac{c_{B,e}}{c_{A,e}} = \frac{13.28 \text{ mol} \cdot \text{dm}^{-3}}{4.95 \text{ mol} \cdot \text{dm}^{-3}} = 2.68$$

将式(8.60)改写为

$$\ln \frac{c_{B,e}}{c_{B,e} - c_B} = (k_1 + k_{-1})t$$

由此可见,若以 $\ln(c_{B,e} - c_B)$ 对 t 作图,所得为一直线,直线的斜率为 $(k_1 + k_{-1})$,为此,可根据题中所给数据计算,结果如下表所列。

t/min	0.00	21.0	36.0	50.0	65.0	80.0	100.0
$(c_{B,e} - c_B)/(\text{mol} \cdot \text{dm}^{-3})$	13.28	10.87	9.52	8.32	7.18	6.20	5.17
$\ln(c_{B,e} - c_B)/(\text{mol} \cdot \text{dm}^{-3})$	2.59	2.39	2.25	2.12	1.97	1.82	1.64

根据上述数据作图,如图 8.8 所示,求得直线斜率为 $-9.88 \times 10^{-3} \text{ min}^{-1}$,即 $k_1 + k_{-1} = 9.86 \times 10^{-3} \text{ min}^{-1}$。

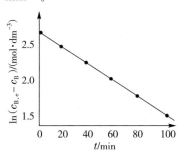

图 8.8 例 8.9 附图

又因
$$K_C = \frac{k_1}{k_{-1}} = 2.68$$

将两式联立,可解得
$$k_1 = 7.18 \times 10^{-3} \text{ min}^{-1}$$
$$k_{-1} = 2.68 \times 10^{-3} \text{ min}^{-1}$$

8.6.2 平行反应

反应物能同时进行几种不同的反应,称为平行反应。平行进行的几个反应中,生成主要产物的反应称为主反应,其余的称为副反应。

在化工生产中,经常遇到平行反应,例如,用 HNO_3 硝化酚,可以同时得到邻位及对位产物。

设反应物 A 能按一个反应生成 B,同时又能按另一个反应生成 C,即为平行反应。若这两个反应都是一级反应,则

$$\frac{dc_B}{dt} = k_1 c_A \tag{8.61}$$

$$\frac{dc_C}{dt} = k_1 c_A \tag{8.62}$$

若反应开始时,$c_{B0} = c_{C0} = 0$,则按计量关系可知
$$c_A + c_B + c_C = c_{A0}$$

对 t 取导数,得
$$\frac{dc_A}{dt} + \frac{dc_B}{dt} + \frac{dc_C}{dt} = 0$$

所以
$$\frac{-dc_A}{dt} = \frac{dc_B}{dt} + \frac{dc_C}{dt} = k_1 c_A + k_2 c_A$$

即
$$-\frac{dc_A}{dt} = (k_1 + k_2)c_A \tag{8.63}$$

所以，反应物 A 的消耗速率也必为一级反应。对上式积分得
$$-\int_{c_{A0}}^{c_A} \frac{dc_A}{c_A} = \int_0^t (k_1 + k_2) dt$$

即
$$\ln \frac{c_{A0}}{c_A} = (k_1 + k_2)t \tag{8.64}$$

与一般的一级反应完全相同，只不过速率常数为$(k_1 + k_2)$。用前述方法很容易求出$(k_1 + k_2)$。

将式(8.61)与式(8.62)相除，得
$$\frac{dc_B}{dc_C} = \frac{k_1}{k_2}$$

若$t = 0$时，c_{B0}、c_{C0}均为零，经过时间t后，分别为c_B、c_C。将上式在此上下限间积分，即得
$$\frac{c_B}{c_C} = \frac{k_1}{k_2} \tag{8.65}$$

即任一瞬间，两浓度之比都等于两速率常数之比。在同一时间t，测出两浓度之比即可得$\frac{k_1}{k_2}$，再由式(8.64)求出$(k_1 + k_2)$，两者联立就能求出k_1和k_2。

对于级数相同的平行反应，其产物浓度之比等于速率常数之比，而与反应物初始浓度及时间都无关，这是这类平行反应的一个特征。但应注意，有的平行反应的级数并不相同，当然就不会有上述特征。

在实际生产中，人们总是希望提高主产物在反应混合物中的比例，式(8.65)指出了改变产品组成的途径，即改变平行反应的速率常数k的比值。通常采用的有下述两种方法。

1. 调节反应温度

在上一节对活化能的讨论中已指出，活化能越大的反应，其反应速率随温度变化越剧烈。因此，对于活化能不同的平行反应，可用调节反应温度的方法来改变k的比值，从而达到改变反应产物组成的目的。

例 8.10 某平行反应(均为一级反应)

$$A \begin{array}{c} \xrightarrow{k_1} B \\ \xrightarrow{k_2} C \end{array}$$

其中 $E_1 = 120 \text{ kJ·mol}^{-1}$, $E_2 = 80 \text{ kJ·mol}^{-1}$, 频率因子 $k_{0,1} = 1.00 \times 10^{13} \text{ s}^{-1}$, $k_{0,2} = 1.00 \times 10^{11} \text{ s}^{-1}$, 试分别求:(1) $T = 900$ K 和 (2) $T = 1200$ K 时反应产物中 c_B/c_C 之值。

解:根据阿累尼乌斯公式

$$k = k_0 \mathrm{e}^{-E/RT}$$

所以

$$\frac{k_1}{k_2} = \frac{k_{0,1} \mathrm{e}^{-E_1/RT}}{k_{0,2} \mathrm{e}^{-E_2/RT}} = \frac{k_{0,1}}{k_{0,2}} \cdot \exp\left(\frac{E_2 - E_1}{RT}\right)$$

(1) 当 $T = 900$ K 时

$$\frac{c_B}{c_C} = \frac{k_1(900 \text{ K})}{k_2(900 \text{ K})}$$

$$= \frac{1.00 \times 10^{13} \text{ s}^{-1}}{1.00 \times 10^{11} \text{ s}^{-1}} \times \exp\left(\frac{80 \text{ kJ·mol}^{-1} - 120 \text{ kJ·mol}^{-1}}{8.134 \text{ J·K}^{-1} \cdot \text{mol}^{-1} \times 900 \text{ K}}\right) = 0.477$$

(2) 当 $T = 1200$ K 时

$$\frac{c_B}{c_C} = \frac{k_1(1200 \text{ K})}{k_2(1200 \text{ K})}$$

$$= \frac{1.00 \times 10^{13} \text{ s}^{-1}}{1.00 \times 10^{11} \text{ s}^{-1}} \times \exp\left(\frac{80 \text{ kJ·mol}^{-1} - 120 \text{ kJ·mol}^{-1}}{8.134 \text{ J·K}^{-1} \cdot \text{mol}^{-1} \times 1200 \text{ K}}\right) = 1.81$$

由此例可见,升高温度对提高活化能大的反应的产物比例有利。因此,在实际生产中,若主反应的活化能大于副反应的活化能,则选择较高一些的反应温度对提高主产品的产率有利;若主反应的活化能小于副反应的活化能,则较低温度对提高主产品的产率有利。当然,这仅是对反应产物的比例而言,实际操作温度的选择还要结合其他因素综合考虑。

2. 选择适当的催化剂

催化剂可以有选择地加速某一反应的进行。例如,乙烯的氧化反应可能生成环氧乙烷和乙醛两种产物。

$$C_2H_4 + \frac{1}{2}O_2 \begin{array}{c} \xrightarrow{(1)} CH_2\text{—}CH_2 \quad (\text{环氧乙烷}) \\ \phantom{\xrightarrow{(1)}} \diagdown\!\!O\!\!\diagup \\ \xrightarrow{(2)} CH_3CHO \quad (\text{乙醛}) \end{array}$$

若选用银作催化剂,则反应(1)的速率可大大提高,得到较高的环氧乙烷的产率;若用钯作催化剂,则只加速反应(2),这时得到的产物主要是乙醛。因此,可根据需要的产品,选择适宜的催化剂。

8.6.3 连串反应

有很多反应是经过连续几步才完成的,前一步反应的产物是下一步反应的反应物,如果依次连续进行,这种反应称为连串反应或连续反应。

设由 A 生成 B,B 又生成 C,为两个一级反应组成的连串反应,即

$$A \xrightarrow{k_1} B \xrightarrow{k_2} C$$

若 $t=0$ 时	c_{A0}	0	0
经过时间 t	c_A	c_B	c_C

c_A 只与第一个反应有关,即

$$-\frac{dc_A}{dt} = k_1 c_A$$

积分后得

$$\ln \frac{c_{A0}}{c_A} = k_1 t$$

或

$$c_A = c_{A0} e^{-k_1 t} \tag{8.66}$$

中间产物 B 由第一步生成,由第二步消耗,所以

$$\frac{dc_B}{dt} = k_1 c_A - k_2 c_B \tag{8.67}$$

将式(8.66)代入此式,则

$$\frac{dc_B}{dt} = k_1 c_{A0} e^{-k_1 t} - k_2 c_B$$

即

$$\frac{dc_B}{dt} + k_2 c_B = k_1 c_{A0} e^{-k_1 t} \tag{8.68}$$

解上述非奇次线性微分方程,得

$$c_B = \frac{k_1 c_{A0}}{k_2 - k_1} (e^{-k_1 t} - e^{-k_2 t}) \tag{8.69}$$

又因

$$c_A + c_B + c_C = c_{A0}$$

故

$$c_C = c_{A0} - c_A - c_B$$

将式(8.66)、(8.69)代入此式,得

$$c_C = c_{A0} \left[1 - \frac{1}{k_2 - k_1} (k_2 e^{-k_1 t} - k_1 e^{-k_2 t}) \right] \tag{8.70}$$

由上述推导可以看出,原始反应物 A 的浓度 c_A 只与第一个反应有关,与后续反应无关。上述第一个反应为一级反应,所以 c_A-t 关系符合一级反应规律。中间产物 B 如图 8.9 所示,它的 c-t 曲线出现一个极大点。这是由于 c_B 与两个反应有关,即在 A 生成 B 的同时,B 又要起反应生成 C,开始时 c_A 大,c_B 小,所以

按式(8.67)中的第一项,c_B 增加的速率快,按式中第二项 c_B 减少的速率慢,因而结果是 c_B 在增加;但随着反应的进行,c_A 渐小,c_B 渐大,因而反应经过一定时间,c_B 增加的速率就要小于减少的速率,而使 c_B 达到一个极大值后,又逐渐减少。这个 $c-t$ 关系可由图 8.9 看出。这是连串反应中间产物的一个特征。

若中间产物 B 为目的产物,则 c_B 达到极大点的时间,称为中间产物的最佳时间。反应达到最佳时间就必须立即终止反应,否则,目的产物的产率就要下降。为求上述一级连串反应的中间产物 B 的最佳时间 t_m,可将式(8.69)对 t 求导数,并令其为 0,即可求得 t_m 和 B 的最大浓度 $c_{B,m}$。

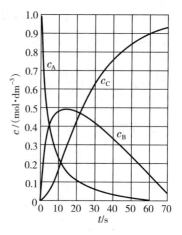

图 8.9 一级连串反应
$A \xrightarrow{k_1} B \xrightarrow{k_2} C$
$k_1 = 0.10\ s^{-1}, k_2 = 0.05\ s^{-1}$

$$t_m = \frac{\ln \dfrac{k_1}{k_2}}{k_1 - k_2} \tag{8.71}$$

$$c_{B,m} = c_{A0} \left(\frac{k_1}{k_2}\right)^{k_2/(k_2-k_1)} \tag{8.72}$$

例 8.11 某连串反应 $A \xrightarrow{k_1} B \xrightarrow{k_2} C$,若 $k_1 = 0.1\ min^{-1}, k_2 = 0.2\ min^{-1}$,$c_{A0} = 1.00\ mol \cdot dm^{-3}$,试求出 t_m 及此时 c_A、c_B、c_C 之值。

解:由式(8.71)有

$$t_m = \frac{\ln \dfrac{k_1}{k_2}}{k_1 - k_2} = \frac{\ln \dfrac{0.1\ min^{-1}}{0.2\ min^{-1}}}{0.1\ min^{-1} - 0.2\ min^{-1}} = 6.93\ min$$

由式(8.66)有

$$c_A = c_{A0} e^{-k_1 t}$$
$$= 1.00\ mol \cdot dm^{-3} \times e^{-0.1\ min^{-1} \times 6.93\ min}$$
$$= 0.50\ mol \cdot dm^{-3}$$

由式(8.69)有

$$c_B = \frac{k_1 c_{A0}}{k_2 - k_1}(e^{-k_1 t} - e^{-k_2 t})$$
$$= \frac{0.1\ min^{-1} \times 1.00\ mol \cdot dm^{-3}}{0.2\ min^{-1} - 0.1\ min^{-1}} \times (e^{-0.1 min^{-1} \times 6.93\ min} - e^{-0.2 min^{-1} \times 6.93\ min})$$
$$= 0.25\ mol \cdot dm^{-3}$$

$$c_C = c_{A0} - c_A - c_B$$
$$= 1.00 \text{ mol} \cdot \text{dm}^{-3} - 0.50 \text{ mol} \cdot \text{dm}^{-3} - 0.25 \text{ mol} \cdot \text{dm}^{-3}$$
$$= 0.25 \text{ mol} \cdot \text{dm}^{-3}$$

8.6.4 链 反 应

链反应又称连锁反应,是一种具有特殊规律的、常见的复合反应,它主要是由大量反复循环的连串反应所组成,在化工生产中具有重要意义。

1. 链反应的特征

所有的链反应,不管其形式如何,都是由链的引发、链的传递(或链的增长)及链的终止三个基本步骤组成的。我们以 HCl(g)的合成反应为例,说明链反应的机理及特点。

经过实验证明,HCl(g)的合成反应 $H_2(g) + Cl_2(g) \rightarrow 2HCl(g)$,其反应机理如下:

(1) $Cl_2 + M \xrightarrow{k_1} 2Cl\cdot + M$ 链的引发

(2) $Cl\cdot + H_2 \xrightarrow{k_2} H\cdot + HCl$

(3) $H\cdot + Cl_2 \xrightarrow{k_3} Cl\cdot + HCl$ 链的传递

......

(4) $2Cl\cdot + M \longrightarrow Cl_2 + M$ 链的终止

基元反应(1)是反应物 Cl_2 分子经过和其他粒子 M(M 可以是反应系统中其他反应物的粒子、器壁分子等)的碰撞,或吸收了外界提供的某些能量(如电能、光能等),从而获得足够大的能量而发生解离,产生活泼的自由基 $Cl\cdot$。这是反应活性组分的最初来源,是链反应的开始步骤,称为链的引发。

基元反应(2)和(3)是自由原子或自由基 $Cl\cdot$ 及 $H\cdot$ 与反应物分子 H_2 和 Cl_2 交互作用,产生新的分子和新的自由基(或原子)的过程。在这个过程中,旧的自由基(或原子)不断消失,同时新的自由基(或原子)又不断产生,使反应能连续不断地、自动地进行下去,称为链的传递(或增长),这是链反应的主体部分。

在基元反应(4)中,两个自由基 $Cl\cdot$ 相遇而结合成稳定分子。由于在这步反应中,没有新的自由基(或原子)产生,因而这一条链就被中断了,称为链的终止。一般情况下,一个 $Cl\cdot$ 在终止前能循环生成 $10^4 \sim 10^6$ 个 HCl 分子。M 是将链终止时释放出的能量转移走的物质,它可以是器壁分子或其他惰性物质等。因此,改变反应器器壁的形状或表面涂料及填充料等,均可能影响反应速率,称为器壁效应。这是链反应区别于其他类型反应的特点之一。此外,加入某些固体粉末,或某些易于与自由基反应的惰性物质(如 NO 等,称为阻滞剂),也能明显地改变反应速率。

2. 链反应的分类

上述 HCl 的合成反应中,在链的传递阶段,每一步反应中自由基的消耗数目与产生数目是相等的。例如,在反应(2)中,每消耗掉一个 Cl·,则产生一个 H·,在反应(3)中,每消耗一个 H·,则产生一个 Cl·。这类链反应成为直链反应,可示意表示为 →→→。

还有一类链反应,在链的传递过程中,每消耗掉 1 个自由基,能产生 2 个或 2 个以上的新自由基,也就是说,自由基产生的数目大于消耗的数目。这样的链反应称为支链反应。

H_2 与 O_2 合成水的反应,是人们最熟知的反应之一。但迄今为止,对该反应的机理尚无统一的结论,但有一点是所有研究该反应的科学家共同赞同的,即该反应是一个支链反应。其可能的某些反应步骤如下:

(1) $H_2 + M \longrightarrow 2H· + M$ 链的引发

(2) $H· + O_2 + H_2 \longrightarrow H_2O + OH·$
(3) $OH· + H_2 \longrightarrow H_2O + H·$
(4) $H· + O_2 \longrightarrow OH· + O·$ 链的传递
(5) $O· + H_2 \longrightarrow OH· + H·$

(6) $2H· + M \longrightarrow H_2 + M$
(7) $OH· + H· + M \longrightarrow H_2O + M$ 链的终止

基元反应(4)和(5)中,每消耗掉 1 个自由基(H·或 O·),则生成 2 个自由基(OH·和 O·或 OH·和 H·),其结果是使反应系统中的自由基越来越多,反应速率越来越快,以致最终引起爆炸。

支链反应过程可示意如下:

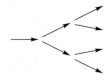

3. 爆炸机理

爆炸是人们常见的现象,它是化学反应以极快速率在瞬间完成的结果。在国防建设和基建工程施工、采矿等方面,我们需要利用爆炸产生的巨大能量,而在一般的化工生产中,则要设法避免由于意外爆炸所造成的人员、财产的巨大损失。因此,了解并研究爆炸的机理对国防建设和工业生产都具有重要的意义。

引起爆炸的原因有两类:一类是当一强烈的放热反应在有限的空间进行时,由于放出的热不能及时传递到环境,而引起反应系统温度急剧升高,温度升高又促进反应速率加快,单位时间内放出的热更多,这样恶性循环,最后使反应速率迅速增大到无法控制的地步而引起爆炸。这类爆炸称为热爆炸。炮弹中黄色炸药的爆炸,就属于这一类。另一类爆炸如 H_2、O_2 混合气体在一定条件下的爆炸,则是由于支链反应引起的爆炸,称为支链爆炸。这种爆炸是由于支链反应中的自由基数目急剧增加,而使反应速率迅速加快,最后形成爆炸。

支链爆炸反应并不是在任何条件下都能发生的,通常有一定的爆炸范围。图 8.10 所示是 H_2、O_2 的物质的量之比为 2∶1 的混合气,在直径为 7.4 cm、内壁涂有 KCl 的球形反应器中进行实验,而得到的爆炸范围与温度压力的关系。由图可见,当温度低于 400℃时,反应将平稳进行,不会发生爆炸;反应在 580℃以上进行时,则在任何压力下都会引起爆炸;在 400~580℃之间,则随压力的变化而有时爆炸,有时不爆炸。例如,在 500℃时,当压力低于 200 Pa 时,不会发生爆炸;当压力在 200~6670 Pa 之间时,就会发生爆炸;而当压力高于 6670 Pa 时,又不会发生爆炸。200 Pa 成为爆炸的下限,6670 Pa 成为爆炸的上限。当反应在爆炸的上、下限之间进行时,就会发生支链爆炸。爆炸的上、下限压力

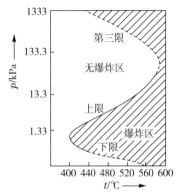

图 8.10　氢、氧(2∶1)混合气体的爆炸界限

是随温度而变化的,温度越高,爆炸的压力范围越宽,且上限对温度更敏感。此外,由图还可以看到,当压力再升高到一定程度(如虚线所示),还会发生爆炸,成为爆炸的第三限。一般认为第三限以上的爆炸属于热爆炸。

上述爆炸界限的产生可由支链反应的机理来解释。以前面所述的 H_2、O_2 合成的反应机理为例,在反应历程中的支链传递步骤[如机理中的反应(4)和(5)]是使反应系统中自由基增加,从而引起反应速率迅速加快的因素。而链的终止反应,即机理中的反应(6)、(7),则是使自由基消耗掉,从而抑制反应速率的因素。在各种不同的反应条件下,若前者占了主导地位,则反应急剧加快,导致爆炸;若后者占了主导地位,则反应平缓进行,不会爆炸。在压力很低(低于下限)时,分子之间碰撞几率小,反应容器中的自由基很容易扩散到器壁而销毁,因而反应速率不会太快。由于爆炸下限主要是由自由基在器壁上的销毁速率决定的,所以与容器的大小、形状以及器壁的性质有关。当反应系统压力逐渐增大时,气体的浓度增大,反应物分子与自由基之间碰撞次数增多,从而使链传递的反应逐渐占据了主导地位,直至爆炸。然而,当压力继续升高,气体浓度继续增大时,由于气相中分子碰撞而导致自由基消失的反应(6)、(7)的几率也随之增加。当压力升到上限以上时,气相中由于反应(6)、(7)而导致自由基消失的因素又成为主导因素,因而反应速率又减慢而不会引起爆炸。由于链传递反应的活

化能大于链终止反应的活化能,故温度升高,对前者有利,所以高温下爆炸的压力范围更宽些。

除了温度与压力外,气体反应的爆炸还与其组成有关。表 8.2 列出了一些可燃气体在空气中的爆炸界限。这些数据对于化工生产的安全操作很有参考价值。

表 8.2 某些可燃气体在空气中的爆炸界限

可燃气体	在空气中的爆炸界限(体积百分数)		可燃气体	在空气中的爆炸界限(体积百分数)	
	低 限	高 限		低 限	高 限
H_2	4	74	C_5H_{12}	1.6	7.8
NH_3	16	27	C_6H_{14}	1.3	6.9
CS_2	1.25	44	C_2H_4	3.0	29
CO	12.5	74	C_2H_2	2.5	80
CH_4	5.3	14	C_6H_6	1.4	6.7
C_2H_6	2.4	9.5	CH_3OH	7.3	36
C_3H_8	1.9	8.4	C_2H_5OH	4.3	19
C_4H_{10}	1.6	7.8	$(C_2H_5)O$	1.9	48

有关链反应的速率方程的推导,将在下一节介绍。

8.7 复合反应速率的近似处理方法

上一节介绍了几种典型的复合反应的机理、速率方程式及其特点。由上节讨论可知,在推导连串反应时,要解复杂的微分方程。当反应的组分和步骤增多(例如链反应)时,此求解过程将是极其复杂和困难的。因此,对于复杂的连串反应,特别是链反应的速率方程式的推导,人们常采用下述一些近似处理的方法。

8.7.1 控制步骤法

打个比喻,某剧场如图 8.11 所示,周围有 4 个门,那么散场时观众的退场速率则为 4 个门的速率之和。如果出剧场后,所有观众还必须再连续通过大小不同的另外 3 个门才能走出剧院,这时观众退出剧院的总速率,就等于通过最小门的速率。同样的道理,平行反应的总速率为各反应速率之和,而连串反应的总速率则等于最慢一步的速率。这最慢的一步就称为反应速率的控制步骤。控制步骤与其他各串联步骤的速率相差倍数越多,则此规律就越准确。这时,要想使反应加速进行,关键就在于提高控制步骤的速率。

利用控制步骤法,可大大简化速度方程的求解过程。例如在上述连串反应 $A \xrightarrow{k_1} B \xrightarrow{k_2} C$ 中, c_C 的精确解为式(8.70),即

$$c_C = c_{A0}\left[1 - \frac{1}{k_2-k_1}(k_2 e^{-k_1 t} - k_1 e^{-k_2 t})\right]$$

当 $k_1 \ll k_2$,则此式化简为

$$c_C = c_{A0}(1 - e^{-k_1 t}) \qquad (8.73)$$

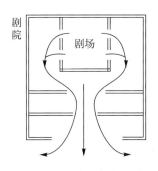

图 8.11 观众退场的人流
(平行步骤与连串步骤)

这是先求微分方程的精确解,然后再加 $k_1 \ll k_2$ 的条件才得到的结果。但我们已看到求精确解是相当麻烦的。

如果用控制步骤法对此进行近似处理,则可不必求精确解也能得到同样的结果。因为 $k_1 \ll k_2$ 表明第一步是最慢的一步,为控制步骤,所以总速度等于第一步的速度,即

$$\frac{dc_C}{dt} = -\frac{dc_A}{dt} = k_1 c_A$$

因此, $c_A = c_{A0} e^{-k_1 t}$,同时因 $c_{A0} = c_A + c_B + c_C$,而且 $k_1 \ll k_2$ 时 B 不可能积累,即 $c_B \approx 0$,故

$$c_C = c_{A0} - c_A = c_{A0} - c_{A0} e^{-k_1 t} = c_{A0}(1 - e^{-k_1 t})$$

可见用控制步骤法,虽然没有求精确解,却也得到完全相同的结果。但是处理方法则大大简化了。

8.7.2 平衡假设法

连串反应中的控制步骤并不一定都是在第一步,在这种情况下,如果控制步骤前面存在对行反应,由于相对于控制步骤来说,这些对行反应速率很快,因此可假设它们在反应过程中始终维持平衡状态。例如 HI 的气相合成反应

$$H_2 + I_2 \longrightarrow 2HI$$

经推测,其反应机理如下:

(1) $I_2 \underset{k_{-1}}{\overset{k_1}{\rightleftharpoons}} 2I$ (快)

(2) $H_2 + 2I \xrightarrow{k_2} 2HI$ (慢)

由于反应(2)为控制步骤,因此总的反应速率取决于第二步反应。

$$v(HI) = \frac{dc(HI)}{dt} = k_2 c(H_2) c(I)^2 \qquad (8.74)$$

式(8.74)中的 I 为中间产物。由于反应(1)为快速对行反应,根据假设,该对行

反应中的产物和反应物处于平衡，

$$\frac{c(\text{I})^2}{c(\text{I}_2)} = \frac{k_1}{k_{-1}} = K_C$$

即

$$c(\text{I})^2 = \frac{k_1}{k_{-1}} c(\text{I}_2)$$

代入式(8.74)，得

$$v(\text{HI}) = k_2 \frac{k_1}{k_{-1}} c(\text{H}_2) c(\text{I}_2) = k c(\text{H}_2) c(\text{I}_2) \tag{8.75}$$

由此可见，HI的气相合成反应为二级反应，此结论与实验结果是一致的。

上述近似推导方法称为假设平衡法，它可适用于在控制步骤前存在对行反应的连串反应。之所以称为假设，是因为在反应进行的实际过程中，完全达到平衡是不可能的。

此外，由式(8.75)可知，上述HI合成反应总反应的速率系数 k 与各基元反应速率常数之间的关系为

$$k = k_2 \frac{k_1}{k_{-1}}$$

根据阿累尼乌斯公式

$$k = k_0 e^{-E/RT}$$
$$k_1 = k_{0,1} e^{-E_1/RT}$$
$$k_2 = k_{0,2} e^{-E_2/RT}$$
$$k_{-1} = k_{0,-1} e^{-E_{-1}/RT}$$

可得到

$$E = E_1 + E_2 - E_{-1} \tag{8.76}$$

$$k_0 = \frac{k_{0,1} \cdot k_{0,2}}{k_{0,-1}} \tag{8.77}$$

由式(8.76)可知，总反应的活化能为各基元反应活化能的代数和，称为表观活化能。

8.7.3 稳态近似法

在连串反应中，如果中间产物B是非常活泼的组分（例如链反应的自由基），那么它一旦生成就会立即反应掉，而不会积累，反应系统中B的浓度一直处于很小的状态，如图8.12所示。在这种情况下，可近似地认为中间产物B的生成速率与消耗速率是相等的，即 $\frac{dc_B}{dt} = 0$，以至于

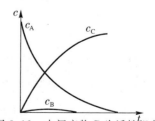

图8.12 中间产物B为活性组分的连串反应的 $c-t$ 关系

B 的浓度处于稳定而不随时间变化而改变的状态。利用这个结论可大大简化某些连串反应,特别是链反应的速率方程式的推导过程。这种方法称为稳态(或定态)近似法。

下面以 H_2 和 Cl_2 合成 $HCl(g)$ 为例,介绍稳态近似法在推导速率方程式中的应用。前已述及,$H_2+Cl_2 \longrightarrow 2HCl$ 的反应机理如下:

该反应的总反应速率可用 HCl 的生成速率来表示,即

(1) $Cl_2 \xrightarrow{k_1} 2Cl \cdot$

(2) $Cl \cdot + H_2 \xrightarrow{k_2} H \cdot + HCl$

(3) $H \cdot + Cl_2 \xrightarrow{k_3} Cl \cdot + HCl$

(4) $2Cl \cdot + M \xrightarrow{k_4} Cl_2 + M$

该反应的总反应速率可用 HCl 的生成速率来表示,即

$$v(HCl) = \frac{dc(HCl)}{dt} \tag{8.78}$$

由反应机理可知,HCl 总的生成速率应为基元反应(2)、(3)中 HCl 的生成速率之和,即

$$\frac{dc(HCl)}{dt} = k_2 c(Cl \cdot) c(H_2) + k_3 c(H \cdot) c(Cl_2) \tag{8.79}$$

在式(8.79)中,有中间产物自由基 Cl· 和 H· 的浓度,但由于自由基非常活泼,在实验中很难准确测定其浓度,因此在总反应的速率方程式中应将它们消去。为此,我们可利用稳态近似法找出中间产物 Cl·、H· 的浓度与原始反应物浓度之间的关系。

根据稳态近似法的假设条件,应有

$$\frac{dc(Cl \cdot)}{dt} = 0; \quad \frac{dc(H \cdot)}{dt} = 0 \tag{8.80}$$

根据反应机理,Cl· 与 H· 的生成速率与它们所涉及的所有基元反应速率有关,即

$$\frac{dc(Cl \cdot)}{dt} = k_1 c(Cl_2) - k_2 c(Cl \cdot) c(H_2) + k_3 c(H \cdot) c(Cl_2) - k_4 c(Cl \cdot)^2 = 0 \tag{8.81}$$

$$\frac{dc(H \cdot)}{dt} = k_2 c(Cl \cdot) c(H_2) - k_3 c(H \cdot) c(Cl_2) = 0 \tag{8.82}$$

将式(8.81)与式(8.82)相加,可得

$$k_1 c(Cl_2) - k_4 c(Cl \cdot)^2 = 0$$

即

$$c(Cl \cdot) = \left(\frac{k_1}{k_4}\right)^{1/2} \cdot c(Cl_2)^{1/2} \tag{8.83}$$

由式(8.82)还可得
$$k_2 c(\text{Cl} \cdot) c(\text{H}_2) = k_3 c(\text{H} \cdot) c(\text{Cl}_2) \tag{8.84}$$
将式(8.83)、(8.84)代入式(8.79),得
$$\frac{\mathrm{d}c(\text{HCl})}{\mathrm{d}t} = 2k_2 c(\text{Cl} \cdot) c(\text{H}_2)$$
$$= 2k_2 \left(\frac{k_1}{k_4}\right)^{1/2} \cdot c(\text{H}_2) c(\text{Cl}_2)^{1/2}$$

再代入式(8.78),即可得到总反应的速率方程式为
$$v(\text{HCl}) = \frac{\mathrm{d}c(\text{HCl})}{\mathrm{d}t} = 2k_2 \left(\frac{k_1}{k_2}\right)^{1/2} \cdot c(\text{H}_2) c(\text{Cl}_2)^{1/2}$$
$$= kc(\text{H}_2) c(\text{Cl}_2)^{1/2} \tag{8.85}$$

由此可见,HCl(g)的合成反应为 1.5 级。此结论也是与实验结果吻合的。

由式(8.85)还可知,总反应的速率系数 k 与各基元反应速率常数之间的关系为
$$k = 2k_2 \left(\frac{k_1}{k_4}\right)^{1/2}$$

控制步骤法、平衡假设法和稳态近似法,都是动力学的近似处理方法。根据不同的反应机理,恰当地运用上述方法,即可比较方便、简捷地推导出复杂反应的速率方程式。

8.8 催化作用

除了温度、浓度之外,影响反应速率的另一个重要因素就是催化剂。在化学反应系统中,有时加入少量的其他物质(一种或几种),可以显著加快反应的速率,但这些物质本身在反应前后并不改变其数量和化学性质,这种物质称为催化剂,这种作用称为催化作用。

8.8.1 催化作用的基本特征

1. 催化剂参与化学反应,但反应前后其数量与化学性质不变

催化剂参与化学反应,生成某种中间产物,但它本身可以在生成最终产物的步骤中再生出来。由于其参与反应,故反应后物理性质常常发生变化,如外观改变、晶形消失等。如在 SO_2 氧化为 SO_3 的反应过程中,催化剂 V_2O_5 会由圆柱状逐渐变为粉末状;促进氯酸钾分解的催化剂 MnO_2 晶体,在催化过程中会丧失自己的晶体结构而变成粉末,就是这个原因。

2. 催化剂能改变反应途径,降低反应活化能

为什么加入催化剂,反应速率会加快呢?这主要是因为催化剂与反应物生成不

稳定的中间化合物,改变了反应途径,降低了表观活化能,或增大了表观频率因子。

假设催化剂 K 能加速反应 A＋B ⟶ AB,若其机理为

$$A + K \underset{k_{-1}}{\overset{k_1}{\rightleftharpoons}} AK$$

$$AK + B \overset{k_2}{\longrightarrow} AB + K$$

若这里的对行反应能很快达到平衡,则

$$\frac{k_1}{k_{-1}} = K_C = \frac{c_{AK}}{c_A c_K}$$

故

$$c_{AK} = \frac{k_1}{k_{-1}} c_A c_K$$

总反应速率

$$\frac{dc_{AB}}{dt} = k_2 c_{AK} c_B$$

将前式代入此式,得

$$\frac{dc_{AB}}{dt} = k_2 \frac{k_1}{k_{-1}} c_A c_B c_K = k c_A c_B$$

所以

$$k = k_2 \frac{k_1}{k_{-1}} c_K$$

将上式中各个基元反应的速率常数 k 用阿累尼乌斯公式表示,则

$$k = k_{0,2} \frac{k_{0,1}}{k_{0,-1}} c_K e^{-\frac{E_1 - E_{-1} + E_2}{RT}} = k_0 c_K e^{-\frac{E}{RT}}$$

式中,$k_0 = \frac{k_{0,1} k_{0,2}}{k_{0,-1}}$ 称为表观频率因子。由上式可以看出,总反应的表观活化能 E 与各基元反应活化能 E_i 的关系为

$$E = E_1 - E_{-1} + E_2$$

上述机理可用能峰示意图表示,如图 8.13 所示。图中,非催化反应应克服一个高的能峰,活化能为 E_0。在催化剂 K 参与下,反应途径改变,只需翻越两个小的能峰,这两个小能峰总的表观活化能 E 为 E_1、E_{-1} 与 E_2 的代数和。因此,只要催化反应的表观活化能 E 小于非催化反应的活化能 E_0,则在频率因子变化不大的情况下,反应速率显然是增加的。

3. 催化剂只能缩短达到平衡的时间,而不能改变平衡状态

任何自发的化学反应都有一定的推动力,在恒温、恒压下,该反应的推动力就是吉布斯函数变 $\Delta_r G_m$。催化剂既然在反应前后没有变化,所以从热力学上看,催化剂的存在与否不会改变反应系统的始、末状态,当然不会改变 $\Delta_r G_m$。所以,催化

剂只能使 $\Delta_r G_m < 0$ 的反应加速进行,直到 $\Delta_r G_m = 0$,即反应达到平衡为止。但是它不能改变平衡状态,不能使已达到平衡的反应继续进行,以致超过平衡转化率。

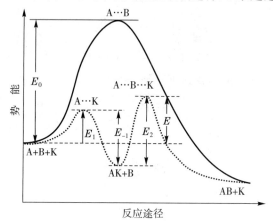

图 8.13 活化能与反应途径示意图

催化剂的这一特征告诉我们,在寻找催化剂以前,应进行热力学计算,如果热力学认为不可能的反应,就不必再去浪费精力寻找催化剂了。

这一特征还告诉我们,催化剂不能改变平衡常数 K,而 $K = \dfrac{k_1}{k_2}$,所以,能加速正反应速率的催化剂,也必定能加速逆反应速率。

4. 催化剂具有特殊的选择性

所谓"选择性",有两方面含义:一是指不同的反应需要选择不同的催化剂;二是指对同样的反应物,如果选择不同的催化剂,可以得到不同的产物。例如,乙醇在不同的催化剂作用下的反应如下:

$$C_2H_5OH \begin{cases} \xrightarrow[473\sim523\ K]{Cu} CH_3CHO + H_2 \\ \xrightarrow[623\sim633\ K]{Al_2O_3(或\ ThO_2)} C_2H_4 + H_2O \\ \xrightarrow[413\ K]{Al_2O_3} C_2H_5OC_2H_5 + H_2O \end{cases}$$

$$2C_2H_5OH \xrightarrow[673\sim723\ K]{ZnO \cdot Cr_2O_3} CH_2=CH-CH=CH_2 + H_2O + H_2$$

因此,工业上选择适当的催化剂,可以提高主产品的产率,抑制副反应的进行。

5. 在催化剂内加入少量杂质常可强烈地影响催化剂的作用

通常用催化反应的速率系数来衡量催化剂的能力,称为催化剂的活性。速率系数大,说明催化反应速率快,催化剂活性高。对于固体催化剂,常用单位面积上的反应速率系数来表示催化剂的活性,称为比活性。有些物质,当其单独加到反应系统中时,没有催化作用或活性很小,但当它加到其他催化剂(称为主催化剂)中时,却能大大提高其他催化剂的活性,这类物质称为助催化剂。例如,合成氨反应的主催化剂是 Fe,当加入少许 Al_2O_3 和 K_2O 时,就能大大提高其催化活性,并延长其使用寿命。

也有一些物质,当被少量加到催化剂中时,可使催化剂的活性和选择性大大降低甚至消失,这种现象称为催化剂中毒,这类物质则称为毒物。例如,氨在铂网上被空气氧化时,在混合气体中只要有一亿分之一的 PH_3,就能使催化剂的活性显著降低,只要有一亿分之二十二的 PH_3,就能使催化剂完全丧失活性,因此可以说毒物是催化剂的致命大敌。

催化剂的中毒有暂时性和永久性两种。暂时性中毒是指催化剂中毒后,可以用物理的方法将毒物除去,催化剂的活性仍可复原。发生暂时性中毒往往是由于毒物先于反应物被强烈地吸附在催化剂的表面,从而阻碍了反应物分子的吸附,因此,只要使毒物脱附,就能恢复催化剂的活性。而永久性中毒则往往是毒物与催化剂发生了化学反应,生成新的物质,而使催化剂活性完全丧失。在这种情况下,非经化学方法处理催化剂是不能复原的。

由于毒物能使催化剂失去活性,影响生产的正常进行,因此在使用某种催化剂前,一定要了解它的毒物。如果反应原料中存在这种毒物,则必须在其进入反应器之前采取措施除去,以避免催化剂中毒失效。此外,毒物不仅与催化剂有关,也与催化剂的反应有关。同一种催化剂用在不同的反应中时,毒物也不同。表 8.3 列出了一些催化剂进行某些反应时的毒物。

一般而言,催化剂中毒对生产是不利的,但有时当两个反应共存,而毒物只能使其中一个反应中毒时,反而会提高催化剂的选择性。例如用银作催化剂,在乙烯氧化制环氧乙烷时,通常会发生副反应,产生 CO_2 和 H_2O。如果在原料气中混有微量的 $C_2H_4Cl_2$,则能使副反应"中毒",抑制 CO_2 的生成,环氧乙烷的选择性可以从 60% 提高到 70%。

表 8.3　一些催化剂的毒物

催化剂	反应类型	毒　　物
Ni,Pt,Pd,Cu	加氢,脱氢	S,Se,Te,P,As,Sb,Bi,Zn,卤化物,Hg,Pb,NH_3,吡啶,O_2,CO(<180℃)
	氧化	铁的氧化物,砷化物,乙炔,H_2S,PH_3
Ag	氧化	CH_4,乙炔
V_2O_3,V_2O_5	氧化	砷化合物
Fe	合成氨	硫化物,PH_3,O_2,H_2O,CO,乙炔
	加氢	Bi,Se,Te,P 的化合物,H_2O
	氧化	Bi
$SiO_2-Al_2O_3$	裂化	吡啶,喹啉,碱性有机物,H_2O,重金属化合物

8.8.2 酶催化作用

酶是动植物和微生物产生的具有催化能力的蛋白质,它能在细胞内或细胞外起同样的催化作用,故称为生物催化剂。

酶既然是一种催化剂,就必然具有一般催化剂的共性。例如,它可以参加反应而加快反应速率,但在反应中又可重新产生,结构和性质不会发生变化;它只能催化在热力学上允许进行的化学反应,而不能实现那些在热力学上不能进行的反应;一般情况下,酶对可逆反应的两个方向的催化作用也相同。由于酶是生物催化剂,催化作用必然有它的特殊性。

1. 酶催化作用的主要特征

(1) 高度专一性。一般催化剂通常可催化同一类型的化学反应,例如盐酸可以促进蛋白质、脂肪、淀粉等的水解。酶催化则不同,一种酶往往只对一种特定的反应有效,例如淀粉酶只能水解淀粉,不能水解蛋白质。酶的高度专一性甚至达到了原子水平,只要被作用的物质(酶催化作用中常将反应物称为底物)分子中有一个基团、一个双键、一个原子的增减或空间的取向不同,某些酶就能区分出来,从而表现出对此底物有无催化作用。

也有一些酶的专一性稍低,能够作用于一类化合物或一种化学键。例如,由于蛋白酶能水解肽键,因而能水解多种蛋白质。

(2) 高度的催化活性。对于同一反应来说,酶的催化能力常常比非酶催化剂高 $10^5 \sim 10^{10}$ 倍。

(3) 特殊的温度效应。酶催化在一定温度范围内(273~313 K),随着温度升高而反应速率加快。由于酶是蛋白质,随着温度升高,其变性速率也加快,从而使反应速率减低或使酶完全失去活性。只有在某一温度时速率最大,此温度称为酶作用的最适温度。人体大多数酶的最适温度为 310 K 左右。

酶的活性随温度降低会减弱,但低温一般不破坏酶,当温度回升后,活性又逐渐恢复。

(4) 特殊的酸碱环境要求。酶是蛋白质,具有许多极性基团,因此溶液的 pH 对酶活性影响很大。若其他条件不变,酶只有在一定的 pH 范围内才能表现催化活性,且在某一 pH 时,催化活性最大。该 pH 称为酶催化作用的最适 pH。溶液的 pH 偏离最适 pH 时,酶的活性降低。若 pH 过高或过低,达一定程度,则可导致酶变性而失去活性。

2. 酶反应的速率方程

酶催化反应的机理比较复杂,其中有代表性的是米凯利斯(Michaelis)等提出的一种简单的机理。他们认为,酶 E 与底物 S 结合先形成一个中间络合物 ES,然后继续反应生成产物 P 而使酶复原,即

$$\text{S} + \text{E} \underset{k_{-1}}{\overset{k_1}{\rightleftharpoons}} \text{ES} \xrightarrow{k_2} \text{E} + \text{P}$$
底物　　酶　　中间络合物　　　产物

反应速率为

$$v_\text{P} = \frac{\mathrm{d}c(\text{P})}{\mathrm{d}t} = k_2 c(\text{ES}) \tag{8.86}$$

中间络合物 ES 的浓度变化率为

$$\frac{\mathrm{d}c(\text{ES})}{\mathrm{d}t} = k_1 c(\text{E}) c(\text{S}) - k_{-1} c(\text{ES}) - k_2 c(\text{ES})$$

在大多数酶反应动力学实验研究中,酶的浓度比底物浓度小得多,故运用稳态近似法可求得

$$\frac{\mathrm{d}c(\text{ES})}{\mathrm{d}t} = 0$$

$$k_1 c(\text{E}) c(\text{S}) = k_{-1} c(\text{ES}) + k_2 c(\text{ES})$$

$$c(\text{ES}) = \frac{k_1 c(\text{E}) c(\text{S})}{k_{-1} + k_2} = \frac{c(\text{E}) c(\text{S})}{K_\text{M}} \tag{8.87}$$

式中,$K_\text{M} = \dfrac{k_{-1} + k_2}{k_1}$,称为米氏(Michaelis)常数。

将式(8.87)代入式(8.86)得

$$v_\text{P} = \frac{\mathrm{d}c(\text{P})}{\mathrm{d}t} = \frac{k_2 c(\text{E}) c(\text{S})}{K_\text{M}} \tag{8.88}$$

令酶的原始总浓度为 $c_0(\text{E})$,根据物料平衡可得

$$c_0(\text{E}) = c(\text{E}) + c(\text{ES})$$

$$c(\text{E}) = c_0(\text{E}) - c(\text{ES})$$

代入式(8.87)可得

$$c(\text{ES}) = \frac{c_0(\text{E}) c(\text{S})}{K_\text{M} + c(\text{S})}$$

故

$$v_\text{P} = k_2 c(\text{ES}) = \frac{k_2 c_0(\text{E}) c(\text{S})}{K_\text{M} + c(\text{S})} \tag{8.89}$$

此即酶反应的速率方程。

当底物浓度足够大时,$K_\text{M} + c(\text{S}) \approx c(\text{S})$,式(8.89)可简化为

$$v_\text{P} = k_2 c(\text{E})$$

即反应速率与酶的浓度成正比,与底物浓度无关,反应对 S 来说是零级反应。

当底物浓度足够小时，$K_M + c(S) \approx K_M$，式(8.89)可简化为

$$v_P = \frac{k_2}{K_M} c_0(E) c(S)$$

即在酶浓度一定时，反应速率与底物浓度成正比，反应对 S 来说是一级反应。这一结论与实验事实一致。

思 考 题

1. 在化学反应 $0 = \sum \nu_B B$ 中，各反应物的消耗速率与产物的生成速率一样吗？反应速率一样吗？

2. 反应级数和反应分子数有什么区别？什么情况下二者相等？

3. 有人说，总级数为零的反应肯定不是基元反应，你认为此话有理吗？

4. 某反应的反应物消耗掉 1/2 需要 20min，消耗掉 1/4 是否为 10min？

5. 对于一个指定反应来说，通常在低温区反应速率随温度的变化比在高温区要敏感，为什么？

6. 有一平行反应 $A+B \begin{smallmatrix} k_1 \\ \searrow \\ k_2 \end{smallmatrix} \begin{smallmatrix} C \\ \\ D \end{smallmatrix}$，某温度下 $k_1 < k_2, A_1 < A_2, E_1 > E_2$：

   (1) 能否通过调节反应温度的办法，提高主产品 C 的产率？

   (2) 能否通过调节温度的办法，使产品的混合物中 C 的含量达到 50% 以上？

7. 有人试图寻找一种没有光照的条件下将 CO_2 和 H_2O 转化为碳水化合物的催化剂，你认为他的努力能实现吗？

习 题

1. 反应 $SO_2Cl_2 \rightarrow SO_2 + Cl_2$ 为一级气相反应，320℃时 $k = 2.2 \times 10^{-5}$ s^{-1}。问：320℃加热 90 min 后，SO_2Cl_2 的分解百分数为多少？

2. 293 K 时 $N_2O_5(g)$ 的分解反应的半衰期 $t_{1/2}$ 为 5.7h，且此反应半衰期与 N_2O_5 的起始浓度无关，试求：(1) 该反应的速率常数；(2) N_2O_5 分解 90% 所需的时间。

3. 某一级反应 A→B 的半衰期为 10 min，求 1 h 后剩余 A 的百分数。

4. 某一级反应进行 10 min 后，反应物反应掉 30%，问：反应掉 50% 需多长时间？

5. 对于一级反应，试证明转化率达到 99.9% 所需时间约为转化率达到 50% 所需时间的 10 倍。对于二级反应为多少倍？

6. 现在的天然铀矿中 $^{238}U : ^{235}U = 139 : 1$。已知 ^{238}U 的蜕变反应的速率常数为 1.52×10^{-10} y^{-1}，^{235}U 的蜕变反应的速率常数为 9.72×10^{-10} y^{-1}。问：在 20 亿年（2×10^9 年）前 $^{238}U : ^{235}U$ 等于多少？

7. 某二级反应：A + B →C，初始速率为 5×10^{-2} mol·dm^{-3}·s^{-1}，而反应物的初始浓度皆为 0.2 mol·dm^{-3}，求 k。

8. 反应 $2NOCl \rightarrow 2NO + Cl_2$，在200℃时测得的动力学数据如下：

t/s	0	200	300	500
$c(NOCl)/(mol \cdot dm^{-3})$	0.0200	0.0159	0.0144	0.0121

反应开始时只有 NOCl，并认为反应能够进行到底，试确定此反应的级数及速率常数。

9. 某二级反应 A+B→C，两种反应物的初始浓度均为 $1\ mol \cdot dm^{-3}$，经 10min 后反应掉 25%，求 k。

10. 对于 1/2 级反应：A→产物，试证明：

(1) $c_{A0}^{1/2} - c_A^{1/2} = kt/2$

(2) $t_{1/2} = \dfrac{\sqrt{2}}{k}(\sqrt{2}-1)c_A^{1/2}$

11. 某溶液中反应 A+B→C，开始时 A 与 B 的物质的量相等，没有 C。1 h 后 A 的转化率为 75%，问：2 h 后 A 还有多少未反应？

假设：(1) 对 A 为一级反应，对 B 为零级反应；

(2) 对 A、B 均为一级；

(3) 对 A、B 均为零级。

12. 65℃时，N_2O_5 气相分解的速率常数为 $0.292\ min^{-1}$，活化能为 $103.3\ kJ \cdot mol^{-1}$，求 80℃时的 k 及 $t_{1/2}$。

13. 已知醋酸酐的分解反应为一级反应，其速率常数 k 与温度 T 具有下列关系式：

$$\lg(k/s^{-1}) = -(7.537 \times 10^3\ K)/T + 12.0414$$

试问欲使此反应在 10 min 内转化率达到 90%，温度应控制在多少？

14. 在 80% 的乙醇溶液中，$(CH_2)_6\begin{matrix}Cl\\CH_3\end{matrix}$ 的水解为一级反应，测得不同温度下的 k 列于下表。求活化能 E_a 和频率因子 k。

$T/℃$	0	25	35	45
k/s^{-1}	1.06×10^{-5}	13.19×10^{-4}	9.86×10^{-4}	2.29×10^{-3}

15. 对于平行反应 $A \begin{matrix}\nearrow k_1 B\\ \searrow k_2 C\end{matrix}$，总反应的活化能为 E，试证明

$$E = \dfrac{k_1 E_1 + k_2 E_2}{k_1 + k_2}$$

16. 有 O_3 存在时，臭氧分解反应 $2O_3 \rightarrow 3O_2$ 的机理为

$$O_3 \underset{k_{-1}}{\overset{k_1}{\rightleftharpoons}} O_2 + O\ (快速)$$

$$O + O_3 \overset{k_2}{\longrightarrow} 2O_2\ (慢速)$$

试用假设平衡法证明此反应方程为

$$v(O_2) = k[O_3]^2[O_2]^{-1}$$

17. 在含有 I^- 的酸性溶液中,过氧化氢的分解反应式为
$$H_2O_2 + 2I^- + 2H^+ \rightarrow 2H_2O + I_2$$
反应机理为
(1) $H_2O_2 + I^- \rightarrow H_2O + IO^-$ k_1
(2) $IO^- + I^- + 2H^+ \rightarrow H_2O + I_2$ k_2
其中 IO^- 为活泼的中间产物,试用稳态近似法推证此反应速率方程为
$$v = k[H_2O_2][I^-]$$

自 测 题

一、选择题

1. 温度一定时,某反应速率常数 $k=8.16\times10^{-3}\,\mathrm{mol\cdot dm^{-3}\cdot s^{-1}}$,此反应为 _____ 级反应。

2. 在某温度下,测得反应 $2A+B\rightarrow D$ 的反应物起始浓度和起始速率如下:

实验次数	I	II	III
$c_{A,0}/(\mathrm{mol\cdot dm^{-3}})$	2.0	4.0	2.0
$c_{B,0}/(\mathrm{mol\cdot dm^{-3}})$	2.0	2.0	4.0
$v_0/(\mathrm{mol\cdot dm^{-3}\cdot s^{-1}})$	0.25	0.5	1.0

若此反应速率方程式为 $v=kc_A^\alpha c_B^\beta$,则反应对 A 的分级数 $\alpha=$ _____,反应对 B 的分级数 $\beta=$ _____。

3. 平行反应 $A\begin{smallmatrix}{k_1}\\{\nearrow}\\{\searrow}\\{k_2}\end{smallmatrix}\begin{smallmatrix}E\\F\end{smallmatrix}$,若 $E_1<E_2$,$k_{0,1}=k_{0,2}$,则升高反应温度会 _____ 主产物 E 的产率。

4. 对于一级反应,如果半衰期在 0.01 s 以下即为快速反应,此时,它的速率系数 k 应大于 _____。

二、选择题(将正确答案标号填入括号内)

1. 反应 $2A+B\rightarrow E+2F$ 的反应速率可表示为 $v=($ __)。

   (a) $\dfrac{\mathrm{d}c_A}{\mathrm{d}t}$ (b) $-\dfrac{\mathrm{d}c_A}{\mathrm{d}t}$ (c) $\dfrac{1}{2}\dfrac{\mathrm{d}c_A}{\mathrm{d}t}$ (d) $-\dfrac{1}{2}\dfrac{\mathrm{d}c_A}{\mathrm{d}t}$

2. 某反应 $A\rightarrow B+C$,当 A 的起始浓度增加 1 倍时,反应的半衰期也增加 1 倍,则此反应为(__)级反应。

   (a) 零   (b) 一   (c) 二   (d) 三

3. 在确定的温度范围内,阿累尼乌斯公式的适用条件是(__)。

   (a) 仅适用于基元反应

   (b) 可用于任何反应

   (c) 仅适用于具有简单级数的反应

   (d) 适用于有明确级数 n 和速率系数 k,且在该温度区间内 E 近似不随温度变化的一级反应

4. 催化剂的作用是(__)

(a) 加快正反应速率   (b) 提高反应物的平衡转化率

(c) 缩短反应达到平衡的时间   (d) 降低反应的压力

5. 若对行反应 $A \underset{k_{-1}}{\overset{k_1}{\rightleftharpoons}} B$ 的正、逆反应均为基元反应,且该反应的平衡常数随温度升高而减小,则(　　)

(a) $E_1 > E_{-1}$ (b) $E_1 < E_{-1}$

(c) $E_1 = E_{-1}$ (d) 不能确定 E_1、E_{-1} 的大小

(E_1、E_{-1} 分别代表正、逆反应的活化能)

三、计算题

1. 某抗生素 A 注入人体后,在血液中呈现简单的级数反应。如果在人体中注射 0.5 g 该抗生素,在不同的时刻 t 测定它在血液中的浓度 c_A(以 $g \cdot dm^{-3}$ 表示),然后以 $\ln \dfrac{c_A}{c^{\ominus}}$ 对 t 作图,可得一直线。现在 $t=4h$ 和 $t=12h$ 时,分别测得 c_A 为 $4.80 \times 10^{-3} \, g \cdot dm^{-3}$ 和 $2.22 \times 10^{-3} \, g \cdot dm^{-3}$,试根据上述实验结果,

(1) 确定此反应级数;

(2) 计算反应速率常数;

(3) 求此反应的半衰期。

2. 400 ℃ 时,实验测定反应 $NO_2(g) \rightarrow NO(g) + 1/2 O_2(g)$ 是二级反应,即 $v=k[NO_2]^2$。速率常数与温度的关系为

$$\ln \frac{k}{mol^{-1} \cdot dm^3 \cdot s^{-1}} = -\frac{12882 \, K}{T} + 20.26$$

(1) 试求出此反应的活化能 E 及频率因子 k_0;

(2) 计算 400 ℃ 时反应的速率常数;

(3) 若在 400 ℃ 时,将压力为 26.67 kPa 的 $NO_2(g)$ 通入一恒容反应器,使之发生上述反应,试计算反应器中压力达到 32.00 kPa 所需的时间。

3. 反应 $Fe^{3+} + V^{3+} \rightarrow Fe^{2+} + V^{4+}$ 的反应机理如下:

$$Fe^{3+} + V^{4+} \underset{k_{-1}}{\overset{k_1}{\rightleftharpoons}} Fe^{2+} + V^{5+} \quad \text{(快速平衡)}$$

$$V^{5+} + V^{3+} \xrightarrow{k_2} 2V^{4+} \quad \text{(速控步)}$$

(1) 在上述反应历程中,V^{5+} 为活性中间产物,试用假设平衡法导出该反应的速率方程程式;

(2) 指出该反应的总级数;

(3) 用式子表示出该反应的表观活化能与各基元反应活化能的关系。

附　　录

附录1　国际单位制

国际单位制(Le Système International d'Unités)是我国法定计量单位的基础,一切属于国际单位制的单位都是我国的法定计量单位。国际单位制的简称为 SI。

表1　SI 基本单位

量的单位	单位名称	单位符号
长　度	米	m
质　量	千克(公斤)	kg
时　间	秒	s
电　流	安[培]	A
热力学温度	开[尔文]	K
物质的量	摩[尔]	mol
发光强度	坎[德拉]	cd

注:①圆括号中的名称,是它前面的名称的同义词,下同。
　　②方括号中的字,在不致引起混淆、误解的情况下,可以省略。去掉方括号中的字即为其简称。
　　无方括号的单位名称、简称与全称同,下同。

表2　具有专门名称的 SI 导出单位

量的名称	SI 导出单位			
	名　称	符　号	其他表示式	
			用 SI 单位示例	用 SI 基本单位
频率	赫[兹]	Hz	—	s^{-1}
力,重力	牛[顿]	N	—	$m \cdot kg \cdot s^{-2}$
压力,压强,应力	帕[斯卡]	Pa	N/m^2	$m^{-1} \cdot kg \cdot s^{-2}$
能[量],功,热量	焦[耳]	J	N/m^2	$m^2 \cdot kg \cdot s^{-2}$
功率,辐[射能]通量	瓦[特]	W	J/s	$m^2 \cdot kg \cdot s^{-3}$
电荷[量]	库[仑]	C	—	$s \cdot A$
电压,电动势,电位(电势)	伏[特]	V	W/A	$m^2 \cdot kg \cdot s^{-3} \cdot A^{-1}$
电容	法[拉]	F	C/V	$m^{-2} \cdot kg^{-1} \cdot s^4 \cdot A^2$
电阻	欧[姆]	Ω	V/A	$m^2 \cdot kg \cdot s^{-3} \cdot A^{-2}$
电导	西[门子]	S	A/V	$m^{-2} \cdot kg^{-1} \cdot s^3 \cdot A^2$
磁通[量]	韦[伯]	Wb	Vs	$m^2 \cdot kg \cdot s^{-2} \cdot A^{-1}$
磁通[量]密度,磁感应强度	特[斯拉]	T	Wb/m^2	$kg \cdot s^{-2} \cdot A^{-1}$
电感	亨[利]	H	Wb/A	$m^2 \cdot kg \cdot s^{-2} \cdot A^{-2}$
摄氏温度	摄[氏度]	℃		K
光通量	流[明]	lm	—	$cd \cdot sr$
[光]照度	勒[克斯]	lx	lm/m^2	$m^{-2} \cdot cd \cdot sr$

附录2 元素的相对原子质量表

$Ar(^{12}C=12.0000)=39.948$

元素符号	元素名称	相对原子质量	元素符号	元素名称	相对原子质量
Ac	锕	227.0278	I	碘	126.904
Ag	银	107.868	In	铟	114.82
Al	铝	26.981	Ir	铱	192.22
Am	镅	243	K	钾	39.098
Ar	氩	39.948	Kr	氪	83.80
As	砷	74.921	La	镧	138.905
At	砹	210	Li	锂	6.941
Au	金	196.966	Lr	铹	260
B	硼	10.811	Lu	镥	174.967
Ba	钡	137.327	Md	钔	258
Be	铍	9.012	Mg	镁	24.305
Bi	铋	208.980	Mn	锰	54.938
Bk	锫	247	Mo	钼	95.94
Br	溴	79.904	N	氮	14.006
C	碳	12.011	Na	钠	22.989
Ca	钙	40.078	Nb	铌	92.906
Cd	镉	112.411	Nd	钕	144.24
Ce	铈	140.115	Ne	氖	20.179
Cf	锎	251	Ni	镍	58.69
Cl	氯	35.4527	No	锘	259
Cm	锔	247	Np	镎	237.0482
Co	钴	58.933	O	氧	15.999
Cr	铬	51.996	Os	锇	190.2
Cs	铯	132.905	P	磷	30.973
Cu	铜	63.546	Pa	镤	231.035
Dy	镝	162.50	Pb	铅	207.2
Er	铒	167.26	Pd	钯	106.42
Es	锿	252	Pm	钷	145
Eu	铕	151.965	Po	钋	209
F	氟	18.998	Pr	镨	140.907
Fe	铁	55.847	Pt	铂	195.08
Fm	镄	257	Pu	钚	244
Fr	钫	223	Ra	镭	226.0254
Ga	镓	69.723	Rb	铷	85.457
Gd	钆	157.25	Re	铼	186.207
Ge	锗	72.61	Rh	铑	102.905
H	氢	1.007	Rn	氡	222
He	氦	4.002	Ru	钌	101.07
Hf	铪	178.49	S	硫	32.066
Hg	汞	200.59	Sb	锑	121.75
Ho	钬	164.930	Sc	钪	44.955

续附录 2

元素符号	元素名称	相对原子质量	元素符号	元素名称	相对原子质量
Se	硒	78.96	Tl	铊	204.383
Si	硅	28.085	Tm	铥	168.934
Sm	钐	150.36	U	铀	238.028
Sn	锡	118.710	V	钒	50.941
Sr	锶	87.62	W	钨	183.85
Ta	钽	180.947	Xe	氙	131.29
Tb	铽	158.925	Y	钇	88.905
Tc	锝	97	Yb	镱	173.04
Te	碲	127.60	Zn	锌	65.39
Th	钍	232.038	Zr	锆	91.224
Ti	钛	47.88			

所列相对原子质量的值适用于地球上存在的自然元素。

附录 3 基本常数

常　　数	符　　号	数　　值
原子质量单位	amu	1.66054×10^{-27} kg
真空中的光速	c	2.99792×10^{3} m·s^{-1}
元电荷	e	1.60218×10^{-19} C
法拉第常数	f	9.64846×10^{4} C·mol^{-1}
普朗克常数	h	6.62618×10^{-34} J·s
玻尔兹曼常数	k	1.38066×10^{-28} J·K^{-1}
阿伏加德罗常数	l	6.02205×10^{28} mol^{-1}
气体常数	R	8.31441 J·mol^{-1}·K^{-1}

附录 4 换算系数

1. 压力

	帕斯卡	巴	标准大气压	毫米汞柱
帕斯卡	1	1×10^{-5}	9.869231×10^{-6}	7.50062×10^{-3}
巴	10^{5}	1	0.986923	750.062
标准大气压	101325	1.01325	1	760
毫米汞柱	133.322	1.33322×10^{3}	1.31579×10^{-3}	1

2. 能量

	焦耳 J	大气压·升 atm·l	热化学卡 cal$_{th}$	国际蒸气表卡 cal
焦耳 J	1	9.86823×10^{-8}	0.239006	0.238846
大气压·升 atm·l	101.325	1	24.2173	24.2011
热化学卡 cal$_{th}$	4.184	4.12929×10^{-2}	1	0.999331
国际蒸气表卡 cal	4.1868	4.13205×10^{-2}	1.00067	1

附录5 某些物质的临界参数

物　质		临界温度 $t_c/℃$	临界压力 p_c/MPa	临界密度 $\rho_c/(\text{kg}\cdot\text{m}^{-3})$	临界压缩因子 Z_c
He	氦	−267.96	0.227	69.8	0.301
Ne	氖	−228.70	2.76	483	0.312
Ar	氩	−122.4	4.87	533	0.291
H_2	氢	−239.9	1.297	31.0	0.305
F_2	氟	−128.84	5.215	574	0.288
Cl_2	氯	144	7.7	573	0.257
Br_2	溴	311	10.3	1260	0.270
O_2	氧	−118.57	5.043	436	0.288
N_2	氮	−147.0	3.39	313	0.290
HCl	氯化氢	51.5	8.31	450	0.25
H_2O	水	373.91	22.05	320	0.23
H_2S	硫化氢	100.0	8.94	346	0.284
NH_3	氨	132.33	11.313	236	0.242
SO_2	二氧化硫	157.5	7.884	525	0.268
CO	一氧化碳	−140.23	3.499	301	0.295
CO_2	二氧化碳	30.98	7.375	468	0.275
CS_2	二硫化碳	279.0	7.62	368	0.344
CCl_4	四氯化碳	283.15	4.558	557	0.272
CH_4	甲烷	−82.62	4.596	163	0.286
C_2H_6	乙烷	32.18	4.872	204	0.283
C_3H_8	丙烷	96.59	4.254	214	0.285
C_4H_{10}	正丁烷	151.90	3.793	225	0.277
C_5H_{12}	正戊烷	196.46	3.376	232	0.269
C_2H_4	乙烯	9.19	5.039	215	0.281
C_3H_6	丙烯	91.8	4.62	233	0.275
C_4H_8	1−丁烯	146.4	4.02	233	0.275
C_4H_8	顺−2−丁烯	162.40	4.20	240	0.271
C_4H_8	反−2−丁烯	155.46	4.10	236	0.274
C_2H_2	乙炔	35.18	6.139	231	0.271
C_2H_4	丙炔	129.23	5.628	245	0.276
C_6H_6	苯	288.95	4.898	306	0.268
$C_6H_5CH_3$	甲苯	318.57	4.109	290	0.266
CH_3OH	甲醇	239.43	8.10	272	0.224
C_2H_5OH	乙醇	240.77	6.148	276	0.240
C_3H_7OH	正丙醇	263.56	5.170	275	0.253
C_4H_9OH	正丁醇	289.78	4.413	270	0.259
$(C_2H_5)_2O$	二乙醚	193.55	3.638	265	0.262
$(CH_3)_2CO$	丙酮	234.95	4.700	269	0.240
CH_3COOH	乙酸	321.30	5.79	251	0.200
$CHCl_3$	氯仿	262.9	5.329	791	0.201

附录6　某些气体的恒压热容与温度的关系

$$C_p = a + bT + cT^2 + dT^3$$

物　　质		a $J \cdot mol^{-1} \cdot K^{-1}$	$b \times 10^3$ $J \cdot mol^{-1} \cdot K^{-2}$	$c \times 10^6$ $J \cdot mol^{-1} \cdot K^{-3}$	$d \times 10^9$ $J \cdot mol^{-1} \cdot K^{-4}$	温度范围 K
H_2	氢	26.88	4.347	−0.3265		273~3800
F_2	氟	24.433	29.701	−23.759	6.6559	273~3800
Cl_2	氯	31.696	10.144	−4.038		300~1500
Br_2	溴	35.241	4.075	−1.487		300~1500
O_2	氧	28.17	6.297	−0.7494		273~1500
N_2	氮	27.32	6.226	−0.9502		273~3800
HCl	氯化氢	28.17	1.810	1.547		300~3800
H_2O	水	29.16	14.49	−2.022		273~1500
H_2S	硫化氢	26.71	23.87	−5.063		298~3800
NH_3	氨	27.550	25.627	9.9006	−6.6865	273~1500
SO_2	二氧化硫	25.76	57.91	−38.09	8.606	273~1500
CO	一氧化碳	26.537	7.6831	−1.172		300~1500
CO_2	二氧化碳	26.75	42.258	−14.25		300~1500
CS_2	二硫化碳	30.92	62.30	−45.86	11.55	273~1500
CCl_4	四氯化碳	38.66	213.3	−239.7	94.43	273~1800
CH_4	甲烷	14.15	75.496	−17.99		298~1100
C_2H_6	乙烷	94.01	159.83	−46.229		298~1500
C_3H_8	丙烷	10.08	239.30	−73.358		298~1500
C_4H_{10}	正丁烷	18.63	312.38	−92.943		298~1500
C_5H_{12}	正戊烷	24.72	370.07	−114.59		298~1500
C_2H_4	乙烯	11.84	119.67	−36.51		298~1500
C_3H_6	丙烯	9.427	188.77	−57.488		298~1500
C_4H_8	1−丁烯	21.47	258.40	−80.843		298~1500
C_4H_8	顺−2−丁烯	6.779	271.27	−83.877		298~1500
C_4H_8	反−2−丁烯	20.78	250.88	−75.927		298~1500
C_2H_2	乙炔	30.67	52.81	−16.27		298~1500
C_2H_4	丙炔	26.50	120.66	−39.57		298~1500
C_2H_6	1−丁炔	12.541	247.17	−154.394	34.4786	298~1500
C_2H_6	2−丁炔	23.85	201.70	−60.58		298~1500
C_6H_6	苯	−1.71	324.77	−110.58		298~1500
$C_6H_5CH_3$	甲苯	2.41	391.77	−130.65		298~1500
CH_3OH	甲醇	18.40	101.56	−28.68		273~1000
C_2H_5OH	乙醇	29.25	166.28	−48.898		298~1500
C_3H_7OH	正丙醇	16.714	270.52	−87.384	−5.9323	273~1000
C_4H_9OH	正丁醇	14.6739	360.174	−132.970	1.47681	273~1000
$(C_2H_5)_2O$	二乙醚	−103.9	1417	−248		300~400
HCHO	甲醛	18.82	58.397	−15.61		291~1500
$(CH_3)_2CO$	丙酮	22.47	205.97	−63.521		298~1500
HCOOH	甲酸	30.7	89.20	−34.54		300~700
CH_3COOH	乙酸	8.5404	234.573	−142.624	33.557	300~1500
$CHCl_3$	氯仿	29.51	148.94	−90.734		273~773

附录7 某些有机化合物的标准燃烧焓(25℃)

物质		$-\Delta_c H_m^\ominus$ / kJ·mol^{-1}	物质		$-\Delta_c H_m^\ominus$ / kJ·mol^{-1}
$CH_4(g)$	甲烷	890.31	$HCHO(g)$	甲醛	570.78
$C_2H_6(g)$	乙烷	1559.8	$CH_3CHO(l)$	乙醛	1166.4
$C_3H_8(g)$	丙烷	2219.9	$C_2H_2(g)$	乙炔	1299.6
$C_5H_{12}(g)$	正戊烷	3536.1	$C_3H_6(g)$	环丙烷	2091.5
$C_6H_{14}(l)$	正己烷	4163.1	$C_4H_8(l)$	环丁烷	2720.5
$C_2H_4(g)$	乙烯	1411.0	$C_5H_{10}(l)$	环戊烷	3290.9
$C_2H_5OH(l)$	乙醇	1366.8	$C_6H_{12}(l)$	环己烷	3919.9
$C_3H_7OH(l)$	正丙醇	2019.8	$C_6H_6(l)$	苯	3267.5
$C_4H_9OH(l)$	正丁醇	2657.8	$C_{10}H_8(l)$	萘	5153.9
$(C_2H_5)_2O(l)$	二乙醚	2751.1	$CH_3OH(l)$	甲醇	726.51
$HCOOCH_3(l)$	甲酸甲酯	979.5	$C_2H_5COOH(l)$	丙酸	1527.3
$C_6H_5OH(s)$	苯酚	3053.5	$CH_2CHCOOH(l)$	丙烯酸	1368
$C_6H_5CHO(l)$	苯甲醛	3528	$C_3H_7COOH(l)$	正丁酸	2183.5
$C_6H_5COCH_3(l)$	苯乙酮	4148.9	$(CH_3CO)_2O(l)$	乙酸酐	1806.2
$C_6H_5COOH(s)$	苯甲酸	3226.9	$C_6H_5COOCH_3(l)$	苯甲酸甲酯	3958
$C_6H_4(COOH)_2(s)$	邻苯二甲酸	3223.5	$C_{12}H_{22}O_{11}(s)$	蔗糖	5640.9
$C_2H_5CHO(l)$	丙醛	1816	$CH_3NH_2(l)$	甲胺	1061
$(CH_3)_2CO(l)$	丙酮	1790.4	$C_2H_5NH_2(l)$	乙胺	1713
$HCOOH(l)$	甲酸	254.6	$(NH_2)_2CO(s)$	尿素	631.65
$CH_3COOH(l)$	乙酸	874.54	$C_5H_5N(l)$	吡啶	2782

附录 8 一些物质在 298.15 K 及 101325 Pa 下的热力学性质

8.1 元素及单质

物 质	方程式 $C_{p,m}=\varphi(T)$ 的系数			可用的温度范围/K	误差/%	$C_{p,m}$/(J·K^{-1}·mol^{-1})	$\Delta_f H_m^\ominus$/(kJ·mol^{-1})	$\Delta_f G_m^\ominus$/(kJ·mol^{-1})	$\Delta_f S_m^\ominus$/(J·K^{-1}·mol^{-1})
	a	$b\times 10^3$	$c\times 10^{-5}$	$d\times 10^6$					
Ag(s)	23.79	5.284	−0.25	—	273~1234	0.5	25.489	0	0	42.702
Ag(g)	20.67	12.38	—	—	273~931.7	0.5	24.338	289.2	250.4	172.88
Al(s)	20.67	12.38	—	—	273~931.7	0.5	24.338	0	0	28.321
Ar(g)	20.79	—	—	—			20.79	0	0	154.74
As(s)	21.88	9.29	—	—	298~1100	3	24.98	0	0	35.2
As(g)							35.00	124	73.2	240
Au(s)	23.68	5.19	−0.5	—	298~1336	0.5	25.23	0	0	47.36
B(s)	6.44	18.41	—	—	298~1200	3	11.97	0	0	6.53
B(g)								407	362.8	153.34
Ba(s)	23.3	6.3	—	—			26.36	0	0	66.9
Be(s)	14.23	12.13	—	—	273~1173	1	17.82	0	0	9.54
Be(g)							136.2	321	282.8	136.2
Bi(s)	18.79	22.59	—	—	298~544	1	25.5	0	0	56.9
Bi(g)								203	168.2	186.6
Br(g)	20.79	—	—	—			20.79	111.76	82.38	174.912
Br$_2$(g)	35.24	4.0747	—	−1.48	300~1500	0.71	35.98	30.71	3.14	245.346
Br$_2$(l)							35.6	0	0	152.3
C(g)							20.84	718.38	672.99	157.95
C(金刚石)	9.12	13.22	−6.19	—	298~1200	2.5	6.063	1.89	2.866	2.44
C(石墨)	17.15	4.27	−8.79	—	298~2300	2.5	8.644	0	0	5.69
Ca−α(s)	21.92	14.64	—	—	298~673	1	26.28	0	0	41.63
Ca(g)								192.6	158.9	154.8

续附录 8.1

物质	方程式 $C_{p,m}=\varphi(T)$ 的系数			可用的温度范围/K	误差/%	$C_{p,m}$/ (J·K^{-1}·mol^{-1})	$\Delta_f H_m^\ominus$/ (kJ·mol^{-1})	$\Delta_f G_m^\ominus$/ (kJ·mol^{-1})	$\Delta_f S_m^\ominus$/ (J·K^{-1}·mol^{-1})
	a	$b\times10^3$	$c\times10^{-5}$	$d\times10^6$					
Cd-α(s)	22.84	10.318	—	—	273~596	1	25.90	0	0	51.46
Cd(g)	20.79	—	—	—				112.8	78.2	168.8
Cl(g)	36.69	0.25	−2.92	—	298~3000	—	20.79	121.39	105.41	165.09
Cl$_2$(g)	19.7	17.93	—	—	298~718	—	33.93	0	0	222.96
Co(s)	24.44	9.87	−3.68	—	298~1823	2	25.56	0	0	28.5
Co(g)							23.35	439	16.7	179.4
Cr(s)	8.20	76.2	—	—	273~301	3	31.05	0	0	23.77
Cr(g)								336	292	174.22
Cs(s)	22.64	6.28	—	—	298~1357	0.5	24.468	0	0	82.8
Cs(g)								49.79	175.5	20.8
Cu(s)	20.78	0.878	—	1.958	298~1500	—	20.786	0	0	33.30
Cu(g)							29.20	341.1	301.4	164.2
D(g)	28.58	—	—	—	273~2000	0.78	22.76	221.667	206.52	123.26
D$_2$(g)	34.69	1.84	−3.35	—	273~1033	1.0	31.46	0	0	144.775
F(g)	14.10	29.71	−1.80	—	100~303	1	25.23	76.6	59.4	158.66
F$_2$(g)	23.85	1.05	−0.54	—	373~713	0.5	26.57	0	0	203.3
Fe-α(s)	19.33	9.50	—	—		5	26.11	0	0	27.15
Ga(s)								276	238	42.7
Ga(g)	20.79	—	—	—	300~1500	0.49	20.79	0	0	169.0
Ge(s)	29.06	−0.836	—	2.012	298~1500	0.47	28.836	328.2	290.8	42.43
Ge(g)								221.7	206.5	167.8
H(g)							29.20	0	0	123.3
H$_2$(g)				2.502				0	0	130.587
HD(g)	29.25	−1.146	—					0.16	−1.64	143.69

续附录 8.1

物 质	方程式 $C_{p,m}=\varphi(T)$ 的系数				可用的温度范围/K	误差/%	$C_{p,m}$/(J·K^{-1}·mol^{-1})	$\Delta_f H_m^\ominus$/(kJ·mol^{-1})	$\Delta_f G_m^\ominus$/(kJ·mol^{-1})	$\Delta_f S_m^\ominus$/(J·K^{-1}·mol^{-1})
	a	$b\times 10^3$	$c\times 10^{-5}$	$d\times 10^6$						
He(g)							20.79	0	0	126.06
Hg(l)	27.66	—	—	—	273~634		27.82	0	0	77.4
Hg(g)								60.84	31.8	174.89
I(g)								106.62	70.149	180.682
I$_2$(s)	40.12	49.79	—	—	298~387	1	54.98	0	0	116.7
I$_2$(g)	37.20	—	—	—	456~1500	1	54.98	90.0	61.17	116.7
K(g)							20.79	128.9	92.5	160.23
K$_2$(g)										249.75
K(s)	25.27	13.05	—	—	298~336.6	1	29.6	0	0	63.6
Li$_2$(g)							35.65	199.2	157.32	196.90
Li(s)	13.76	34.3	-3.26	—	273~459	2	23.2	0	0	28.03
Mg(s)	25.69	6.28	-1.59	—	298~923	1	23.89	0	0	32.51
Mg(g)								150.2	115.5	148.5
Mn-α(s)	23.85	14.14	—	—	298~1000		26.32	0	0	31.76
Mn(g)								285.9	243.6	173.6
Mo(s)	22.93	5.44	—	—	298~1800	0.5	23.47	0	0	28.58
Mo(g)								650.6	603.3	181.8)
N(g)							20.786	472.7	455.58	153.19
N$_2$(g)	27.87	4.27	—	—	298~2500		29.12	0	0	191.5
Na(g)							20.79	108.7	78.11	153.62
Na$_2$(g)								142.13	103.97	230.20
Na(s)	20.92	22.43	—	—	298~371		28.41	0	0	51.0

续附录 8.1

物质	方程式 $C_{p,m}=\varphi(T)$ 的系数				可用的温度范围/K	误差/%	$C_{p,m}$/(J·K⁻¹·mol⁻¹)	$\Delta_f H_m^\ominus$/(kJ·mol⁻¹)	$\Delta_f G_m^\ominus$/(kJ·mol⁻¹)	$\Delta_f S_m^\ominus$/(J·K⁻¹·mol⁻¹)
	a	$b\times10^3$	$c\times10^{-5}$	$d\times10^6$						
Ni-α(s)	16.99	29.46	—	—	298~633	0.5	25.77	0	0	29.79
Ni-β(s)	25.10	7.53	—	—	633~1725	0.5	—	0	—	182.4
Ni(g)	36.16	0.845	−4.310	—	298~1500	0.13	21.91	425.14	379.09	160.95
O(g)	34.25	2.485	−12.43	—	600~300	0.5	29.359	247.52	230.09	205.029
O₂(g)	41.25	10.29	5.52	—	298~2000	1	38.20	0	0	238.8
O₃(g)	23.22	—	—	—	273~317	5	23.22	142.3	163.43	44.4
P(s)黄磷	19.83	16.32	—	—	298~800	5	23.22	−18.4	0	63.18
P(s)赤磷	20.79	—	—	—	—	—	20.78	314.55	8.37	163.1
P₂(g)	36.16	0.845	−4.31	—	298~1500	0.13	31.92	141.50	279.11	218.1
Pb(s)	25.82	6.69	—	—	273~600	1	26.82	0	102.93	64.89
Pb(g)								193.9	161.0	175.3
S(s)单斜	14.90	29.08	—	—	368~392	0.5	23.64	0.297	0.096	32.55
S(s)斜方	14.98	26.11	—	—	298~368	0.5	22.59	0	0	31.88
S(g)	35.73	1.17	−3.31	—	298~2000	0.5	23.68	222.80	182.30	167.716
S₂(g)	36.11	1.09	−3.52	—	298~2000	0.5	32.5	129	80.06	229.3
Sb(s)	23.05	7.28	—	—	298~903	1	25.44	0	0	43.9
Sn(s)白锡	18.46	28.45	—	—	298~505	1	26.36	0	0	51.5
Sn(s)灰锡							25.77	2.5	4.6	44.8
Sn(g)								301	264	168
Zn(s)	22.38	10.04	—	—	298~692.7	0.5	25.062	0	0	41.63

8.2 无机物

物　质	方程式 $C_{p,m}=\varphi(T)$ 的系数			可用的温度范围/K	误差/%	$C_{p,m}$/ (J·K^{-1}·mol^{-1})	$\Delta_f H_m^\ominus$/ (kJ·mol^{-1})	$\Delta_f G_m^\ominus$/ (kJ·mol^{-1})	$S_m^\ominus$/ (J·K^{-1}·mol^{-1})
	a	$b\times 10^3$	$c\times 10^{-5}$ / $d\times 10^6$						
AgBr(s)	33.18	64.43	—	298~703	5	52.38	−99.50	−95.94	107.11
AgCl(s)	62.26	4.18	−11.3	298~728	1	50.79	−127.03	−109.7	96.11
AgI(s)	24.35	100.83	—	298~423	5	54.43	−62.32	−66.32	114.2
AgNO$_3$(s)	78.78	67.0	—	273~433	2	93.05	−123.14	−32.2	140.72
Ag$_2$O(s)	55.48	29.46	—			65.56	−30.57	−10.82	121.71
Ag$_2$S−α(s)	42.38	110.46	—	298~452	2	75.3	−31.8	−40.25	145.60
Ag$_2$SO$_4$(s)	96.7	117	—	448~597	5	131.4	−713.37	−615.7	200.0
AlCl$_3$(s)	55.44	117.2	—	273~466	2	89.1	−695.4	−636.8	167.4
Al$_2$O$_3$ 刚玉	114.7	12.80	−35.44	298~1800	0.5	78.99	−1669.79	−1576	50.986
Al$_2$(SO$_4$)$_3$(s)	368.5	61.92	−113.4			259.41	−3434.98	−3091	239.3
As$_2$O$_3$(s)	35.02	203.3	—			95.65	−619.2	−538	107.1
As$_2$O$_5$(s)			—			116.52	−914.6	−772.4	105.4
BaCl$_2$(s)	71.1	13.98	—	273~1198		75.3	−860.06	−810.9	130
BaCO$_3$ 毒重石(s)	110.0	8.79	— / −24.2	298~1083	2.5	85.35	−1218.9	−1138.9	112.1
Ba(NO$_3$)$_2$(s)	125.7	149.37	−16.78	298~850	0.5	151.0	−991.86	−796.6	214
BaO(s)	141.4	—	−35.27	298~1300	2.5	47.45	−558.1	−528.4	70.3
BaSO$_4$(s)	97.65	9.62	−15.06	298~1000	0.5	101.75	−1465.23	−1353.4	132.2
CCl$_4$(g)						8.43	−106.7	−64.0	309.74
CCl$_4$(l)						131.75	−139.49	−68.74	214.43
CO(g)	26.53	7.683	−0.46	298~2500	1	29.142	−110.525	−137.26	197.907
CO$_2$(g)	28.66	35.70	−8.54	298~1000	1.5	37.129	−393.514	−394.39	213.639
CoCl$_2$(g)	67.15	12.108	−9.033	298~1000	0.5	60.71	−223.01	−210.50	289.19
CoS(g)	47.40	9.12	−7.66	298~1800	0.5	41.51	−137.24	−169.24	231.54

续附录 8.2

物　质	方程式 $C_{p,m}=\varphi(T)$ 的系数				可用的温度范围/K	误差/%	$C_{p,m}$/ (J·K^{-1}·mol^{-1})	$\Delta_f H_m^\ominus$/ (kJ·mol^{-1})	$\Delta_f G_m^\ominus$/ (kJ·mol^{-1})	$\Delta_f S_m^\ominus$/ (J·K^{-1}·mol^{-1})
	a	$b\times 10^3$	$c\times 10^{-5}$	$d\times 10^6$						
CS$_2$(g)	52.09	6.69	−7.53	—	298~1800	1	45.65	115.27	65.06	237.82
CaC$_2$−α(s)	68.62	11.88	−8.66	—	298~720	2	62.34	−62.8	−67.8	70.32
CaCO$_3$ 方解石(s)	104.5	21.92	−25.94	—	298~1200	2	81.88	−1236.87	−1123.7	92.9
CaCl$_2$(s)	71.88	12.72	−2.51	—	298~1055	1	72.63	−795	−750.2	113.8
CaF$_2$−α(s)	59.8	30.46	1.97	—	298~1424	0.5	67.03	−1214.6	−1161.9	68.87
CaO(s)	48.85	4.52	6.53	—	298~1800	1	42.80	−635.5	−604.2	39.7
Ca(OH)$_2$(s)	89.5			—	276~373		84.5	−986.59	−896.76	76.1
Ca(NO$_3$)$_2$(s)	122.8	153.97	−17.28	—	298~800	0.5	149.33	−937.22	−741.99	193.3
CaS(s)	42.68	15.90	—	—	273~1373	5	47.40	−482.4	−477.4	56.5
CaSO$_4$ 天然石膏(s)	77.49	91.92	−6.561	—			99.6	−1423.69	−1320.30	106.7
CaSO$_4$·2H$_2$O 透明石膏(s)							186.2	−2021.1	−1795.73	193.97
Ca$_3$(PO$_4$)$_2$(g)	201.8	166.02	−2092	—	298~1373	1.5	119.7	−1575.15	−1435.2	130.5
CdCO$_3$(s)							231.58	−4126.3	−3889.9	241
CdCl$_2$(s)	76.57	17.99	−7.32	—	273~1800	3	73.6	−474.7	−670.3	105.4
CdO(s)	40.38	8.70	—	—	273~1273		43.43	−389.11	−342.59	118.40
CdS(s)	54.0	3.8	—	—	298~1273		54.89	−254.64	−225.06	54.8
CdSO$_4$(s)	77.32	77.40	—	—			100	−144.3	140.6	71
CoCl$_2$(s)	60.29	61.09	—	—	298~1000	3	78.7	−296.17	−820.02	137.2
CoS(s)	44.4	10.50	—	—	273~1373		47.3	−325.5	−282.4	106.3
CoSO$_4$(s)	125.9	41.51	—	—	298~700		138	−95.27	−96.06	62.4
								−868.2	−761.9	113.4

参考文献

[1] 郑桂富,唐化酶.物理化学[M].上海:上海交通大学出版社,2001.
[2] 王正烈,周亚平.物理化学[M].第四版.北京:高等教育出版社,2001.
[3] 宋世谟,庄公惠,王正烈.物理化学(上册)[M].第三版.北京:高等教育出版社,1992.
[4] 薛方渝.物理化学[M].北京:中央广播电视大学出版社,1990.
[5] 廖雨郊,黄汉平,蔡福安.物理化学[M].北京:高等教育出版社,1992.
[6] 南京大学化学系等.物理化学词典[M].北京:科学出版社,1988.
[7] 蒋如铭.物理化学[M].上海:华东师范大学出版社,1988.
[8] 胡英,陈学让,吴树森.物理化学[M].北京:高等教育出版社,1982.
[9] 金义范,金玳,庄允迪.物理化学[M].北京:高等教育出版社,1987.
[10] 傅献彩,沈文霞,姚天扬.物理化学[M],第四版.北京:高等教育出版社,1990.
[11] 宋世谟,王正烈,李文斌.物理化学(下册)[M],第二版.北京:高等教育出版社,1993.
[12] 梁玉华,白守礼.物理化学[M].北京:化学工业出版社,1996.
[13] 朱文涛.物理化学[M].北京:清华大学出版社,1995.
[14] 肖衍繁,李文斌.物理化学[M].天津:天津大学出版社,1997.
[15] 邓景发,范康年.物理化学[M].北京:高等教育出版社,1993.
[16] 王正烈.物理化学[M].北京:化学工业出版社,1997.